高等学校教材

精细化学品制备及应用

张财顺　杨占旭◎主编

JINGXI HUAXUEPIN ZHIBEI
JI YINGYONG

化学工业出版社
·北京·

内容简介

本书以基础化工原料为起点，以产业链为框架，介绍了精细化学品的特点、分类、发展方向及各类精细化学品的作用机理、设计原理、制备方法以及应用领域。内容涵盖日用化学品、香料和香精、食品添加剂、染料和颜料、涂料、胶黏剂、各种助剂等。特别介绍了以石油为原料的精细化工产品的生产，并对化工新材料的概况、发展及纺织、汽车、航空领域的新材料进行了专门介绍。

本书可作为化学、化工等相关专业高等院校本科生和研究生教材，同时可供从事科研、设计和生产的技术人员参考。

图书在版编目（CIP）数据

精细化学品制备及应用 / 张财顺，杨占旭主编. 北京 ：化学工业出版社，2025. 7. --（高等学校教材）.
ISBN 978-7-122-47921-1

Ⅰ. TQ072

中国国家版本馆 CIP 数据核字第 2025030HB1 号

责任编辑：曾照华　林　洁
装帧设计：王晓宇
责任校对：李雨晴

出版发行：化学工业出版社
（北京市东城区青年湖南街 13 号　邮政编码 100011）
印　　装：北京科印技术咨询服务有限公司数码印刷分部
787mm×1092mm　1/16　印张 16¾　字数 412 千字
2025 年 9 月北京第 1 版第 1 次印刷

购书咨询：010-64518888　　售后服务：010-64518899
网　　址：http://www.cip.com.cn
凡购买本书，如有缺损质量问题，本社销售中心负责调换。

定　　价：69.00 元

前言

随着我国石油和化学工业的发展，精细化工在该领域中的地位日趋加重。目前，精细化工行业的发展直接影响到我国航空航天、国防、电子、信息、医疗、机械制造和生物工程等高尖端技术领域的发展。精细化工产业具有附加值高和技术含量高的特点，产业发展在提升国家整体经济水平和科技水平方面发挥了重要作用。

辽宁石油化工大学应用化学专业始建于 1978 年，该专业曾获批辽宁省本科示范专业，石化技术类“辽宁省紧缺本科人才培养基地”，省级特设专业和国家级特设专业建设试点，首批国家级一流本科专业建设点。发展至今，“精细石油化学品”课程一直是应用化学专业核心课程，2021 年课程获首批“辽宁省线下一流课程”。

行业的发展需要高水平人才来实现，高等学校正是培养人才的摇篮，因此，完善课程建设和提高人才培养质量就显得尤为重要。为适应行业发展需求，并结合我校人才培养实际情况，特撰写本书。

本书可作为普通高等院校化学化工类本科生和研究生相关课程的教材使用。与传统此类书籍相比，本书各章节内容紧密结合我国“十三五”和“十四五”期间石油和化学工业发展趋势，从基础化工原料制备入手，再以其为原料合成系列精细化学品，将精细化学品制备贯穿各章内容，同时，将精细化工行业部分新产品的作用机理、设计原理、制备方法和应用方式纳入本书内容中，尽可能展现本领域前沿的最新发展特点和动向，为从事精细化学品生产和研发奠定一定的理论和技术基础。本书共包含绪论、精细石油化工原料、日用化学品、香料和香精、食品添加剂、染料和颜料、涂料、胶黏剂、助剂、化工新材料等 10 章。

本书由杨占旭、张财顺、韩蛟、庞淑和孙悦共同撰写，最后由张财顺完成通稿校对和修改工作。其中，本书第 1 章和第 2 章由杨占旭和张财顺撰写，第 3 章由张财顺和庞淑撰写，第 4 章由张财顺和孙悦撰写，第 5～10 章由张财顺和韩蛟撰写。此外，特别感谢刘道胜在书稿校对方面提供的帮助。

精细化工行业发展较快，行业涉及范围极其广泛，由于编者水平和能力有限，书中难免有疏漏和不妥之处，敬请同行、专家和广大读者给予批评指正。

编者

2025 年 3 月

目录

第 1 章 绪论 001

1.1 概述 001

1.2 精细化学品的定义 002

1.3 精细化学品的特点 002

1.4 精细化学品的分类 004

1.5 精细化工对国家发展的战略意义以及未来发展方向 005

1.5.1 战略意义 005

1.5.2 未来发展方向 006

第 2 章 精细石油化工原料 008

2.1 石油 009

2.1.1 石油化工概述 009

2.1.2 烯烃类原料及其下游产品 016

2.1.3 芳烃类原料及其下游产品 023

2.2 煤炭 025

2.2.1 煤化工概述 026

2.2.2 煤化工技术及产品 027

2.3 天然气 029

2.3.1 天然气化工概述 029

2.3.2 天然气化工下游原材料及产品 030

2.4 可再生资源 032

2.4.1 脂肪 034

2.4.2 油类 034

思考题 035

第 3 章 日用化学品 037

3.1 概述 037

3.2 洗涤剂 037

3.2.1 洗涤剂的分类 037

3.2.2 洗涤原理 038
3.2.3 洗涤剂系列产品的成分 040
3.2.4 洗涤剂用表面活性剂的合成 043
3.2.5 合成洗涤剂 046
3.2.6 肥皂 049
3.2.7 其他洗涤剂 052
3.2.8 洗涤剂的发展趋势 056
3.3 化妆品 056
3.3.1 化妆品的定义及分类 056
3.3.2 化妆品的作用原理 057
3.3.3 化妆品生产所需原料及其来源 057
3.3.4 化妆品的生产工艺 061
3.3.5 常用化妆品 062
3.3.6 化妆品的发展趋势 070
思考题 070

第4章 香料和香精 071

4.1 概述 071
4.1.1 香料的分类 071
4.1.2 香料化合物的命名 072
4.1.3 香气的分类和强度 072
4.2 香料化合物的制备 073
4.2.1 半合成香料化合物的制备 073
4.2.2 全合成香料化合物的制备 075
4.3 天然香料 079
4.3.1 动物性天然香料 079
4.3.2 植物性天然香料 081
4.4 香料的单离 085
4.5 香料的应用 087
4.5.1 香精的组成及作用 087
4.5.2 香精的调配及加工 088
4.5.3 香精的评价 089
4.5.4 人造香料化合物的应用 090
思考题 093

第5章 食品添加剂 094

5.1 概述 094

5.1.1 食品添加剂的定义 ······ 095
5.1.2 食品添加剂的安全使用 ······ 096
5.1.3 食品添加剂的分类 ······ 097
5.1.4 食品添加剂生产所需原材料 ······ 097
5.2 常见食品添加剂的制备方法 ······ 097
5.2.1 常见防腐剂的制备 ······ 098
5.2.2 常见调味剂的制备 ······ 100
5.2.3 常见食品抗氧化剂的制备 ······ 106
5.2.4 常见食用色素的制备 ······ 107
5.2.5 常见食用乳化剂的制备 ······ 108
5.2.6 常见食品增稠剂的制备 ······ 109
5.3 食品防腐剂 ······ 110
5.3.1 食品防腐剂作用机理 ······ 110
5.3.2 常见食品防腐剂 ······ 111
5.3.3 其他食品防腐剂 ······ 112
5.3.4 影响食品防腐剂防腐作用的因素 ······ 113
5.3.5 常用防腐剂性能对比 ······ 114
5.4 食品调味剂 ······ 114
5.4.1 鲜味剂 ······ 114
5.4.2 酸味剂 ······ 115
5.4.3 甜味剂 ······ 116
5.5 食品抗氧化剂 ······ 118
5.5.1 食品抗氧化剂作用机理 ······ 118
5.5.2 油溶性食品抗氧化剂 ······ 118
5.5.3 水溶性食品抗氧化剂 ······ 119
5.5.4 天然食品抗氧化剂 ······ 120
5.6 食用色素 ······ 121
5.6.1 合成食用色素 ······ 121
5.6.2 天然食用色素 ······ 121
5.7 乳化剂 ······ 122
5.8 增稠剂 ······ 122
5.9 膨松剂 ······ 124
5.9.1 碱性膨松剂 ······ 124
5.9.2 复合膨松剂 ······ 124
思考题 ······ 125

第 6 章　染料和颜料 …… 126

6.1　概述 …… 126

6.1.1　染料的分类 …… 126

6.1.2　染料的命名 …… 128

6.2　染料的作用原理 …… 129

6.2.1　光与颜色之间的关系 …… 129

6.2.2　染料和颜料化合物结构与颜色之间的关系 …… 130

6.2.3　染料和颜料的亲和力 …… 131

6.2.4　染料和颜料的坚牢度 …… 131

6.3　几种重要染料以及染料中间体的制备 …… 132

6.3.1　偶氮染料的制备 …… 132

6.3.2　蒽醌染料的制备 …… 136

6.3.3　萘的衍生物 …… 139

6.3.4　其他类型中间体的制备 …… 141

6.4　染料和颜料的商品化加工 …… 142

6.4.1　染料的商品化加工 …… 142

6.4.2　颜料的商品化加工 …… 143

6.5　染料的发展趋势 …… 143

6.5.1　染料工业的发展 …… 144

6.5.2　染料产品的禁用及替代品 …… 144

6.5.3　绿色环保染料 …… 145

6.5.4　新型功能染料 …… 145

思考题 …… 146

第 7 章　涂料 …… 147

7.1　概述 …… 147

7.1.1　涂料的作用 …… 147

7.1.2　涂料的分类及命名 …… 148

7.1.3　涂料组成 …… 149

7.2　涂料的基本作用原理 …… 151

7.2.1　内聚力和粘接力 …… 151

7.2.2　涂料的固化及成膜 …… 151

7.3　涂料的配方及生产工艺 …… 152

7.3.1　涂料主要原料的制备 …… 152

7.3.2　涂料的配方 …… 157

7.3.3　涂料的生产工艺 …… 158

7.4　常用涂料产品的性能及应用 …… 159

7.4.1 天然树脂涂料 159
7.4.2 合成树脂涂料 161
7.4.3 无机涂料 165
7.5 涂料的施工、储运及回收 169
7.5.1 涂料的施工 169
7.5.2 涂料的储运 170
7.5.3 涂料的回收 170
7.6 涂料的发展趋势 170
7.6.1 涂料工业的发展 171
7.6.2 环境友好涂料 171
思考题 172

第8章 胶黏剂 173

8.1 概述 173
8.1.1 胶黏剂的组成 173
8.1.2 胶黏剂的分类 174
8.2 胶接理论 176
8.2.1 胶接界面 176
8.2.2 胶黏剂对被粘接物体表面的润湿 177
8.2.3 黏附机理 177
8.3 胶黏剂基料的制备 178
8.3.1 聚醋酸乙烯乳液的制备 179
8.3.2 聚乙烯醇及其缩醛聚合物的制备 179
8.3.3 聚氨酯预聚体的制备 179
8.3.4 丁腈橡胶和氯丁橡胶的制备 179
8.3.5 丙烯酸酯和 α-氰基丙烯酸酯的制备 180
8.4 热塑性胶黏剂 180
8.4.1 聚醋酸乙烯及其共聚物胶黏剂 181
8.4.2 聚乙烯醇及其缩醛类胶黏剂 181
8.5 热固性胶黏剂 182
8.5.1 环氧树脂胶黏剂 182
8.5.2 酚醛树脂胶黏剂 184
8.5.3 氨基树脂胶黏剂 185
8.5.4 聚氨酯胶黏剂 186
8.6 橡胶胶黏剂 189
8.6.1 氯丁橡胶胶黏剂 189
8.6.2 丁腈橡胶胶黏剂 191

8.7 烯烃类高聚物胶黏剂 192
8.7.1 丙烯酸酯胶黏剂 193
8.7.2 α-氰基丙烯酸酯胶黏剂 193
8.8 有机硅胶黏剂 194
8.8.1 硅树脂型胶黏剂 194
8.8.2 硅橡胶型胶黏剂 195
8.9 专用胶黏剂 196
8.9.1 热熔胶 196
8.9.2 压敏胶黏剂 198
8.9.3 密封胶黏剂 199
思考题 199

第9章 助剂 200

9.1 概述 200
9.2 合成材料助剂 200
9.2.1 合成材料助剂的作用 200
9.2.2 合成材料助剂的分类 201
9.2.3 主要助剂产品的制备 201
9.2.4 增塑剂 208
9.2.5 阻燃剂 214
9.2.6 抗氧剂 219
9.2.7 热稳定剂 224
9.2.8 抗静电剂 227
9.3 石油化学品 229
9.3.1 主要石油化学品的制备 229
9.3.2 油田化学品 230
9.3.3 燃料油添加剂 233
9.3.4 润滑油添加剂 234
9.4 纺织印染助剂 235
9.4.1 纺织印染助剂的分类及作用 236
9.4.2 纺织印染助剂主要产品的制备 237
9.4.3 重要的纺织印染助剂产品 238
9.4.4 纺织印染助剂未来发展趋势 240
思考题 241

第10章 化工新材料 243

10.1 化工新材料概述 243

10.1.1 化工新材料的定义 243
10.1.2 化工新材料的特点及类别 244
10.2 化工新材料的发展现状 244
10.3 纺织用化工新材料 245
10.4 汽车塑化用化工新材料 247
10.5 航空航天用化工新材料 249
思考题 250

参考文献 251

第 1 章

绪论

1.1 概述

精细化工行业的发展与人们生活以及生产活动关系极为密切。我国古代就有关于精细化学品的应用记载，例如：火药、油漆（涂料）、胶黏剂、香料等，但这些所谓的“精细化学品”是从产品性质以及用途单独考虑而归纳的。其他文明古国，例如古埃及、古印度、古巴比伦等也都有相关精细化学品的使用记载。随着时间的推移，早期的精细化学品发展缓慢。19 世纪之前，精细化学品的生产主要以天然物质为生产原料，生产技术也较为落后。但到了 20 世纪初期，随着工业革命的发展，石油化学工业逐渐兴起，由此引发了精细化学品的第一次大飞跃。20 世纪中期，伴随着第二次世界大战的结束，世界各国的工业以及经济陆续进入到稳定的发展期。在这个时期，高分子化学的发展极为迅速，大量高分子材料的出现掀起了精细化学品的第二次大飞跃。在此之后大量合成类精细化学品陆续出现在人们的生活中，例如：合成洗涤剂、涂料、合成胶黏剂、信息用化学品、功能高分子材料等。在这里需要特殊说明的是，在 20 世纪 60 年代之前并没有精细化学品的概念，精细化学品的概念是 20 世纪 60 年代由日本最先提出的，日本首先将精细化工明确地列为化学工业的一个产业部门，之后一直到 20 世纪 80 年代初期才成立了精细化学品产业协会。

21 世纪，世界范围内科技高速发展，精细化学品的应用几乎覆盖了世界范围内各领域。特别要说明的是，信息与微电子、新材料、自动化、生物工程、新能源、航空以及航海等重要高科技领域的发展对精细化学品的发展提出了更高的要求。随着各类新型精细化学品的出现，在一定程度上极大地满足了人们对高质量生活的要求，促进了社会的发展。随着世界各国对精细化工行业认识的不断深入，加之社会高速发展以及人们对生活品质要求的不断提高，大力发展精细化工已成为世界各国化学工业结构调整、化学工业产业能级提升和经济效益扩大的战略重点。

1.2 精细化学品的定义

精细化学品作为化学工业产品的一个分支，要明确精细化学品的范畴，首先应从化学工业产品的分类说起。

在一定程度范围，可以简单地把化学工业产品分为两大类，即通用化学品和精细化学品。所谓的通用化学品又称为大宗化学品，这类化学品是指可以大量生产的化工基本原料和材料，例如“三酸”“两碱”、甲醇、乙醇、苯以及相关衍生物等。此外，能够大量生产的材料，例如通用塑料及橡胶、聚乙烯以及其他烯烃聚合物等也属于大宗化学品的范畴。所谓的精细化学品又称为精细化工产品。在化学工业中，精细化学品是相对于通用化工产品或大宗化学品而言的，一般是指对大宗化学品进行深加工得到的具有特殊功能和用途、小批量生产的高附加值产品。例如：农药、医药、香料、食品添加剂、表面活性剂、染料和颜料、涂料、胶黏剂、感光材料、电子化学品等。精细化工即基本化工产品的精细加工过程，也就是所谓的精细化学品的生产。

关于精细化学品的准确定义，迄今为止，在世界范围内还没有一个统一的提法，这是由于世界各国对此类产品的划分没有一个统一的标准。例如，美国工业采用“商品化学品”和“专用化学品”的分类方法；而日本是将产量大、销售量大的化学品统称为大宗化学品（通用化学品），而将技术密集、附加值高、利润高、具有特殊功能、采用复配技术的化学品统称为精细化学品。

1.3 精细化学品的特点

虽然世界各国对精细化学品的定义和划分各不相同，但是一般认为精细化学品具有以下五方面特点。

（1）具有特殊功能

从化工产品的性质、特点考虑，任何一种化工产品都有自己的应用领域。通用化学品的应用领域相对宽泛。例如，乙醇是合成醋酸、染料、香精等的原料，同时可以作为医用消毒剂的主要成分；化肥适用于各类植物，应用范围十分广泛。与通用化学品相比，精细化学品通常具有特定的功能，其专属性较强，通用性较弱，应用对象范围较窄，而且与人们的日常生活密切相关。

另一方面，精细化学品应用过程中的使用量也体现出其产品的特定功能，通常情况下，少量精细化学品就可以达到预期的功效。例如，医药是人们日常生活中必不可少的精细化学品，虽然药片的重量是克级的，但每片药片的有效成分含量是毫克级的，也就是说病人只需要每次摄入极少量的药物就可以达到治疗疾病的效果；胶黏剂在使用过程中，具有单次使用量少、粘接强度高、自身重量轻的特点。胶黏剂在我国航空航天领域的应用也是较为广泛的，利用结构胶黏剂替代传统的金属焊接可有效降低成本，提高经济效益；世界范围内，工业生产离不开催化剂，但催化剂在使用过程中，其用量仅占原材料的百分之几甚至更少。

此外，精细化学品的特殊功能是随着应用对象的要求变化而变化的，因此各类精细化学品需不断更新、优化、发展。

（2）大量采用复配技术

精细化学品具有特定用途的特点决定了其产品需要采用大量的复配技术，也就是说产品的配方决定了产品的功能。例如洗涤剂系列产品，其有效成分是表面活性剂，但洗涤剂系列产品种类很多，适用于不同条件，厨房、卫生间、干洗店、汽车清洗、工厂等不同环境下使用的洗涤剂产品是不同的，其配方中各类添加剂的比例变化较大，甚至不同应用环境下产品的添加剂种类也大不相同。胶黏剂、涂料、医药等精细化学品同样体现出配方决定性能的特点。

（3）技术密集

前文提到了精细化学品大量采用复配技术，产品配方性强，因此，精细化学品的另一特点，即技术密集。当然，配方只是精细化学品技术密集程度高的一个方面的体现，在其他方面，例如产品有效成分的生产、分离提纯、成分分析及鉴别等方面都包含了大量的科技因素。

目前，在电子精细化学品领域中光刻胶是我国重点发展的产品之一。光刻胶被广泛应用在微细图形线路的加工和制作，它是微细加工技术中最为关键性的材料。自从欧美发达国家在芯片领域开始对我国进行制裁，我国加大力度开始对光刻机和光刻胶进行攻关研发。光刻工艺是精密电子元器件生产制造流程中的关键环节，因此光刻胶在整个电子元器件加工制造业中占据重要地位。光刻胶的性能差别很大，高档次光刻胶直接决定了芯片及其他微细图形线路产品生产的精密度和良品率，光刻胶这个典型例子直接证明了精细化学品的技术密集性特点。

产品生产方面同样技术密集度高。很多精细化工产品生产过程都涉及工艺流程较长、反应过程控制要求严格、产率较低、产品分离提纯困难等一系列问题。为了解决产品生产环节出现的一系列问题，新的生产技术、各类新的分析手段和分析方法不断更新，因此精细化学品的技术密集性还体现在产品以及相关生产技术更新换代快、市场寿命短、专利保护性强、市场竞争激烈等方面。

因此，技术保密在精细化工行业中至关重要。正规化的精细化工企业在技术环节的保密要求往往都是非常严格的，技术竞争特别是技术间谍事件时有发生。由此证明，技术密集是精细化学品特点中最为重要的特点之一。

（4）小批量、多品种

目前，除了个别少数精细化工产品，例如，表面活性剂、高性能塑料等产能相对较大之外，其余精细化工产品多为小批量、多品种方式生产，这一现象是由精细化学品特定的功能决定的。药物、胶黏剂、涂料、染料、颜料、食品添加剂等各类精细化学品在使用过程中，都是添加少量的产品即可达到预期的目的。例如，石油炼制过程中，原油的加工量以及产品产出一般以吨计；而药物及一些重要药物中间体的生产过程中原料投入量和产品的产出量要小得多（公斤级），特别是一些极其特殊的药物和药物中间体只能以单次克级的水平制备，这就很好地说明了精细化学品具有小批量的特点。此外，石油炼制过程中，产品种类有限，除了汽油、煤油、柴油之外，基础化工原料种类之和也不过百余种；但对于药物及其中间体来说，其品种高达万余种，这很好地说明了精细化工产品具有多品种的特点。又如染料产品，目前已应用的染料多达 8600 多种，是人们日常生活乃至国家发展和国防安全等方面不可或缺的重要精细化工产品。各种染料产品，其功能各不相同，分类方式多种多样，产品种类千差万别，各具特色。

虽然现阶段我国精细化工自动化率逐年提升，目前已经达到一定水准，许多间歇式反应设备被连续式反应设备替代，但对于精细化工产品生产来说，小批量、多品种仍然是其独具的特点。精细化学品生产需要若干个反应单元，各反应单元经自动化串联形成完整的连续反应体系。单元反应器的生产能力可以很大，也可以很小，这取决于特定精细化学品的生产工艺技术。对于生产能力较小的反应器来说，通常需要通过几批生产才能满足年产量的要求，但如果单元反应器的生产能力很大，则该产品可能经过一批生产就满足了年产量的要求。

（5）附加值高

所谓的附加值是指在产品的产值中扣去原材料、税金、设备和厂房的折旧费后剩余部分的价值。这部分价值是指当产品从原材料开始经加工得到产品的过程中实际增加的价值。它包括利润、工人劳动、动力消耗以及技术开发等费用，所以称为附加值。附加值与利润不同，利润是一个复杂的概念，其种类和算法有很多。在这里所提及的附加值，实际上已经包括了利润这部分。

在日常生活中，药物的价格直接体现出其附加值高的特点。例如一盒阿莫西林（消炎药的一种）的原材料生产成本仅为 1 元左右，但是在药店购买阿莫西林时，一盒药要花费 20～30 元，由于药物行业中研发环节资金投入高，因此其销售价格远高于生产成本。除药物之外，其他精细化学品附加值高的特点也是很明显的。例如乙烯及其衍生物（基础化工原料）的价格为每吨百余元至千余元不等，但当把这些基础原材料加工成精细化学品后，其价格翻倍增长。如果把这些材料再加工成生活日用品，例如，电脑或手机外壳、管材等，其产品的销售价格更高。由此不难发现，精细化学品的高附加值特点是显而易见的。

1.4 精细化学品的分类

精细化学品的范围十分广泛。在前文介绍精细化学品范畴时提到了世界各国对精细化学品的划分方式各不相同，这在一定程度上决定了精细化学品的分类方式具有一定的差别。一般情况下，化学品的分类方式可以依据化合物的结构或性能来进行。但这些分类方法仅限于普通的化学品，对于精细化学品来说，这样的分类方法并不适用。基于精细化学品的成分组成，可以简单将其分为有机精细化学品和无机精细化学品，本教材以石油化工为基础对精细化学品进行介绍，因此重点讨论范围定为有机精细化学品。

目前，我国对精细化学品分类采用较为统一的原则，即根据产品自身具有的特殊功能来分类。早在 1986 年 5 月，《中国化工报》公布了化工部提出的精细化工的暂行分类方法，将精细化学品分为 11 大类。具体为：农药、染料、涂料、颜料、试剂和高纯物、信息用化学品、食品和饲料添加剂、黏合剂、催化剂和各种助剂、化工系统生产的化学药品和日用化学品、高分子聚合物中的功能高分子材料。

需要注意的是，随着我国科技和社会的高速发展，目前已有一些精细化学品无法依据以上类别逐一对号分类。特别是人们对环境保护意识的不断深入理解，部分产能落后、污染严重的生产工艺逐一被淘汰，与之相对应的产品也都归属于精细化学品范畴之外；另一方面，伴随着生物工程以及纳米技术的不断发展，一系列新型精细化学品被人们逐一地发现和认知，特别是近年来化工新材料行业的不断发展，更多性能优良、用途广泛的精细化学品已成为我国重点发展的产品，但这些产品目前未能与早期的 11 类产品用相同的方式逐一划分。因此，在不久的将来，我国会对精细化学品的分类进行更为细致的类别划分。

世界各发达国家对精细化学品的分类与我国不同，例如日本在 1977—1978 年间将精细化学品划分为 25 类，1980 年日本又将精细化学品进一步更新至 30 类；而美国则将精细化学品分为 38 类。从中不难发现，世界发达国家对精细化学品的分类较为细致，这是因为早在 20 世纪，发达国家的精细化工行业发展起步较早，发展规模较大，他们更早地认识到精细化学品在国家经济发展中占据的重要地位和作用，具体原因将在后文逐一介绍。

1.5 精细化工对国家发展的战略意义以及未来发展方向

1.5.1 战略意义

随着目前世界各国经济以及工业化的发展，精细化工的发展程度已经成为衡量某一国家发达水平和综合技术水平的标志。这是因为精细化学品的适用范围极其广泛，目前，精细化学品几乎渗透到国民经济的各个领域，直接关系到人们的衣、食、住、行以及医疗，甚至国家战略安全。为进一步衡量国家或地区的精细化工水平，精细化工率这一重要参数逐渐被世界各国加以重视。

所谓的精细化工率即精细化工产品占所有化工产品的比例。早在 20 世纪，我国精细化工率远远落后于欧美发达国家，究其原因，可归结于世界发达国家的精细化工行业发展起步较早，技术发展迅速。

目前我国化学工业产品占全世界产品的 40%左右，我国精细化工率达 50%（数据来源“2021 精细化工产业峰会暨中国精细化工百强发布会”）。发展至今，国家发展涉及的各个领域与精细化学品关系密切，并且起到相互促进的作用，具体可从如下几个方面进行分析。

（1）工农业商品以及人们日常生活与精细化学品的关系

精细化学品与工业生产直接相关，在很大程度上直接影响到人们的衣食住行等各个环节。农业方面，正是由于精细化学品的发展，农药以及饲料添加剂等各类产品才能够不断升级更新，产量逐年增大，进而提高了农业和畜牧业的发展，满足了人们对粮食、畜牧业产品以及棉、麻等与纺织业相关的经济作物发展的要求，提高了人们的生活质量。此外，农药的发展在一定程度上消灭了病虫害，保障了农业产品的丰收，特别是近些年低毒或无毒农药的发展，在食品安全方面为人们的饮食提供了可靠的保障。工业方面，各类与之相关的精细化工产品，例如，表面活性剂、助剂、染料和颜料、纤维、胶黏剂、涂料等，这些相关产品的不断发展在一定程度上直接促进了其下游工业，例如纺织业、基建、石油开采、机械制造业、化工材料生产等诸多行业的技术进步和产品升级，为人们的生活乃至国家发展提供了重要保障。此外，食品添加剂、日用化学品、医药等各类与人们生活直接相关的精细化学品的发展更直接地提高了人们生活质量，保障了社会稳定和繁荣。

（2）生物工程技术的发展为精细化学品开辟了新的发展空间

21 世纪以来，世界各国的生物工程技术发展极为迅速，该技术的发展在一定程度上解决了化学合成法中反应步骤长、速度慢、副反应多的各类弊端。在此期间，受基因工程发展的影响，“生物酶催化剂”在精细化学品合成领域开辟了新的天地。人们日常生活中所涉及的各类药物，例如，乙肝疫苗、人工胰岛素、头孢类抗生素、各类蛋白质等都可以利用生物酶催化剂进行量产。

美国军方采用生物工程方法量产一种特殊的蚕丝蛋白质，为空降部队所需的降落伞生产提供强大的原材料支持；日本的三井公司采用生物工程方法量产各类医药、食品添加剂、农药等各类精细化学品，其研发及生产重点已转移至生物工程领域。

（3）信息工程技术的需求直接提高了电子类精细化学品的地位

21 世纪是科技爆发的时代。随着一些国家对信息技术依赖程度的提高，各类精密电子通信设备不断被研发和量产，可以说信息工程类产品的不断升级更新离不开电子类精细化学品的高度支持。各类集成电路模块生产，特别是中央处理器（简称 CPU）的生产过程中涉及各类化学化工技术、高纯度化学品、精细化学品，例如，晶体生长、取向与附生，电子元件的蚀刻等技术，高纯试剂、高纯气体和光刻胶等精细化学品。此外，各类电子类产品所需的功能材料以及精细陶瓷等精细化学品的发展水平直接影响了信息产业技术的发展水平。

（4）航空航天业对精细化学品提出了更高的要求

当前，世界各主要国家针对航空航天领域的发展极为关注，特别是信息技术的发展对航空航天领域的带动作用直接促使了各类新型运载火箭以及人造卫星的诞生。航空航天设备的使用环境不同于地球表面设备的工作环境。运载火箭需要强大的推力飞至外太空，而外太空又是一类极寒、缺氧、真空而且辐射超强的环境，因此运载火箭和卫星等航天器所需材料要耐超高温和超低温、耐辐射、耐真空、耐高压等。无论是胶黏剂、保护涂层，还是原料储存装置或者发动机等相关零部件都需要具备极高的综合性能。由此，各类特种精细化学品的研发以及量产技术成为世界主要航空航天国家发展的重要方向之一。

（5）环境保护以及新能源的利用促使精细化学品生产工艺不断升级

石油工业的发展在很大程度上破坏了地球原有的生存环境，特别是近年来世界范围内各类极端气候频发，温室效应逐年增大，这在一定程度上提高了人们对保护生态环境重要性的认识，至此，新能源的开发以及综合利用成为了 21 世纪世界各国的重点发展方向之一。但目前世界范围内所使用的能源主要还是以石油、煤炭、天然气等化石能源为主，工业生产自身对环境的危害在短期内仍然无法消除。但随着科技的进步，目前各类老旧工艺及设备陆续被淘汰，节能环保的新技术陆续在石油化工行业普及，这在一定程度上缓解了环境的压力，在一定程度上改变了“先污染，后治理”的工业发展模式。

（6）化工新材料为各类高新技术的发展保驾护航

目前，现代人类的活动范围上至太空、下至海底（马里纳亚海沟），大至庞大基建或超高建筑、小至微观世界探索，微电子技术、生物工程技术、各类纳米材料的普及应用都与化工新材料息息相关。可以明确地说，化工新材料为各类高新技术的发展提供了可靠而有力的支持，在一定层面，化工新材料的发展直接推动了各类高新技术的发展。

1.5.2 未来发展方向

本教材在前文介绍了精细化学品的由来以及重要性，重点围绕工农业及人们生活与精细化学品的关系，各类高新技术的发展与精细化学品之间的关系，环境保护以及新能源的利用与精细化学品之间的关系进行讨论。由此不难发现，精细化学品未来的发展方向无疑会依据目前的社会、科技以及环境的需要进一步发展。

放眼世界范围，目前主要的发达国家在精细化工领域的发展已经成熟，精细化工率较高。与之相比，我国精细化工行业发展仍处于中等水平，也就是说，我国的精细化工行业仍存在较大的发展空间。未来我国精细化工的发展趋势主要有如下方面。

（1）原料多元化发展

石油、煤炭、天然气等不可再生的化石能源随着人类工业发展的进步会逐渐消耗，精细化工原材料来源多元化是行业未来发展的一个大的趋势。充分利用现有化石能源，提高石油副产品的利用率可在一定程度上缓解对化石能源的依赖，但治标不治本。以天然产物和生物质等可再生资源为原料发展精细化工行业是未来精细化工行业发展的重点方向之一。我国目前依靠现有技术，可利用造纸纸浆副产物廉价生产木质素磺酸盐；利用木材加工废料生产草酸；利用各类果皮及农业副产物生产糠醛、木糖醇等；以海洋资源生产高档化妆品、食品添加剂以及其他高端精细化学品等。

（2）生产工艺环保化

早期工业生产对环境的危害是显而易见的，过度的“三废”排放致使人类赖以生存的生态环境遭受严重的破坏，大量的温室气体排放直接导致了世界范围内极端气候的频发，由此引发了生产技术革新以及二氧化碳综合利用等技术的全面升级。特别是在我国“十四五”期间，我国国家发展和改革委员会针对工业生产对环境污染严重的问题重拳出击，将整个石油和化学工业生产管理全面升级，建立完善的化工园区管理体制，对石油和化学工业园区化管理，淘汰落后产能，新建环保工艺设备，从源头解决环境污染的问题。

（3）生产模式全产业链化

炼化一体化战略部署在我国“十三五”期间全面落实，“十四五”期间，我国炼化一体化项目陆续全面开车运行，在技术层面，不仅提高了新产品的开发以及量产，而且整体发展朝向全产业链化发展，摆脱了传统“重炼油、轻化工”的生产模式，特别提高了精细化学品的生产比例。此外，生产模式全产业链发展的同时，还淘汰掉大量老旧生产工艺，特别是对环境污染严重、三废排放难以治理的工艺进行调整。新型的炼化及化工生产设备的投入使用为解决环境污染等早期诸多不利问题提供了有效的支持和保障。

人类社会发展至今，一直面临资源与能源日益短缺，生存环境破坏严重，环境治理刻不容缓等问题，另一方面，人们对健康以及生活质量的要求逐年提高，各类高新技术发展对精细化学品的要求也越来越高，因此，精细化工行业未来的发展任务艰巨。精细化工行业的发展一方面要满足人们对生活质量的要求，此外，作为高新技术发展的基础产业，精细化工行业还需要满足其他诸多高新产业发展的需求，最为重要的是要发展环境友好型精细化学品，进而保证对环境的危害降至最低。因此技术含量高、绿色环保的清洁生产工艺技术，例如生物技术、膜技术、纳米技术等，在精细化学品生产过程中所占比例会进一步增大。

第2章

精细石油化工原料

化工原料是生产精细化工产品的重要基础原料，其来源主要是石油、天然气、煤和可再生资源。各类基础化工原料中，甲烷主要来自天然气，其余重要原料，例如“三烯”和“三苯”等可通过石油加工的方式获得。除此之外，部分烯烃原料，例如乙烯、丙烯、丁烯等也可以通过天然气化工获取。与之相关的工业被称为石油化学工业，简称石油化工，是指以石油和天然气为原料的化学工业类别。煤化工也可以提供芳烃类原材料，例如苯、甲苯、二甲苯、萘及其衍生物等，可再生资源综合利用可提供少量基础化工原材料，作为上面不可再生资源的补充。

目前，石油化工和煤化工仍然是世界各国获取化工原料的主要方式，各国的能源结构主要受该国资源、经济和科技发展等因素影响。我国油气对外依存度依然较高，石油、天然气的对外依存度分别由 2017 年的 67.4%、38.4%增长至 2021 年的 72%、44.9%。2021 年，我国总油气当量产量增长 5.1%，其中，原油产量同比增长 2.4%，产量为 1.99 亿吨；天然气产量同比增长 8.2%，产量为 2053 亿立方米。与 2020 年相比，2021 年我国原油进口 5.13 亿吨，同比下降 5.3%，对外原油依存度也由 2020 年的 73.6%下降至 72%。虽然在 2021 年我国首次出现了原油进口量和对外依存度的双下降，但不可否认的是，近十几年来，我国已经成为世界范围内的石油进口大国，石油已经成为我国不可或缺的重要化石能源。

针对煤化工和可再生资源综合利用需要特别强调如下几点：

a. 世界煤炭储量远远超过石油的储量，根据目前世界能源格局来看，合理并充分利用好煤炭资源可在一定程度上缓解石油和化学工业对石油和天然气的依赖；

b. 目前有许多化工原料并不能通过石油加工的方式大量获取，例如萘、蒽等化合物及其衍生物，因此煤化工的相关产业在世界范围内是不可或缺的重要化工手段之一；

c. 充分利用可再生资源，例如脂肪和油类、碳水化合物等，开发节能高效的可再生资源转化工艺可在一定程度上解决石油化工原材料单一的局限，并且还可以减缓石油和化学工业发展对环境带来的负面效应。

结合目前世界范围内煤化工以及生物质资源的综合利用情况来看，煤炭、脂肪和油类、碳水化合物等资源的综合利用可以与石油和天然气的开发利用相互补充，其发展取得了长足进步。

2.1 石油

2.1.1 石油化工概述

2.1.1.1 原油蒸馏

石油是一种体系极其复杂的混合物，在进行加工之前需对其进行原油蒸馏处理，依据石油中各组分沸点的不同将其分成若干组分。

(1) 石油及石油馏分

石油是由分子量为数十至数千的、数目众多的烃类和非烃类化合物组成的复杂混合物，沸点范围从常温到 500℃以上。因此，必须用分馏的方法将石油按沸点高低分割成若干部分，即所谓的馏分，只有这样才能对石油进行研究或加工，每个馏分的沸点范围简称为馏程或沸程。

原油蒸馏是石油加工过程中必不可少的一道工序。该工序将原油分割为不同沸程的馏分，按照油品的使用要求，除去这些馏分中非理想组分，或经化学加工形成所需要的组分，进而获得合格的石油产品，所谓的原油一次加工就是指原油蒸馏。

将原油分割成相应的直馏汽油、煤油、轻柴油或重柴油馏分及各种润滑油基础油馏分后，这些半成品馏分经过适当的精制和调和即可成为合格产品。此外，也可按照不同生产方案，将原油分割出一些二次加工过程所用的原料，例如重整原料、催化裂化原料、加氢裂化原料等，以此进一步提高轻质油的产率或提高产品质量。

(2) 蒸馏方式

蒸馏是石油加工过程中最常使用的分离手段之一，其具有经济、方便等特点。根据汽化方式可将蒸馏归纳为闪蒸（平衡汽化或一次汽化）、简单蒸馏（渐次汽化）和精馏。

闪蒸：闪蒸是指加热液体混合物，使之达到一定的温度和压力，然后引入一个汽化空间（如闪蒸罐、蒸发塔、蒸馏塔的汽化段等）使之一次汽化分离为平衡的气液两相，将含轻组分较多的气相冷凝下来，使混合液得到相对分离的过程。

简单蒸馏：简单蒸馏是用来浓缩物料或粗略分离油料的一种手段，将混合液置于蒸馏釜中，加热到达混合物的泡点温度时，将产生的气相随时引出，加以冷凝收集。

精馏：所谓精馏，即将多次汽化和多次冷凝巧妙组合，构成可以把混合液精确分开的精馏过程。由于闪蒸和简单蒸馏都无法将液体混合物精确分开，为适应生产发展的需要，就出现了多次汽化，并发展成为精馏过程。

2.1.1.2 石油加工过程

石油加工过程主要包括催化裂化、催化加氢、催化重整、热加工等四种重要工艺，其中催化加氢又可分为加氢精制和加氢裂化两种工艺技术。对于精细化工产品生产所需原材料的提供而言，催化裂化、催化重整、催化加氢三种方法最为重要，因此，本教材仅对以上三种加工过程中与精细化工产品生产所需原材料相关的知识进行介绍，至于其他内容，读者可自行查阅其他石油化工方面的专业书籍进行学习。

(1) 催化裂化

催化裂化是重要的石油二次加工过程，是原料油中大分子在高温和酸性催化剂的共同作用下发生裂化反应，转化为汽油、柴油、油浆和液化气的过程。由于催化裂化装置的转化率高，汽油和柴油产率可达到80%左右，汽油质量好，因此在石油化工行业中占有举足轻重的地位。进入21世纪后，为满足日益严格的车用汽油和车用柴油的环保要求以及市场对烯烃（丙烯）需求的日益增长，催化裂化工艺技术进一步发展和改进，该技术已经成为我国石化工业主要技术之一。但随着油品质量的逐年下降以及加氢工艺的日渐成熟，我国在“十三五”期间系统地对国内石油炼化企业进行战略性调整，在一定程度上缩减了催化裂化工艺所占比重并将缩减部分用加氢工艺取而代之。此外，“碳中和”是目前全世界范围内共同的奋斗目标，为实现该目标，新能源的发展势头迅猛。在我国，新能源车已经开始大范围普及，在未来有替代传统耗油交通工具的趋势。因此我国原有炼油产能过剩，这也是国家在“十三五”期间大幅度缩减催化裂化工艺在我国石化企业布局的另一个重要因素。

催化裂化原料油主要是减压馏分油，也可以掺入减压渣油、脱沥青油、回炼油经芳烃抽提后的抽余油、延迟焦化馏分油等各种重质油。其中，减压馏分油是常压渣油经过减压蒸馏得到的馏分油，是最主要的催化裂化原料；减压渣油采用溶剂脱沥青技术进行预处理，脱除绝大部分胶质、沥青质和金属后，可直接掺入减压馏分油作为催化裂化原料；常压渣油、减压馏分油、减压渣油、溶剂脱沥青油等其他重质油均可经过加氢处理后作为催化裂化原料。

石油经催化裂化工艺处理后可产出气体和液体两类产品。其中，气体产品主要包括以C1～C2组分为主的干气（产率3%～6%）和以C3～C4组分为主的液化气（产率8%～15%），干气组分中含有少量氢气和硫化氢。液体产品主要包括汽油、柴油、回炼油、油浆等。

液体产品中，催化裂化汽油的产率为40%～60%，其中含有30%～60%的烯烃，催化裂化汽油不仅是民用汽油的主要来源，也是生产烯烃的重要原料。催化裂化轻柴油的产率为20%～40%，其成分中含有大量芳烃（50%～80%），可用于分离或生产芳烃类产品的原料。回炼油又称重循环油，其沸点较高，通常作为中间产品送回至反应器进行再次裂化。澄清油密度大且芳烃含量高，可用于生产重芳烃、针状石油焦、炭黑等产品。

催化裂化所涉及的化学反应主要包括裂化、异构化、芳构化、氢转移等，该工艺总的热效应表现为吸热反应。

① 裂化反应

烷烃发生裂化反应后会生成烯烃以及小分子的烷烃：

$$C_nH_{2n+2} \longrightarrow C_mH_{2m} + C_pH_{2p+2} \quad (n=m+p)$$

当烯烃发生裂化反应生成两个相对较小分子的烯烃时，反应规律与烷烃发生裂化反应时的规律相似，但烯烃的裂化分解速度要比烷烃快很多：

$$C_nH_{2n} \longrightarrow C_mH_{2m} + C_pH_{2p} \quad (n=m+p)$$

当环烷烃发生裂化反应时会出现两种情况。如果环烷烃的分子结构中所含侧链很长，则侧链优先发生类似于烷烃的裂化反应。如果环烷烃的分子结构中所含侧链较短或者不含有侧链，则该环烷烃发生开环裂化生成烯烃：

$$C_nH_{2n} \longrightarrow C_mH_{2m} + C_pH_{2p} \quad (n=m+p)$$

当烷基芳烃发生催化裂化反应时，由于芳烃的芳环发生裂化反应的速度很慢，烷基芳烃会优先发生脱烷基反应，最终生成相对体积较小的芳烃和烯烃。如果烷基芳烃的侧链较长时，侧链会优先发生类似于烷烃的裂化的反应：

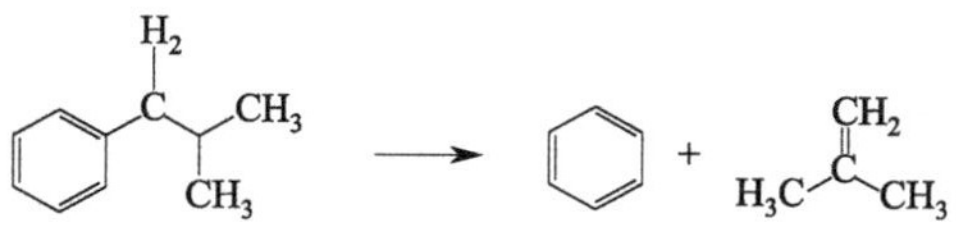

环烷芳烃裂化时，环烷烃开环断裂，生成烷基芳烃：

$$ArC_nH_{2n+1} \longrightarrow ArH + C_nH_{2n}$$

$$ArC_nH_{2n+1} \longrightarrow ArC_mH_{2m+1} + C_pH_{2p+2}$$

② 异构化反应

烃类的异构化反应时，分子结构中的碳链会发生重新排列，在反应过程中主要涉及直链和支链的变化、双键位置的变化、五元环和六元环之间的变化等，例如：

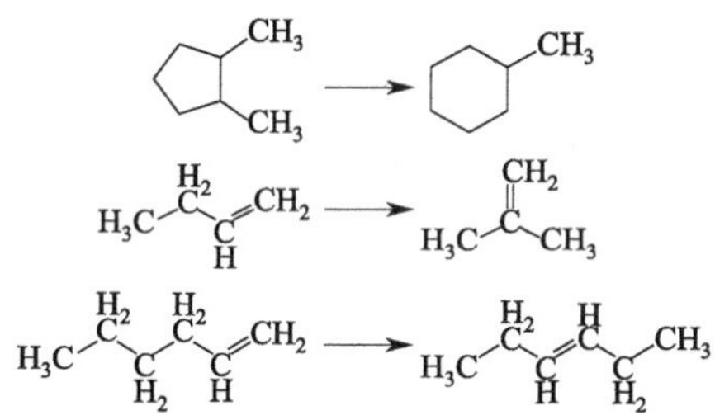

③ 芳构化反应

芳构化反应是催化裂化工艺中最为重要的反应，该反应过程主要包括了六元环烷烃脱氢生成芳烃、五元环烷烃异构化后再脱氢生成芳烃、烷烃裂化形成烯烃后再环化脱氢生成芳烃等一系列反应。例如：2-庚烯经环化和脱氢后生成甲苯。

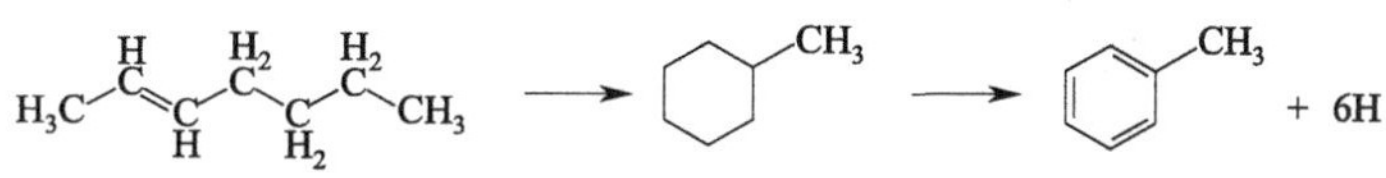

④ 氢转移反应

所谓的氢转移反应是活泼氢由供氢分子转移至受氢分子并且使受氢分子饱和的反应，该反应是催化裂化特有的反应类型，而且氢转移反应的反应速度较快。

$$\underset{（烯烃）}{3C_nH_{2n}} + \underset{（环烷烃）}{C_nH_{2n}} \longrightarrow \underset{（烷烃）}{3C_nH_{2n+2}} + \underset{（芳烃）}{C_mH_{2m-6}}$$

$$\underset{（烯烃）}{4C_nH_{2n}} \longrightarrow \underset{（烷烃）}{3C_nH_{2n+2}} + \underset{（芳烃）}{C_nH_{2n-6}}$$

$$\underset{（环烯烃）}{3C_mH_{2m-2}} \longrightarrow \underset{（环烷烃）}{2C_mH_{2m}} + \underset{（芳烃）}{C_mH_{2m-6}}$$

⑤ 烷基化反应

烯烃和芳烃、烷烃发生的加成反应都可以归为烷基化反应，该反应属于放热反应，是催化裂化的逆反应。

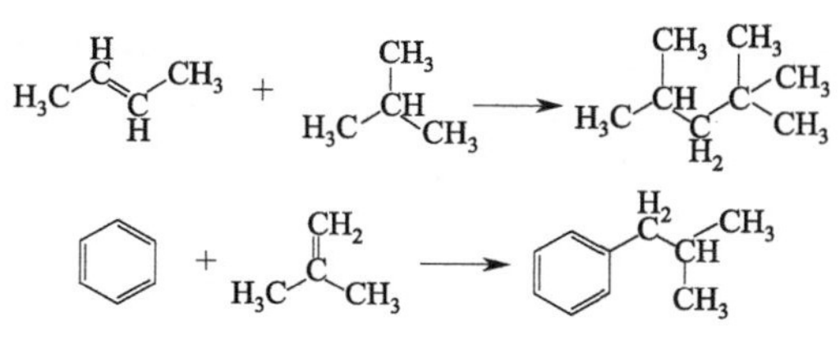

⑥ 缩合反应

缩合反应是新的C—C键形成的过程，在催化裂化过程中，缩合反应属于副反应，该反应主要发生在烯烃与烯烃、烯烃与芳烃、芳烃与芳烃之间。

（2）催化加氢

所谓的催化加氢工艺是指在氢气气氛下对石油馏分进行一系列催化加工过程的总称，依据烃类物质在催化加氢反应中裂解程度的大小又可分为加氢裂化和加氢处理两种工艺。当原料油在催化加氢过程中有超过10%的成分因发生裂化反应而生成相对体积较小的分子时，该加氢过程被称为加氢裂化；反之，当原料油中发生裂化反应的比例小于10%时，该加氢过程就被称为加氢处理过程。

目前，世界范围内的原油重质化和劣质化的程度不断增加，而市场对燃油质量的要求不断提高，因此，催化加氢工艺就显得格外重要。催化加氢工艺可有效解决重质油和劣质油炼化难、油品质量差的问题，该工艺现已成为各国石化企业重点发展的核心技术。在我国，催化加氢技术发展迅速，现已成为我国炼油工业的核心支柱技术，具有不可替代性。

催化加氢工艺所涉及的原料极其广泛，该工艺不仅可将石油中各类馏分以及加工过程中生产的原料和产品作为原料进行加氢精制，而且还能够将其他炼化过程中产生的减压馏分油、焦化馏分油、催化裂化循环油、脱沥青油等作为原料，通过加氢裂化的方法将其转化为轻质油馏分。

加氢处理主要用于各种加工过程原料预处理和产品精制，直馏石脑油、焦化石脑油经过加氢处理后作为催化重整或蒸汽裂解的原料；减压馏分油、减压渣油加氢处理后作为催化裂化或加氢裂化原料；煤油、催化裂化汽油、催化裂化柴油、直馏柴油、润滑油、石蜡和凡士林等经过加工后，可提高产品质量。

加氢裂化主要产品是高质量的喷气燃料、低凝柴油和润滑油等，同时副产石脑油和加氢尾油。

加氢处理过程涉及的化学反应主要包括加氢脱硫、加氢脱氮、加氢脱氧、加氢饱和等。

① 加氢脱硫

在加氢过程中，原料中所含的硫化物会发生C—S键的断裂，生成相应的烃类和H_2S。

$$RSH+H_2 \longrightarrow RH+H_2S$$

$$RSR'+2H_2 \longrightarrow RH+R'H+H_2S$$

$$RSSR'+3H_2 \longrightarrow RH+R'H+2H_2S$$

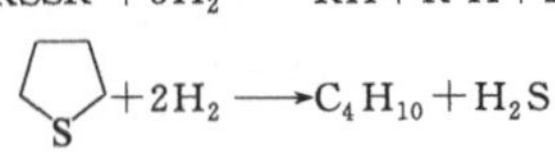

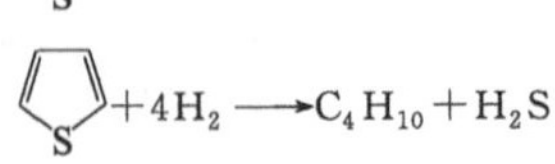

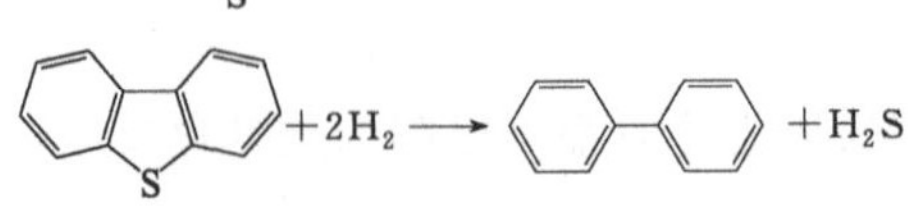

② 加氢脱氮

在加氢过程中，原料中所含的氮化合物会发生C—N键的断裂，生成相应的烃类和氨。

$$RNH_2+H_2 \longrightarrow RH+NH_3$$

$$RCN+3H_2 \longrightarrow RCH_3+NH_3$$

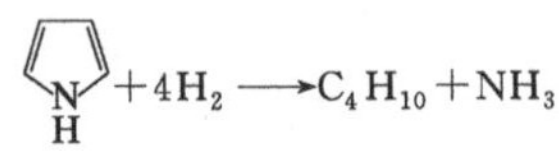

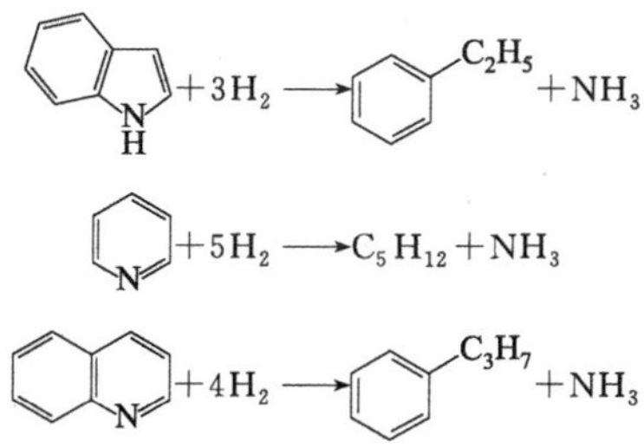

③ 加氢脱氧

在加氢过程中，原料中所含的氧化物会发生 C—O 键的断裂，生成相应的烃类和水。

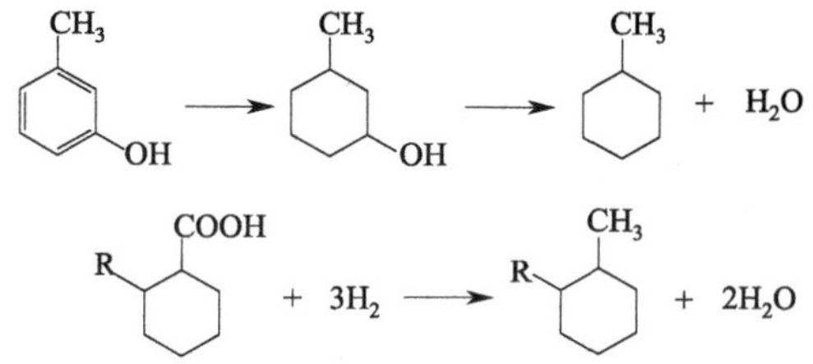

④ 加氢饱和

在加氢过程中，原料中所含的各类芳烃加氢饱和后主要生成环烷烃。

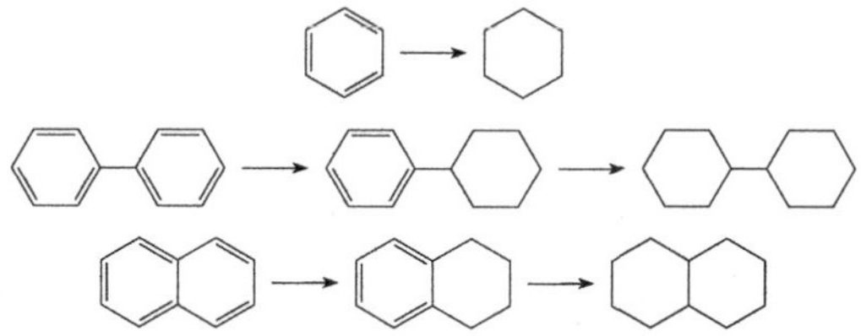

加氢裂化过程涉及的化学反应主要包括环烷烃和环烷芳烃的开环反应、烷烃和烯烃的异构化、烷烃和烯烃的加氢裂化、烷基芳烃和烷基环烷烃的侧链断裂反应、缩合反应等。

① 环烷烃和环烷芳烃的开环反应

加氢裂化过程中，环烷芳烃最外端的芳环首先经催化加氢过程形成环烷烃，之后形成的环烷烃开环裂解形成烷烃，接下来，原分子结构中的次外端芳烃通过催化加氢过程形成环烷烃，之后再开环裂解，最终大分子共轭芳烃经加氢裂化工艺裂解成小分子的环烷烃或者烷烃。

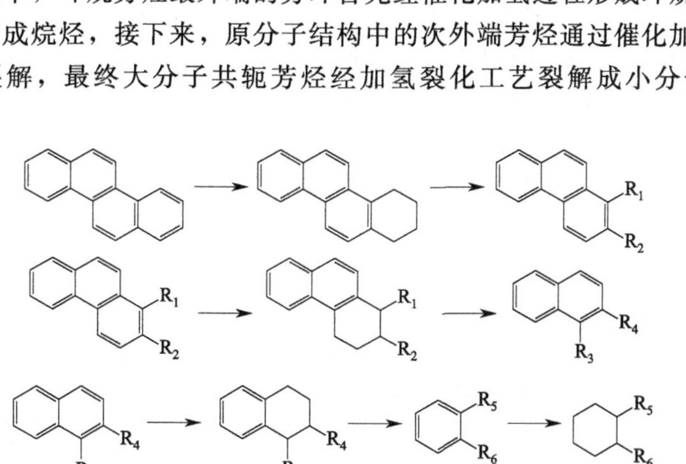

② 烷烃和烯烃的异构化

烷烃经异构化反应形成结构更复杂的烷烃。烯烃通过异构化反应，首先生成异构烯烃，接下来，异构烯烃会进一步反应形成结构复杂的饱和烷烃。

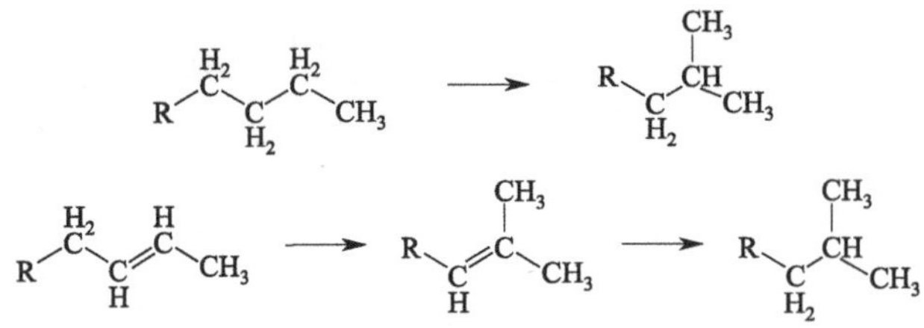

③ 烷烃和烯烃的加氢裂化

烷烃和烯烃经加氢裂化过程会形成分子量更小的烷烃。

$$C_nH_{2n+2}+H_2 \longrightarrow C_mH_{2m+2}+C_{n-m}H_{2(n-m)+2}$$

$$C_nH_{2n}+2H_2 \longrightarrow C_mH_{2m+2}+C_{n-m}H_{2(n-m)+2}$$

④ 烷基芳烃和烷基环烷烃的侧链断裂反应

环烷烃和芳烃的环状结构稳定性好，不宜开环，因此加氢裂化过程中通常是烷基芳烃和烷基环烷烃的侧链发生断裂。

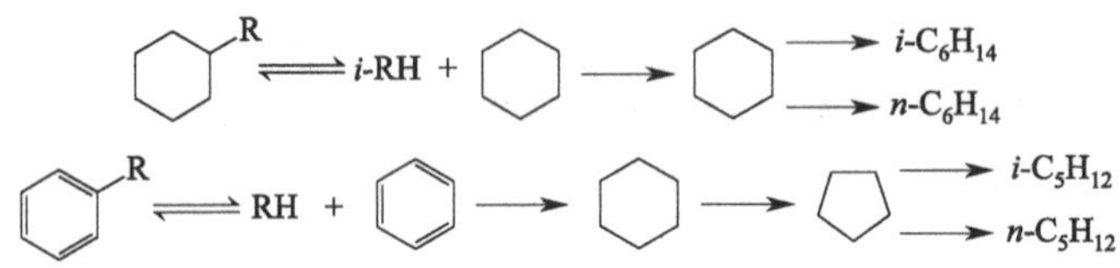

⑤ 缩合反应

在加氢裂化过程中，裂化产物会有一定概率发生缩合反应。此外，裂化原料（稠环芳烃）也会有一定概率发生进一步的缩合反应，最终形成焦炭并沉积在催化剂上。由于加氢裂化氢分压较高，缩合反应受到抑制，因此加氢裂化催化剂活性稳定且使用寿命较长。

（3）催化重整

催化重整技术是目前石油炼化企业最为重要的技术之一，该技术是以重石脑油为原料，在一定温度、压力、催化剂存在的条件下进行烃类分子结构重排反应，生产芳烃、高辛烷值重整汽油和副产大量氢气的工艺过程。重整芳烃对于精细化工产品生产至关重要，重整芳烃是化纤、塑料和橡胶的基础原料，其产量占全球芳烃产量的70%以上。此外，在其他制氢技术工业化程度尚不完善的时期，重整氢气是最为廉价且最为重要的氢源，其产量占炼化企业氢气需求量的50%以上。在“十三五”时期，我国重点落实“炼化一体化”战略部署，催化重整技术作为现代化炼油和化工生产技术在石化行业中的地位也越来越重要。

催化重整工艺所需原料主要包括直馏石脑油和加氢裂化石脑油，其产品包含了重整汽油、三苯（苯、甲苯、二甲苯）、氢气、C9 和 C10 重芳烃。其中重整汽油的辛烷值高达95～105，是高牌号汽油的重要调和组分。苯、甲苯、二甲苯是催化重整工艺的重要产品，这些芳烃产品是生产纤维、塑料、橡胶以及其他精细化工产品所需重要原料，其产率取决于重整原料中芳烃的含量。C9 和 C10 重芳烃几乎不含烯烃，实际产出的重芳烃以 C9 芳烃组分为主。C9 芳烃组分具有较高的辛烷值，主要用于汽油调和，也可用于化工原料（偏三甲苯、均三甲苯等）生产。C10 芳烃可通过加氢转化为轻质芳烃或溶剂油。

催化重整工艺涉及的化学反应主要包括六元环烷烃脱氢反应、五元环烷烃脱氢异构反应、烷烃脱氢环化、异构化反应、加氢裂化反应、积碳反应等。

① 六元环烷烃脱氢反应

六元环烷烃脱氢制芳烃的反应属于吸热和体积增大的可逆反应，在反应过程中可发生异构化。

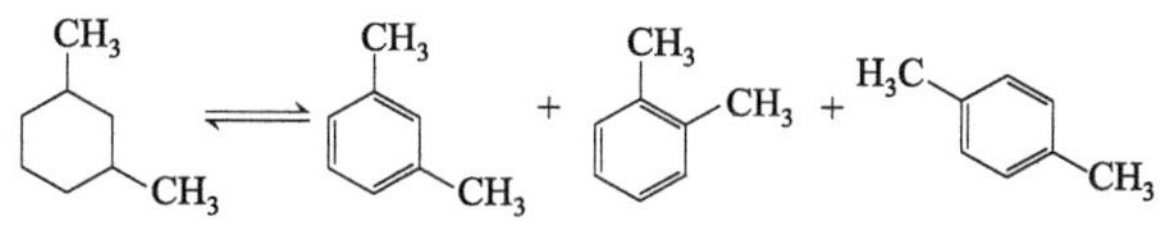

② 五元环烷烃脱氢异构反应

与六元环烷烃脱氢反应类似，五元环烷烃的脱氢异构反应也属于吸热和体积增大的可逆反应，而且与六元环烷烃脱氢反应相比，五元环烷烃的脱氢异构化反应速度要更快。

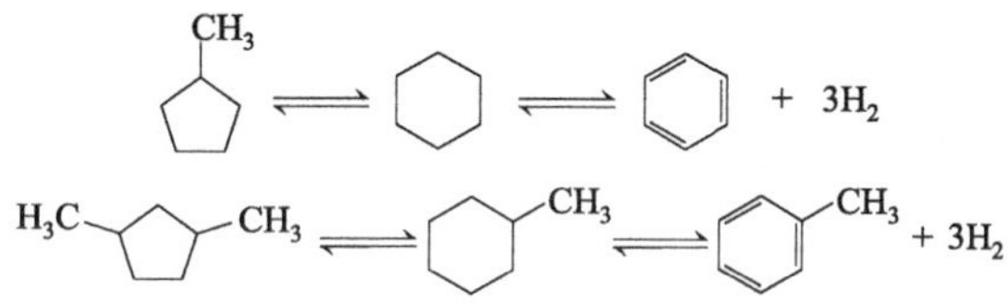

③ 烷烃脱氢环化

六个碳以上的烷烃环化可生成五元以上的环烷烃，最后脱氢生成芳烃。这类反应是吸热和体积增大的可逆反应，但其反应较慢，所以要求采用较高的反应温度和较低的空速。

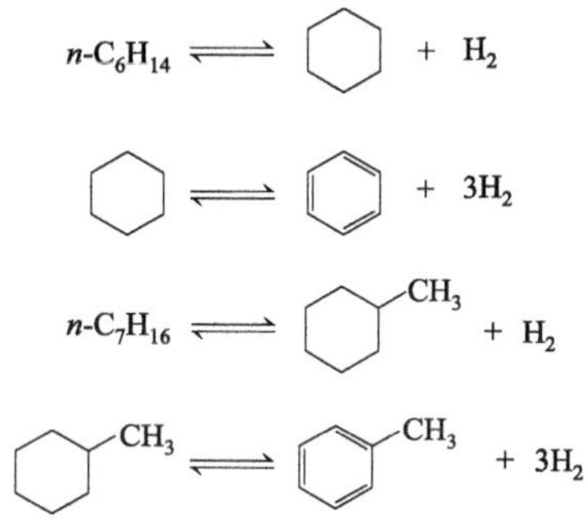

④ 异构化反应

烃类在重整催化剂上的异构化反应包括烷烃的异构化和芳烃的异构化。正构烷烃异构化后，不仅可提高汽油的辛烷值，而且由于异构烷烃比正构烷烃更容易进行脱氢环化反应，因此，烷烃的异构化反应也有利于生成芳烃。与烷烃的异构化相比，芳烃的异构化反应对于辛烷值和芳烃产率的影响不大。

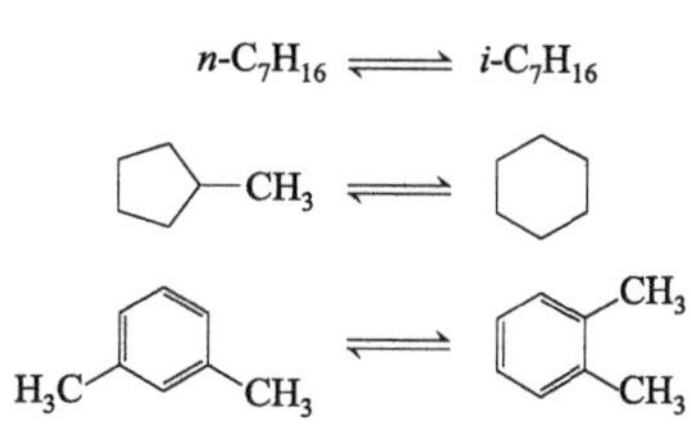

⑤ 加氢裂化反应

由于催化重整过程中会生成大量的氢气，因此原料或产品会发生加氢裂化反应。对于催化重整工艺来说，加氢裂化反应是催化重整过程中的副反应。烷烃的加氢裂化反应生成小分子的 C3 和 C4 烷烃，使液体收率下降。环烷烃开环裂化生成异构烷烃，造成芳烃产率和辛烷值的下降。同时，烷烃和环烷烃的加氢裂化反应是耗氢反应，会造成氢气产率下降。烷基芳烃在重整条件下会脱烷基转化为小分子芳烃和烷烃。加氢裂化反应在重整条件下的反应速度最慢，只有在高温、高压和低空速时，其影响才逐渐显著。

$$n\text{-}C_7H_{16}+H_2 \longrightarrow n\text{-}C_3H_8+i\text{-}C_4H_{10}$$

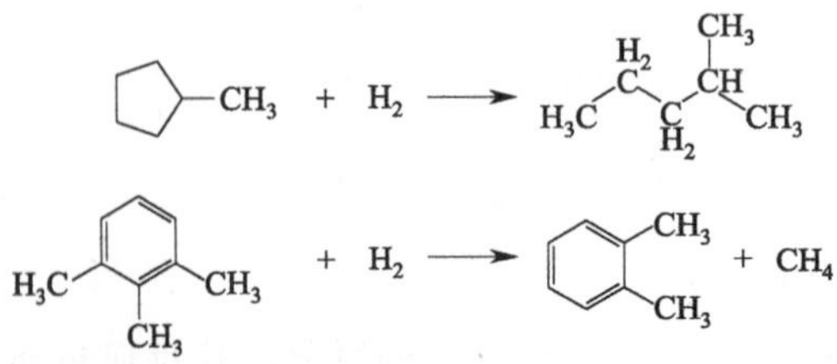

在重整催化剂的作用下，烷烃或烷基芳烃的分子末端C—C键断裂，气体产物以甲烷为主，该反应也称氢解反应，最终的结果会导致液体收率和氢气产率下降。

$$C_6H_{13}-CH_2-CH_3+H_2 \longrightarrow C_6H_{13}-CH_3+CH_4$$

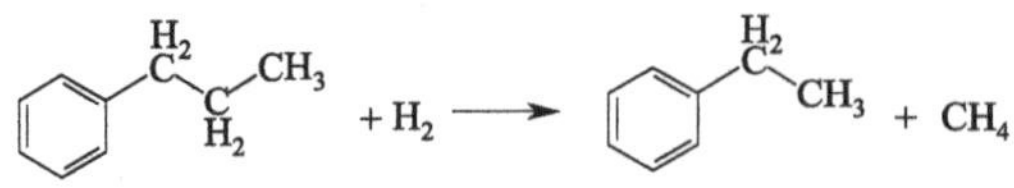

⑥ 积碳反应

烃类脱氢生成烯烃进一步发生缩合反应，产生焦炭，使催化剂活性降低。但在较高氢气压力下，由于重整催化剂有较高的活性，可通过使烯烃饱和的方式来抑制焦炭的生成。

2.1.2 烯烃类原料及其下游产品

在石油加工过程中所获得的重要烯烃原料当属乙烯、丙烯和丁烯，其中丁烯又包含了正丁烯、异丁烯、丁二烯，正丁烯包括1-丁烯和2-丁烯。

（1）烯烃类原料的获取

① 由催化裂化气体产品中获取。

催化裂化过程会产出气体组分，其中液化气（C3～C4）的产率为8%～15%，干气（C1～C2）的产率为3%～6%，这些气体组分中含有大量C4及C4以下的烯烃类产品，通过深冷分离的方式对这些气体组分进行分离提纯便可获得相应的烯烃纯品。

② 烃类热裂解制烯烃。

所谓的烃类热裂解是将烃类原料通过高温和低压的作用，发生裂解和脱氢反应，生成分子量较小的烯烃、烷烃及其他轻质和重质烃类，产品经分离提纯后即可获得相应的烯烃原料。

（2）由乙烯获得的下游原料及产品

乙烯是由两个碳原子和四个氢原子组成的重要有机化合物，化学式为C_2H_4。乙烯工业是石油化工产业的核心，据统计，乙烯下游产品占石化产品总量的75%以上，因此乙烯的产能在一定程度上决定了一个国家石油化工行业的发展。目前，世界范围内已将乙烯的产量作为衡量一个国家石油化工水平的重要标志之一。

① 聚乙烯

聚乙烯（polyethylene，缩写为PE），是利用乙烯为原料，经聚合反应制得的一种热塑性树脂。聚乙烯的化学稳定性较好，但对光、热、臭氧及紫外线较为敏感，容易发生光氧化、热氧化、臭氧分解，在紫外线作用下容易发生降解。根据聚乙烯生产时的聚合方法、分子量大小、分子链结构的差别，可将聚乙烯分为高密度聚乙烯（HDPE)、低密度聚乙烯(LDPE）及线型低密度聚乙烯（LLDPE)。

高密度聚乙烯能够耐受绝大多数酸碱的侵蚀，而且吸水性小，电绝缘性高，在低温环境下仍然可以保持柔软性，但高密度聚乙烯暴露在空气中时会因光和热的影响发生氧化作用。高密度聚乙烯主要用于生产薄膜制品、日用品及工业用的中空容器、管材、包装用的压延带和结扎带、绳缆、渔网和编织用纤维、电线电缆等。

低密度聚乙烯也可以抵抗绝大多数的酸碱侵蚀，而且耐低温性和电绝缘性好，吸水性小。低密度聚乙烯主要用于农膜、工业用包装膜、药品与食品包装薄膜、机械零件、日用品、建筑材料、电线电缆绝缘、涂层和合成纸等。

线型低密度聚乙烯具有比低密度聚乙烯更优异的耐环境性和电绝缘性，不易开裂。此外，该产品具有较高的耐热性能、抗冲击和耐穿刺性能等。线型低密度聚乙烯主要用于生产薄膜、日用品、管材、电线电缆等。

聚乙烯的改性品种主要有氯化聚乙烯、氯磺化聚乙烯、交联聚乙烯和共混改性品种。

氯化聚乙烯（CPE）是由高密度聚乙烯经氯化取代反应制得的高分子材料。根据结构和用途不同，氯化聚乙烯可分为树脂型氯化聚乙烯和弹性体型氯化聚乙烯两大类。在橡胶工业中，氯化聚乙烯可作为高性能、高质量的特种橡胶，也可以与乙丙橡胶（EPR)、丁基橡胶(IIR)、丁腈橡胶（NBR)、氯磺化聚乙烯（CSM）等其他橡胶共混使用。

氯磺化聚乙烯是美国 Dupont 公司于 1952 年首先实现工业化的。氯磺化聚乙烯由低密度聚乙烯或高密度聚乙烯经过氯化和氯磺化反应制得。为白色或黄色弹性体，能溶解于芳香烃及氯代烃，不溶于脂肪及醇中，在酮和醚中只能溶胀不能溶解，有优异的耐臭氧性、耐大气老化性、耐化学腐蚀性等，有较好的物理机械性能、耐热及耐低温性、耐油性、耐燃性、耐磨性及耐电绝缘性。

交联聚乙烯的耐热性、耐环境应力开裂性及机械性能均比聚乙烯有较大提高，适于作大型管材、电缆电线以及滚塑制品等。

将线型低密度聚乙烯和低密度聚乙烯掺混后，就可用于加工薄膜及其他制品，产品性能比低密度聚乙烯好。聚乙烯和乙丙橡胶共混可制得用途广泛的热塑性弹性体。

② 氯乙烯和聚氯乙烯

氯乙烯（vinyl chloride)，是一种重要的高分子化工单体，其化学式为 C_2H_3Cl，氯乙烯是有毒物质，长期吸入和接触氯乙烯可能引发肝癌。

工业应用方面，氯乙烯是重要的塑料工业原料，主要用来生产聚氯乙烯的均聚物和共聚物。此外，氯乙烯还可用作染料及香料的萃取剂或作为冷冻剂来使用。

聚氯乙烯（polyvinyl chloride；PVC）是氯乙烯单体在过氧化物、偶氮化合物等引发剂或在光、热作用下按自由基聚合反应机理聚合而成的聚合物。

PVC 曾是世界上产量最大的通用塑料，应用非常广泛。在地板革、地板砖、人造革、管材、电线电缆、包装膜、发泡材料、密封材料、纤维等方面均有广泛应用。

③ 环氧乙烷和乙二醇

环氧乙烷（EO)，其化学式为 C_2H_4O，是十分重要的化工原材料，由于环氧乙烷有毒，因此曾被用来生产杀菌剂。环氧乙烷性质活泼，易燃易爆，不适合长途运输，因此，其生产具有较强的地域性。环氧乙烷最大用途就是生产乙二醇和其他非离子表面活性剂，相关产品广泛用于日化、印染、制药等行业。

乙二醇（ethylene glycol）又名甘醇、1,2-亚乙基二醇，简称 EG。乙二醇是最简单的二元醇，其化学式为（CH_2OH）$_2$。工业方面，乙二醇主要作为溶剂、防冻剂，以及作为合成涤纶和增塑剂的原料来使用。

④ α-烯烃及聚 α-烯烃

α-烯烃(α-olefin) 是指双键在分子链一端的单烯烃，其分子式为 R—CH ═CH_2，其中 R 为烷基。如果 R 为直链烷基，该 α-烯烃称为线型 α-烯烃（LAO）。需要特别指出的是，丙烯同样属于 α-烯烃范畴，但是在工业领域，真正意义上的 α-烯烃指的是 C4、C5，以及碳原子数更多的直链端烯烃。目前，线型 α-烯烃是重要的工业产品，其碳原子数范围较宽（C4～C40），用途较为广泛的是碳原子数在 C6～C18（或 C20）的线型 α-烯烃。通常情况下，这些线型 α-烯烃不需要进行个别组分的分离，而是根据实际用途需要将其分成各种馏分。例如：C6～C10 馏分可用于生产增塑剂，C12～C18 馏分可用于生产洗涤剂，以上烯烃馏分都属于油状液体。

现阶段，线型 α-烯烃是发展极为迅速的一种重要烯烃类有机原材料，其应用范围广，产品附加值高，据统计，2016 年，线型 α-烯烃的全球总消费量高达 540 万吨。α-烯烃的最重要用途就是用于生产聚 α-烯烃，2016 年全球用于生产聚 α-烯烃所消耗的 α-烯烃占 α-烯烃总产量的 50%以上。

线型 α-烯烃成分复杂，各成分中最为重要的当属 1-丁烯、1-己烯、1-辛烯和 1-癸烯等产品，它们是生产高性能聚烯烃、高端润滑油、增塑剂、表面活性剂等产品的重要精细化工中间体。除此之外，线型 α-烯烃的应用还涉及其他一些领域。例如作为线型低密度聚乙烯、高密度聚乙烯和聚烯烃弹性体（POE）的共聚单体使用，主要共聚单体有 1-丁烯、1-己烯和 1-辛烯。用于生产洗涤剂醇，由 C12～C20 的 α-烯烃合成的洗涤剂醇具有很好的生物降解性。合成润滑油，聚 α-烯烃（PAO）是优质的合成润滑油，它主要是 1-癸烯、1-辛烯、1-十二碳烯聚合产物。用于生产增塑剂醇，C6～C10 直链 α-烯烃经羰基合成制得的增塑剂醇挥发度低，具有很好的光稳定性和抗氧化性。用于生产润滑油添加剂及钻井液、黏合剂、密封剂等。从全球角度来看，共聚单体是 α-烯烃最重要的用途之一，约占 α-烯烃消费量的 60%。其次为洗涤剂醇和聚 α-烯烃领域。

进入 21 世纪之后，我国的线型 α-烯烃需求量逐年上涨，在“十三五”期间，我国加快落实“炼化一体化”项目，期间特别强化了国产线型 α-烯烃的产能，在高端润滑油需求的带动下，线型 α-烯烃的产能的提高有效缓解了国内对线型 α-烯烃的产能的需求。

⑤ 乙醛、乙酸、乙醇、乙醚

乙醛（acetaldehyde）又名醋醛，其分子式为 C_2H_4O，性状为无色液体，具有刺激性气味，常温下可以与水及乙醇等常见溶剂互溶。乙醛是一种十分重要的有机化工中间体，可用于生产醋酸、醋酸酯、醋酸乙烯酯、乙二醛、三氯乙醛、巴豆醛、季戊四醇和吡啶类化合物等，在食品和饲料添加剂、医药、农药等领域具有广泛的用途。

我国最早生产乙醛应从 1953 年建成的乙醇-乙醛-醋酸路线工业生产装置开始，至今，我国乙醛生产已有 70 多年的发展历史。21 世纪初，我国兴建许多季戊四醇和吡啶的生产装置。从此，乙醛作为产品直接销售到下游产品市场，采用乙醛为原料生产高附加值的精细与专用化学品，充分发挥了乙醛的原料优势，实现了效益最大化。

乙酸室温下可溶于水、乙醇、乙醚等常见溶剂，乙酸的性状为无色液体，具有刺激性气味与酸味，并有强烈的腐蚀性。无水乙酸（冰醋酸）的凝固点为 16.6℃，低于凝固点后乙酸会呈现出冰状晶体。乙酸是一种十分重要的基本有机化工产品，能合成许多种类的衍生物，主要用于合成乙酸乙烯单体（VAM）、精对苯二甲酸（PTA）、乙酸酐、乙酸酯类等产品，是合成纤维、胶黏剂、医药、染料和农药的重要原料。此外，乙酸还是优良的溶剂，在塑料、橡胶和印刷等行业中有着广泛的用途。

乙醇（ethanol）俗称酒精，其分子式为 C_2H_6O。乙醇是一种易燃、易挥发的无色透明液体，具有特殊的香味，室温下可与水以任意比例互溶。能与乙醚、甲醇、丙酮等多种常见溶剂混溶。乙醇是用途极为广泛的常见有机化合物，常用于生产醋酸、燃料、染料、香精等精细化工产品。在医用方面，体积分数为 70%～75%的乙醇水溶液是重要的医用消毒剂。

乙醚是一种有机物，分子式为 $C_4H_{10}O$，其性状为无色透明液体，有特殊刺激性气味。乙醚在工业领域的应用十分广泛，主要用作油类、染料、生物碱、脂肪、天然树脂、合成树脂、硝化纤维、香料、非硫化橡胶等的优良溶剂，毛纺、棉纺工业用作油污洁净剂，火药工业用于制造无烟火药，医学用作麻醉剂。乙醚的生产方式简单，乙醇在酸性条件下脱水后便可制得乙醚。

⑥ 苯乙烯

苯乙烯（styrene）是不饱和芳烃中结构最简单，最为基本的化学品。苯乙烯的分子式为 C_8H_8，其性状为无色透明油状液体，不溶于水，可溶于乙醇、乙醚等多种常见的有机溶剂。苯乙烯的主要用途是作为合成树脂、合成橡胶等的重要单体。其下游产品主要包括聚苯乙烯以及丙烯腈-丁二烯-苯乙烯三元共聚物（ABS）和苯乙烯-丙烯腈共聚物（SAN）等重要新型聚合物化学品。此外，苯乙烯还可用于药品、染料、涂料等诸多领域，也可用于生产农药、乳化剂和矿物加工剂等。

（3）由丙烯获得的下游原料及产品

丙烯是三大合成材料的最基本原材料之一，其分子式为 C_3H_6。室温下，丙烯的性状为无色、无臭、略带甜味的气体。丙烯的最大用途是生产聚丙烯，此外，由丙烯还能够获得一系列其他重要的基础化工原材料，例如：丙烯腈、环氧丙烷和环氧氯丙烷、苯酚和丙酮、丙烯酸及其酯类以及丁辛醇等相关醇类原材料。在来源方面，丙烯主要通过催化裂解、蒸汽裂解、丙烷脱氢、煤制烯烃等工艺制取。

① 聚丙烯

聚丙烯（PP）是一种热塑性合成树脂，聚丙烯具有无毒、抗冲击、易加工、比重小、电绝缘性和抗挠曲性好等优点，是一种性能优良的树脂产品，常用于汽车、电器、电子、建材、包装、家具等诸多领域。聚丙烯的生产过程主要包括原料精制、聚合、产品分离、干燥、脱活、造粒、包装等工序，其中聚合工序是生产工艺中的核心部分。

据统计，近年来我国聚丙烯产能呈现逐年上涨趋势。2019 年，我国聚丙烯总产能高达 2549 万吨，比 2018 年增长 9%，但仍然无法满足国内市场需求。2019 年我国聚丙烯全年进口量为 504 万吨，同比 2018 年增长 13.7%。聚丙烯进口货源主要还是来自韩国、沙特阿拉伯、新加坡、阿联酋、泰国等地区，进口料中多为通用均聚和共聚货源，高端货源供应数量变化有限。

② 丙烯腈

丙烯腈是合成树脂、合成橡胶、合成纤维等相关聚合物材料制备所需的重要单体原材料。丙烯腈的性状为无色、易燃、带有刺激性气味的液体，其化学式为 C_3H_3N。丙烯腈的化学性质活泼，能够与氧化剂、强碱、强酸、溴素以及胺类化合物发生剧烈反应。工业应用方面，丙烯腈是合成聚丙烯腈纤维（腈纶）的重要原料，丁二烯和丙烯腈聚合后即为丁腈橡胶，苯乙烯、丁二烯、丙烯腈共聚后可以获得 ABS 树脂，丙烯腈水解后可获得丙烯酰胺、丙烯酸和丙烯酯。丙烯腈电解后可制得己二腈，己二腈通过加氢处理可获得己二胺，己二胺是生产尼龙 66 的重要原料。此外，丙烯腈还可用于生产胶黏剂和抗水剂等其他精细化工产品。

③ 环氧丙烷和环氧氯丙烷

环氧丙烷（PO）是丙烯下游重要的衍生物，据统计，环氧丙烷的全球产能接近 1000 万吨，已超过丙烯腈成为仅次于聚丙烯的第二大丙烯类衍生物。PO 作为一种重要的基础有机化工原料，其最大用途是生产聚氨酯的原料聚醚多元醇，还可以生产用途广泛的丙二醇、丙二醇醚等。除此之外，PO 还可以生产非离子型表面活性剂、油田破乳剂、农药乳化剂等，其衍生物可广泛用于建筑、家具、汽车、高铁及日化等行业。

环氧氯丙烷又称为表氯醇，主要用于生产环氧树脂、氯醇橡胶、甘油、纤维树脂、表面活性剂、离子交换树脂、水处理剂等重要精细化工产品，环氧氯丙烷用途极广，是一种十分重要的化工原料和化工中间体。

目前，国内外生产环氧氯丙烷的工业方法主要有丙烯高温氯化法、醋酸丙烯酯法、甘油法。其他方法还有氯丙烷直接环化氧化法、丙烯醛法和丙酮法，其中氯丙烷直接环化氧化法目前只是初步工业化，另外两种尚未实现工业化。

④ 苯酚和丙酮

苯酚（phenol）是一种具有特殊气味的无色针状晶体，其化学式为 C_6H_5OH。苯酚是制备药物（阿司匹林）、防腐剂、杀菌剂、树脂等产品的重要原料，由苯酚可制得双酚 A、己内酰胺、水杨酸、己二酸、苦味酸等重要中间体及化工产品。

丙酮又称为二甲基酮，是一种结构最为简单的饱和酮，其分子式为 C_3H_6O。丙酮易溶于水、常见醇类溶剂（甲醇、乙醇等）、乙醚、吡啶、氯仿等，其化学性质活泼，是重要的化工原材料和溶剂。丙酮可用于生产双酚 A、己二醇、有机玻璃单体、甲基异丁基酮等重要化工中间体和产品，在医药、塑料、纤维、橡胶、军工等行业有着广泛应用。

⑤ 丙烯醛、丙烯酸、丙烯酸酯

丙烯醛是一种结构最为简单的不饱和醛，其性状为无色或淡黄色液体，化学式为 C_3H_4O。丙烯醛是一种重要的化工中间体，广泛用于各类树脂产品的生产以及有机化合物的合成中。通常情况下，丙烯醛用于生产丙烯酸时并不进行提纯分离操作，只有用于生产其他精细化工产品时才进行分离提纯。

丙烯酸又名败脂酸，是一种重要的化工中间体和多功能聚合物单体，其分子式为 $C_3H_4O_2$。丙烯酸的性状为无色液体，具有一定刺激性气味，能够与水、乙醇、乙醚等常见溶剂混溶。丙烯酸的化学性质活泼，结构中的羧基可参与生成酯类、酰胺类、酰氯类、酸酐类等物质，双键可通过共聚或均聚反应来制备聚合物材料。

丙烯酸酯的主要品种有甲酯、乙酯、丁酯、辛酯等，在这些酯类产品中，产量最大且应用最广的当属丙烯酸丁酯。丙烯酸酯类化合物主要用于聚合物的生产，相关产品在胶黏剂和

用来生产环氧树脂固化剂以及开发其他高附加值的精细化工产品。

④ 环烯烃共聚物

环烯烃共聚物（COC/COP）是烯烃和环烯烃的共聚物，COC 树脂可利用单中心催化剂通过溶液聚合制备。COC 具有强度高、密度低、耐化学性、耐热等特点，具有良好的透光性和优良的水汽阻隔性，广泛用于光学材料、医疗卫生材料、电学材料等诸多领域。目前，美国泰科纳、日本瑞翁公司为 COC 树脂主要生产厂家。此外，日本宝理塑料株式会社将德国赫斯特集团的 Topas 业务收购，并进入 COC/COP 产品市场，相关产品通过子公司 Topas Advanced Polymers 进行销售，主要牌号有 8007、6013、6015、5013、6017。日本三井化学公司于 1995 年开始生产 COC 的 Apel 系列产品，其主要牌号有 6509T、6011T、6013T、6015T、5014DP、5014CL。与 COC 树脂相比，COP 树脂虽然性能优良，但由于受到价格因素影响，其应用普及性不及 COC 树脂。

2.1.3　芳烃类原料及其下游产品

芳烃类原料及其下游产品主要包括苯、甲苯、二甲苯、重芳烃以及相关下游衍生物产品。其中，苯、甲苯、二甲苯主要通过催化重整工艺获取，另外，煤加工生产焦炭的过程中形成的挥发性副产物也是苯的另外一个来源，但焦油苯中杂质含量较高，分离提纯较为困难，因此该方法不作为苯的主要获取方式。重芳烃是在石油加工和煤加工过程中副产的 $C9^{+}$ 芳烃，其中主要含有 C9 和 C10 芳烃。由石油获得的重芳烃来源主要包括催化重整工艺副产的 C9 馏分、乙烯联产装置副产的 C9 和 C10 馏分、煤炭高温炼焦副产品等。

（1）由苯获得的下游原料及产品

苯（benzene）是一种最为简单的芳烃类有机化合物，分子式为 C_6H_6。室温下，苯的性状为无色透明液体，具有芳香气味。苯的水溶性极差，但易溶于常见有机溶剂，其本身也可作为有机溶剂使用。苯是一种石油化工基本原料，其产量和生产的技术水平是一个国家石油化工发展水平的标志之一。

① 苯酚和苯二酚

苯酚是重要的化工原料，苯酚同时属于苯和丙烯的下游衍生物原材料，在本章节前部分已经对苯酚进行了详细介绍，在此就不进行重复讲解。苯二酚是苯环上同时含有两个酚羟基的一系列衍生物，依据其化学结构可分为邻苯二酚、间苯二酚、对苯二酚。

邻苯二酚又称为儿茶酚，其分子式为 $C_6H_6O_2$。室温下，邻苯二酚的性状为无色结晶，可溶于水、醇、醚等多种常见溶剂，但在冷的苯溶液中不能溶解。邻苯二酚是重要的化工原材料，在应用方面，邻苯二酚可用于生产电镀添加剂、染发剂、橡胶硬化剂等相关产品，是十分重要的化工中间体。

自然界中，儿茶酚多数以衍生物的形式存在。例如，邻甲氧基酚和 2-甲氧基-4-甲基苯酚等。哺乳动物体内的拟交感胺，如肾上腺素、去甲肾上腺素等是儿茶酚的苯环上带有一个 β-羟基乙胺侧链的化合物。

间苯二酚又称为 1,3-苯二酚，其性状为白色结晶性粉末，室温条件下，间苯二酚易溶于水、乙醇等常见极性溶剂。间苯二酚性质活泼，与苯酚、甲酚相似，作为生产聚合物的基础原材料，间苯二酚可与甲醛形成缩聚物。此外，间苯二酚还可用来生产胶黏剂、染料、医药、防腐剂、日化产品（化妆品）。间苯二酚的衍生物，例如 β-甲基伞形酮是光学漂白剂的重要中间体，三硝基间苯二酚是雷管的引爆剂，二苯甲酮作为间苯二酚的下游产物可作为紫外线吸收剂使用。

对苯二酚又称为1,4-苯二酚、氢醌。室温下，对苯二酚的性状为白色结晶性粉末，易溶于热水，能溶于冷水、乙醇及乙醚，微溶于苯。对苯二酚是重要的化工原材料，主要用于偶氮染料、蒽醌染料、橡胶防老剂、稳定剂、抗氧剂等产品的生产。

② 苯胺

苯胺又称为阿尼林、阿尼林油、氨基苯，其分子式为 C_6H_7N。室温下，苯胺的性状为无色油状液体，苯胺的水溶性较差，但易溶于乙醇、乙醚等有机溶剂。在石油化工行业发展初期，苯胺是具有重要意义的染料奠基产品，随着化学工业的高速发展，现如今苯胺的重要性早已不及当年，但作为一种活性较高的化工原材料，苯胺在当今的化工领域仍然占据一席之地。苯胺主要用于生产二苯基甲烷二异氰酸酯（MDI），此外苯胺也是助剂、医药、杀菌剂和除草剂生产所需重要的原材料。

③ 氯苯

氯苯（chlorobenzene）又称为苯基氯、氯代苯、氯化苯、一氯代苯。室温下，氯苯的性状为无色透明液体，能够溶解在乙醇、乙醚等多种有机溶剂中。20世纪初，氯苯主要用于生产炸药和杀虫剂（DDT），到20世纪60年代后，DDT开始被低残留、低毒、安全、环保的农药所替代，氯苯的应用也开始转移到其他领域。目前，氯苯主要用作染料、医药、农药、有机合成的中间体，还可用作溶剂、气相色谱参比物。

（2）由甲苯获得的下游原料及产品

室温下，甲苯的性状为无色易挥发液体，带有特殊的芳香味，能够与乙醚、丙酮、氯仿等常见有机溶剂混溶。目前，甲苯主要是通过石油加工过程获取的。在应用方面，甲苯既可作为有机化工基础原材料使用，也可作为溶剂和高辛烷值汽油添加剂来使用。目前我国甲苯产能严重过剩，大量甲苯用于脱烷基制苯或者用歧化方式制备二甲苯。

甲苯下游衍生物广泛用于医药、农药、合成材料、助剂、染料、香料等各类精细化学品的生产。在涂料工业领域中，甲苯的一个比较具有代表性的应用是用于制取甲苯二异氰酸酯（TDI），甲苯二异氰酸酯是合成聚氨基甲酸酯树脂的主要化工中间体。

此外，甲苯侧链经氯化后可获得氯化产物苄基氯（一氯苄、二氯苄、三氯苄），苄基氯可用作合成杀菌剂和邻苯二甲酸丁苄酯（邻苯二甲酸甲苯基丁酯），后者是聚氯乙烯增塑剂。甲苯经氧化可获得苯甲酸，苯甲酸可用于制备苯甲醛和苯甲酰氯。苯甲酸是食品添加剂中重要组成部分，通常作为防腐剂来使用，此外，苯甲酸、苯甲醛、苯甲酰氯也都是化工合成中常用的有机中间体。

（3）由二甲苯获得的下游原料及产品

二甲苯（xylene）是对二甲苯、邻二甲苯、间二甲苯三种同分异构体的总称，其分子式为 C_8H_{10}。对二甲苯（para-xylene，PX）是二甲苯系列芳烃中最为重要的产品。对二甲苯是生产对苯二甲酸（PTA）、对苯二甲酸二甲酯（DMT）、对苯二甲酸双羟乙酯（BHET）等重要化工中间体的基础原料，广泛应用在各类聚合物树脂材料的生产及医药、油墨、香料等重要工业领域。

目前，二甲苯系列产品的生产主要通过石油化工的芳烃联合装置进行大规模获取。装置主要包括催化重整、芳烃抽提、甲苯歧化、烷基转移、二甲苯异构化及PX分离等装置，主要产品为苯和二甲苯，其中二甲苯主要包含对二甲苯和适量的邻二甲苯（OX）。

工艺中，混二甲苯可采用多级深冷结晶分离或分子筛模拟移动床吸附分离技术将 PX 从沸点极其相近的二甲苯异构体混合物中分离出来。受热力学平衡的限制，二甲苯混合物中 PX 含量较低（约 25%）。近年来，PX 需求量日益增长，重整汽油和裂解汽油中直接抽提和分离 PX 的生产方式已不能满足需求。因此，在芳烃联合装置中，一般利用甲苯歧化、烷基转移及异构化等技术来增产 PX。另一方面，随着择形催化剂性能的不断提高，甲苯选择性歧化、甲醇甲苯选择性烷基化制 PX 技术近年来取得了长足的进步。

(4) 重芳烃及其下游原料和产品

由重芳烃获得的主要化工原料包括三甲苯、均四甲苯、萘和甲基萘、C9 石油树脂等。

① 三甲苯、均四甲苯

偏三甲苯又称 1,2,4-三甲基苯，其主要用于有机合成和制药工业，也用作分析试剂。偏三甲苯经氧化后可制备偏苯三甲酸，偏苯三甲酸的主要用途是用于生产偏苯三甲酸酐。偏苯三甲酸酐是生产偏苯三甲酸酯增塑剂和环氧树脂固化剂的重要化工中间体，此外，偏苯三甲酸还可用于特种工程材料、水性涂料产品的生产。

均三甲苯又称为 1,3,5-三甲苯，其来源包括 C9 重芳烃馏分的分离以及偏三甲苯异构化两个途径，均三甲苯经硝化和还原后可制备出均三甲苯胺。

均四甲苯又称为 1,2,4,5-四甲苯，其来源包括 C10 重芳烃馏分的分离以及偏三甲苯的 C-烷基化，均四甲苯经催化氧化后可制备均苯四甲酸酐。

② 萘和甲基萘

萘和甲基萘的来源主要是以焦化工艺（煤化工的一种工艺）为主，由石油加工获取的石油萘数量极其有限。萘是生产农药、染料、助剂、表面活性剂、杀菌剂等精细化工产品所需的重要原材料。甲基萘是 1-甲基萘和 2-甲基萘的统称。1-甲基萘是生产 1-萘乙酸的重要原料。2-甲基萘可用于生产 2-萘乙酸和 2,6-二甲酸等重要化工中间体。

③ C9 石油树脂

C9 石油树脂是重要的基础化工原材料，其制备方法主要包括阳离子聚合法和热聚合法两种。热聚合法制得的 C9 石油树脂质量较好、软化点高、透明度好、耐光、色浅，但产率略低于阳离子聚合法的产率。C9 石油树脂广泛应用于涂料、油墨、橡胶加工、造纸、铸造等多个领域。

2.2　煤炭

世界煤化工最早起源于 18 世纪的工业革命之后，当时西方国家建立了焦化厂，煤化工产品广泛用于农业和冶金等基础领域。随着时间的流逝，煤化工技术逐渐发展成熟，根据煤化工工艺技术的发展程度及历程可将煤化工行业划分为传统煤化工产业和现代煤化工产业。所谓的传统煤化工主要依靠煤焦化技术生产相关产品，例如煤制合成氨、煤制焦炭、煤制电石等。而现代煤化工技术则结合了各种先进技术和加工手段，是以煤炭为原料生产清洁燃料和石化产品的重要工业技术。可以说，现代煤化工技术充分将能源开发和化工技术融为一体，实现了煤炭与化工的一体化，其主要产品包括烯烃、醇、油、酸、醚等化工原料。传统煤化工和现代煤化工的工艺技术流程分别如图 2.1、图 2.2 所示。

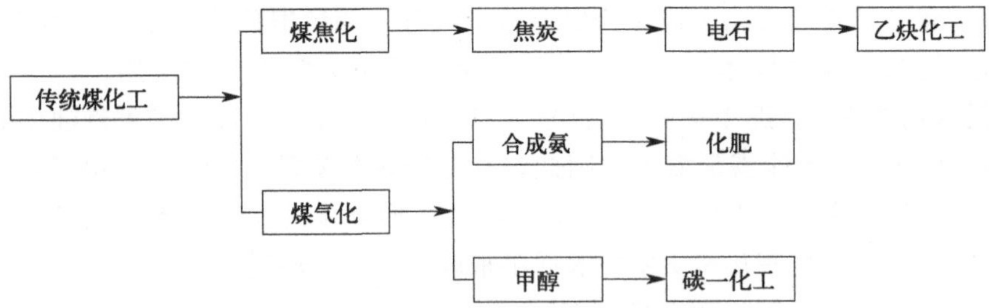

图 2.1 传统煤化工工艺技术流程

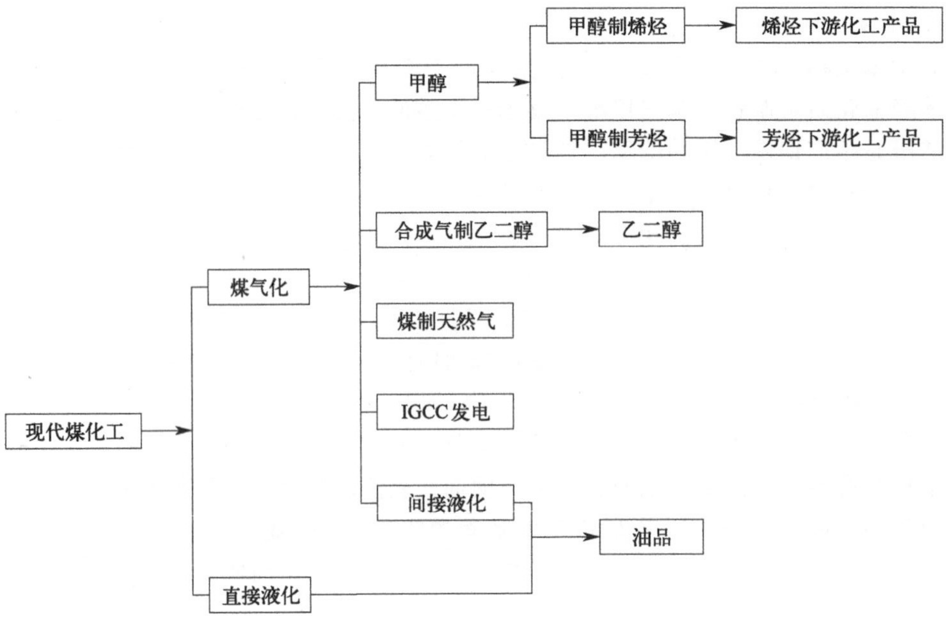

图 2.2 现代煤化工工艺技术流程

2.2.1 煤化工概述

与其他发达国家相比，我国现代煤化工产业起步较晚。20 世纪 90 年代，我国煤化工产业于“九五”时期开始进入到实验验证阶段。进入到 21 世纪后，我国现代煤化工产业先后于“十五”和“十一五”时期步入中试试验阶段和初步产业开发阶段，百万吨级直接液化项目获国家批复标志了我国现代煤化工产业的兴起。在 2002—2010 年期间，我国先后建成了第一批规模相对较小的现代煤化工工业化示范项目并对产业核心技术进行了验证。在接下来的“十二五”时期，我国现代煤化工产业逐步开始了商业开发和规范运营，在此期间，我国先后启动了第二批现代煤化工产业示范项目。在“十三五”期间，第二批现代煤化工产业示范项目陆续投入运营，但部分项目运行情况不理想、严重亏损，此外，因受到各地方具体煤炭资源配置政策的调整以及市场竞争因素的影响，后期投资建设意愿较低，现代煤化工产业发展缓慢。2020 年之后，我国加大对现代煤化工行业发展的投入力度。“十四五”期间，我国现代煤化工产业已经发展成为国家重要的支柱型化工产业，其相关产品不仅为石油化工提供了有利的原材料补充，而且在能源战略安全方面以煤制甲醇工艺为主的产业化部署为国家传统能源开发乃至新能源“氢能”的开发提供了有力的战略保障。

回顾我国现代煤化工二十多年的发展历程，期间若干重要煤化工产业项目落地生根。

2009年我国首个年产20万吨煤制乙二醇示范项目实现了工业化，该项目采用中国科学院福建物质结构研究所的技术。2010年我国首个煤制烯烃工业化项目逐步投产，该项目由神华集团（国电集团和神华集团2017年合并为国家能源集团）主持，项目采用了中国科学院大连化学物理研究所DMTO技术。我国现代煤化工工业先后经历了供给侧结构性改革、环保从严、国际油价低迷、煤价低位反弹等阶段。“十三五”期间，低煤价、高油价产业发展优势不复存在，行业进入调整期，国家设立现代煤化工示范区，有条件地支持煤化工产业发展成为战略性新兴产业。

截至2019年，我国现代煤化工产业的原料煤转化能力达1.76亿吨标煤，原料煤转化量约为1.55亿吨标煤，该转化量约占煤炭消费量的5.6%。2019年，我国煤制油产能878万吨/年，煤制天然气产能51.05亿立方米/年，煤制烯烃产能879万吨/年，甲醇制烯烃产能742万吨/年，煤制乙二醇产能433万吨/年，煤制甲醇产能6779万吨/年，“十三五”期间年均增长率分别为35.8%、13.2%、21.5%、12.4%、19.5%和6.6%，呈现稳步增长态势。

2.2.2　煤化工技术及产品

（1）煤焦化

煤炭通过高温干馏工艺之后，会形成焦炭、煤气以及煤焦油，这项工艺工序就是煤焦化。在煤焦化过程中会生成大量的副产物，这些副产物经回收处理后可作为化学品利用。

煤焦油是煤炭在热解或气化过程中得到的液体产品。煤焦油的主要生产方式是热解，生产过程中热解温度对煤焦油的组成成分影响很大，因此可根据热解温度对煤焦油进行分类，具体如下：

① 低温煤焦油（热解温度为450～650℃）；

② 中低温煤焦油（热解温度为600～800℃）；

③ 中温煤焦油（热解温度为700～900℃）；

④ 高温煤焦油（热解温度为1000℃左右）。

煤焦油中成分复杂，目前其中许多成分仍处于未知状态，特别是高沸点馏分中各类成分的分离提纯及分析仍然是该领域的重点和难点。蒽、芘、茈、咔唑、喹啉等化工产品都是以煤焦油为原料，经过加工处理得到的。其中，蒽、芘和茈的产能可以满足世界总需求量的90%，而工业生产所需的咔唑和喹啉几乎全部来自煤焦化生产工艺。由此可见，煤焦油在化工原料领域中占据重要的地位。

我国煤焦油产能具有一定规模，据统计，2015年国内中高温煤焦油产量超过2000万吨，2018年国内中低温煤焦油产量高达750万吨。但从技术层面分析发现，我国煤焦化技术较为落后，特别是与国外发达国家技术相比，其差距更为明显。以高温煤焦油加工工艺为例，我国目前现有技术是基于20世纪50～60年代的加工技术发展建立的，产品不仅加工深度严重不足，而且同质化十分严重，此外，产品单一以及附加值较低等相关问题都是不容忽视的。因此，发展高效、清洁、低能耗的高温煤焦油深度加工技术对我国煤化工的发展至关重要。

萘、芘、芴、蒽、菲、荧蒽和茈等化合物都是高温煤焦油中的常量组分，其工业价值巨大。以上产品都是医药、农药、染料、合成纤维等相关领域生产所需的重要化工原材料，而且石油加工工艺几乎无法获得这些重要的原料，因此高温煤焦油加工工艺具有不可替代性。

此外，高温煤焦油沥青可用于生产碳纤维、活性炭、针状焦、碳纳米管等重要产品，具有可观的经济价值。

（2）煤炭液化

所谓的煤炭液化是指将固态的煤炭通过化学加工，使其转化为液体产品（液态烃类燃料，如汽油、柴油等产品或化工原料）的技术。煤炭经过液化工艺加工后，所含的有害元素（S）以及粉尘等均可得到有效脱除，进而得到相对清洁的二次能源。不仅如此，煤炭液化技术对能源终端结构的优化、石油短缺以及空气污染等重要问题具有战略意义。

煤炭液化技术分为直接液化技术与间接液化技术。煤炭直接液化技术是指在相对固定的压力和温度等条件下，利用相关催化技术对煤炭进行加氢裂化处理，使其转化为液态燃料。而煤炭的间接液化是指在一定条件下，利用合适的催化技术先将煤炭进行气化，进而转化成合成气，之后再利用催化剂将合成气转化为液态燃料。

我国自20世纪50年代就开始使用煤炭间接液化技术，但当时处于新中国成立初期，国内由于资金和技术短缺，因此少数煤化工企业与国外煤炭企业合作，将资金和技术进行了有效整合。20世纪70年代，我国开始研发和应用煤炭直接液化技术，之后的几十年中，我国煤炭直接液化技术发展迅速，目前已经实现了煤液化油向柴油、煤油、汽油等液体燃料的转化。

（3）煤气化

所谓的煤气化是指煤炭在相对较高的温度和压力下，与氧化剂、水蒸气、氧气/空气等发生有效的化学反应，该反应将煤炭内部所含的有机结构切断，使煤炭转化为气态的小分子的过程。在该过程中生成的“煤气”即由氢气、甲烷、一氧化碳以及其他没有充分作用的气体组成的具有可燃性的混合气。

原料煤可通过煤气化过程将所含有机质充分利用，所得产品意义重大。产品中除了煤气之外，还包含许多固态物质产品，固态物质产品的生成主要来源于煤炭中有机质的转化，再则，煤气化可去除煤炭中无法利用的固态物质，提高了煤炭的利用率。煤炭经过气化处理后，可以获得工业燃料、化工原料以及城市煤气，为人类的生产和生活提供了有效保障。

（4）煤制甲醇

所谓的煤制甲醇技术包括两部分，首先通过煤气化技术将煤炭转化为合成气，之后再将合成气与催化剂作用，在一定温度和压力下制备出甲醇。国外发达国家主要以天然气为原料生产甲醇，与之相比，我国则不同于国外发达国家。我国目前煤炭资源储量丰富，因此，从多方面考虑，我国主要发展煤制甲醇技术。特别需要说明的是，在2007年，我国颁布了禁止使用天然气生产甲醇的规定。这是因为我国天然气储量有限，天然气的储存和运输成本过高，而且我国天然气制甲醇技术要落后于欧美发达国家，其生产工艺技术及产能都不及国外发达国家的生产能力。2010年，我国国内煤制甲醇产能占甲醇总产能的63%，近年来，煤制甲醇生产工艺逐渐向着大型化和商业化的模式发展，产能出现过剩情况，未来发展过程中，煤制甲醇将会向集约化和高效化的生产发展。此外，特别是目前新能源（氢能）的开发，甲醇水蒸气重整制氢技术逐渐受到重视，煤制甲醇技术将会为我国氢能事业发展贡献出一份力量。

（5）新型煤化工

所谓的新型煤化工又称为现代煤化工，是一种以煤炭为主要生产原料，采用相对环保安全的生产加工技术对煤进行处理，产出污染相对较低的燃料以及基础化工原材料。目前，现代煤化工的主要生产方向是煤制烯烃、甲醇、乙二醇以及煤制气等，在一定程度上，现代煤化工可以理解为煤焦化、煤液化、煤气化等工艺的结合。近年来，我国新型煤化工行业发展取得重要成绩：

a. 突破了包括煤气化技术工艺、煤制油的间接与直接工艺以及大型煤制甲醇技术工艺等多种技术难题；

b. 研发了许多大型煤化工生产设备，进一步提高了煤化工产能，增强了煤转化率，并缩减了能耗；

c. 在清洁高效方面，我国现代煤化工技术也取得了极大的突破，技术水平已经赶上了其他先进国家的技术水准。

(6) 费-托合成

费-托合成是现代煤化工技术中最为重要的生产技术之一，在本章前文所介绍的煤液化、煤气化等工艺，特别是煤制甲醇技术，都与费-托合成有直接的关系。

费-托合成（Fischer-Tropsch process），简写为 F-T 合成，是 1925 年德国化学家弗朗兹·费歇尔和汉斯·托罗普施共同开发的。弗朗兹·费歇尔和汉斯·托罗普施当时在鲁尔河畔米尔海姆市马克斯·普朗克煤炭研究所工作，该研究所也因此被人们所熟知。

在气体液化技术领域中，费-托合成是一个非常关键的组成部分，该工艺通常可以将煤、天然气、生物质作为原材料生产润滑油或其他合成燃料。费-托合成工艺可以用于生产低硫柴油进而解决石油加工所涉及的成本问题。

费-托合成工艺包括了一系列生成多种烃类的化学反应，但其中用途最为广泛的是生成烷烃，相关反应式如下：

$$(2n+1)H_2+nCO \longrightarrow C_nH_{2n+2}+nH_2O$$

其中的 n 通常是 10～20，甲烷（$n=1$）是无用的产物，烷烃用通式 C_nH_{2n+2} 表示。

通过该反应所获得的烷烃多为支链烷烃，可作为柴油使用，此外，反应过程中还会生成少量烯烃、醇类以及其他副产物。反应过程中所用的催化剂多为过渡金属催化剂，例如 Co、Fe、Ru、Ni 等，但 Ni 的使用会使反应过程趋向甲烷的生成。

2.3 天然气

2.3.1 天然气化工概述

天然气是另一种十分重要的化石能源，它是由地下自然喷出或人工开采出来的可燃性气体，主要成分是甲烷和一定数量的乙烷、丙烷等脂肪族烃类。此外还有少量 CO_2、SO_2、N_2、水蒸气等非烃成分，以及微量稀有气体，天然气的具体组成随产地和开发时期长短而有所变动。依据天然气中甲烷的含量，可将其分为干气（贫气）和湿气（富气）两大类，干气的甲烷含量在 90%（体积分数）以上，湿气的甲烷含量则低于 90%（体积分数）。天然气中所含烃类组分的碳链较短，用作化工原料时去向较为单一，主要以生产甲醇等结构相对简单的有机化合物为主。

国外发达国家的天然气化工技术发展较为完善，在众多核心技术的支持下，大多数发达国家的天然气化工行业为本国提供了大量的化工原材料。与之相比，我国的天然气化工行业发展并不理想。在我国，天然气这种资源主要还是作为燃料来使用，特别是在政府持续推进

“蓝天保卫战”行动计划的大背景下，全国各地先后落实“煤改气”“油改气”工程，更多的工业用气指标被限制，天然气的使用由“工业”向“民用”倾斜，由“原料”向“燃料”倾斜。出于核心技术以及企业生产成本等方面因素的考虑，国家发展和改革委员会分别于2007年、2012年、2017年逐步对天然气化工的产品种类进行了限制，限制天然气化肥、天然气发电，禁止用天然气生产甲醇、乙炔及下游产品。随着时代发展，天然气价格的调整以及新技术的开发和工业化，都将会影响我国天然气化工相关政策的调整和落实，在未来，天然气化工发展会越来越成熟，相关“限制”和“禁令”也必然会随之解除。

2.3.2 天然气化工下游原材料及产品

甲烷作为天然气中最为重要的成分，可用于生产多种化工原材料，甲烷的下游衍生物主要包括甲醇和甲醛、氰化氢、乙烯、乙炔、芳烃、合成氨、二甲醚、二硫化碳、氢气、合成气等。

(1) 甲醇和甲醛

① 甲醇的来源较多，石油、煤炭、天然气都可以作为生产甲醇的原料。目前，以天然气为原料制备甲醇是我国甲醇生产的重要方式之一，天然气制甲醇也是我国C1化学产品中重要的代表性产品。合成气过渡是目前天然气生产甲醇的一个非常重要的环节，但科研学者一直致力于开发新的技术，试图将天然气直接转化为甲醇。该技术一旦开发成功，甲醇生产成本将会大幅度降低，竞争力发生本质性提高。目前，对该技术的研究已经取得阶段性进展。以均相氧化技术为例，采用天然气直接转化技术制备甲醇，甲烷转化率可达到4%～15%，甲醇的选择性可达到60%～90%。此外，以甲烷为原料开发的低压、低温制备甲醇的工艺技术也不断发展并取得了初步成效。该方法指的是首先合成过氧化氢（H_2O_2），之后在金属催化剂的作用下将甲烷直接转化为甲醇。该技术更具经济性，且“三废”排放少，生产过程能耗低。

甲醇可作为清洁燃料用于替代汽油来使用，又可以与汽油掺混使用。甲醇的应用还不仅局限于此，目前，甲醇燃料电池是目前被誉为最为清洁的环保新能源，同时甲醇水蒸气重整制氢工艺现已在我国开始工业化，在未来的发展中，甲醇作为一种重要的能源将占据国内外能源市场。在化工生产方面，甲醇既可以作为溶剂使用，也可以用于生产二甲胺、甲醛、酯类化合物、氯甲烷等多种化工中间体和聚合物树脂产品，广泛应用于有机化工的各个领域。

② 甲醛又名蚁醛，是一种重要的有机化工原材料，其化学式为CH_2O，甲醛的性状为无色有刺激性气体，水溶性和醇溶性良好，水溶液中甲醛浓度最高可达到55%，通常情况下，37%的甲醛水溶液被称为福尔马林。

在工业生产方面，德国于1888年最先完成了甲醛工业化生产，之后，德国BASF公司于1923年完成了甲醇的规模化生产工艺，该项技术为甲醇空气氧化法生产甲醛提供了良好的原材料基础，至此，甲醇空气氧化法成为甲醛工业化生产最为常用的方法。据统计，截至2010年，世界范围内90%以上的甲醛都是以甲醇为原料，通过甲醇空气氧化法生产的。甲醇空气氧化法可细分为甲醇过量氧化法和空气过量氧化法，为生产高浓度甲醛，后续又开发了尾气循环法和甲缩醛氧化法等。早期生产甲醛开发的非催化氧化法、二甲醚氧化法、甲烷氧化法等工艺因甲醇空气氧化法的普及均被陆续淘汰。甲醛作为一种重要的化工原料，广泛用于胶黏剂、聚甲醛、多聚甲醛和MDI等相关下游原材料和产品的生产，此外甲醛在纺织行业以及医疗卫生行业中也有着重要的应用。

（2）氰化氢

氰化氢是一种无机化合物，其化学式为 HCN，标准状态下，氰化氢的性状为液体，但其极易在空气中均匀弥散。关于氰化氢的制备，可选用甲烷、空气、氨为原料，以 Pt-Rh 催化剂在 1000℃条件下反应即可获得。也可以用甲烷和氨气在 1400℃下直接反应制取。此外，以丙烯为原料生产丙烯腈时也会副产氰化氢。氰化氢的主要用途用于生产甲基丙烯酸甲酯、己二腈、三聚氯氰等重要化工中间体。

（3）乙烯

现阶段，我国生产乙烯的原料主要是石油，在石油加工过程中，通过蒸汽裂解工艺制备的乙烯约占来源总量的 70%。此外，煤制乙烯和甲醇制乙烯技术主要通过合成气的方式来完成，其产量约占总乙烯来源的 20%以上。其他轻烃类物质裂解制乙烯，例如乙烷裂解等，其产量约占总乙烯来源的 6%。由于我国早期的天然气化工发展缓慢，加之天然气价格较高，因此，以天然气为原料制备乙烯的技术在我国一直没有得到充分的发展和利用。但是，随着我国天然气化工技术的发展以及天然气价格的下降，特别是在目前低碳减排新要求的推动下，在未来，天然气氧化偶联制备乙烯技术将会迎来新的发展。该技术具有能耗低、碳排放少等特点，该技术的发展对我国乙烯工业发展来说，具有十分重要的战略意义。

（4）乙炔

乙炔又称为风煤、电石气，是炔烃化合物中体积最小的基础原材料。20 世纪，乙炔的生产主要通过碳化钙生产工艺，后因该工艺能耗过大而逐渐被淘汰。目前，世界各国主要以乙烯生产乙炔。乙炔可与氟化氢加成后生成氟乙烯，氟乙烯是生产聚氟乙烯的重要原料，此外乙炔还可以用来生产 1,4-丁炔二醇、丁烯二醇、1,4-丁二醇、丁酸内酯、吡咯烷酮、*N*-乙烯基吡咯烷酮等重要化工原材料。

（5）芳烃

天然气的主要成分是甲烷，而天然气制备芳烃的技术其实就是以甲烷为原料，通过催化剂的作用，在隔绝氧气的条件下，利用芳构化反应生产芳烃的一项技术，主要产品就是基础芳烃类化合物。该工艺中包括了有氧催化过程和无氧催化过程，由于有氧催化过程的产品选择性和甲烷的转化率都相对较低，因此无氧催化技术是目前天然气制备芳烃工艺中主要的研究方向。截至目前，我国无氧催化天然气制芳烃技术已经达到国际领先水平，结合我国目前石油和化学工业的发展趋势来看，虽然芳烃的生产主要来自石油加工过程，但未来我国势必会采用天然气制取芳烃，作为芳烃的补充来源，进而驱动天然气制甲醇产业的快速发展。

（6）合成氨

天然气制备合成氨技术不同于传统煤化工技术，该技术是一种更具经济性的工业生成方式。以天然气为原料来制备合成氨，不仅具有前期投入少、能耗低等特点，而且随着我国天然气化工行业的发展，该项技术日趋成熟，在未来，该技术有着非常广泛的应用和发展前景。合成氨的综合利用将会打破化肥使用的束缚，在未来，合成氨将会成为一种新的清洁能源，广泛用于大型船舶、航空航天、军工等重要领域。

（7）二甲醚、二硫化碳、氢气、合成气等

天然气可直接用于生成二甲醚，其生产过程跳过了甲醇生产步骤，生产成本预计能降低 40%左右。天然气纯化过程中涉及脱硫工艺，该工艺联产二硫化碳（CS_2），CS_2 可用于生产下游医药中间体和精细化工产品，是一种重要的基础化工原料，相关产业链具有较高的精细化工率。

氢气是目前石油和化学工业生产过程中必备的基础化工原材料，也是世界公认的21世纪最为清洁的新能源。我国早期的氢气生产主要依靠石油加工过程中的重整工艺，即重整氢气，曾是我国工业用氢的重要来源。目前，氢气的来源已经不局限于此，电解水制氢、甲醇重整制氢、天然气制氢等新兴技术的发展为氢气的来源提供了强有力保障。现阶段，由于天然气成本相对较低，且天然气制氢技术相对成熟，适合大规模氢气量产，在我国，天然气制氢是我国氢气的重要来源之一。

天然气制备合成气，其产业链可延伸诸多领域，随着我国天然气化工的发展，未来合成气产业链很有可能成为我国化工行业的重要产业链分支。例如：天然气→乙烯→乙炔→BDO→可降解塑料、工程塑料、新能源材料等。

（8）液体燃料

天然气生产液体燃料工艺主要包括合成气的生产、合成费-托、合成油加工三个步骤，该工艺的关键步骤是合成气的生产和合成费-托，其中合成费-托步骤对生产技术的要求最高。据悉，Syntroleum公司的中试GTL工艺采用自热重整制合成气，新型水平固定床进行费-托合成等，是目前最为先进的生产方式。

在一定程度上，天然气生产液体燃料其实是合成气后续应用的补充，虽然液体燃料与化工生产关系不大，但从我国成品油市场发展和我国新能源发展情况分析来看，未来成品油仍然会占据较大市场份额，其发展程度依旧关系到我国石油和化学工业的发展。但相对于其他发达国家来说，由于我国天然气化工技术发展相对落后，且天然气成本价格浮动明显，天然气生产液体燃料在我国会存在一定的技术限制和成本限制。所以，天然气生产液体燃料在我国仍有待发展。

2.4 可再生资源

可再生资源是指那些经过使用、消耗、加工、燃烧、废弃等程序后，仍能在一定周期（可预见）内重复形成的且具有自我更新的、自我复原的特性并且可持续被利用的一类自然资源或非自然资源。例如，土壤、太阳能、风能、水能、植物、动物、微生物、地热、潮汐能、沼气等和各种自然生物群落、森林、湿地、草原、水生生物等。精细化工产品生产所需原材料涉及的可再生资源主要包括脂肪和油类。

在自然界中，动植物体内存在大量的脂肪和油类物质，即所谓的天然油脂。通常情况下，常温为液态的称为油，常温下呈现固态的称为脂，这些天然油脂的化学组成主要为甘油三酯衍生物形式，通式如下：

$$\begin{array}{l} H_2C\text{—}OCOR \\ \;\;| \\ HC\text{—}OCOR' \\ \;\;| \\ H_2C\text{—}OCOR'' \end{array}$$

天然油脂是具有一定黏度的，通常情况下，可以用碘值大小对天然油脂进行分类。所谓的碘值（I. V.）是有机化合物中不饱和程度的一种指标，即100g物质中所能吸收或加成碘的克数，物质的不饱和程度越大，其碘值越高。

I. V.＞130，属于干性油，例如亚麻籽油；

I. V. =100～130，属于半干性油，例如豆油、葵花籽油、菜籽油、棉籽油、鱼油等；

I. V. <100，属于不干性油，例如椰子油、棕榈仁油、牛油等。

以油脂为原料可通过若干化学反应，例如皂化反应、裂解反应、酯交换反应以及不饱和油类的环氧化作用等，获得一系列下游产品，例如脂肪酸、脂肪含氮化合物、脂肪醇、中长碳链脂肪酸甘油三酯等。

(1) 脂肪酸

脂肪酸是中性脂肪、磷脂和糖脂的主要成分，脂肪酸不仅是人类所必需的营养成分，同时也是工业上不可或缺的基础化工原料。

脂肪酸的特点具体如下：

a. 脂肪酸一般不含有支链；

b. 脂肪酸的碳原子数大多为偶数；

c. 脂肪酸熔点高低取决于分子量大小、双键的数目以及分子结构中反式跨接双键基团的排布；

d. 以天然油脂获得的脂肪酸为原料制备的精细化工产品具有一些特殊的应用性能。

(2) 脂肪含氮化合物

脂肪含氮化合物是以脂肪酸为原料，经过各类化学反应的作用转化而来（图 2.3）。各类脂肪含氮化合物中，最为重要的是脂肪胺，由脂肪胺生产的表面活性剂在工业和民用等诸多领域有着广泛的应用。

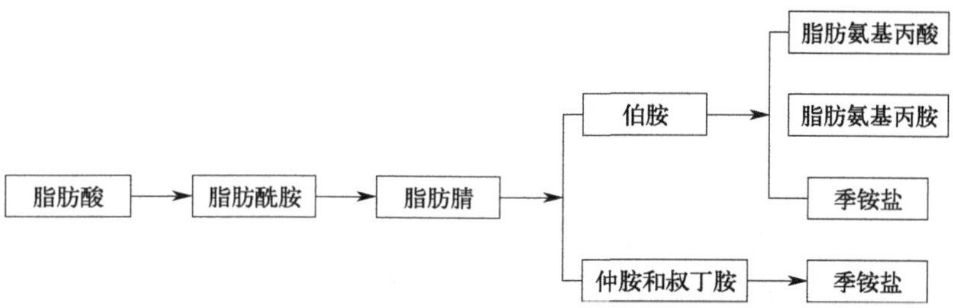

图 2.3　以脂肪酸为原料转化为各类脂肪含氮化合物

(3) 脂肪醇

脂肪醇泛指含有羟基和脂肪烃基的醇类，可根据所含的碳原子数划分为低碳数脂肪醇（低级醇）、中碳数脂肪醇（中级醇）和高碳数脂肪醇（高级醇）。其中，正庚醇、正辛醇、正壬醇、正癸醇、鲸蜡醇等脂肪醇较为重要。脂肪醇广泛用于生产合成洗涤剂、医药及化妆品等精细化工产品，部分脂肪醇也可用于润滑油添加剂和纺织品的抗静电剂。

天然脂肪醇的产地主要集中在欧美、日本及东南亚等地，据统计，2007 年世界范围内脂肪醇的产能就已经超过了 250 万吨/年，其中天然脂肪醇的年产量约为 100 万吨/年。根据脂肪醇生产所用原材料的不同，可将相关方法分为化学合成法和天然油脂氢化法两类工艺。

① 化学合成法

将乙烯及其他石油产品作为基础原料，通过齐格勒法、羰基合成法、烷烃脱氢法、石蜡裂解法等相关工艺获取脂肪醇的方式被称为化学合成法。通过化学合成法制取的脂肪醇通常都具有异味，且带有色泽，此类脂肪醇难以在日化产品中应用。因此，生产工艺复杂且产品质量较差的化学合成法并不是获取脂肪醇的最好方法。

② 天然油脂氢化法

天然油脂氢化法是一种以天然油脂为原料，通过加氢的方式获取脂肪醇的工艺技术。该技术主要包括油脂直接加氢、油脂水解后加氢、油脂醇解后加氢三种主要工艺。随着科技的进步，以上三种工艺技术在传统工艺基础上都进行了后续改进。传统生产脂肪醇的工艺通常采用固定床反应器或浆态床反应器，反应参数为压力16～30MPa、温度150～300℃、氢酯体积比（10000～15000）：1、空速0.25～0.6h^{-1}，反应体系为气-液-固多相体系，该工艺的脂肪酸甲酯转化率可达到80%以上，高碳醇选择性超过80%，烷烃副产物约占2%～3%。后续的工艺改进方面主要包括溶剂的选取和添加、低压气相加氢、超临界流体法的应用等方面，通过对传统工艺的改进，原材料转化率和产品选择性均有所提高。

（4）中长碳链脂肪酸甘油三酯

中长碳链脂肪酸甘油三酯是用于日化、保健品、医药、食品等领域的功能性油脂。近年来，随着各行业研究的深入及行业发展对产品功效的追求，中长碳链脂肪酸甘油三酯因具有独特的性质和人体中特殊的代谢途径而备受青睐。中长碳链脂肪酸甘油三酯主要是以天然油脂为原料，经过水解、脂肪酸分离、甘油三酯合成等多项工艺加工而成。其合成方法主要包括水解酯化法、酰氯醇解法、固体酸合成法、液体酸合成法、生物酶合成法等工艺。

2.4.1 脂肪

脂肪的基本组成元素为C、H、O，它的主要成分是甘油和脂肪酸组成的甘油三酯。其中，甘油的分子结构较为简单，但脂肪酸的分子结构较为复杂，脂肪酸的种类较多，其分子长度差距较大，长短各不相同。基于脂肪酸的结构特征，可将脂肪酸分为三大类，即饱和脂肪酸、单不饱和脂肪酸、多不饱和脂肪酸，这也是脂肪结构复杂的重要原因。

2.4.2 油类

常温下，油是一类憎水性液体物质的总称，它是由一种或多种液态的烃类化合物组成的。油类物质与其他醚、醇和酮等碳氢化合物的区别是油的组成部分不极化，油与脂肪的区别在于油组成成分的分子长度短、分子之间连接较小、分子量低。

目前，油类物质可分为可食用油和不可食用油，基于其来源又可分为动物油、植物油和矿物油。其中矿物油是非可再生资源，因此不做过多介绍。现阶段，植物油类物质在精细化工产品生产中具有一定规模的使用量，常用植物油类物质主要包括椰子油、棕榈仁油、山苍子油、菜籽油、妥尔油、松香等。

（1）椰子油

椰子油又称椰油，其性状为白色至淡黄色脂肪。椰子中可食用部分包括椰汁和椰肉，椰肉中富含大量的椰子油，其最高含量约65%～74%。椰子树属于热带植物，主要生长在热带地区的大陆沿岸或热带岛屿上。

（2）棕榈仁油

棕榈仁油又称棕仁油，主要存在于棕榈果仁中。在此需要与读者特别强调的是棕榈仁油和棕榈油是两类不同的油脂，在棕榈仁油中含大量的低级脂肪酸，所以棕榈仁油的性状与棕榈油完全不同，但棕榈仁油与椰子油很相似。在植物油当中，椰子油和棕榈仁油对合成表面活性剂具有重要意义，椰子油和棕榈仁油都是用来制取天然十二碳醇的重要原材料，但受我国地理位置影响，椰子树和棕榈树在我国分布较少，因此我国椰子油和棕榈仁油的产量较低。

（3）山苍子油

山苍子油是从山苍子的鲜果中提取出的天然香精油，其性状为微黄色油状物，是重要的天然精油品种。现已证实，山苍子油中富含大量的十二碳酸，其含量超过 40%，所以山苍子油是重要的天然化工原料。山苍子油中不仅富含大量的十二碳酸，此外，其成分中还含有数量可观的柠檬醛、柠檬烯、甲基庚烯酮等物质，因此山苍子油又是重要的香原料。以山苍子油为原料，可合成得到香料紫罗兰酮。

（4）菜籽油

菜籽油即菜油，是以油菜籽为原料榨出的一种食用油。选用的菜籽不同，则榨出的油也不同，例如香菜油、香油、芥花油、芸薹油等。菜籽油是我国特有产品，目前我国菜籽油产量居世界首位。科学研究表明，菜籽油中富含芥酸，它是一种重要的化工原料，具有重要的经济价值。

（5）妥尔油

妥尔油来源于造纸工业，是造纸过程中的一类副产物，粗妥尔油通过减压精馏操作可分离出妥尔油。妥尔油又称为液体松香，其中富含大量的松香酸（50%～60%）和脂肪酸（30%～40%）。其所含的脂肪酸中，主要成分为油酸和亚油酸。

（6）松香

松香是一种成分复杂的混合物，为透明、脆性、固态天然树脂，主要成分为树脂酸，占 90%左右。松香因被用于小提琴而闻名，但其应用不局限于此。松香是重要的化工原料，其产品在肥皂工业、造纸工业、涂料工业、油墨工业、黏合剂工业、橡胶工业、食品工业、电气工业、建筑材料等领域有着广泛应用。

思考题

1. 什么是催化裂化？催化裂化工艺涉及哪些有机化学反应？
2. 什么是加氢裂化？加氢裂化工艺涉及哪些有机化学反应？
3. 加氢处理工艺对精细化工产品生产有哪些好的作用？
4. 催化重整可以获得哪些重要基础化工原材料？
5. 催化重整工艺主要涉及哪些有机化学反应？
6. 乙烯的来源有哪些？
7. 环氧乙烷的工业生产方法有哪些？请写出具体反应过程。
8. 由乙烯出发，可以获得哪些基础化工原材料？
9. 丙烯腈作为丙烯下游重要的化工中间体，其生产方法主要有哪些，请具体说明各方法的具体内容，有哪些优缺点。
10. 环氧氯丙烷的工业生产方法主要有哪些？请写出具体反应过程。
11. 异丙苯法制苯酚和丙酮的反应机理是什么？
12. 丁辛醇是正丁醇、异丁醇和辛醇三种脂肪醇的总称，目前世界范围内生产丁辛醇最重要方法是什么？请写出具体反应过程。
13. 由 C4 馏分可以获得哪些烯烃类原材料，这些原材料有哪些用途？请概括论述。
14. 由 C5 馏分可以获得哪些烯烃类原材料，这些原材料有哪些用途？请概括论述。

15. 氯苯可以用于生产哪些重要化工中间体？请写出具体反应过程。
16. 生产甲苯二异氰酸酯是甲苯重要用途之一，请写出具体的反应过程。
17. 偏苯三甲酸酐是重要的化工中间体，请写出制备该中间体的反应过程。
18. 现代煤化工和传统煤化工有何区别？
19. 简述以萘为原料制备 2-萘酚的过程。
20. 什么是煤液化？煤液化有哪些具体的应用？
21. 什么是煤气化？煤气化具有哪些应用？
22. 论述煤炭制甲醇技术。
23. 常见脂肪和油类原材料有哪些？这些原材料分别有何用途？

第3章

日用化学品

3.1 概述

日用化学品是保障人们日常生活质量所必需的化学品，属于精细化学品范畴。新中国成立初期，我国工业相对落后，日常生活中所使用的肥皂（当时称为“胰子”）都需要凭票供应。我国于1958年开始生产合成洗涤剂，这标志着我国开始形成了独立的日用化学品工业。在日用化学品工业领域，新的产品以及生产工艺不断被引入国内，日用化学品工业开始进入快速发展时期。20世纪80年代以后，我国日用化学品工业发展迅速，总产值逐年增长。据统计，2005年我国日用化学品产值为1370亿元，2013年我国日用化学品行业主营业务收入为3866.54亿元。目前，日用化学品是人们日常生活中必不可少的重要组成部分之一，为保障人们的日常生活质量，日用化学品的种类逐年增多，但其产品大类还是以合成洗涤剂和化妆品为主。

3.2 洗涤剂

所谓的洗涤剂其实是一类具有良好去污能力的精细化学品，这类精细化学品将表面活性剂作为活性组分（也是主要成分），将助剂、添加剂等作为辅助组分，通过复配技术制备而成。

3.2.1 洗涤剂的分类

目前，洗涤剂产品主要分为合成洗涤剂和肥皂两大类。合成洗涤剂种类繁多，通常情况下是以其用途进行分类，总体上可分为家用和工业用洗涤剂两大类别。家用洗涤剂根据使用类别又可分为个人清洁用品（化妆品范畴）、服装用洗涤剂、厨卫用洗涤剂等。工业用洗涤剂主要包括石油工业用洗涤剂，化工、医药及公共场所用洗涤剂，机械设备及仪表等金属制品用洗涤剂，轻工业如食品加工、造纸工业、纺织及印染工业用洗涤剂等。如果按去污能力差别进行分类，洗涤剂产品则可以分为轻垢洗涤剂和重垢洗涤剂两大类。如果按产品形态进行分类，洗涤剂产品又可分为液体洗涤剂、粉末状洗涤剂、颗粒洗涤剂、块状洗涤剂和膏状洗涤剂等。现阶段我国以颗粒状、粉末状、液体状洗涤剂为主，我国颗粒状和粉末状洗涤剂使用占比高达 75%，比欧美发达国家同等产品占比高出 15%。

肥皂的历史极其久远，现阶段，肥皂仍然是人们广泛使用的一类洗涤用品。历史研究发现，肥皂最早起源于公元前 3000 年左右的美索不达米亚，当时的人们将 5 份碱性植物灰和 1 份油脂混合制成了清洗剂，即所谓的肥皂。进入到 19 世纪后，路布兰制碱法的发现使碳酸钠产量暴增，因此肥皂的价格逐渐被人们所接受，肥皂的普及应用自此开始。1840 年鸦片战争之后，肥皂产品开始流入中国市场。

洗涤剂产品分类如图 3.1 所示。

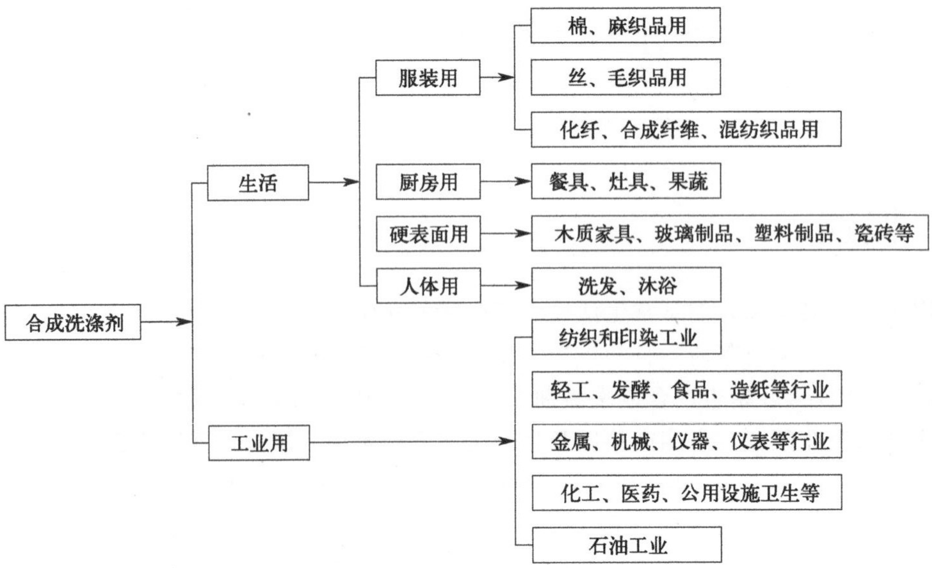

图 3.1 洗涤剂产品分类简图

3.2.2 洗涤原理

一般情况下，所谓的洗涤指的是将污垢从载体表面去除的过程。洗涤过程中所涉及的载体指的是需要清洗的物体，它包括衣物、家居装饰、水果蔬菜、厨卫用品、汽车及飞机等载具、工厂设备等。在洗涤过程中，通过洗涤剂的作用削弱或消除污垢与载体之间的相互作用，使污垢与载体分离，进而达到清洁载体的目的。由于在洗涤过程中，需要被清洁的载体种类繁多，因此洗涤剂产品的种类也是多种多样，为简化和便于读者理解，可以将洗涤过程简化，具体如图 3.2 所示：

图 3.2 洗涤剂洗涤过程

由于洗涤过程是一个可逆的过程，因此污垢与载体分离后，还会有二次沉积在载体上的可能，因此洗涤剂产品除了需要具备易于污垢脱离载体的能力外，还应具备良好的分散及悬浮污垢、防止污垢二次沉积在载体上的能力。

常见污垢可根据其性状分为固体污垢和液体污垢两大类。固体污垢主要包括灰尘、泥沙等。液体污垢可分为水溶性污垢和油溶性污垢。水溶性污垢包括果汁、糖类、尿液、蛋白质、血液、有机酸、无机盐等。油溶性污垢包括常见动植物油脂、矿物油、脂肪醇、脂肪酸、脂肪胺等。在工业生产领域，针对于化工设备清洗时，污垢还包括各类与生产无关的有机和无机化合物等。

污垢在载体上的黏附作用可根据其黏附特点分为化学性黏附和物理性黏附两大类，其中物理性黏附又可细分为静电黏附和机械力黏附两大类。由于固体污垢和普通水溶性污垢（不包括血渍、蛋白质、有机酸）与载体之间的黏附力很弱，因此可通过普通清洗方式将其与载体分离，但针对油溶性污垢的清洗则需要使用洗涤剂才能达到油垢与载体分离的效果。

根据油垢与载体之间的黏附特点可将洗涤过程描述为如下几个过程：

a. 表面活性剂在水中扩散；

b. 表面活性剂在油垢界面定向吸附；

c. 油垢与载体之间的附着力降低；

d. 油垢与载体分离后被表面活性剂包裹并分散在水中；

e. 表面活性剂在载体外表面形成保护膜，防止油垢二次沉积。

洗涤过程所涉及的体系复杂，影响洗涤效果的因素也较为复杂，其中涉及的物理及化学因素可总结为如下几个方面：

（1）吸附作用

油垢与载体之间、洗涤剂与油垢之间都具有吸附作用，油垢与载体之间吸附作用的强弱会直接影响洗涤效果，但这属于客观因素，不是人为可以控制的。在这里所说的吸附作用指的是洗涤剂中表面活性剂与油垢之间的吸附作用，该作用取决于洗涤剂溶液表面张力和界面张力的大小。一般情况下，液体的表面张力越大，液体就越难润湿载体，表面张力较大的液体在不受外界影响下，短时间内只能覆盖在载体表面。因此，洗涤剂溶液应具有较小的表面张力和界面张力，这样才能有效润湿油垢。润湿性越好，表面活性剂越容易与油垢产生定向吸附。当油垢外表面与表面活性剂产生定向吸附后，因受表面活性剂影响，油垢与载体之间的结合开始松弛，再加之水的浮力作用，油垢就会很快与载体脱离并被表面活性剂包裹，最后扩散至水相体系中，进而达到了清洁载体的目的。

另一方面，对于大多数污垢和纤维来说，其通常带有负电荷，而阳离子表面活性剂的离子端是具有亲水性的，因受到异性电荷直接的吸引作用，表面活性剂亲水端会与油垢相结合，亲油端会朝向水体系形成疏水的单分子膜，使油垢不容易被润湿，进而出现了反洗涤作用，因此阳离子表面活性剂不适合调配洗涤剂产品。

（2）乳化作用

当污渍是油垢时，油垢因与表面活性剂吸附而降低了自身与水之间的表面张力，进而与载体分离。在分离过程中，其驱动力是油与水之间发生的乳化作用产生的，最终形成了水包油型乳状液，外层亲水端与载体表面附着的表面活性剂的亲水端产生排斥作用，因此不会二次沉积在载体表面。

（3）增溶作用

当表面活性剂在水中的浓度达到一定程度后会形成胶束，这些胶束的亲油基团向内，亲水基团向外，在胶束形成过程中会把不溶于水的污垢包裹在胶束内部，由于胶束外部是亲水基团，可以提高胶束的溶解性，因此，不溶性污垢因胶束的包裹而产生了增溶现象。被包裹的污垢均匀扩散在水中不会二次沉积在载体上，进而提高了洗涤效果。

(4) 扩散作用

表面活性剂使污垢均匀扩散在水中，不会产生聚集和二次沉积现象，这样的扩散作用可提高洗涤效果。为提高扩散作用，常在调配洗涤剂产品时添加一些能够提高悬浮液稳定性的物质，例如羧甲基纤维素、磷酸盐（现已禁止使用）、泡花碱（硅酸钠）等。

(5) 泡沫作用

科学研究表明，洗涤作用与泡沫作用无直接关系，但在洗涤过程中，人们可以通过产生泡沫的多少判断衣物上污渍量的多少。这是因为油脂性污渍对洗涤液的起泡能力具有一定的抑制作用，当油污过多、洗涤剂加入量过少时，洗涤过程不会产生或只产生少量泡沫（使用低泡洗涤剂除外）。此外，在洗涤过程中，泡沫的生成会使人产生愉悦感，使人感觉到滑腻的感觉，因此适当提高起泡作用对洗涤剂的使用是有一定好处的。

3.2.3 洗涤剂系列产品的成分

目前，常用的洗涤剂系列产品中，其成分主要包括洗涤剂用表面活性剂和相关辅助原料。所用的辅助原料主要包括硬水软化剂、碱性缓冲剂、抗污垢再沉积剂、漂白剂和荧光增白剂以及其他各类添加剂，例如填料、溶剂、酶制剂、防腐剂等。

(1) 洗涤剂用表面活性剂

洗涤剂中的主要成分是表面活性剂，它也是洗涤剂的主要活性物质，表面活性剂在水中能够快速溶解，并展示出良好的润湿、去污、乳化、增溶、分散和起泡的作用。各类洗涤剂产品通常以所使用表面活性剂的种类及其用量进行应用分类。

洗涤剂中常用的表面活性剂有烷基苯磺酸钠、α-烯基磺酸盐、烷基硫酸盐、脂肪醇聚氧乙烯醚及其硫酸盐、脂肪醇硫酸盐、烷基糖苷等。

在调配洗涤剂产品时，常利用表面活性剂之间的协同效应来提高产品性能，采用两种或两种以上的表面活性剂调配的洗涤剂，其洗涤效果（主要是去污能力）远好于单一表面活性剂调配的洗涤剂产品。

(2) 洗涤剂用辅助原料

洗涤剂系列产品中，除了含有表面活性剂之外，还需要添加多种辅助原料，进而使洗涤剂产品发挥更好的洗涤去污能力。添加的辅助原料只有少部分具有去污能力，绝大多数辅助原料都是起到调节和改善洗涤剂产品的综合性能、减少表面活性剂的使用量、降低成本的作用，这些辅助原料在行业中又称为助剂。助剂是洗涤剂产品不可或缺的组成部分，根据其功能，可将其分为硬水软化剂、缓冲剂、抗污垢再沉积剂、摩擦剂、增稠剂、漂白剂、起泡剂、防腐剂、酶、香精等。

① 硬水软化剂

洗涤剂的应用离不开水，水质对洗涤剂产品的应用效果有直接的影响。水有硬水和软水之分，水的软硬程度与其所含盐类物质的量有关，水的硬度即为溶解在水中盐类物质的含量。硬水并不会对人体健康造成直接的危害，但会对人们的日常生活造成很多麻烦，例如，使用水设备产生大量结垢或是直接降低洗涤剂产品的清洗效率等。世界范围内，并不是所有地区都有丰富的淡水资源，我国也是如此。在我国个别地区，地下水使用较为频繁，而地下水资源大多都富含各类矿物质盐类，基于水中矿物质盐类含量越高，水的硬度越大的原则考虑，这类地下水用于清洗时会对洗涤剂产品的洗涤效率产生负面作用。为解决这一问题，洗涤剂产品中必须添加一定量的硬水软化剂，以此方式提高洗涤剂产品的清洗效率。

硬水软化剂多为具有较强螯合力和较强离子交换能力的物质，此类产品通过自身的螯合作用，将硬水中所含各类离子，例如 Ca^{2+}、Mg^{2+} 等，转化为螯合物或通过自身的离子交换作用将水中 Ca^{2+} 和 Mg^{2+} 等离子固定在软化剂表面或孔道内，进而达到软化硬水的目的，降低或消除各类离子对洗涤剂产品洗涤效果的负面影响。产品有聚合磷酸盐（现已禁止使用）、分子筛以及常见的有机络合剂等。

a. 聚合磷酸盐。聚合磷酸盐属于无机络合剂，是20世纪我国在生产洗涤剂系列产品时应用较为广泛的硬水软化剂，其主要品种有焦磷酸四钠和焦磷酸四钾、三聚磷酸钠、三偏磷酸钠和六偏磷酸钠等。但由于含磷软化剂会对水资源造成严重污染，直接引发赤潮，因此目前国内诸多省份已强行禁止此类硬水软化剂的使用。

聚合磷酸盐作为硬水软化剂使用时，主要依靠其较强的螯合作用，此类产品可通过复分解反应与 Ca^{2+}、Mg^{2+} 发生作用并将其纳于磷酸盐分子的阴离子中。聚合磷酸盐除了具有硬水软化功能外，还可以与肥皂或LAS等系列表面活性剂产生协同效应。聚合磷酸盐自身具有碱性缓冲作用，在洗涤剂使用过程中可使洗涤剂溶液的pH值保持在合适的范围内，使洗涤剂不会因pH值发生较大变化而降低洗涤效果。另外，含有聚合磷酸盐的洗涤剂产品具有不吸潮、不结块的优点，并且流动性良好。

b. 有机络合剂。有机络合剂同样具有较强的螯合能力，这类络合剂能够螯合硬水中所含的 Ca^{2+} 和 Mg^{2+} 等离子形成可溶性络合物，进而降低或消除离子对洗涤剂产品洗涤效果的负面作用，提高清洗效率。常用有机络合剂有乙二胺四乙酸（EDTA）、乙二胺四乙酸二钠（EDTA-2Na）、柠檬酸钠等。

乙二胺四乙酸二钠能够在较短时间内与多种离子发生螯合作用，而且所形成的配位化合物稳定性较好。例如，乙二胺四乙酸二钠与 Ca^{2+} 和 Mg^{2+} 形成的配位化合物在碱性或弱酸性的溶液中都具有良好的稳定性，因此，乙二胺四乙酸二钠的应用较为广泛。除了络合 Ca^{2+} 和 Mg^{2+} 之外，乙二胺四乙酸二钠还能够络合 Cr^{3+}、Fe^{3+}、Al^{3+}，但速度较慢，但可以通过升高水温的方式加快其络合反应的进行。

柠檬酸钠性状为白色晶体或颗粒状粉末，水溶性良好。柠檬酸钠是一类很容易发生生物降解的硬水软化剂，与 Ca^{2+} 和 Mg^{2+} 的螯合性强，而且无毒无害，因此常作为含磷软化剂的替代品使用。此外，具有低毒或无毒的其他螯合能力较强的物质，例如改性淀粉、改性聚丙烯酸钠等，都是无磷硬水软化剂的研究发展对象。

c. 分子筛。分子筛有人工合成分子筛和天然形成的分子筛两大类。人工合成的分子筛其实是一种水合硅铝酸盐，无毒无害，性质稳定，其常见产品主要有3A、4A、5A等类型，其中4A型分子筛应用较为广泛。分子筛可与 Ca^{2+}、Mg^{2+} 等离子发生交换作用，进而起到软化硬水的效果。分子筛是目前较为重要的无磷助剂，其产品主要用于替代含磷硬水软化剂。

② 碱性缓冲剂

洗涤剂产品在使用过程中需要一个稳定的弱碱性条件，在适宜而且稳定的弱碱性条件下，洗涤剂产品才能发挥最大的洗涤功效，因此，在调配洗涤剂时需添加一定量的碱性缓冲剂，以此来保障洗涤剂的去污能力。常用碱性缓冲剂有碳酸盐和硅酸盐等，二者常配合使用。

a. 碳酸盐。常用于调配洗涤剂产品的碳酸盐有碳酸钠、碳酸钾、碳酸氢钠等。其中碳酸钠是目前常用浓缩洗衣粉产品中使用量最大的碱性缓冲剂，它是目前最为常用的碱性缓冲剂之一。碳酸钠添加到洗涤剂中后能够维持洗涤剂溶液处于弱碱性条件，当清洗酸性污垢时，能够保障洗涤剂的去污能力。此外碳酸钠还具有降低临界胶束浓度的作用，进而降低表面张力，提高清洗效果。需要特别强调的是，洗涤剂中碳酸钠的添加量不能过高，因为当碳酸钠添加量超过 0.25%时，洗涤剂会对被清洗的织物纤维产生影响，而且对皮肤有一定的刺激作用，因此，用于洗涤高档毛、丝以及人造纤维等织物的洗涤剂中不能添加碳酸钠。

b. 硅酸盐。常用于调配洗涤剂的硅酸盐主要有硅酸钠和偏硅酸钠，其中，硅酸钠水溶液又称为水玻璃。洗涤剂产品中添加硅酸盐后产生的效果远好于添加碳酸盐的效果。洗涤剂中添加硅酸盐后，不仅能够起到调节 pH 值的作用，而且还对被清洗的织物具有保护作用，避免织物在清洗过程中受到损伤。硅酸盐还具有抗腐蚀、稳定泡沫的作用，硅酸盐具有良好的乳化能力、悬浮能力和润湿能力，是洗涤剂调配时主要的助剂。硅酸盐还可以防止粉末状洗涤剂结块，使粉末状洗涤剂保持松散状态，易于使用。

③ 抗污垢再沉积剂

在清洗过程中，为了防止被清洗下来的污垢二次沉积在载体表面造成二次污染，洗涤剂在调配时需添加一定剂量的抗污垢再沉积剂，进而保障洗涤剂的去污能力。常用抗污垢再沉积剂的品种有羧甲基纤维素、聚乙烯吡咯烷酮、聚乙二醇和聚乙烯醇等。这些抗污垢再沉积剂具有较强结合污垢的能力，能够将污垢包裹并分散在水中。当表面活性剂在载体表面形成保护膜时，由于抗污垢再沉积剂的加入，使包裹污垢后的表面活性剂与该保护膜产生的排斥作用增强，提高了清洗效率。

a. 羧甲基纤维素。由于羧甲基纤维素的水溶性较差，因此常使用其钠盐（羧甲基纤维素钠）。羧甲基纤维素钠自身不具备去污的能力，其在洗涤剂中主要起到防止污垢二次沉积在被洗物表面的作用。此外，羧甲基纤维素钠还具有提高泡沫稳定性和起泡能力、调节稠度、降低洗涤剂对人体皮肤刺激性的作用。

b. 聚乙烯吡咯烷酮（PVP）。聚乙烯吡咯烷酮是一类具有不同分子量级别的聚合物，其产品可根据分子量大小范围进行分类，常用聚乙烯吡咯烷酮的分子量通常在 5000～700000 范围内。聚乙烯吡咯烷酮是水溶性高分子化合物，在洗涤剂的调配中主要起到防止污垢二次沉积的作用。

c. 聚乙烯醇。聚乙烯醇也是一类分子量较大的聚合物，常用聚乙烯醇的分子量一般在 30000～220000 之间。聚乙烯醇作为抗污垢再沉积剂使用时，其效果优于羧甲基纤维素钠，是羧甲基纤维素钠的完美替代品，可完全替代使用。

④ 漂白剂和荧光增白剂

白色织物在穿戴使用过程中，因沾染油渍或自身材质因长期使用产生的氧化作用的影响，会出现泛黄的情况。为提高洗涤剂产品的清洗效果，在调配洗涤剂产品过程中，需要添加一定剂量的漂白剂和荧光增白剂。但受到社会舆论影响，荧光增白剂的使用仍然是一个社会话题的焦点，不同领域专家对荧光增白剂在洗涤剂中的使用持有不同观点。总的来说，目前各类产品（包括洗涤剂）在使用荧光增白剂的问题上大多采用限量使用或不使用的方式。这是因为，过量使用荧光增白剂会对人体健康造成潜在的危害。另外，荧光增白剂利用的是光学原理，通过利用人眼的视觉差，使人们错误地认为被清洗物质已经清洗干净，而实质上无法判断清洗的洁净程度。常用漂白剂的产品有过碳酸钠、过硼酸钠、次氯酸钠和次氯酸钙，常用荧光增白剂主要有二苯乙烯基联苯类化合物和双三嗪氨基二苯乙烯类化合物两大类。

a. 过碳酸钠。过碳酸钠溶于水后会生成过氧化氢，即双氧水（H_2O_2），过氧化氢具有较强的漂白作用，因此可以对被洗物进行漂白。此外，添加该产品的洗涤剂还具有杀菌的功效。

b. 过硼酸钠。过硼酸钠的漂白作用原理与过碳酸钠类似，也是依靠溶解后生成的过氧化氢起到的漂白作用。添加过硼酸钠和过碳酸钠的洗涤剂产品在清洗织物时可有效去除血渍、汗渍、茶锈等难以清洗的污渍，使衣物更加洁白艳丽。

c. 荧光增白剂。荧光增白剂的作用原理都不是漂白化学反应，而是光致发光的物理现象。荧光增白剂分子因吸收可见光而被激发至高阶单重激发态，处于高阶激发态的荧光增白剂分子以辐射跃迁方式跃迁回基态的过程中就会发出荧光，发出的荧光与微黄色的光互补后显示出白色。

⑤ 增稠剂

在调配液体洗涤剂时，添加增稠剂的主要目的是调节液体洗涤剂的黏度，进而改变洗涤剂产品的外观，提高产品稳定性，使消费者对产品产生一种活性物质较多的印象。目前，我国生产洗涤剂产品时所用的增稠剂主要有氯化钠、氯化钾、氯化铵以及乙醇胺氯化物等，其中较为广泛使用的是氯化钠。

⑥ 其他添加剂

a. 填料。洗涤剂的有效成分是表面活性剂，但考虑到人们使用洗涤剂产品时可能发生的过量使用情况，因此在配制洗涤剂产品时，通常会添加大量廉价的填料。填料的添加，一方面可以有效降低成本，另一方面还可以有效防止由于洗涤剂过量使用而对水资源和洗涤剂本身造成的浪费。常用填料主要是硫酸钠，洗涤剂中添加硫酸钠后还可以有效防止粉末状洗涤剂出现结块的现象。需要说明的是，对于浓缩型和超浓缩型洗衣粉来说，硫酸钠的添加量是很少的，有时候甚至不添加硫酸钠。因此，使用浓缩或超浓缩洗衣粉时，一定注意使用量，避免因过量使用导致浪费情况的发生。

b. 溶剂。溶剂是液体洗涤剂重要的组成部分之一，它不仅在调配洗涤剂过程中起到溶解各成分的作用，而且在清洗过程中，还有助于油渍从被洗物上的去除。目前，可用于调配洗涤剂的常用溶剂有醇类物质，如乙醇、乙二醇、异丙醇等；醚类物质，如乙二醇单甲醚、乙二醇单乙醚、乙二醇单丁醚等；含氯溶剂，如二氯甲烷、四氯化碳、三氯乙烯等。

c. 酶制剂。淀粉酶、蛋白酶、纤维素酶、脂肪酶等是添加在洗涤剂产品中常见的酶制剂。这些酶制剂能够提高污渍的水解能力，有效改善洗涤剂的洗涤效果，特别针对血渍、果汁、油脂等污渍有特效。

d. 防腐剂。因为洗涤剂产品中含有油脂和各类酶制剂，因此长期在潮湿环境存放时，微生物细菌会在其中滋生繁衍，引起洗涤剂因霉变而洗涤能力下降。为避免该情况，在调配洗涤剂产品时需添加一定剂量的防腐剂。常用防腐剂有甲醛、尼泊金酯、苯甲酸钠等。

此外，例如硼砂、水溶助长剂、摩擦剂、消泡剂、香精、色素等添加剂都是洗涤剂产品配制时应添加的助剂，这些添加剂不仅可以改善洗涤剂的清洗效果，而且还能够赋予洗涤剂清香、艳丽的外观，提高其产品价值。

3.2.4　洗涤剂用表面活性剂的合成

在本章前部分介绍了洗涤剂产品中常见的表面活性剂，这些表面活性剂的生产都是基于石油化工基础原材料通过各类化学反应来完成的。

（1）烷基苯磺酸钠

生产烷基苯磺酸盐的工艺有许多种，总体来说，该产品的生产过程主要包括烷基苯的制备、烷基苯的磺化，以及烷基苯磺酸的中和三大部分。烷基苯磺酸钠的多种生产途径如图3.3所示：

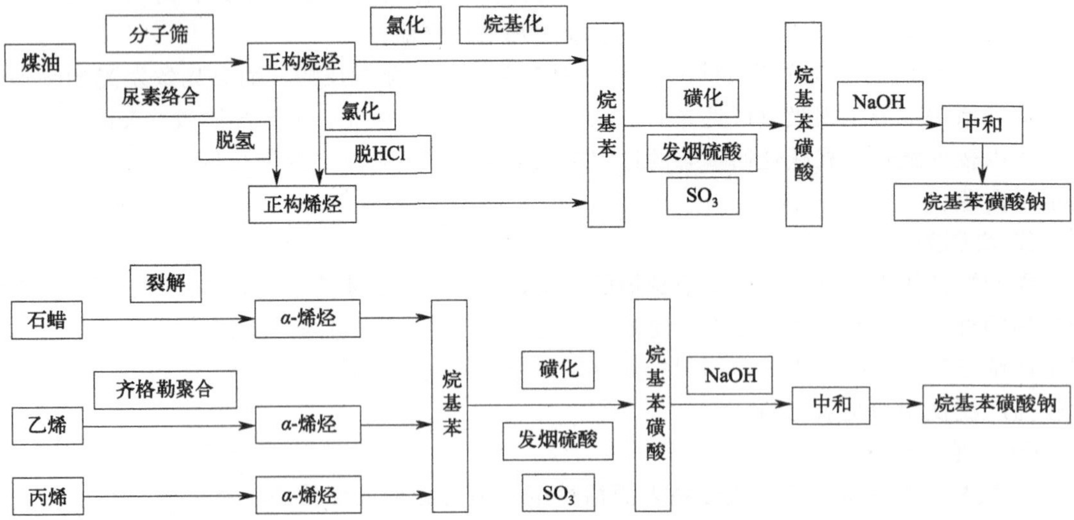

图 3.3 烷基苯磺酸钠的多种生产途径

烷基苯磺酸钠是洗涤剂生产中使用最多的表面活性剂，其系列衍生物中，主要使用含有11～12个碳的线型烷基苯磺酸钠。烷基苯磺酸钠的生产是以苯为原料，首先通过烷基化反应，制备符合使用要求的烷基苯，之后经磺化工艺处理得到烷基苯磺酸，再经碱化处理得到最终产品。十二烷基苯磺酸钠是最常用的烷基苯磺酸钠系列产品，该产品合成路线如下，其中，1-十二碳烯烃可通过石蜡裂解获得，苯可通过石油炼制工艺获取。

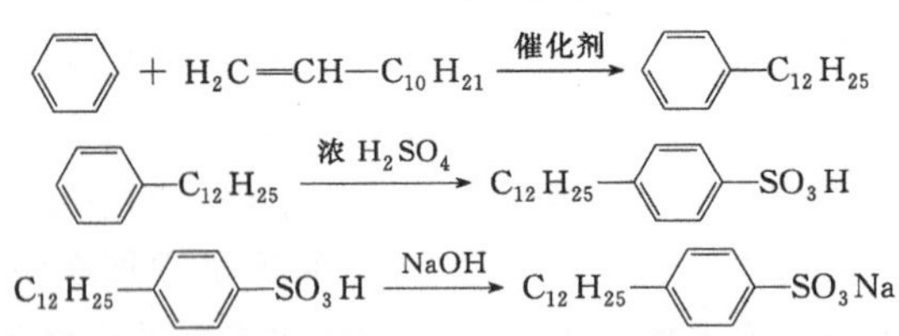

十二烷基苯磺酸钠的生产工艺包括连续式生产工艺和间歇式生产工艺两种。以连续式生产工艺为例，该工艺经三氧化硫的生成、烷基苯的合成、烷基苯的磺化和老化、烷基苯磺酸的生成与分离，以及烷基苯磺酸的中和等步骤。十二烷基苯磺酸钠的生产工艺流程如图3.4所示：

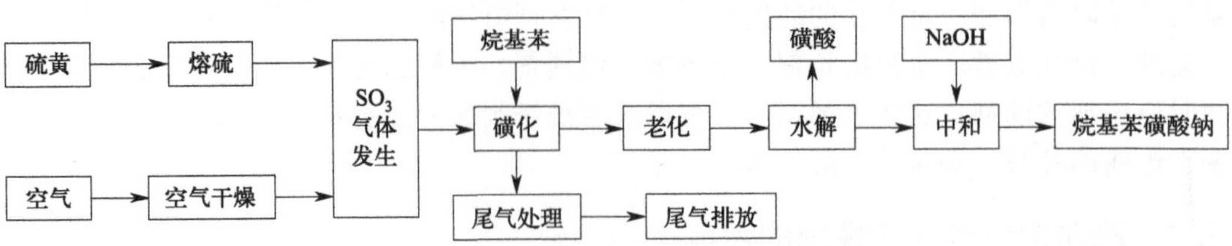

图 3.4 十二烷基苯磺酸钠生产工艺流程

生产时，首先通过供料泵将苯和十二烯打入烷基化反应器，之后将生成的十二烷基苯送入磺化反应器进行磺化处理，磺化产物经气液分离后，再经冷却处理，部分回到反应器底部，部分被送至老化器老化，约 5～10min 后，经老化处理的生成物被送至水解器，经过水解反应形成烷基苯磺酸，新生成的烷基苯磺酸转至中和罐，经碱中和后，最终形成十二烷基苯磺酸钠。反应尾气需经过酸雾去除后，最后经吸收塔吸收，方可放空。

（2）α-烯基磺酸盐

α-烯基磺酸盐（Alpha olefin sulfonate，AOS）是以长链的 α-烯烃（C10～C20）为原料，通过磺化、老化、碱中和、水解等多步工艺制备出的一种重要的表面活性剂产品，其成分主要包括 α-烯基磺酸盐（约占 70%）和羟基烷基磺酸盐（约占 30%）。除了这两种主要成分之外，AOS 中还含有少量的烯基二磺酸盐（0～5%）。我国 AOS 工业化生产的开端要追溯到 20 世纪末，1998 年，浙江吉利达化工有限公司引进了 Chemithon 双膜磺化反应器，该项目的运行标志着我国 AOS 生产工业化的开端。AOS 的表面与界面活性良好，而且对皮肤刺激性小，对人体和环境相对安全，因此常用于各类洗涤剂产品、洁肤产品、工业清洗剂以及三次采油等相关产品的生产。

制备 AOS 时，磺化试剂可选用 SO_3（气体或液体）、$ClHSO_3$、H_2SO_4（浓）、$H_2SO_4 \cdot xSO_3$、$NaHSO_4$ 和 $NaHSO_3$ 等。其中，SO_3 与 α-烯烃的反应相当剧烈，因此常用 SO_3 的配位化合物替代 SO_3，进而减缓反应速度，使磺化反应得到有效控制。常用于络合 SO_3 的物质有 1,4-二噁烷、N,N-二甲基甲酰胺（DMF）、三甲胺等。

（3）脂肪醇硫酸盐

脂肪醇硫酸盐（AS），是一类重要的表面活性剂产品，这类产品具有良好的去污能力、乳化能力、发泡能力，而且生物降解性良好，因此常被作为日化产品的活性成分来使用。AS 的性能取决于阴离子性质和烷基链的长度，各类产品中 C12～C14 系列产品的发泡能力最好，而且低温下性质稳定，低温洗涤效果最好。烷基链的结构对此类产品应用性能也有一定影响，直链醇生产的 AS 具有更强的发泡能力，但其产品的润湿性较低，与其相比，以仲醇或支链醇生产的 AS 产品具有更好的润湿性，但发泡能力要略微逊色。AS 系列产品主要用于牙膏、洗发露和沐浴露等产品，工业应用方面，AS 也可作为纺织工业的润湿剂和洗净剂以及其他化学工业所使用的乳液聚合乳化剂。

工业生产方面，此类产品的生产通常将脂肪醇、磺化试剂（$ClSO_3H$ 或 SO_3）、NaOH 或乙醇胺衍生物作为原料进行生产，其相关流程如下：

$$R—OH + ClSO_3H \longrightarrow R—O—SO_3H + HCl$$

$$R—OH + SO_3 \longrightarrow R—O—SO_3H$$

$$R—O—SO_3H + NaOH \longrightarrow R—O—SO_3Na + H_2O$$

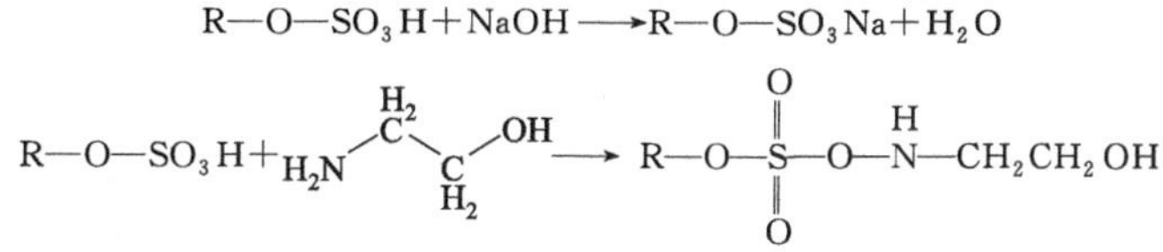

（4）脂肪醇聚氧乙烯醚及其硫酸盐

脂肪醇聚氧乙烯醚是一类十分重要的非离子表面活性剂，工业生产方面，常将脂肪醇和环氧乙烷作为原料进行生产。

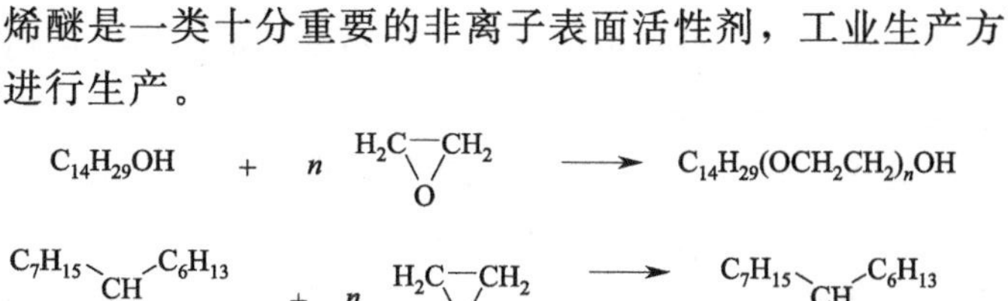

脂肪醇聚氧乙烯醚硫酸盐是重要的阴离子表面活性剂。脂肪醇聚氧乙烯醚硫酸钠（AES）分子结构中既含有烷氧基团（非离子型表面活性剂亲水基团）又含有硫酸酯基（阴离子表面活性剂亲水基团），因此AES具有两性表面活性剂的性质特点，因此这类表面活性剂的去污能力、生物降解能力、起泡能力、乳化能力等都非常强，特别是毒性低和生物降解能力强的特点直接决定了AES在其应用领域的重要性。

工业生产方面，AES的生产原料即为聚氧乙烯醚，原料经过磺化和碱处理等工序的加工便可获得最终产品，其反应过程如下：

$$RO(CH_2CH_2O)_nH+ClSO_3H \longrightarrow RO(CH_2CH_2O)_nSO_3H+HCl$$

$$RO(CH_2CH_2O)_nSO_3H+NaOH \longrightarrow RO(CH_2CH_2O)_nSO_3Na+H_2O$$

（5）烷基糖苷

烷基糖苷（alkyl polyglucoside；APG）简称烷基苷，烷基糖苷是一种复杂的糖苷类化合物，其结构中糖单元≥2。烷基苷是一类性质优良的表面活性剂，此类表面活性剂具有环境友好、对人体皮肤刺激性小、无毒、无浊点、表面张力低、润湿性强、泡沫细腻且丰富、去污效果好等特点，因此广泛用于化妆品和洗涤剂产品涉及的各种领域，此外，烷基糖苷在食品工业、生物化工、农药、各类建材等领域都有广泛的应用。工业生产方面，烷基糖苷的原材料即为糖和脂肪醇，在催化剂的作用下直接制取。

3.2.5 合成洗涤剂

目前，合成洗涤剂是世界范围内用量最大的洗涤剂产品，依据其形态可分为固态洗涤剂和液体洗涤剂两大类。肥皂作为一种特殊的固态洗涤剂产品，其相关性质、应用、生产方法等后续详细介绍，在此部分，仅对粉末状和颗粒状洗涤剂进行详细讲解。

（1）粉末状、颗粒状洗涤剂

此类洗涤剂产品即日常生活中常见的洗衣粉，洗衣粉的分类方式多种多样，种类繁多。根据是否含磷可分为无磷洗衣粉和含磷洗衣粉，根据表面活性剂用量可分为20型、25型、30型洗衣粉（分别表示表面活性剂含量为20%、25%、30%），根据去污能力强弱又可分为轻垢洗衣粉和重垢洗衣粉，按泡沫生成能力强弱可分为高泡洗衣粉和低泡洗衣粉，按填料的加入量可分为普通洗衣粉、浓缩洗衣粉、超浓缩洗衣粉。

① 洗衣粉的生产工艺

洗衣粉的生产工艺最早采用盘式烘干技术，该工艺一直使用至20世纪40年代末期，之后该工艺被喷雾干燥工艺取代，在50年代中期又升级为高塔喷雾空心颗粒成型工艺。该工艺生产的颗粒状洗涤剂产品为空心颗粒状，产品不仅容易溶解，而且还不容易吸潮。至此，粉末状合成洗涤剂产品逐渐开始被淘汰。该工艺经后期改良后一直延续至今，截至目前，我国销售的洗衣粉都是以颗粒状为主。

改良后的高塔喷雾干燥成型技术被称为逆流式喷雾干燥法（图3.5），该方法首先将表面活性剂、助剂及其他配方中的成分调配成具有一定黏度的料浆，之后用高压泵和喷射器将料浆以微小的雾状液滴形式从塔顶向下喷入到200～300℃热空气中，热空气由塔底向上喷出并喷至塔顶，当雾状液滴与热空气混合后会在极短时间内快速干燥形成空心颗粒，干燥后的颗粒经冷却后进入筛分设备，经筛选后即得成品。

在该工艺基础上，后期又改良形成新的方法，该方法被称为附聚成型法。附聚成型法利用硅酸钠的胶黏性，首先将硅酸钠喷洒在固体物料上，再分批次加入液体物料，液体物料会

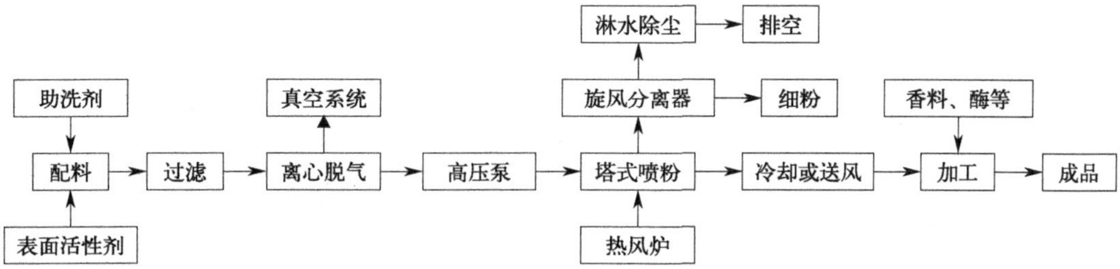

图3.5　逆流式喷雾干燥法生产工艺流程示意图

因干燥而吸附，相互聚集后成为颗粒状产品（图3.6）。

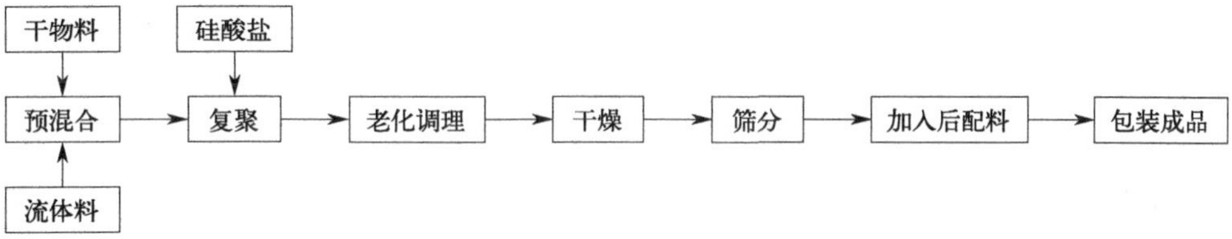

图3.6　附聚成型法生产工艺流程示意图

除了逆流式喷雾干燥法和附聚成型法之外，基于高塔喷雾干燥成型技术改良的其他方法还有流化床成型法、干混法、喷雾干燥-附聚成型组合法等。在这些改良的方法中，干混法因其工艺简单、成本低等优点成为应用最为广泛的方法。该方法仅需将各类物料依据配方按比例混合均匀后，经成型过筛分离即可得到最终产品。由于生产颗粒状洗涤剂产品所需其他辅料，例如香料、漂白剂、柔软剂、酶制剂等均对温度、湿度等外界因素敏感，因此为保证产品质量，在生产过程中，这些对外界因素敏感的辅料都需要在工艺的最后添加。

② 颗粒状合成洗涤剂的配方原则

通常情况下，洗衣粉的配方原则是一致的，但配方中所用组分及添加比例会随着应用的不同而发生变化。表面活性剂、硬水软化剂、碱性缓冲剂、抗污垢再沉积剂、填料等都是调配洗衣粉所必需的成分，此外还可根据不同清洗应用的需要添加不同比例的漂白剂、色素、香精、酶制剂、增稠剂等其他添加剂，进而满足各应用领域的清洗要求。另一方面，针对不同类型洗衣粉，其表面活性剂以及其他各主要组分的添加种类和添加比例也各不相同。例如：轻垢洗衣粉配方中阴离子表面活性剂含量占12%左右，脂肪醇聚氧乙烯醚仅占4%；而重垢洗衣粉中阴离子表面活性剂的含量仅占1%，脂肪醇聚氧乙烯醚占比高达20%。此外，二者所用碱性缓冲剂也各不相同，轻垢洗衣粉使用的是三聚磷酸钠，而重垢洗衣粉使用的是碱性更强的碳酸盐。

性能优异的洗涤剂产品通常需要具备以下特征：

a. 用量少且去污能力强，在低温下仍具有较强的去污能力；

b. 对洗涤环境适应性强，水的硬度不影响洗涤剂的去污能力；

c. 洗涤过程中应具有良好的发泡性，漂洗过程中应具有良好的消泡性，节约水资源；

d. 清洗后的织物上无洗涤剂残留，无不良气味，织物不褪色，无损害；

e. 洗涤过程中洗涤剂不损害皮肤，对人体安全；

f. 洗涤剂应具有良好的生物降解性，能够完全降解；

g. 颗粒状洗涤剂应具有洁白的外观，颗粒大小均匀，易溶解，易流动，不结块，不飞扬。

总的来说，通常情况下轻垢洗衣粉中表面活性剂含量较低，而且以阴离子表面活性剂为主，一般不含有或仅含有少量去污能力更强的非离子表面活性剂。轻垢洗衣粉在应用时主要针对污染程度不是很高的织物，碱性的强弱对洗涤效果无明显影响，因此在选用碱性缓冲剂时，通常不选择碳酸盐或者仅仅添加极少量的碳酸盐，另外硅酸钠的使用量也相对较低，但填料硫酸钠的使用量较大，这样可以在保障洗涤效果的同时有效降低成本。

重垢洗衣粉主要针对污染程度严重的织物进行使用，因此配方中表面活性剂的占比相对较高，种类较多，一般都在两种或者两种以上，添加的表面活性剂主要是去污能力更强的非离子表面活性剂。因为污垢较多，所以清洗过程中，污垢脱离载体后会大幅度降低碱性，因此碱性缓冲剂应选用碱性更强的碳酸钠，而且添加量较大，与之相对应的填料硫酸钠使用量大幅度降低。

低泡洗衣粉主要利用了表面活性剂之间的协同作用提高了清洗效果并降低了发泡作用。这是因为，非离子表面活性剂或肥皂对普通洗衣粉中所使用的阴离子表面活性剂烷基苯磺酸钠的发泡作用有一定的抑制能力，当普通洗衣粉中添加肥皂或非离子表面活性剂后，阴离子的发泡作用受到抑制，因此洗涤过程中织物易于漂洗。另外不同类型的表面活性剂配合使用可以提高洗涤剂溶液的润湿、乳化、去污、增溶等效果，因此低泡洗衣粉适合机洗。

浓缩洗衣粉中表面活性剂占比相对较高，其中添加一定量的不同类型非离子表面活性剂，该产品是多种阴离子和非离子表面活性剂共同复配的产品。浓缩洗衣粉中填料硫酸钠的占比很低，有时甚至不添加硫酸钠。另外，浓缩洗衣粉中添加的其他固体助剂需要具有一定的颗粒度和表观密度，碱性缓冲剂大多使用比表面积较大的碳酸钠，分子筛的粒径需小于 $4\mu m$，进而保持有较大的比表面积。浓缩洗衣粉隶属于低泡洗衣粉的一种，易于漂洗，节约水资源，其产品生产多采用附聚成型法，产品为实心颗粒，体积小，密度大，是未来更具发展前景的一类洗涤剂产品。

（2）液体合成洗涤剂

液体合成洗涤剂与颗粒状合成洗涤剂的不同点在于溶剂的添加，液体合成洗涤剂中添加了大量的去离子水作为溶剂，因此在配制过程中所使用的其他表面活性剂和助剂都需具备良好的水溶性。常用于配制液体合成洗涤剂的表面活性剂大多为盐类或者水溶性较好的醇及胺类表面活性剂，例如烷基磺酸盐、烷基苯磺酸盐、醇醚或醇醚硫酸盐、烷醇酰胺等。另外，调配液体合成洗涤剂所用的非离子表面活性剂要求浊点适中，以保证产品稳定透明的外观。硬水软化剂多采用水溶性较好的无机盐类产品，例如柠檬酸钠、焦磷酸钾等。为保障调配液体合成洗涤剂时添加的各类物质都能够完全溶解在洗涤剂液体中，调配时常加入增溶剂。常用弱碱性增溶剂有低碳醇类及烷基苯磺酸钠、尿素等。

调配液体合成洗涤剂的方法简单，通常先将各类固体原材料按比例添加至去离子水中，溶解后搅拌混合乳化，过滤出杂质后的混合液打入到均质设备中老化，之后经真空脱气排除气泡后即可灌装。

液体合成洗涤剂产品类别较多，常见液体合成洗涤剂有重垢型、轻垢型、柔软型、浓缩型、漂白型等，本章节重点介绍比较常用的轻垢型及重垢型液体合成洗涤剂。

① 轻垢型液体合成洗涤剂

轻垢型液体合成洗涤剂常用于清洗污染程度较轻的普通织物，也可用于清洗高档织物上的污垢。轻垢型液体合成洗涤剂的 pH 值呈中性至弱碱性，脱脂能力较弱，清洗后的织物不收缩、不泛黄、不起毛，能够保障织物柔软的特性。调配轻垢型液体合成洗涤剂时需利用不同类别表面活性剂之间的协同作用提高清洗能力，而且所使用的表面活性剂总占比低于20%。调配时不能使用碱性助剂，抗污垢再沉积剂多采用有机配位化合物。

② 重垢型液体合成洗涤剂

重垢型液体合成洗涤剂充分利用了不同类型表面活性剂之间的协同作用，其产品去污能力强，碱性较高，是一类可以替代洗衣粉和肥皂的洗涤剂产品。重垢型液体合成洗涤剂中助剂含量较低甚至不含助剂，其主要成分为不同类型的表面活性剂。无助剂重垢型液体合成洗涤剂中表面活性剂总含量最高可达到 50%，含助剂重垢型液体合成洗涤剂中表面活性剂总含量可达到 30%，而浓缩型重垢液体合成洗涤剂则全部由多种不同类型液态表面活性剂调配而成。

3.2.6　肥皂

所谓的肥皂是含有 8 个以上碳原子的脂肪酸碱性盐类的总称。当肥皂中脂肪酸盐所含碳原子数在 12～18 之间时，肥皂的洗涤功能较好。如果脂肪酸盐的碳原子数小于 8，用其制备的肥皂会因脂肪酸盐的水溶性太好而导致表面活性变差，进而影响洗涤功能的发挥；反之，如果脂肪酸盐的碳原子数大于 22，则用其制备的肥皂会因脂肪酸盐的水溶性太差而影响洗涤功能。

(1) 肥皂的分类

肥皂的分类方式较为简单，通常可以按用途、组成、形状等进行分类。如果按用途分类，肥皂可分为家用洗涤皂和工业用皂两大类；如果按组成分类，肥皂可分为有机皂、碱金属皂、其他金属皂三大类；如果按形状分类，肥皂可分为块皂、片皂、皂粉、液体皂等。

(2) 肥皂生产所需原材料及其来源

肥皂生产所需的原材料较为简单，主要原材料即为油脂或脂肪酸以及苛性碱等，此外还需要一些添加成分，例如松香、香料或香精、着色剂、透明剂等。

① 油脂

可用于制造肥皂的油脂包括动植物油脂、工业油脂、野生植物油脂等三大类。油脂在常温下有时候以固体形式存在，有时候以液体形式存在，一般不做严格区分。目前常用于生产肥皂产品的油脂主要是动植物油脂，其中动物油脂包括猪油、牛油、羊油，植物油脂包括豆油、花生油、玉米油、茶油、棉籽油、椰子油、棕榈仁油等。这些油脂都来自动物体内和植物的种子中。

② 脂肪酸

用于生产肥皂的脂肪酸大多是油脂精炼过程中生成的皂角以及其他废油分解形成的，常见品种有棕榈酸、亚麻酸、肉豆蔻酸、油酸等。

③ 松香

松香来源于松树分泌的松脂。松香的主要成分是松香酸，松香酸可增大肥皂在水中的溶解度和去污能力。此外，松香还是一种天然的抗氧化剂，其自身极易被空气中的氧气所氧化，肥皂中添加松香后可以有效防止肥皂的氧化。由于松香价格低廉，因此在肥皂中添加松香可降低肥皂的成本，一般最大添加量为30%，添加过多的松香会使被洗织物发黏而降低使用效果，另外香皂中通常不添加松香。

（3）肥皂的生产工艺

肥皂的制备方法可根据原料的变化分为如下三种：

a. 用油脂作为原料，将其与氢氧化钠或氢氧化钾水溶液反应制取；

b. 用脂肪酸作为原料，将其与氢氧化钠或氢氧化钾水溶液反应制取；

c. 用甲酯作为原料，将其与氢氧化钠或氢氧化钾水溶液反应制取。

虽然肥皂的制备有三种不同的方法，但在生产过程中，普遍采用同一种工艺流程，以油脂为原料为例。首先，选用的油脂需经过精制加工处理，进而除掉油脂原料中所含的杂质、胶质、磷脂、色素及其他不良气味。之后将精制后的油脂与氢氧化钠或氢氧化钾水溶液混合均匀，利用皂化反应制取皂基。传统方法有冷制皂法和半沸制皂法，新工艺有间歇式沸煮制皂法和现代连续皂化法，间歇式沸煮制皂法和现代连续皂化法是目前较为常用的方法。皂基形成后需经过干燥处理，将其所含水分从30%～32%降至10%～15%。最后将干燥后的皂基与其他添加成分，例如香料或香精、颜料、着色剂、分散剂等助剂混合均匀。经均匀化后的肥皂送入压条机中进行成型加工，经切割后形成单块的肥皂，最后在肥皂表面打印上商标，即可包装作为商品销售。生产过程中生成的皂化废液可通过净化、蒸发、蒸馏、精炼工艺的连续处理获得甘油。相关流程具体如图3.7所示：

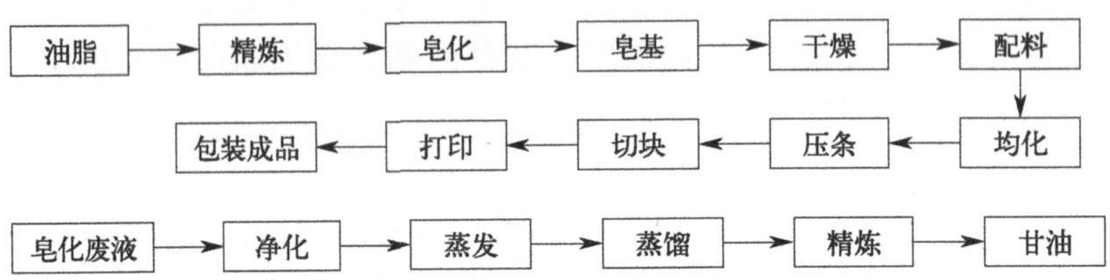

图3.7 以油脂为原料制备肥皂的工艺流程

（4）常见肥皂品种

目前，我国生产的主要肥皂产品都是基于20世纪所使用的“胰子”进行改良升级的产品，其中包括了香皂、洗衣皂（透明皂）、多功能皂、皂粉、皂片、液体皂以及其他皂等。

① 香皂

香皂是目前人们日常生活中使用量较大的皂类商品，香皂主要用于清洁人体表面肌肤，可用来洗手、洗脸（现逐渐被洗面奶替代）、沐浴（现逐渐被沐浴露替代）等。由于香皂的主要作用是清洁人体表面的皮肤，因此其生产工艺的复杂程度远高于其他皂类。生产香皂所使用的油脂需经过严格且复杂的精炼工艺处理，进而保障其纯度，避免油脂中其他成分对人体皮肤带来不良影响。此外香皂的总脂肪含量高达80%以上，而且产品在加工过程中添加了大量的香精。香皂外形美观，颜色艳丽，使用时泡沫丰富，对皮肤无刺激性。

② 洗衣皂

目前，我国市场销售的洗衣皂多为所谓的透明皂，其产品主要成分是高级脂肪酸钠以及一些其他助剂，例如碳酸钠、色素、香精、透明剂等。早期使用的洗衣皂中不含有透明剂，这些产品目前大多已被透明皂替代。洗衣皂的水溶液呈碱性，软水中去污能力极强，但硬水中会形成皂垢而降低去污能力。由于洗衣皂的水溶液碱性较强，在清洗柔嫩织物时会损坏织物纤维或导致织物褪色，因此洗衣皂不适合用于清洗高档衣物。另外，长期用洗衣皂清洗白色织物时，会使织物出现泛黄现象。

③ 多功能皂

a. 增白皂。增白皂是目前应用较为广泛的皂类产品，该产品主要用于清洗白色衣物以及其他白色织物。增白皂富含各种不同类型的表面活性剂和特效增白剂，其抗硬水能力突出，洗涤白色织物不会出现泛黄现象，有效弥补了洗衣皂的缺陷，特别适合清洗领口、袖口等。

b. 药皂。药皂是肥皂产品中一类较为特殊的品种。所谓的药皂是在香皂中添加指定药物，使其具有杀菌消毒或治疗特殊皮肤病功能的块状硬质皂。可添加在药皂中的药物种类繁多，总的要求是添加的药物无毒、无刺激性、使用安全、对皮肤无负面影响，而且添加的药物要和药皂中其他添加成分的配伍性良好。

c. 富脂皂。所谓的富脂皂是一类护肤香皂，在生产过程中，富脂皂中添加了一定剂量的富脂剂，进而降低了肥皂对皮肤的脱脂作用并对皮肤起到了保护的效果。添加的富脂剂是一类可以在皮肤表面形成致密疏水性保护膜的油脂，常用的富脂剂有椰子油以及一些常见动物性油脂，例如海龟油、羊毛脂、水貂油等。另外，脂肪酸、乳酸盐及氨基酸盐、硅氧烷类、高碳烷烃及高级脂肪醇、磷脂等均能产生润滑和富脂感，同时这类物质都能够有效抑制水分的挥发，因此都可以作为富脂剂使用。在生产富脂皂时，添加的富脂剂不应对香皂性能产生负面影响。目前，肤用清洗类化学品种类繁多，现阶段，富脂皂的使用量较少，其产品多被洗面奶替代。

d. 美容皂。美容皂又称为营养皂，是在香皂基础上添加了一系列具有美容、护肤功效成分制得的特殊香皂。常用于添加的成分有磷脂、维生素、奶粉或牛奶、蜂蜜、花粉、人参、芦荟汁等。目前，美容皂的使用量同富脂皂类似，大量产品也多被洗面奶以及面膜等产品所替代。

④ 皂粉

皂粉类似于洗衣粉又不同于洗衣粉，皂粉是粉末或颗粒状肥皂，兼有肥皂与合成洗涤剂双重优点。该系列产品去污能力强、抗硬水能力强、水溶性好、生物降解能力强，可用于清洁皮肤以及清洗织物，特别适合工厂工人或实验室科研人员在工作后洗手使用。

⑤ 皂片

皂片是一类薄片肥皂，其厚度约为 1.2mm，皂片的水溶性好，对皮肤刺激性小，性能温和，碱性较弱，可用于轻度污染的织物清洗，在我国此类产品现已被淘汰。

⑥ 液体皂

液体皂是一类性状为液体或膏状的肥皂。液体皂的成分组成包括表面活性剂、富脂剂、护肤剂、香精、色素等。液体皂产品发泡性好，对皮肤刺激性小，去污能力强，可用于沐浴、洗发或洗手使用。液体皂是目前人们在日常生活中使用的洗手液或沐浴露等产品的雏形产品，目前其升级品（洗手液、沐浴露、洗发露等）被广泛使用，在我国，液体皂本身已被淘汰。

⑦ 其他皂类

除了以上皂类产品外，目前在我国还有一些其他皂类产品的销售和使用，例如复合香皂、浮水皂、儿童香皂、除菌皂等。复合香皂是在肥皂中添加表面活性剂和钙皂分散剂制成的产品。浮水皂是在加工皂基时混入空气制成的，特别适合婴幼儿沐浴时使用。儿童专用香皂对皮肤的刺激性极低或无刺激性，性质温和，在使用时对婴幼儿稚嫩的皮肤不会产生刺激或损伤等负面作用。除菌皂是一系列具有除菌功能的皂类产品的总称，其中最为典型的就是硫黄皂。硫黄皂虽然具有较强杀菌功能，但是这类产品对皮肤的刺激性强，不适合长期使用。目前，除菌功能已经被添加到各类常用皂类产品中，各类杀菌效果好且对皮肤刺激性小的合成杀菌剂替代了传统的硫黄。

3.2.7 其他洗涤剂

在日常生活中，除了水洗衣物外，有些特殊的高档衣物还需要干洗的处理。另外，厨房器具，卫生间用具等都需要清洗。再则，随着人们生活水平的提高，汽车已经步入普通人们的生活中，对于汽车内外的清洗也是至关重要的。因此，为保障人们的正常生活质量，各类洗涤剂产品已成为人们生活中的必需品。

(1) 干洗用洗涤剂

干洗可有效避免高档衣物因水洗引起的缩水、变形、褪色等不良现象，干洗用洗涤剂则是一类依靠溶剂对污渍的溶解力以及表面活性剂的增溶能力达到良好清洗效果的洗涤剂产品。这类洗涤剂产品与水洗用洗涤剂产品主要成分基本保持一致，但也有部分成分大不相同。固体水洗用洗涤剂产品中几乎不含有溶剂水，液体水洗用洗涤剂产品中的溶剂主要是去离子水，而干洗用洗涤剂产品是以卤代烃或石油系列产品作为溶剂。汽油属于易燃易爆品，以汽油为溶剂的干洗用洗涤剂在储存和使用时需远离明火。四氯乙烯是常见卤代烃类化合物，可作为干洗用洗涤剂的溶剂使用，四氯乙烯一般在常温下不会燃烧，但长期暴露在高温或明火中也会燃烧，但其安全性远好于汽油。

干洗用溶剂需具备良好的挥发性和对污垢良好的溶解性，而且不能与被洗织物纤维发生反应，不会引起织物褪色、变形等情况的发生。干洗用溶剂还需具备低毒或无毒性质，对人体无刺激性，对洗涤设备无腐蚀性。

(2) 厨卫用洗涤剂

厨房及卫生间用洗涤剂是日用洗涤剂中最为重要的一个类别。厨卫设备种类繁多，因此各种用于厨卫清洁的洗涤剂产品的功能及特点也是各不相同。根据被清洗物可将厨卫用洗涤剂分为果蔬用洗涤剂、餐具洗涤剂、烟机及灶台专用清洗剂、卫生间专用清洗剂、瓷砖等硬表面清洗剂等。其中除果蔬用洗涤剂、烟机及灶台专用清洗剂、卫生间专用清洗剂不可混用之外，对于厨卫其他部分的清洗均可使用餐具清洗剂进行处理。

① 果蔬用清洗剂

蔬菜和水果的清洗对人们饮食健康至关重要。未经清洗的水果和蔬菜表面有农药及其他种植时使用的物质残留，如清洗不彻底，这些残留物会对人体健康造成严重威胁。用于清洗果蔬食品的清洗剂除了要具备较强清洗能力外，还需具备安全无毒的特点，而且使用时不能对蔬菜和水果的口味、色彩等造成破坏，清洗后的蔬菜和水果表面不能有洗涤剂残留。因此，在调配蔬菜水果用清洗剂时多采用安全无毒可生物降解的天然表面活性剂，例如十四酸蔗糖酯。此外，其他添加剂也要选用无毒无害无刺激性的物质。这类洗涤剂的标准配方中十四酸蔗糖酯占比15%，柠檬酸钠占比10%，葡萄糖酸占比5%，乙醇占比9%，丙二醇占比1%，CMC占比0.15%，去离子水占比59.85%。由于人们过于担心洗涤剂产品残留后的负面效应，因此蔬菜水果用清洗剂普遍不被人们所接受，现阶段，在日常生活中，此类产品被小苏打替代。

② 餐具用清洗剂

餐具用清洗剂是目前厨卫用洗涤剂系列产品中使用量最大的品种，目前市场上常见的各种品牌的洗洁精就是所谓的餐具用清洗剂。洗洁精是液体洗涤剂产品，属于轻垢型洗涤剂。洗洁精是一类可用于清洗玻璃、陶瓷、金属、塑料等材质餐具表面黏附的蛋白质、油脂、碳水化合物及其热分解物的洗涤剂产品。

由于洗洁精与食品和人体皮肤密切接触，因此这类产品除了具有较强去污能力之外，而且还要具有绝对安全，对皮肤刺激性小或无刺激性，对玻璃、金属、陶瓷、塑料等材质的餐具无腐蚀性，大量水冲洗后无残留等特点。

最早的洗洁精只有手洗用产品，后来随着洗碗机的出现，洗洁精产品又演化出机洗用洗洁精和消毒洗洁精等系列产品。手洗用洗洁精需具备较高的起泡能力，而机洗用洗洁精则要求低泡甚至无泡。为保障洗涤效果，机洗用洗洁精的碱性可以强一些，但不能对洗碗机以及餐具造成腐蚀，通常情况下，其pH值不高于10.5。此外，各类洗洁精系列产品中不能含有荧光增白剂，甲醇以及其他有毒成分也限制使用。为防止洗洁精产品对餐具材质的腐蚀，在生产该系列产品时，还可以添加一些釉面保护剂，例如乙酸铝、锌酸盐、硼酸盐等。

③ 厨房设备清洗剂

厨房设备主要包括烟机、灶台、烤箱、洗碗机、微波炉、豆浆机等，其中被油污污染最为严重的当属烟机和灶台。针对于这两个污染严重的厨房设备，人们开发出具有针对性的烟机清洗剂和灶台清洗剂产品。为达到有效清除油污的目的，在生产这类产品时，常选用去油污能力强的烷基苯磺酸盐和烷基硫酸盐等阴离子表面活性剂。由于烟机内部和灶台表面油渍污染严重，因此厨房设备清洗剂系列产品中有一类被称为强碱性油垢清洗剂，这类产品碱的强度和含量都远高于其他洗涤剂产品。在生产强碱性油垢清洗剂时，常选用碱性极强的NaOH作为碱性组分，而且其占比高达80%，以此降低大量油污对清洗剂使用时的酸化作用，保障其良好的清洁油污的效果。

④ 卫生间清洗剂

卫生间的清洗主要包括马桶、浴盆、洗手盆、瓷砖等。总的来说，卫生间清洗剂的成分主要包括表面活性剂、水溶性高分子聚合物、各类助剂及溶剂等组成，但针对各种卫生间清洁剂来说，其配方还是有明显差别的。例如马桶用清洗剂中添加了大量的酸性物质，例如32%的盐酸或10%的磷酸，其占比约为30%。强酸可与马桶中残留的尿碱发生化学反应，进而起到有效清除污垢和消除不良气味的作用。此外，为提高杀菌效果，马桶用清洗剂中还添加了一定剂量的杀菌剂。浴盆或洗手盆表面会有大量人体表皮清洗下来的油脂和角质的残留物，因此用于清洗浴盆和洗手盆的清洗剂，其配方中同样含有一定量的酸性物质，但一般不使用酸性较强的盐酸和磷酸，而是采用酸性适中的草酸或硼酸。此外，为提高清洗效果，配方中通常还存在适量的摩擦剂。

需要特别强调的是，马桶用清洗剂就是日常生活中常用的洁厕灵，因其成分中含有大量盐酸。而日常生活中另一种常用消毒液即84-消毒液属于碱性消毒液，其主要成分为次氯酸钠。切记洁厕灵和84-消毒液不能混用，因为洁厕灵中所含的盐酸会与84-消毒液中含有的次氯酸钠发生化学反应，生成氯气。

（3）车用清洗剂

随着国家经济的高速发展以及人们生活水平的日益提高，汽车已经全面走进了普通百姓的生活。近二十几年来，我国汽车市场呈现持续、快速、稳定的增长态势。汽车市场的高速稳定的发展带来了巨大的汽车清洗市场发展空间，因此汽车清洗剂也是目前合成洗涤剂产品中销售量较大的一类产品。根据汽车清洗的需要，可将汽车清洗剂划分为燃油系统清洗剂、车身表面清洗剂、汽车内饰清洗剂和汽车空调清洗剂、汽车玻璃清洗剂五大类。

① 燃油系统清洗剂

目前，我国各大城市交通拥堵情况严重，特别是在上下班高峰期。走走停停的开车方式会对汽车燃油系统的内部清洁造成严重影响，由汽车燃油系统沉积物导致的燃油不充分燃烧会加剧汽车尾气排放而增大了空气污染的程度。当汽车正常行驶一定公里之后，汽车油箱、输油管、喷油嘴及燃油系统中的各种过滤网等部位会沉积一定量的油泥式沉积物，炎热的夏天，汽车各部分会因炎热的气候而升温，燃油中含有的微量烯烃等不安定成分会在一定温度下与空气中的氧发生氧化聚合反应生成胶质等黏稠物质，燃油中所含杂质也会在燃烧过程中产生一定量的沉积物，即所谓的积炭。这些本不应该在燃油系统中存在的物质会严重影响车辆的正常运行，如不及时清理会加剧汽车尾气污染物的排放，严重影响城市空气质量。因此，开发并使用合适的清洗剂并对车辆燃油系统及时清洗至关重要。

早期人们使用的清洗剂多为汽煤柴油，这些石油产品虽然具有一定的去油污能力，但本身都属于易燃易爆品，使用安全性较差，另外由于这些油品都具有挥发性，其挥发成分会对人体健康以及周围环境造成严重影响，因此现均已被淘汰，现阶段我国使用的车用燃油系统清洗剂多为含有表面活性剂的清洗剂。

车用燃油系统清洗剂由各类表面活性剂和助剂组成，表面活性剂主要有非离子表面活性剂和阴离子表面活性剂，很少使用阳离子表面活性剂。助剂中最为重要的当属碱性物质，常用碱性物质主要包括氢氧化钠（$NaOH$）、碳酸钠（Na_2CO_3）、磷酸钠（Na_3PO_4）、硅酸钠（$Na_2O \cdot SiO_2$）等。碱性助剂较为廉价且去污能力强，选用的碱性助剂通常含有多种碱性物质，但过量使用会损坏车辆燃油系统的零部件。抗污垢再沉积剂则常选用水溶性高分子聚合物，例如羧甲基纤维素和羟基纤维素等。溶剂则可选用卤代烃类、石油类、醇类等有机溶剂，这些溶剂对油垢有较强的溶解能力，能够有效去除重油垢、焦油垢及焦炭垢等沉积物。

② 车身表面清洗剂

汽车车身表面光滑亮丽，因此这类清洗剂的配方在一定程度上不同于其他部位所使用的清洗剂配方。汽车车身表面清洗剂用来清洗车身表面的灰尘、泥渍、油垢等污渍的同时，还要对车身表面进行护理，即同时具有清洗功能和上蜡功能。清洗剂在车身表面形成蜡膜既能够使车身表面平滑光亮，而且还能够起到保护车身漆层的作用。这类清洗剂根据车身表面是否需要重新打蜡可分为不含脱蜡剂的清洗剂和含脱蜡剂的清洗剂。不含脱蜡剂的清洗剂，其成分主要由各类表面活性剂、各类助剂、蜡及溶剂组成。表面活性剂主要采用非离子表面活性剂，为了使车身表面具有抗静电的能力，在清洗剂中还可加入适量阳离子表面活性剂。含脱蜡剂的清洗剂中一般不含有蜡，但含有一定量的脱蜡剂，因此类清洗剂含有对蜡油较强溶解能力的溶剂，能够有效清除汽车表面之前打上的蜡。

③ 汽车内饰清洗剂

汽车内饰材质复杂，有皮质座椅、塑料或橡胶材质的内衬及其他零部件、各种棉、毛、丝绒和化纤等材质的地毯及其他装饰等，因此汽车内饰清洗剂所含成分复杂且各有不同。但总的来说，清洗剂主要成分与前文所讲的干洗用洗涤剂的成分基本类似，但考虑到汽车属于封闭空间，因此所选原料需低毒或者无毒，异味少且挥发性好，使用后能够在较短时间内通过通风的方式散发干净，进而降低或消除清洗剂对司机和车载人员健康的负面影响。根据使用的需要，汽车内饰清洗剂可分为织物清洁保护剂、真皮清洁增光剂、塑料橡胶清洁上光剂等类别产品。各类产品多为气雾型，对汽车内饰各种材质部件的腐蚀性极低或无腐蚀性，清洁能力强，使用时将其喷在待清洗部位，之后用干净的清洁布擦拭即可。为起到上光的作用，在配制此类清洗剂时还可添加硅酮类物质作为上光剂。

④ 汽车空调清洗剂

车载空调是汽车在行驶时保障车内环境温度适宜、空气流通的重要设备。与室内用空调一样，长期不清洗空调会导致其内部沉积大量污垢或滋生细菌。冬天时空调热风所需热能来自汽车发动机和水冷却设备，车载空调内部的清洁程度受汽车发动机及其他主要零部件的影响较大，如果不定期清理车载空调，其内部沉积大量污垢或滋生细菌后会对司机及车载人员的健康产生严重影响。

车载空调清洗剂是一类具有去污和杀菌两种功能的特殊清洗剂，此类产品对污垢有较强去污能力，而且还具有良好的杀菌消毒作用，本身成分对人体无害，对空调内部零部件无腐蚀作用，安全性好。

汽车空调清洗剂的主要成分包括表面活性剂、杀菌剂、溶剂及防腐剂等。调配此类清洗剂时，常选取阴离子表面活性剂和非离子表面活性剂进行复配，二者合用的效果要好于单独使用一种阴离子或者非离子表面活性剂的效果。由于两性离子表面活性剂的价格较贵，因此一般不使用两性表面活性剂调配汽车空调清洗剂。含氯杀菌剂，例如次氯酸钠（$NaOCl$）等；过氧化物杀菌剂，例如过氧化氢（H_2O_2）等；胺盐或季铵盐型的阳离子杀菌剂均可作为汽车空调清洗剂的杀菌成分。此外，还可添加 R301 除螨剂和异噻唑啉酮提高对螨虫以及其他细菌的杀灭效果。添加三乙醇胺可有效降低洗涤剂的腐蚀性，使产品达到无腐蚀级别，降低或消除洗涤剂对空调配件的损害。

⑤ 汽车玻璃清洗剂

所谓的汽车玻璃清洗剂俗称玻璃水，属于汽车使用过程中的易耗品。汽车在使用时所处的工作环境不同，其玻璃表面的附着物不仅仅有污垢，而且还有冰晶，因此玻璃水除需具备清洗功能外，还要具备一定的融冰功能和防冻性能。因此，玻璃水中成分除了含有适量的表面活性剂外，还应含有一定量的酒精和乙二醇，进而起到降低液体冰点、融冰和防冻的作用。

（4）多功能清洗剂

除了上述介绍的各类清洗剂外，洗涤剂系列产品还包括一些具有特殊用途的产品，例如杀菌剂、柔软抗静电洗涤剂、漂白剂、除臭剂、加酶洗涤剂等。随着日化行业的逐年发展，各类常见洗涤剂产品已经具备了部分上述多功能洗涤剂产品的功能，因此不重复介绍。

（5）其他物品清洗剂

日常生活中，除了织物、普通生活用品、运输车辆、船舶、飞机等交通工具需要清洗外，还有一些特殊的用品也同样需要定期清洗，例如电脑、手机、电视的屏幕，眼镜的镜片，戒指、耳环及项链等首饰等。相关特殊产品清洗所使用的清洗剂较为特殊，在此不做逐一介绍，读者可根据自己的需要查阅相关书籍或文献进行了解和学习。

3.2.8 洗涤剂的发展趋势

纵观洗涤剂产品的过去、现在和将来，其发展主要围绕使用安全、高效节能、功能全面、环境友好等主要方面进行发展。

合成洗涤剂即肥皂等产品的应用最为贴近人们的日常生活，因此相关产品的安全性至关重要，产品要安全无毒、无刺激性、无致癌性、不会在人体积蓄、被误食或摄入体内后能够通过正常人体代谢迅速排出体外。因此在设计洗涤剂产品配方时需严格考虑以上问题，选取低毒或无毒的成分设计配方。

相关产品应功能全面、高效节能、节约水资源，而且还要有良好的生物降解能力等特点，含有洗涤剂成分的生活污水排放到环境中能够在相对较短的时间内降解。设计配方时还需考虑产品对臭氧层的负面作用，干洗用洗涤剂产品中含有一定量的含氯物质，例如四氯乙烯，开发或选取合适的替代品替代这些含氯成分可有效保护臭氧层，降低紫外线对人类环境产生的破坏。大多数常用洗涤剂在使用时需要清洗环境具备一定的温度，即温热水清洗效果最好，因此开发能够在冷水或者接近 0℃水温环境下仍能具有良好清洁能力的新型洗涤剂产品是日化行业未来发展的一个重要方向。此外，随着工业文明的进步，各类新型工业设备开始走进工业舞台，与之相配套的清洗和维护是需要人们考虑的一个重要问题。因此开发新型工业专用清洗剂也是日化行业发展的另一个重要方向。

3.3 化妆品

所谓的化妆品是日常生活中人们用于清洁和美化面部、毛发、皮肤、牙齿等部位的日用化学品。古今内外，化妆品与人们的生活关系密切，特别是在当今社会，人们对自己的外表和形象更为重视，无论男女老少都会在日常生活中使用一些适合自己所处年龄段的化妆品，进而提升自己的人格魅力，提高自身气质和形象。随着世界各国经济的发展以及科技的进步，化妆品的品种、质量以及生产规模逐年提升，目前，化妆品行业已经成为日用化学品领域中一个非常重要的分支。

3.3.1 化妆品的定义及分类

(1) 化妆品的定义

依据我国化妆品卫生条例规定，化妆品可定义为“是指以涂抹、喷洒，或者其他类似的方法，施于人体表面任何部位（皮肤、毛发、指甲、口唇、口腔黏膜等），以达到清洁、消除不良气味、护肤、美容和修饰目的的产品”。选择适合自己的化妆品进行使用，能够对自身皮肤、毛发、口腔等部位起到清洁、美化的作用，达到保持卫生健美、修饰容貌、提升人格魅力的目的。

(2) 化妆品的分类

化妆品的种类繁多，分类方法多种多样，例如可按年龄段分类、按用途分类、按剂型分类、按使用部位分类等。依据我国化妆品的分类标准，如果按用途分类，化妆品可分为清洁类化妆品、营养护理类化妆品、美容化妆品、香水类化妆品、特殊用途化妆品；如果按化妆品剂型分类，则可分为乳剂型化妆品、粉末型化妆品、液体型化妆品、油状型化妆品、膏状型化妆品、棒状型化妆品、气雾剂型化妆品以及其他类型化妆品；如按使用部位分类，则可分为皮肤用化妆品、毛发用化妆品、口腔用化妆品、指甲用化妆品、眼部和唇部用化妆品等。

3.3.2　化妆品的作用原理

化妆品的种类较多，各种不同类别的化妆品，其作用原理也各不相同。清洁类化妆品主要用于皮肤或毛发表面的清洁，其作用原理与洗涤剂产品的作用原理类似；美容化妆品主要用于对人体面部进行美化，其作用原理主要体现在遮盖和美化的层面；香水类化妆品主要用于提高人的气质和形象、杀菌消毒、保护人的肌肤避免蚊虫叮咬等，相关作用原理主要体现在香气的遮盖，以及细胞渗透作用等方面；护肤类化妆品主要用于保持肌肤表层细胞水分、避免肌肤衰老，其作用原理主要包括细胞渗透作用以及营养成分对肌肤的滋补等，防晒类化妆品主要用于保护皮肤免受紫外线的损伤，其作用原理主要包括对紫外线的吸收和反射。

由于各类化妆品的作用原理各不相同，且较为复杂，因此相关具体原理在本章节后续内容中逐一进行系统介绍。

3.3.3　化妆品生产所需原料及其来源

化妆品是利用复配技术制成的具有多种特殊功能的精细化学品，其生产所需原料种类繁多，各种原材料性质各不相同，因此原材料的分类方法也各不相同。总的来说，通常可根据用途或来源对相关原料进行分类。如果按用途分类，这些原材料可分为基质原料和辅助原料两大类；如果按来源分类，这些原材料可分为天然原料和合成原料两大类。为了向读者阐明化妆品中所含各类成分的作用和功能，本书将按原料用途分类进行详细介绍。

（1）基质原料

基质原料是化妆品生产所需的最基本原材料，是化妆品的主体部分，因此这类原料又称为基础原料。常用于生产化妆品的基础原料主要包括油脂、蜡、高碳烃、粉质、溶剂等。

① 油脂

除了类似丙三醇这样的廉价油脂外，其余用于生产化妆品所用的油脂主要是天然油脂，所用的天然油脂可分为植物性天然油脂和动物性天然油脂两大类。甘油脂肪酸酯富含于动植物油脂中，是制备化妆品时最为重要的成分。甘油脂肪酸酯性状不稳定，常温下有时呈固态（称为脂），有时呈液态（称为油）。在化妆品生产过程中，通常不对甘油脂肪酸酯进行分离，而是直接选用合适的动植物油脂作为原料。动物性油脂原料主要有猪油、牛脂、海龟油和貂油等，植物性油脂原料主要有大豆油、花生油、芝麻油、橄榄油、椰子油、杏仁油、蓖麻油、棕榈油、棉籽油等。

油脂是化妆品中一种重要的组成成分，在使用时能够对皮肤起到一定保护作用，油脂在皮肤表面形成膜之后能够抑制表皮的水分蒸发，防止皮肤因失水而干燥、粗糙甚至开裂，此外，油脂还能够软化皮肤，使皮肤柔软细嫩。

② 蜡

蜡在化妆品中能够起到固化作用，常作为固化剂使用。将蜡添加到化妆品中能够提高化妆品的综合性能和稳定性，赋予化妆品触变性能，提高液态油脂的熔点。蜡与油脂一样，也能够在皮肤表面形成一层疏水性保护膜，抑制皮肤表面水分的蒸发，此外，蜡还能赋予化妆品光泽性，能够提高化妆品的价值，并且使其便于使用。常用于生产化妆品的蜡类原料主要包括植物性蜡和动物性蜡两大类。植物性蜡主要有巴西棕榈蜡、小烛树蜡、霍霍巴蜡等，动物性蜡主要有蜂蜡、虫蜡、鲸蜡、羊毛脂等。

a. 巴西棕榈蜡。天然巴西棕榈蜡又称为卡那巴蜡，它是一种以成熟的卡那巴树的树叶为原料，经晒干、敲击、除蜡等工艺处理，将分离出的粉末状蜡熔化后，经过滤和成型加工处理得到的一种无定型、硬质、坚韧、具有光泽的蜡。巴西棕榈蜡能够被强碱性物质皂化，自身具有令人愉快的气味，可用于化妆品、医疗用品、食品包装以及油墨印刷等领域。但巴西棕榈蜡的生产原料单一，其产品生产成本高，价格昂贵，因此使用受到一定限制。

b. 蜂蜡。蜂蜡是一种动物性蜡，它是由工蜂腹部四对蜡腺分泌的蜡状物质，是工蜂构建蜂巢的主要成分。蜂蜡在常温下的性状为淡黄色、中黄色、暗棕色或白色具有特殊香味的固体，熔点 62～67℃。蜂蜡具有抗菌消炎、治疗创伤的作用，在日用化学品领域常用蜂蜡制备高效去头屑洗发剂。

c. 虫蜡。虫蜡又称为虫白蜡或白蜡，是白蜡虫的一种分泌物。白蜡虫原产于我国云贵高原，现多集中在乌蒙山、大凉山、武当山、大巴山、大娄山、武陵山一带。目前人们使用的虫蜡主要有印度虫蜡和川蜡（中国蜡）两种，所谓的川蜡是将白蜡虫分泌在所寄生的女贞树或白蜡树的树枝上的蜡状物质用热水融化后，经提取分离、二次熔化、过滤、精制等工艺处理后得到的产品。川蜡的主要成分是二十六碳酸二十六碳醇酯，其性质稳定且坚韧，具有较强的硬度。川蜡水溶性极差，但可溶于常见有机溶剂，例如苯和汽油等。印度虫蜡是一类寄生于印度橡胶树上的昆虫分泌的一种胶状物质中所含有的成分之一，这类胶状物质主要用于生产虫胶，在脱蜡工艺中，印度虫蜡作为一种副产物得到。

d. 鲸蜡。鲸蜡是一种动物性蜡，鲸蜡来自抹香鲸头部提取的油腻物质，提取物经加压过滤除掉硬脂酸酯后，再与氢氧化钠水溶液共沸，经洗涤后即可得到朱白色半透明固体鲸蜡。鲸蜡中富含鲸蜡酸、鲸蜡脂、月桂酸酯及豆蔻酸酯等成分。

e. 羊毛脂。羊毛脂也是一种动物性蜡，该产品来自羊皮脂腺，是一种腺体分泌物。羊毛脂是化妆品生产中所使用的蜡类产品中熔点最低的一种蜡类，其熔点为 38.42℃。羊毛脂形状为透明至半透明软膏状固体，黏性较大，纯品具有强烈的奇特臭味（类似于令人不愉快的羊膻味），需经除臭精制后才能使用。羊毛脂水溶性极差，且难溶于冷乙醇，但在石油醚、丙酮等有机溶剂中的溶解性较好。羊毛脂具有良好的渗透性，能够快速渗透到皮肤细胞内部，因此可作为天然化妆品的基质原料使用。

羊毛脂与普通动物的油脂不同，羊毛脂中富含各种脂肪酸、羟基脂肪酸、脂肪醇以及胆甾醇等物质的酯类化合物，其成分占 95%左右。此外，羊毛脂中还含有少量的游离醇、游离酸、烷烃等物质。

③ 高碳烃

高碳烃是一种可用于生产化妆品的基质原料，其产品可根据是否含有双键分为烷烃和烯烃两大类。与动植物性油脂相比，高碳烷烃具有良好的稳定性，在空气中不会因氧化而变质，生产工艺简单，价格低廉，是目前生产化妆品普遍采用的基质溶剂原料。此外，高碳烷烃还可以在皮肤表层形成疏水性保护膜，能够有效抑制皮肤表层细胞水分的蒸发，提高化妆品的使用价值。化妆品生产时常用的高碳烷烃类物质主要有凡士林、液体石蜡、固体石蜡、微晶蜡、角鲨烷等。

a. 凡士林。凡士林又称为矿脂，是一种饱和烷烃类半液态混合物。凡士林可根据其来源分为天然凡士林和人造凡士林两大类。天然凡士林来源于石油加工过程中烷烃属性的重油以及石油残油浓缩物，人造凡士林是矿物油经石蜡、纯地蜡或石蜡脂等物质稠化后的产物。

b. 石蜡。石蜡有固体和液体之分。液体石蜡通常指矿物油，是一种石油经精炼后得到的系列液态烃类混合物。固体石蜡又称为固体蜡或聚乙烯蜡（PE 蜡），是一类片状或珠状白色固体。固体石蜡的组成成分包括高级脂肪酸、高级一元醇、高级脂肪酸和高级一元醇形成的酯类物质、微量游离的脂肪酸和醇以及少量烷烃等。

c. 微晶蜡。微晶蜡是一种白色无定型非晶状固体蜡，其产品多以石油中馏分或溶剂脱沥青油为原料，经过精制、脱蜡、脱油、加氢等工艺得到。微晶蜡的成分主要以含有 31～70 个碳原子的支链饱和烃类为主，同时含有少量环状和支链烃类物质。微晶蜡水溶性极差，但可溶于乙醚、氯仿、苯等常见有机溶剂，不溶于乙醇，微溶于热乙醇。

d. 角鲨烷。角鲨烷又称为鲨鱼甘油，是一种从深海鲨鱼肝脏中提取的角鲨烯经氢化制取的一种烃类油脂，主要成分是六甲基二十四烷（异三十烷）。通常情况下角鲨烷在深海蓝鲨鱼肝油中含量最高，此外在植物油中，例如麦胚油、橄榄油等也有少量存在。角鲨烷的性质稳定，而且对皮肤的刺激性小，是生产化妆品较为常用的基质原料。

④ 粉质

粉质也是一类生产化妆品所需的重要基质原料，常用于生产化妆品的粉质类物质，主要有滑石粉、钛白粉、高岭土、氧化锌、硬脂酸盐（锌或镁）、碳酸盐（钙或镁）等。可用于化妆品生产的粉质材料均为白色粉末，而在日常生活中能够接触的粉类化妆品的颜色是因为调配后期添加了色素而展现的。这类粉质材料的颗粒度较细，其细度达到 300 目以上，水分最高含量仅为 2%。此外这类粉质材料还需具备较高的纯度，其成分中铅、砷、汞等有毒金属的含量需严格控制，而且这些粉质材料还不能检测出细菌。

a. 滑石粉。滑石粉是一类天然矿物粉末，其成分主要是硅酸镁，分子式为 $3MgO \cdot 4SiO \cdot 2H_2O$。滑石粉性质柔软、细腻，具有爽滑特点，自身带有光泽，且性质稳定，不与皮肤发生作用，因此可作为粉质材料用于生产化妆品。在这里需要特殊说明的是，滑石粉是生产香粉类化妆品最为常用的粉质类原材料。

b. 钛白粉。所谓的钛白粉是二氧化钛粉末，其性状为无色无味的无定型粉末。钛白粉具有较强的遮盖力和着色力，因此常用于调配白色颜料。钛白粉对紫外线具有较强的折射作用，因此可作为生产无机防晒剂的主要原材料。

c. 高岭土。高岭土是一类天然的硅酸铝化合物，其分子式为 $2SiO_2 \cdot Al_2O_3 \cdot 2H_2O$。此类物质具有一定的油腻感，对皮肤具有黏附性，能够抑制皮脂的生成并对汗液有较强的吸收能力，是香粉类化妆品生产较为常用的原料之一。

d. 氧化锌粉。氧化锌粉又称为锌白，是一种无色无味的白色粉末。与钛白粉类似，氧化锌粉也具有较强的遮盖力和着色力，此外，氧化锌粉还具有杀菌消毒的作用，用于香粉类化妆品生产时，所制成的产品不仅具有化妆品自身的作用，而且还对细菌有一定抑制和杀死的功能。

e. 硬脂酸盐。硬脂酸锌和硬脂酸镁是常用于生产香粉或爽身粉（痱子粉）等粉类化妆品的硬脂酸盐类物质，这类物质属于金属皂。在这些化妆品中，硬脂酸锌和硬脂酸镁主要起到润滑皮肤、保持皮肤柔软的作用。

f. 碳酸盐。碳酸钙和碳酸镁是可用于生产化妆品的碳酸盐，化妆品中添加碳酸盐，主要利用其对皮肤汗液和油脂的吸附性，进而对皮肤表面的湿润程度和润滑程度进行调节，但是过量使用会使皮肤干燥。通常情况下，化妆品中此类物质的添加量一般不超过 15%。

⑤ 溶剂

溶剂是液体、乳状及膏状化妆品的主要组成部分，常用于此类化妆品生产的溶剂包括去离子水、醇类（乙醇或丁醇等）、酮类、醚类、酯类等。

去离子水是生产各类含有溶剂成分化妆品时最为常用的溶剂，有时根据需要还会使用蒸馏水。总体来说，可用于生产化妆品所用的水必须纯净、无色无味、不含有固体杂质以及各种离子成分，例如钙、镁等。

醇类溶剂是用于生产化妆品的第二类重要溶剂，这类溶剂对香料、油脂等油性物质具有良好的溶解性，且自身无毒无害、容易挥发，其中最为常用的是乙醇和丁醇。乙醇除了做溶剂使用外，自身还具有一定芳香味，其冰点低于水，可作为防冻剂使用。乙醇具有杀菌消毒的作用，与水按比例调配后杀菌消毒效果更好，可用于生产花露水和香水等产品。丁醇和戊醇都是用来生产指甲油的原料。酮类溶剂主要有丙酮和丁酮，酯类溶剂常选用无毒的乙酸乙酯、乙酸丁酯或乙酸戊酯等，醚类物质主要有乙二醇单甲醚或乙二醇单乙醚等。

(2) 辅助原料

基质原料是生产化妆品的主要原料，除此之外，其他添加到化妆品中的成分都称为辅助原料，这些辅助原料在化妆品中可以赋予产品某些特殊功能。常用辅助原料有香料、色料、抗氧化剂、防腐剂、保湿剂、营养添加剂、水溶性高分子化合物、表面活性剂等。

① 香料

香料是一类重要的精细化学品原料，其主要用途是用于调配香精，后者可直接用于日用化学品、食品添加剂等精细化学品的生产。本书在后续章节会对香料和香精进行全面介绍，因此本章节仅对用于生产化妆品所涉及的香料进行介绍。

生产化妆品所涉及的香料可根据其来源分为两大类，一类是天然香料，一类是合成香料。天然香料又有动植物之分。动物类香料主要是麝香、龙涎香、海狸香、灵猫香这四种具有代表性的香料，植物性香料主要是从植物的花瓣、枝叶、根茎、果皮等部位提取出的具有芳香气味的成分。合成香料主要包括两种，一种是以天然提取物为原料经过化学合成法进行结构衍生化得到的半合成香料，一种是以基础化工原料为起始物质，经过化学合成法制得的具有芳香气味的全合成香料。各类香料根据需要调配成香精后即可添加至化妆品中。

② 色料

在这里所说的色料其实是可用于化妆品生产的染料或颜料，主要包括天然色素、有机合成色素、无机颜料等。其中有机合成色素又包括染料、色淀、颜料。常用于生产化妆品的色料有 ZnO（白色）、TiO_2（白色）、Fe_2O_3（红色）、$Fe(OH)_2$（黄色）、群青（紫色）、Cr_2O_3（绿色）、炭黑及 Fe_3O_4（黑色）等无机物以及如胭脂红、叶绿素、姜黄等天然提取物。染料和颜料是重要的精细化工产品，在后面的章节中会对相关内容进行详细介绍。

③ 防腐剂

防腐剂能够防止由微生物滋生和繁衍导致的腐败变质发生，正是因为防腐剂这一特殊的功能，因此它不仅可以应用在食品工业中，在其他工业领域，例如化妆品的生产领域同样适用。

有相当一部分化妆品中含有多种营养成分，例如维生素、油脂、蛋白质等，而且产品中富含水分，此类环境特别适合细菌的滋生和繁衍。化妆品中一旦有细菌的存在，如果没有添加防腐剂，细菌的繁衍速度会非常快，最终结果是化妆品在较短时间内就会因变质而无法使用。因此，必须根据实际情况在化妆品中添加适量的防腐剂。可添加在化妆品中的防腐剂通常具有配伍性好、无毒、无刺激性、溶解性好、色浅或无色、少量即可抑菌等特点，因此通常根据化妆品的形态和作用选取防腐性能较强且满足上述条件的防腐剂。

化妆品种类繁多，其配方也各不相同，因此并不是所有化妆品都需要添加防腐剂。细菌滋生需要有水的存在，因此如果化妆品中不含水分或只含有微量水分，这样的化妆品在生产中无需添加防腐剂，例如爽身粉。还有一些化妆品因成分特殊，其 pH 值处于 1～2.5 或者 10～14 两个极端范围，在这样强酸或强碱的环境中，细菌无法存活，因此无需在这类化妆品中添加防腐剂。香水类化妆品中乙醇含量较高，通常在 70%以上，极个别香水类化妆品的乙醇含量低于 70%，但也在 40%以上，由于乙醇自带消毒功能，因此几乎所有的香水类化妆品也都不需要添加防腐剂。

④ 抗氧化剂

部分化妆品的成分中含有大量动植物天然油脂或矿物油，动植物天然油脂因其具有一定活性而易被氧化，油脂被氧化后会导致化妆品质量下降或滋生细菌，因此富含动植物天然油脂的化妆品必须在生产中添加一定剂量的抗氧化剂，以此来提高产品的抗氧化性能，延长产品的保存期。

⑤ 水溶性高分子化合物

水溶性高分子化合物适用于乳液、膏状或蜜状化妆品。在这些化妆品中，水溶性高分子化合物可起到增黏、增稠或凝胶化作用。此外，水溶性高分子化合物具有稳定气泡、保湿、成膜等功能，因此是化妆品生产中较为常用的添加剂品种之一。

⑥ 营养添加剂

现如今，人们对化妆品所具备的功能要求越来越高，化妆品除了能够起到清洁和美化肌肤、提高人的气质等作用外，还要具有一定的护肤功能，能够延缓细胞衰老，使人保持青春美丽。因此在化妆品配方设计和生产过程中，常常添加一定剂量的营养品，例如氨基酸、维生素、蛋白质、天然动植物净化提取液等。一些高端化妆品还具有美白、抗皱等功能，因此需要添加一定剂量的果酸、甲壳素衍生物、透明质酸、胎盘提取液等物质。

⑦ 保湿剂

水是人体必需的物质之一，对人体机能有决定性作用。因此，储水是人体保障机体能够生存的必要功能。人的皮肤和肌肉都具有储水功能，其储水能力随年龄变化而变化。婴儿皮肤的储水量高达 80%；成年人皮肤储水量为 20%左右，因此，婴儿的皮肤特别水嫩并富有弹性。

为保持成人皮肤水分含量不会因所处外界环境过于干燥而降低，需要在一些能够有效保护人体皮肤水分的化妆品中添加适量的保湿剂。所谓的保湿剂其实是一类能够防止皮肤水分散发的油类物质或能够为皮肤补充水分的高吸湿性物质。化妆品中经常添加的保湿剂有醇类物质，例如丙二醇、甘油、山梨醇等；酸性物质及其盐类，例如乳酸及其钠盐、吡咯烷酮酸钠、水解胶原蛋白、透明质酸等。

⑧ 表面活性剂

阴离子表面活性剂、阳离子表面活性剂、两性离子表面活性剂和非离子表面活性剂各具功能特色，在化妆品生产及调配中发挥了各自的作用。阴离子表面活性剂的去污能力强，常用于调配洗发露、洗手液等清洁肌肤表面污渍的化妆品。阳离子表面活性剂不适合作为清洗功能的表面活性剂，但阳离子表面活性剂具有抗静电、护发、调理及杀菌等功效，因此常用于调配护发露以及其他护肤产品。非离子表面活性剂具有较强的润湿和乳化功能，因此该类型表面活性剂是调配乳液型或膏状化妆品常用的原材料。两性离子表面活性剂去污能力强，对皮肤刺激性小，适合用于调配婴儿使用的清洁用化妆品以及各类护发产品。

3.3.4 化妆品的生产工艺

化妆品的生产通常不涉及化学反应，仅是各类物料的机械混合。但化妆品的种类繁多，各种不同类型化妆品的生产工艺参数各不相同，有些工艺条件较为苛刻，因此化妆品生产工艺所涉及的设备需具有耐高温和耐高压的特点。化妆品生产过程多为间歇操作，因此工艺中所涉及的设备之间的布局必须合理，这样才能够提高生产效率。化妆品生产工艺所涉及的操作主要包括研磨、粉碎、混合、搅拌、乳化、陈化、老化、加热、冷却、分散、分离、物料输送、成型包装、设备清洗等主要步骤。

(1) 霜膏状化妆品的生产

霜膏状化妆品是化妆品较为重要的一类。在生产霜膏状化妆品时，乳化设备是工艺中最为重要的设备。为了保障霜膏状化妆品的生产质量，人们可根据产品要求，选择搅拌乳化器、均质搅拌乳化器、真空乳化器、超声波乳化器以及胶体磨等设备。高质量的霜膏状化妆品质地均匀、细腻、仅含有少量或不含有气泡、性质稳定。常用霜膏状化妆品生产工艺流程如图 3.8 所示。

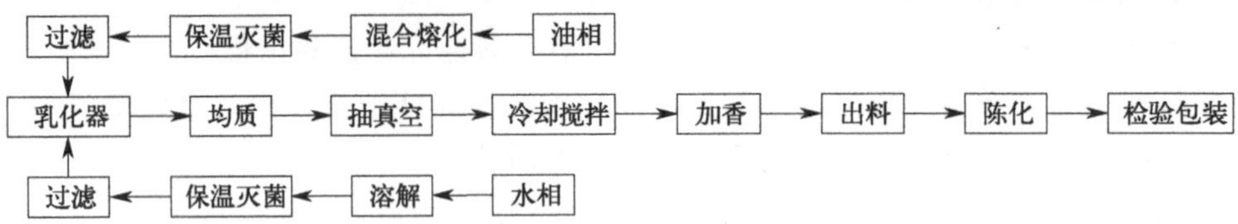

图 3.8 霜膏状化妆品生产工艺流程示意图

(2) 液体化妆品的生产

液体化妆品生产工艺要比霜膏状化妆品生产工艺简单，工艺中涉及的设备主要有混合设备（配料锅及配套搅拌器等）、熟化或陈化设备、过滤设备、液体灌装设备等。在生产液体化妆品时，依据工艺要求将各种配料加入到配料锅，搅拌均匀后形成粗品。将粗品转移至熟化设备中，根据工艺要求将粗品熟化数天至数月，之后用过滤设备滤除杂质，经液体灌装设备分装后即完成生产。液体化妆品生产所涉及的设备中，当属熟化或陈化设备最为重要，由于设备中的物料较多，性质差别较大，因此罐体需具备一定的承受能力。通常情况下，陈化设备中罐体材质一般不选用铁，常选用稳定性更好的玻璃或不锈钢等材质。

(3) 粉末化妆品的生产

粉末化妆品生产工艺更为简单。生产这类化妆品时，产品的产量大且生产效率高，能够在较短时间内产出足够数量的产品。粉末化妆品生产工艺中所涉及的设备主要包括粉碎混合设备、筛分设备、压制设备、灭菌杀毒设备、分装设备等。生产粉末状化妆品时，首先依据配方将各类粉体原材料用粉碎机进行深度处理，使其颗粒度达到配方要求并混合均匀。之后将粉碎处理后的原料送入过筛分离车间，用筛分设备对粗品进行筛分并将颗粒度符合要求的粗品分离，一般情况下，细粉的颗粒度达到 300 目即可。将符合要求的细粉转至灭菌车间，经灭菌处理后即可转至分装车间进行分装。如果生产的是粉饼类化妆品，则需将灭菌处理后的细粉先转至粉饼压制设备中，经压制加工成型后再转至分装车间进行分装。粉碎混合设备种类较多，目前功能较为强大、粉碎和混合效果较好的当属球磨机，球磨机的类型主要有高频球磨机和普通球磨机两大类，由于粉末化妆品生产工艺对细粉颗粒度大小的要求不是很高，因此通常选用普通球磨机即可。

3.3.5 常用化妆品

现阶段，可根据化妆品作用部位及功能将常用的化妆品分为毛发用化妆品、肤用化妆品、口腔卫生用品、美容化妆品、特种化妆品和新型化妆品六大类。

（1）毛发用化妆品

所谓的毛发用化妆品是一类可以用于清洁、营养、美化和保护人体毛发的化妆品，通常情况下，可根据毛发用化妆品的功能将其分为洗发化妆品、护发化妆品、整发化妆品、烫发和染发化妆品、剃须化妆品等。

① 洗发化妆品

早在 20 世纪，日用化学品发展相对落后，人们通常采用肥皂来清洁自己的毛发。肥皂自身功能有限，并不适合对人体毛发进行清理，肥皂不仅与头部皮肤以及黏膜相容性较差，而且自身碱性较强，对头皮有刺激性。经肥皂清洗后的头发不仅会因发涩而不易于梳理，而且头发上还会有一定剂量的皂钙沉淀物。20 世纪 30 年代，诞生了一种含有烷基硫酸酯钠的香波，这类香波成分与肥皂类似，属于皂基香波。与肥皂相比，这类皂基香波的洗发性能并未得到有效提高。一直到 20 世纪 60 年代中期，人们发明了一种含有烷基聚醚硫酸酯盐的洗发用品，这类洗发用品能够有效克服皂基香波的缺点，因此在较短时间便占领了洗发化妆品的市场。随着人们对产品安全、环境保护以及可再生资源综合利用意识的全面提高，洗发用品中所含有的表面活性剂以及其他主要助剂的选用逐渐受到人们的重视，烷基糖苷、椰油酰胺丙基甜菜碱等各类较为环保的表面活性剂逐渐应用到香精的配方中，由此演变出各类洗发露产品。

洗发露又称为洗发液、洗发香波，是早期香波产品经改良后的产物。现阶段，洗发露系列产品中的成分主要包括表面活性剂、辅助表面活性剂、各类添加剂等。

洗发用化妆品中所使用的表面活性剂主要包括具有较强去污能力、能够生成丰富泡沫的阴离子表面活性剂、非离子表面活性剂和两性离子表面活性剂，例如脂肪醇硫酸盐、脂肪醇聚氧乙烯醚硫酸盐、α-烯烃磺酸盐等。

洗发用化妆品中所使用的辅助表面活性剂主要有甜菜碱类表面活性剂、烷基醇酰胺类表面活性剂、N-酰基谷氨酸钠、醇醚磺基琥珀酸单酯二钠盐等。

现阶段人们所使用的洗发露产品还具有一些特殊的性能，例如去屑、增香、顺滑等，产品在使用时，泡沫丰富且稳定、产品外观清澈且黏稠适中，因此还需添加各类添加剂。常用添加剂主要包括稀释剂、增稠剂、稳泡剂、澄清剂、富脂剂、去屑剂、香精及其他成分。

洗发用化妆品不仅能够去除头发和头皮上的污垢和油脂，还对头发表面的皮脂具有保护作用。人与人之间发质不同，通常可分为干性、中性和油性发质三大类，因此洗发用化妆品需根据使用对象的需求对产品配方做出适当调整。干性发质的人群可选用含少量或不含阴离子表面活性剂的洗发产品，而油性发质人群可选用含有更强脱脂能力的阴离子表面活性剂洗发产品。

婴儿的皮肤细嫩，因此供婴儿使用的洗发用品必须具备较低刺激性、对皮肤作用温和、原料毒性低或无毒，误食不会对婴儿健康造成不良影响。一般可用于生产婴儿用洗发产品的原材料多为天然水性高分子化合物，表面活性剂常选用氨基酸类或琥珀酸酯类阴离子表面活性剂，或者其他去污能力强而且安全无刺激性或低刺激性的非离子表面活性剂和两性离子表面活性剂。其他添加剂，例如香精、色素、防腐剂等也要慎重添加。

② 护发化妆品

护发化妆品可以保护头发的健康，赋予头发美观、光亮、不油腻、柔软丝滑、富有光泽等特点。常用护发化妆品有护发素、发蜡、发油、发乳、焗油等，其中护发素是人们最为常用的护发化妆品。

护发素是专门为洗发露设计的配套使用产品，洗发露洗过的头发经护发素处理后，可以在头发表面形成涂层，使头发柔软丝滑，防止头发缠绕，便于梳理，而且对发质具有良好的保护作用。护发素的主要成分为阳离子表面活性剂、油剂、其他添加剂，其他添加剂包括具有营养价值的氨基酸和水解蛋白等物质，此外，添加剂中还包括增黏剂、去屑剂、稳定剂、防腐剂、香精等物质。发蜡的成分多为蜡和油脂，例如凡士林、松香、蓖麻油等。发油的主要成分是植物油和矿物油。焗油中主要含有一些具有渗透性的油类或蜡类物质以及季铵盐和阳离子表面活性剂。

③ 整发化妆品

整发化妆品主要对头发起到定型的作用，是一系列固发剂的总称，常用产品有摩丝、发胶及发用凝胶等。这类化妆品在使用后，能够使头发在一定时间内保持设计的造型，常用于发型设计。

④ 染发化妆品

染发化妆品常称为染发剂，是一系列具有各种颜色的染发剂的总称。此外，染发化妆品还包括发用漂白剂。染发化妆品的成分主要包括染色剂（染料）、表面活性剂、溶剂、乳化剂、增稠剂、保湿剂、防腐剂、香精等。由于相当一部分染发化妆品所使用的染色剂均为有机合成染料，其毒性和刺激性对发质和发根都具有一定负面影响，因此不建议人们经常染发，特别是对于学龄前孩子和中小学生来说，最好不要染发。

⑤ 烫发化妆品

烫发化妆品是另一类能够对头发进行造型固定的发用化妆品，这类产品虽然不能对头发进行绝对的造型固定，但可以一定程度改变头发的形态。头发中的主要化学成分是被称为角朊的蛋白质，这类蛋白质主要由胱氨酸构成，其中含有二硫键，二硫键是保持头发弹性和刚度的最主要因素，因此要想从根本上改变已长出的头发的形态，最直接的方法是先将二硫键切断，待发型设计完毕后，在固定状态下再将二硫键复原，这样便可实现已长出头发的永久形态的改变。二硫键的切断和复原其实是一种可逆的氧化还原反应，切断头发中的二硫键可选用巯基乙酸及其铵盐或钠盐作为还原剂，使二硫键复原可选用具有氧化性质的中和剂，例如过氧化氢（12%）、溴酸钠、硼酸钠等。

⑥ 剃须化妆品

由于男性胡须具有一定硬度，在剃须过程中，如不对其进行软化或膨胀处理，剃须过程会给男性带来一定的疼痛感或伤到男性面部皮肤。剃须用化妆品就是一类专门为男性设计，在剃须过程中用来软化男性胡须，减轻面部疼痛感和避免面部皮肤受伤的化妆品。其成分主要包括表面活性剂、脂肪酸、保湿剂、香精、溶剂、杀菌剂等。

（2）肤用化妆品

肤用化妆品是一类用于清洁、保护、调节、美化人体面部以及其他部位肌肤的化妆品，依据这类化妆品的功能可将其分为肌肤清洁用化妆品和护肤化妆品。

① 肌肤清洁用化妆品

肌肤清洁用化妆品是一类能够对面部或人体其他部位皮肤起到清洁作用的化妆品，常见产品有洗面奶、清洁霜、磨砂膏、沐浴露等。

洗面奶又称为洁面乳，是目前年轻人群清洗面部肌肤时使用最为频繁的清洁类化妆品。当洗面奶作用于人体面部肌肤后，能够使肌肤保持清爽、舒适、细腻、光滑、油而不腻。通常情况下，用洗面奶清洗面部肌肤是护肤环节中的第一步。洗面奶中的主要成分包括表面活性剂、富脂剂、保湿剂、防腐剂、抗氧化剂、水溶性高分子化合物、螯合剂、香精等。

清洁霜是一种能够在无水条件下对面部皮肤起到有效清洁作用的化妆品，其产品主要成分包括油相（油、脂、蜡等）、水相、乳化剂、保湿剂、防腐剂、香精等。由于人体面部肌肤有干性皮肤和油性皮肤之分，因此清洁霜系列产品专门为两种皮肤人群设计了适合的产品，即油包水型清洁霜和水包油型清洁霜，油包水型清洁霜适合干性皮肤人群使用，而水包油型清洁霜适合油性皮肤人群使用。清洁霜中水相可溶解水溶性污垢，油相能够溶解油溶性污垢，使用时将清洁霜均匀涂抹在面部肌肤表面，待污垢充分溶解后，用面巾纸或脱脂棉擦拭面部，污垢和清洁霜会一起脱离皮肤，进而达到在无水情况下清洁面部肌肤的目的。

磨砂膏是一种清洁霜的改良品，其产品在清洁霜的基础上，又添加了一定剂量的均匀细微颗粒。磨砂膏不仅具有清洁霜本身的肌肤清洁功能，而且还能够去除皮肤表面的角质和死皮，并且深度清洁皮肤深处藏匿的污垢。磨砂膏中添加的摩擦剂可根据其来源分为天然植物果核精细颗粒、天然矿物质精细颗粒、合成摩擦剂三大类。其中天然植物果核精细颗粒包括橄榄仁粉、核桃仁粉等，天然矿物质精细颗粒包括滑石粉精细颗粒和二氧化钛精细颗粒，合成摩擦剂包括系列聚合物材质的精细颗粒，例如聚乙烯或聚苯乙烯、尼龙、聚酰胺树脂等。

沐浴露又称为沐浴剂、沐浴液，是一类用于清洁人体表面肌肤的常用化妆品。沐浴露的成分主要包括各类表面活性剂、溶剂、保湿剂、滋养成分、香精及色素等。

② 护肤用化妆品

护肤用化妆品是一类能够对面部肌肤起到保护、滋养、调理等作用的肤用化妆品。常见护肤用化妆品主要有面膜、化妆水、雪花膏（护手霜和护肤霜等）、蜜类护肤品、祛斑美白霜等。

面膜是一类具有补充面部肌肤水分、保湿、滋养、调理等功效的护肤品。使用面膜后，人体面部肌肤表层会形成一层不透气的薄膜，面膜中所含水分及各类营养物质会在短时间内通过面部皮肤细胞的渗透作用进入到皮肤细胞内，进而起到补水、保湿、滋养及调理的作用。日常生活中，人们常使用的面膜多为揭剥式或贴布式面膜，但除此之外，面膜还有粉末、黏土、泡沫等多种类别。

化妆水是一类流动性好、易于挥发、黏度较低，能够对面部肌肤起到补水、保湿、滋养及调理等作用的常用护肤品。化妆水适合干性肌肤人群使用，男女老少皆宜。

护手霜和护肤霜是一种能够对干裂肌肤具有治愈功能或防止肌肤因外界气候过于干燥而发生干裂的护肤品。这类化妆品能够在肌肤表面形成一层稳定持久的保护膜，这层保护膜不仅会对肌肤起到保护作用、防止肌肤表层细胞水分流失以保持肌肤水分的平衡，其自身所含物质及水分能够通过肌肤表层细胞的渗透作用进入到细胞内，对细胞进行滋养和护理，提高皮肤弹性，使皮肤光滑。

护手霜和护肤霜所含成分基本相同，主要包括油相成分、水相成分、乳化剂和其他添加剂。常用油相成分有烃类，例如角鲨烷、石蜡、矿油和矿脂等；油脂类，例如玉米油、橄榄油、杏仁油等；高级脂肪酸，例如油酸、棕榈酸、硬脂酸等；高级脂肪醇，例如胆固醇、鲸蜡醇、硬脂醇等；蜡类，例如巴西棕榈蜡、蜂蜡、虫蜡等；合成酯类，例如季戊四醇硬脂酸酯、乙二酸酯等。水相成分主要包括保湿剂、水溶性聚合物、水溶性脂类、低碳醇以及去离子水或蒸馏水等。其他添加剂包括防腐剂、抗氧化剂、紫外线吸收剂、药剂或其他营养活性物质、香精及色素等。

蜜类护肤品与护肤霜类似，其产品在护肤霜的基础上又添加了各类营养物质，例如蜂蜜、人参提取液、水解蛋白、各类维生素、卵磷脂等，有时甚至添加胎盘组织液。蜜类护肤品对皮肤具有良好的滋养作用，但由于添加的营养成分种类繁多且价格昂贵，因此蜜类护肤品的市场价格也普遍偏高。

祛斑美白霜是一种能够消除人体面部肌肤生成的雀斑、对人体各部位肌肤能够起到美白作用的护肤化妆品。人体皮肤生成雀斑或皮肤变黑源于皮肤中所含的黑色素细胞。不同人种的表层肌肤中所含黑色素细胞不同，且活性也各不相同，因此，祛斑美白霜仅对白色人种或者黄色人种的肌肤有效，对棕色人种和黑色人种的肌肤无效。对于白色和黄色皮肤人群来说，肌肤表层所含黑色素细胞分泌的黑色素能够吸收紫外线，对人体肌肤产生保护作用，但如果黑色素不能及时代谢，则对皮肤的肤色产生一定影响，并且皮肤表面会生成雀斑。

祛斑美白霜的工作原理主要有如下四个方面：

① 抑制肌肤细胞中络氨酸酶的生成及活性，进而起到抑制黑色素生成的作用；

② 对黑色素进行还原，淡化已经形成的黑色素；

③ 促进已经形成的黑色素的代谢，加快黑色素排出体外；

④ 能够屏蔽或吸收紫外线，对皮肤起到保护作用。

因此，生成祛斑美白霜时，常选用具有上述功效的物质作为原材料，例如果酸及衍生物、部分中草药提取物、维生素、动物蛋白等。

抗衰老化妆品多为营养乳液或营养霜，其剂型与之前介绍的其他功能乳液和霜类化妆品相同，但其中所含营养成分不同。有研究表明，人体衰老甚至患癌症是由人体内所含的自由基引起的，因此选用一些能够消除人体内过多自由基的物质作用于人体就能够延缓人体衰老、抵抗癌细胞的形成。

超氧化物歧化酶（SOD）能够消除人体内过多的超氧自由基，此外，SOD 还具有抗炎和抗辐射的作用，能够在抗衰老的同时抑制肿瘤形成。化妆品中添加一定剂量的 SOD 还能够有效预防皮肤干燥、变黑、发炎。

表皮生长因子（EGF）是美国 Stanley Cohen 于 1959 年首次发现的多肽类物质，Stanley Cohen 也因此获得了 1986 年的诺贝尔生理学或医学奖。当人们使用含有 EGF 的化妆品时，EGF 会促进人体表皮细胞的生长，进而起到抗衰老作用。

此外，一些其他的添加物质，例如系列维生素棕榈酸酯或醋酸酯（维生素 A 棕榈酸酯、维生素 C 棕榈酸酯、维生素 E 醋酸酯等）、豆油和鳄梨油的非皂化物、芦荟提取物等物质都能够对纤维细胞起到一定的促进作用，可以加速肌肤表层死皮细胞的脱落，具有抗衰老功能。

(3) 口腔卫生用品

口腔卫生用品是人们在日常生活中不可或缺的化妆品，这类产品主要包括漱口水、牙粉及牙膏等。

① 牙膏

在日常生活中，人们清洁口腔时常使用牙膏而并非牙粉。牙膏中起到对人体牙齿清洁功能的最重要物质是摩擦剂，常用于牙膏生产的摩擦剂主要有碳酸钙类、氢氧化铝类、磷酸钙类、二氧化硅类、硅酸铝盐类等。此外，牙膏中还含有保湿剂、增稠剂、甜味剂、香精等其他添加剂。

② 漱口水

漱口水又称为含漱剂，主要在不方便使用牙膏清洁口腔卫生时使用。漱口水使用方法简单，适用于各类重要社交场合期间使用。使用者可通过漱口方式，在卫生间以极快的速度完成对口腔中的细菌、食物残渣及口腔异味进行清理。

漱口水中含量最多的成分是溶剂，但其产品中的各类添加剂对其产品功能起到至关重要的作用。除溶剂外，漱口水中的有效成分包括表面活性剂、香精、甜味剂、保湿剂、杀菌剂、收敛剂、抗龋剂、祛臭剂等。

(4) 美容化妆品

美容化妆品是一类可以作用于人体面部各处皮肤（眼皮、唇等）以及指甲等暴露在衣物之外的部位、对使用人起到美化和修饰作用的一系列化妆品的总称。根据作用部位的不同，可将此类化妆品分为脸部美容化妆品、眼部美容化妆品、唇部美容化妆品、美甲化妆品以及香水类美容化妆品等。

① 脸部美容化妆品

脸部美容化妆品主要包括粉底、香粉和胭脂三大类。三者所含成分类别基本相同，但由于使用功能及先后顺序不同，因此配方成分略有差别。总的来说，各类脸部美容化妆品所含成分包括各类着色颜料、粉类物质（滑石粉、TiO_2 粉、高岭土等）、防腐剂、保湿剂、防晒剂、香精等。

粉底是化妆时在脸部肌肤表层使用的一种最为基础的粉类化妆品，其主要功能有调节肤色、掩盖表层皮肤缺陷、爽滑肌肤、为脸部后续化妆提供基础等。

香粉类化妆品是成年女性使用最为广泛的化妆品之一，这类化妆品能够对面部皮肤进行美化和修饰，使皮肤光滑洁白，配合粉底遮盖皮肤缺陷。此外，香粉还可以吸附面部皮肤表面过多的皮脂或粉底所含过量的油，使面部皮肤呈现出自然美。同时，香粉还可用于补妆。

胭脂又称为腮红，是一种传统意义上的美容化妆品。使用时将其适量涂抹在面颊上可使面部更为红润，配合其他美容化妆品使用还会增强面部的立体感，增加美观程度。随着化妆品的不断发展，现如今传统的胭脂已经演变为具有不同颜色的美容化妆品，其质地与香粉类似，但颜色和功能与香粉截然不同。现如今的系列胭脂产品都需要在面部涂抹粉底后使用。

② 眼部化妆品

眼部化妆品的种类主要包括眼影、睫毛膏、眼线笔、眉笔等。这类化妆品适合眼部周围部位略带缺陷、睫毛稀疏等女性使用。眼部化妆品很少单独使用，通常情况下，此类化妆品需配合其他各类面部化妆品共同使用，如果单独使用眼部化妆品会对脸部的美观程度起到相反作用。

③ 唇部化妆品

唇部化妆品主要是指口红。口红又称为唇膏，其主要成分包括油脂及蜡类物质、色素、香精、防腐剂和抗氧化剂等。目前可供各类女性使用的口红颜色差异很大，其成分中通常含有几种不同颜色的色素。此外，口红中所含的香精需芳香舒适，安全性和使用性都需严格保证。油脂和蜡类成分是口红中含量最多的成分，是口红的基本原料。可用于生产口红的油脂和蜡类主要有蓖麻油、橄榄油、无水羊毛脂、蜂蜡、鲸蜡、虫蜡、凡士林等。口红还需具备一定的防水性能，进而保证其使用性，为此，口红中还需添加一定剂量的抗水性硅油成分，例如二甲基硅氧烷，以保证口红在使用后能够在涂饰表面形成一层憎水膜。

④ 美甲化妆品

美甲是一种利用化妆品对指甲进行美化和装饰的操作，美甲又称为甲艺设计，在美甲过程中所使用的化妆品被称为美甲化妆品。根据美甲的先后过程，可将所需使用的化妆品分为指甲护理剂、指甲表皮清除剂、指甲油、指甲油清除剂，其中，使用最为广泛的便是指甲油。

指甲油需具备成膜快、耐磨、硬度高、附着能力强、光亮性好等特点，其使用后效果类似于油漆，因此所含成分与油漆类似，其中包括成膜物质、树脂、增塑剂、颜料、溶剂等。为保证指甲油的成膜速度，指甲油中所用溶剂多为挥发性良好的有机溶剂，由于此类溶剂多为有毒物质，为保证使用安全，需严格控制溶剂中有毒成分的添加量。现阶段，成人使用的指甲油中溶剂含有甲苯的量不应超过总量的25%，儿童使用的指甲油中不能含有甲苯以及其他具有毒性的挥发性溶剂。此外，指甲油中含有的重金属元素，例如Pb、As、Hg等也需符合国家相关文件规定。

⑤ 香水类化妆品

香水其实是一种香精的酒精溶液，香水中酒精含量通常在70%以上。目前世界范围内，香水的种类繁多，根据不同地域和不同性别的差异，各大化妆品公司开发了不同系列的香水产品，各类不同产品分别适用于世界范围内不同区域、不同肤色、不同体质人群使用。在我国，根据使用人群及产品作用不同，可将香水产品分为女士香水、男士香水、花露水三大类。

在我国，女士香水品牌较多，各类型香水占据了我国香水类化妆品的绝大多数份额，各类香水质量和品牌不同，其产品价格也各不相同。通常情况下，女士香水中香精含量相对较高，但一般也不会超过20%。香精需经过一定程度的稀释后才能发挥出应有的香气，因此各类香水产品中香精含量普遍较低，但在一定范围内，适当增加香精含量可以提高香水产品的香气浓度。

与女士香水相比，男士香水的品牌和类别要少很多。目前，古龙香水是目前我国市场范围内较为常见的男士香水，其香精含量一般在3%～8%之间，该含量远低于女士用香水中香精含量。

花露水是广为使用的香水，其杀菌消毒、驱蚊虫、止痒等功能广泛被我国国人所接受。花露水中乙醇含量在70%～75%之间，该含量是标准杀毒酒精中乙醇的含量。花露水中还含有避蚊胺（DEET）、樟脑以及邻氨基苯甲酸酯类物质，这些成分具有驱蚊、醒脑以及止痒等功效。

（5）特种化妆品

特种化妆品是一类具有某些特殊功能，能够对人体皮肤起到特殊作用的化妆品。根据这类产品的功能可将其分为防晒化妆品、祛臭化妆品、军用迷彩油三大类。

① 防晒化妆品

防晒化妆品是一类能够屏蔽或吸收紫外线，对人体皮肤起到保护作用，防止或减轻日晒时紫外线对皮肤的损伤的化妆品。防晒化妆品的成分主要包括防晒剂、油脂、溶剂、防腐剂、抗氧化剂、乳化剂、香精等，相关产品类别又包括乳液型、酒精溶液型、油类、油膏类以及乳化膏霜类等。

防晒化妆品中最为重要的组成成分是防晒剂，依据防晒剂的作用原理，可将其分为物理防晒剂和化学防晒剂两大类。物理防晒剂又称为紫外线屏蔽剂，对紫外线的屏蔽作用较强，将含有物理防晒剂的化妆品均匀涂抹或喷洒在人体皮肤表面，形成一层保护膜，当紫外线照射到人体皮肤表面时，这层保护膜会对紫外线产生折射作用，使紫外线不会直接照射到表层皮肤，进而保护了皮肤，使之不会晒伤。可作为物理防晒剂使用的物质多为无机物，例如二氧化钛、氧化锌、氧化铁等。化学防晒剂又称为紫外线吸收剂，对紫外线有较强的吸收作用。将含有化学防晒剂的化妆品均匀涂抹或喷洒在人体皮肤表面后，同样会形成一层保护膜，当紫外线照射到人体皮肤表面时，这层保护膜会对紫外线产生吸收作用，将紫外线的能量转化为化学防晒剂分子的激发能，之后通过非辐射跃迁形式将吸收的能量消耗，进而起到保护皮肤、防止晒伤的作用。常用化学防晒剂有酯类化合物，例如安息香酸薄荷酯、水杨酸薄荷酯、氨基苯甲酸薄荷酯、甲基伞形花内酯等；其他化合物有苯基香豆素、苯基吲哚、对羟基萘酸、苄基乙酰苯、异黄樟素等。

防晒因子（sun protection factor；SPF）是用于评价防晒化妆品性能的重要参数，该值越大，则防晒化妆品对皮肤的保护作用就越强。防晒因子的计算方法如下：

$$SPF=MED(PS)/MED(US)$$

公式中，MED（PS）表示已被保护皮肤引起红斑所需最低的紫外线剂量；MED（US）表示未被保护皮肤引起红斑所需最低的紫外线剂量。很显然，当皮肤受到防晒化妆品的保护后，能够引起皮肤产生红斑的 MED（PS）值要大于皮肤未受防晒化妆品保护时能够引起皮肤产生红斑的 MED（US）值，因此 SPF 是一个大于 1 的数值。

② 祛臭化妆品

体臭因人而异，人种、年龄、性别以及生活环境等因素对人类体臭的程度影响很大，总的来说，体臭主要包括脚臭和腋臭两种。汗腺是引发体臭的主要因素，汗腺分泌的汗液中含有大量的人体代谢成分以及部分过量摄入人体而无法吸收的营养成分，例如尿素、蛋白质、胆固醇、葡萄糖、胺类等。人体肌肤表面含有一种叫做色原性杆菌的微生物，这类微生物能够将人体汗腺分泌的物质分解成脂肪酸和胺类，因此会散发酸腐气味，引发体臭。

祛臭化妆品中含有收敛剂，能够起到抑制汗腺分泌汗液的作用，可以间接地起到祛臭作用。但收敛剂对蛋白质有较强的凝聚作用，使之在排泄过程中堵塞汗腺口，导致汗腺口肿胀，即皮肤表层出现疙瘩，影响皮肤美观。汗腺分泌汗液是人体正常代谢排毒的一种方式，汗腺口堵塞会导致汗液无法正常排出体外，毒素在人体内会产生堆积，因此对健康造成不良影响。与之相比，选择杀菌剂作为祛臭化妆品的有效成分就较为科学。杀菌剂能够有效杀死细菌或抑制细菌的繁殖，这样就能在一定程度上起到防臭和祛臭的作用。但大多数常用杀菌剂或多或少都带有一定的收敛性，因此添加剂量受限。例如：硼酸具有杀菌作用和收敛作用，在祛臭化妆品中最大允许使用量仅为 3%；六氯二羟基二苯甲烷的最大允许使用量仅为 0.1%。

与收敛剂和杀菌剂相比，选择一类能够中和汗液散发的臭味且对人体皮肤安全的物质作为祛臭剂是解决祛臭化妆品弊端的重要方法。氧化锌及部分碱性锌盐能够与具有臭味的低级脂肪酸发生化学反应，将这些带有臭味的低级脂肪酸转化为脂肪酸盐，使臭味消失，这类物质即为常说的祛臭剂。祛臭剂的使用安全性要比收敛剂和杀菌剂高很多，是目前生产祛臭化妆品常用的主要成分。另外，如果体臭较弱，也可用香水类化妆品对其进行掩盖。

③ 军用迷彩油

用迷彩油绘制的军用面部迷彩妆具有隐蔽、保护及震慑等作用，是目前世界各国野战部队、维和部队、特种部队等重要军种广泛采用的伪装方式之一，迷彩油的质量也随之成为战士隐蔽效果好坏的重要因素之一。然而，迷彩油的作用不仅仅局限于此，根据战争环境需要以及特殊兵种的工作性质，迷彩油还具有防蚊虫、模糊脸部轮廓、辨识作用等。

野战军、特种部队以及其他特殊兵种的战士在执行任务时，往往会在丛林或雨林中进行，为了配合迷彩服的伪装，面部也需要涂抹迷彩提高伪装程度。此外，由于野外多蚊虫，为保护战士不被蚊虫骚扰而影响任务的执行，迷彩油还应具有驱蚊虫的功能。能够执行特殊任务的战士其个人信息都是保密的，这不仅仅是在野外执行任务的战士，而且还包括执行城市反恐或救援等特殊任务的战士，因此，为保障这些战士个人信息的保密性以及其家人安全，不被恶势力打击报复，因此在出任务之前，这些战士需要用迷彩油模糊脸部轮廓。现在很多务工人员为节约自己的开支，常选用物美价廉的迷彩服作为自己的工作着装，因此，一旦有特殊情况发生，很难通过服装区分战士和普通百姓，为避免区分困难的事情发生，在战士面部绘制迷彩能够有效防止该事件的发生。

迷彩油中所含主要成分包括油脂、颜料、避蚊胺等。为保障迷彩油在使用后的伪装效果，其成分中一般不含有香气或其他特殊气味的物质。

（6）新型化妆品

随着化妆品的不断发展，一些含有高新技术的新型化妆品逐渐出现在人们的日常生活中。常见新型化妆品主要包括微胶囊化妆品、脂质体化妆品和液晶化妆品等。

① 微胶囊化妆品

微胶囊化妆品是一类具有缓释作用，能够长时间缓慢释放有效成分，对皮肤起到美化、修饰、保护等作用的新型化妆品。例如将防晒化妆品中的防晒剂微胶囊化，利用缓释功能可有效延长防晒化妆品对皮肤的保护时间。有时为了使化妆品中有效成分或营养物质不受外界环境干扰，也可将其微胶囊化，使其在使用过程中缓慢释放，延长作用时间，对皮肤起到长时间的作用。

② 脂质体化妆品

脂质体是活性组分的载体，通过对化妆品中有效成分的担载，也可以起到缓释作用，使其具有微胶囊化妆品的特性。此外，脂质体中含有的卵磷脂和胆固醇等物质是天然的表面活性剂，其亲水性和亲油性良好，能够提高乳液化妆品的稳定性。脂质体与皮肤之间的亲和性良好，当脂质体作用于皮肤时，能够缓慢渗透至皮肤内部，为皮肤不断补充必要的营养成分。

③ 液晶化妆品

结晶在化妆品中可替代染料，减少或消除染料对皮肤产生的刺激，进而起到保护皮肤的作用。液晶化妆品的应用始于 20 世纪 80 年代末期，化妆品中所选用的液晶成分多为胆甾醇酯类物质，无毒无害，对皮肤无刺激性，这类物质对皮肤有滋润作用，对皮肤给予持续的营养补充。

3.3.6 化妆品的发展趋势

为满足人们对美和健康的追求，未来化妆品的发展主要表现在如下几个方面：

a. 由功能单一的化妆品向多功能化妆品发展；

b. 以天然动植物成分为原料生产的化妆品将会成为各类化妆品的主要类别；

c. 更多的生物技术将会在高级化妆品中应用；

d. 各类高新技术将会应用于化妆品的设计和生产；

e. 化妆品的类别会逐年增多，各种适合不同人群的专用化妆品将逐渐替代大宗化妆品。

思考题

1. 请论述洗涤原理。
2. 洗涤剂由哪些成分组成？各成分的作用是什么？
3. 论述洗衣粉的生产工艺。
4. 简述肥皂的生产工艺流程。
5. 化妆品由哪些成分组成？各成分的作用是什么？
6. 简述化妆品的生产工艺。
7. 日常生活中常用的化妆品有哪些？请举例说明这些常用化妆品的组成、功能及作用。
8. 根据自己皮肤特点，选择合适的原材料，设计一个合理的配方，并具体说明配方设计的具体依据。

第4章

香料和香精

4.1 概述

香料又称香原料，是指能被嗅觉和味觉感觉出芳香气息或滋味的物质，在香料工业中，用以调制香精。

对于香料来说，一种香料的气味过于单一，不能满足产品应用要求，所以香料单独使用的情况极为罕见，在应用时，可将各类不同香料依据配方按比例混合调配，制备成香精后才能够作为产品使用。也就是说，香精是多种不同类别香料依据配方按比例调配出的产品。香精的用途较为广泛，其应用领域包括食品、烟酒、化妆品、洗涤剂、文化用品以及医药制品等。在这里特别要说明的是，以天然香料调配的香精还可以应用在各类医疗保健品中，鉴于大多数天然香料通常可作为中药使用，因此，添加此类香精的保健品一般都具有保健、防病、振奋精神等功效。

在全世界范围内，香料和香精的应用记载历史久远，但一直到近代，香料香精工业才逐步发展起来。我国是最早使用香料的文明古国之一，我国古代，使用的香料均为天然动植物香料，绝大部分香料均有药物价值，例如《神农本草经》《名医别录》《新修本草》《本草纲目》《植物名实图考》等均有相关记载。

我国香料工业起始于20世纪30年代，以“小商行”形式为主，所用香料几乎完全依赖进口，香精的产量也十分有限。一直到20世纪40年代，这些“小商行”才开始生产单离香料和极少量的简单酯类香料。新中国成立后，我国香料香精行业开始稳步发展，1952年我国香料和香精的总产量为629吨，到20世纪50年代中后期，国家对上海、天津、广州等地区早期成立的香料企业进行兼并和重组，成立了一批具有一定生产规模的香料企业，1960年，我国香料和香精的总产量超过3000吨。截至目前，我国现有香料企业800多家，全年销售额合计约700亿元人民币，但一半以上为跨国公司贡献，本国企业最高年销售额20多亿元。

4.1.1 香料的分类

香料的分类方式较为简单，通常可依据香料的来源将其分为天然香料和人造香料。天然香料主要包括动物性天然香料和植物性天然香料两大类，人造香料可根据实际原材料的使用情况分为单离香料与合成香料两大类，具体定义如下：

动物性天然香料：动物性天然香料是少数几种动物的腺体分泌物或排泄物。实际应用的商品化品种有麝香、灵猫香、海狸香和龙涎香四种。

植物性天然香料：植物性天然香料是从芳香植物的花、草、叶、枝、干、根、茎、皮、果实或树脂提取出来的有机物的混合物。根据形态和制法通常称为精油、浸膏、酊剂和香脂等。

单离香料：单离香料是使用物理或化学方法从天然香料中分离提纯的单体香料化合物。例如用减压蒸馏法从柑橘类精油中分离出来的柠檬烯。

合成香料：合成香料是指以石油化工及煤化工基本原料等为起始物，通过有机合成的方法制取的香料化合物。如果以单离香料为原料或植物性天然香料为原料制得其衍生物，则称为半合成香料。

4.1.2 香料化合物的命名

香料化合物的命名有很多方法，起初命名来源于最早发现其存在的动物或植物的名称。例如：香茅醛来源于香茅草，其命名与之类似；天然麝香来源于雄麝的香腺，其命名与麝类似。此外，有些香料化合物的香气与天然植物香气相似，因此借用了天然植物的名称对该香料化合物命名，例如合成香料“兔耳草醛”的香气与兔耳草类似，因此将其命名为兔耳草醛。由于人工合成香料发展迅速，部分香料化合物的结构与天然香料的结构类似，由此衍生出一系列新的命名，例如二氢茉莉酮、乙基香兰素等。

目前，在香料化合物应用过程中逐渐形成了俗名、商品名以及代号等，同一种化合物有多达十余种的名称，为了规范香料化合物的命名，现已推出具有客观唯一性的 IUPAC 系统命名规则，但由于该规则过于复杂，目前尚不能被广泛接受。

4.1.3 香气的分类和强度

能够刺激嗅觉神经（味觉神经）使人产生愉快感觉的香气，称为香味。广义的香味又分为由嗅觉感知的香气和由味觉及嗅觉共同感知的香味。

鉴于香味（香气）的类型五花八门，人的主观意识和个人喜好又各不相同，因此香气的分类方法也是多种多样。相对较为实用的有里曼尔分类法、罗伯茨分类法、克拉克分类法和杰里克分类法等。表 4.1 列举的是由 K・博尔等推荐的一种比较实用的香气分类法。

表 4.1 香气的分类

序号	类型	香气特征
1	醛香	长链脂肪醛，如人体气味，熨烫衣物的气味
2	动物香	麝香及粪臭素等
3	膏香	浓重的甜香型，如秘鲁香膏、可可、香荚兰、肉桂
4	樟脑香	樟脑或近似樟脑的香气
5	柑橘香	新鲜柑橘类水果的刺激性香味
6	泥土香	近似腐殖土壤或潮湿泥土气息
7	油脂香	近似动物油脂及脂肪的香味
8	花香	各类花香总称
9	果香	各类水果香气总称

续表

序号	类型	香气特征
10	青草香	新割草及叶子的典型香气
11	药草香	药草的复杂香气，如鼠尾草
12	药香	像消毒剂的气味，如苯酚、来苏水、水杨酸甲酯等
13	金属香	接近金属表面的典型气味，如铜和铁
14	薄荷香	薄荷或近似薄荷香气
15	苔香	类似森林深处及海藻的香型
16	粉香	接近于爽身粉的扩散性的甜香香型
17	树脂香	树脂等渗出物的芳香
18	辛香	各种辛香料香气的总称
19	蜡烛香	类似蜡烛或石蜡的香气
20	木香	木香的总称，如檀木、柏木等

香气在类别上差别较大，一种香料在不同浓度下的香气强度也有很大差别。一般情况下，大多数发香物质在一定浓度范围内，其香气随浓度增加而增强，但某些发香物质的浓度较高时，其散发的香气就会变成臭气。因此，依据能否嗅辨出香气，将香料按照特定比例稀释后散发出的香气来确定香气的强度。为量化香气强度这一性质，可选用阈值来对其进行衡量和定量表征，所谓的阈值是香料中香气的最低嗅值，香料的阈值是发香物质自身具有的一种性质，但测量结果受主观因素影响较大。

4.2　香料化合物的制备

香料化合物的制备主要针对于人造香料而言，人造香料化合物的制备原料主要包括单离香料（有时也可直接使用植物性天然香料作为原料）和石油化工基础原材料两大部分。

4.2.1　半合成香料化合物的制备

（1）α-松油醇的制备

世界范围内产量最大的精油产品即为松节油，松节油中富含蒎烯，蒎烯在稀酸作用下可生成水合萜二醇，之后再经过脱水制得 α-松油醇，具体反应过程如下：

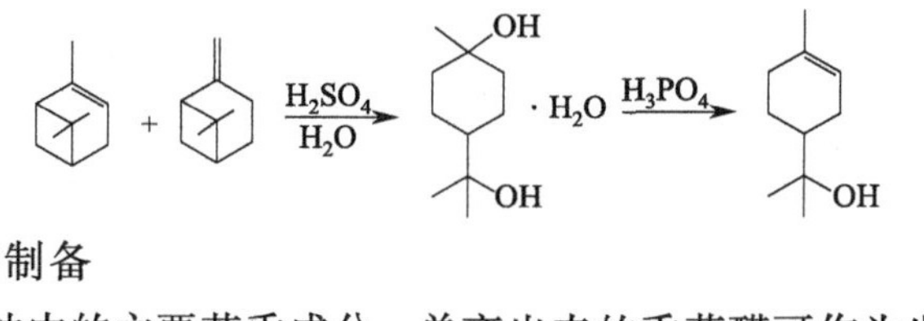

（2）羟基香茅醛的制备

香茅醛为柠檬桉叶油中的主要芳香成分，单离出来的香茅醛可作为生产羟基香茅醛的原料，首先对香茅醛的醛羰基进行基团保护，之后用水合反应将反应物质中的 C═C 转化为 C—C 并且接上羟基，最后再脱保护，将之前的保护基团转化为原来的醛羰基，具体反应过程如下：

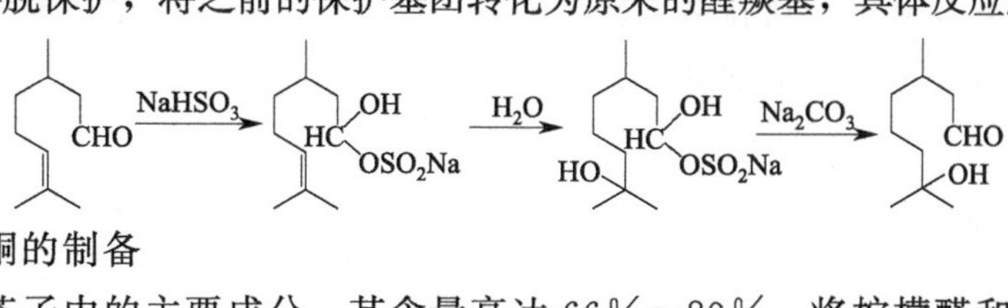

（3）紫罗兰酮的制备

柠檬醛是山苍子中的主要成分，其含量高达 66%～80%。将柠檬醛和丙酮作为原材料，首先在碱性条件下进行缩合反应生成假性紫罗兰酮，之后用硫酸进行酸化，可分别得到 α-紫罗兰酮和 β-紫罗兰酮，相关反应式如下：

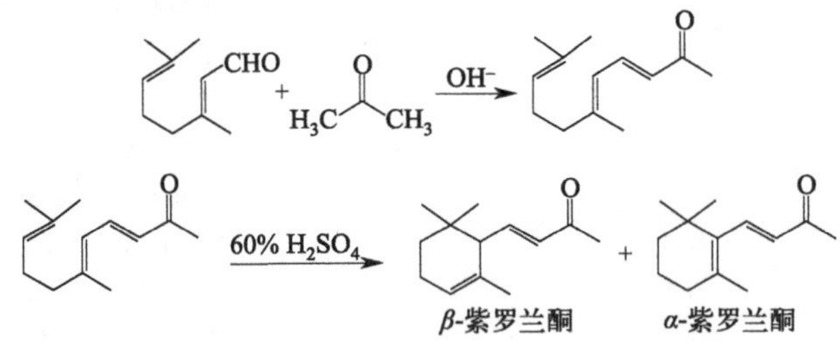

(4) 香兰素的制备

香兰素的制备方法有很多，各类方法主要区别在于所选原材料的不同。

① 以丁香酚为原料制备香兰素

首先，丁香酚经异构化转化为异丁香酚，异丁香酚经羟基保护、丙烯基双键氧化、水解脱保护三步便可得到香兰素，具体反应过程如下：

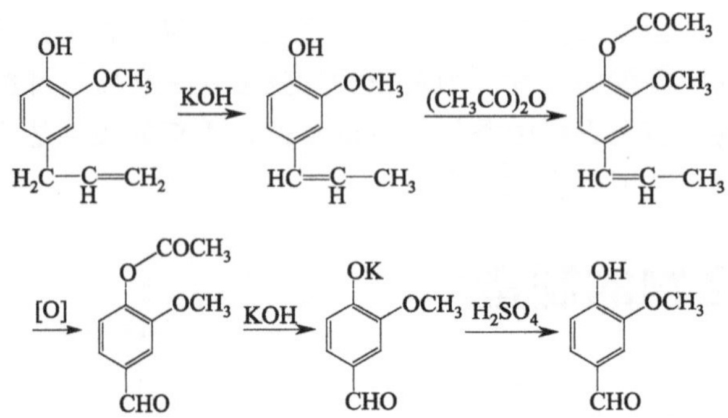

② 以黄樟素为原料制备香兰素

黄樟素经异构化后可形成异黄樟素酚醚，后者可通过甲基化、水解、氧化等多步化学反应最终形成香兰素，具体反应过程如下：

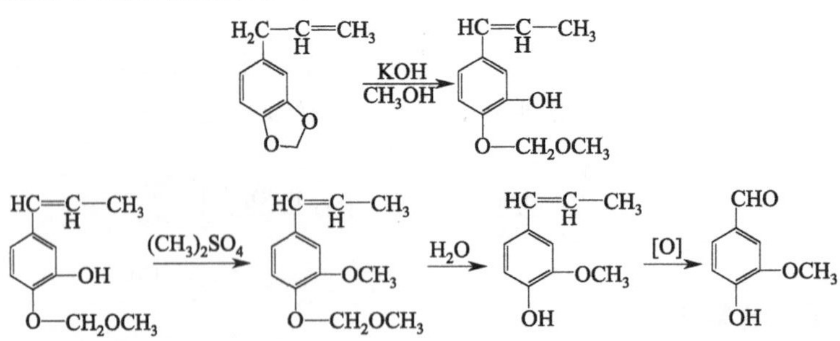

③ 以木质素为原料制备香兰素

我国造纸业发展迅速，造纸工业中的亚硫酸纸浆废液中含有大量木质素，对其进行综合利用不仅解决了造纸工业的三废排放问题，而且还降低了香兰素的生产成本，丰富了香兰素生产所需原材料来源。其生产方法如下：

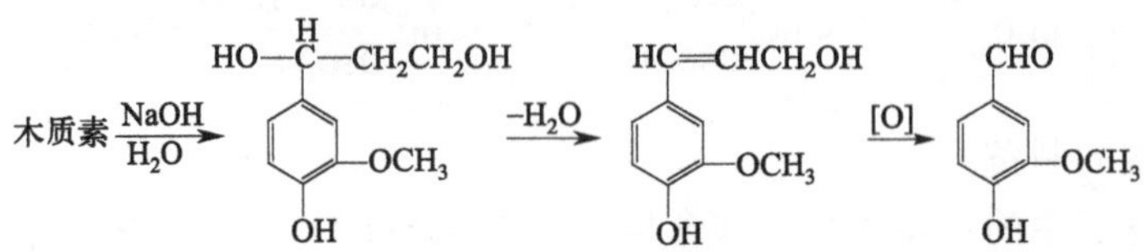

4.2.2　全合成香料化合物的制备

（1）烃类和醇类香料化合物的制备

① β-月桂烯的制备

β-月桂烯又称为β-香叶烯，化学命名为 7-甲基-3-亚甲基-1,6-辛二烯。通常情况下，β-月桂烯的制备方法有两种，一种是从某些植物精油中通过减压分馏单离制取，另一种是以异戊二烯为原料，通过化学合成的方法制取，具体反应过程如下：

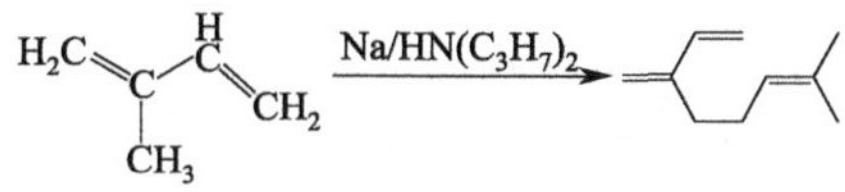

② 正辛醇的制备

正辛醇是一种饱和脂肪醇，其制备方法是以辛酸甲酯为原料，用乙醇钠还原制取：

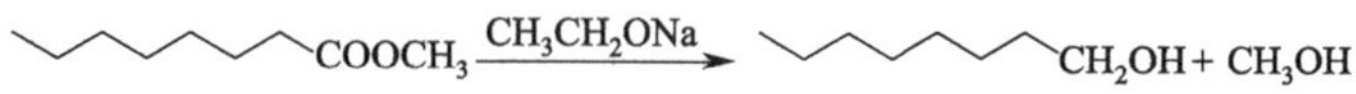

③ 2-已烯醇的制备

2-已烯醇是一种不饱和脂肪醇，其制备方法有两种：一种是以叶醛为起始原料，通过选择性加氢的方式将醛基进行转化制取，具体反应过程如下：

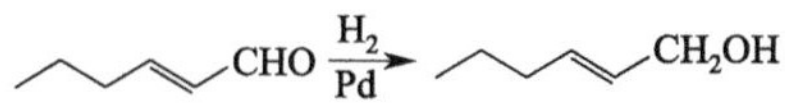

另一种是以丁炔二醇为原料，经加氢、氯化，以及与格氏试剂作用等步骤制得，具体反应过程如下：

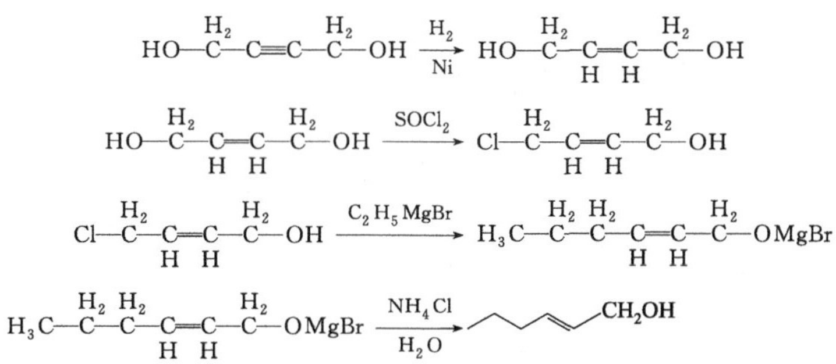

④ 苯乙醇的制备

苯乙醇的制备方法有两种，一种是以苯乙烯为原料制取，具体反应过程如下：

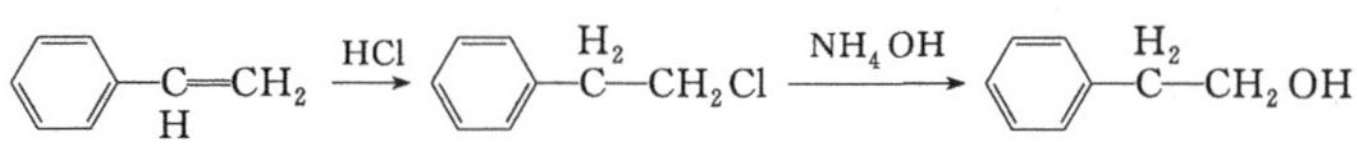

另一种是以苯和环氧乙烷为原料制取：

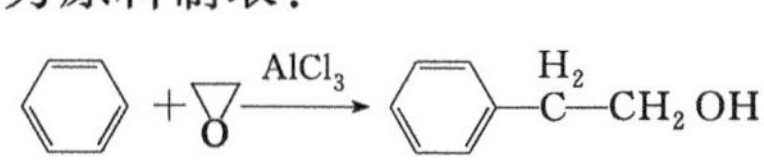

⑤ 橙花醇的制备

橙花醇是一种萜醇类香料，此类香料分为顺式和反式两种同分异构体，可以选用甲基庚烯酮和乙炔甲醚为原料制取，具体反应过程如下。

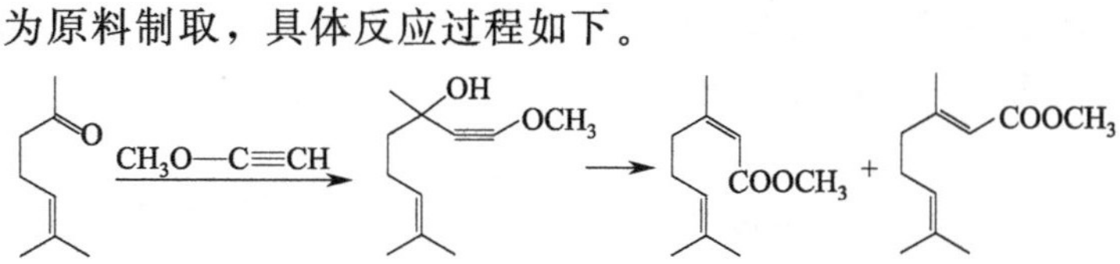

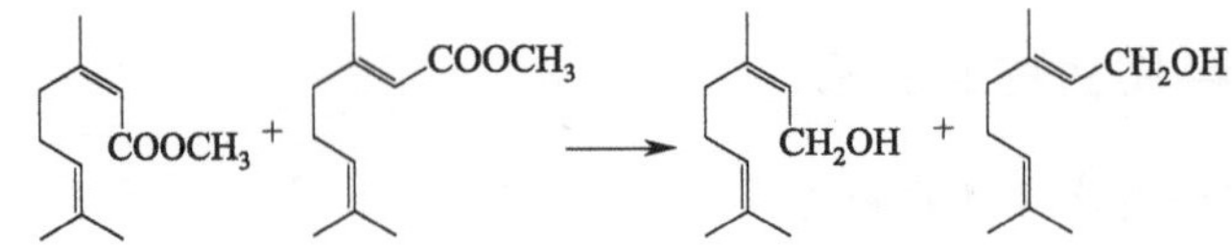

（2）醛类香料化合物的制备

① 甲基壬基乙醛的制备

甲基壬基乙醛是一种饱和脂肪醛香料，制备该香料时，可以将甲基壬基酮和氯代乙酸酯作为基础原料进行制取，具体反应过程如下：

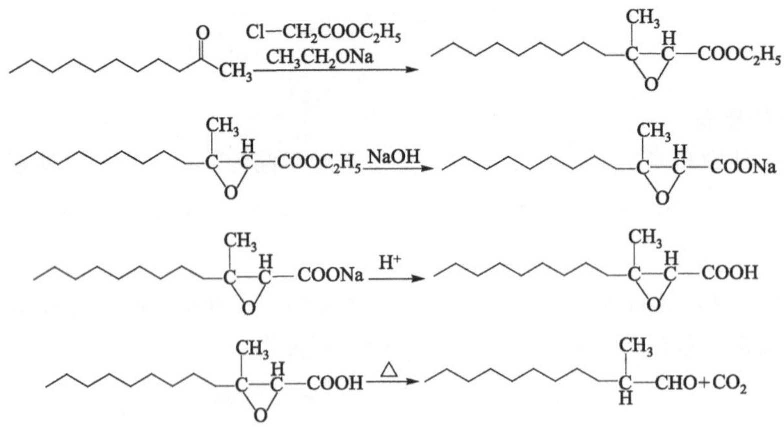

② 新铃兰醛的制备

制备新铃兰醛的方法主要有两种，一种是以月桂烯醇和丙烯醛为原料进行制备，另一种是将月桂烯作为原料进行制备，两种方法具体如下。

以月桂烯醇和丙烯醛为原料制取新铃兰醛：

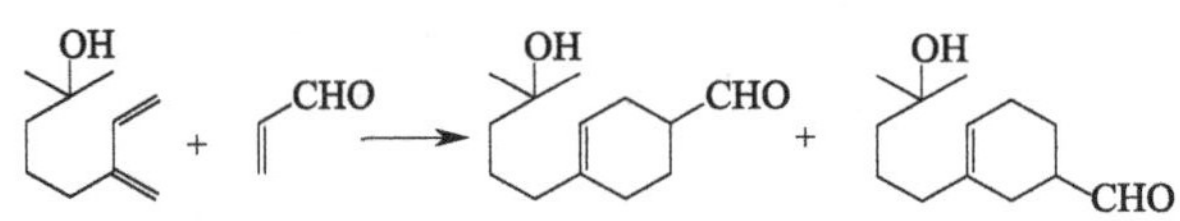

以月桂烯为原料制取新铃兰醛：

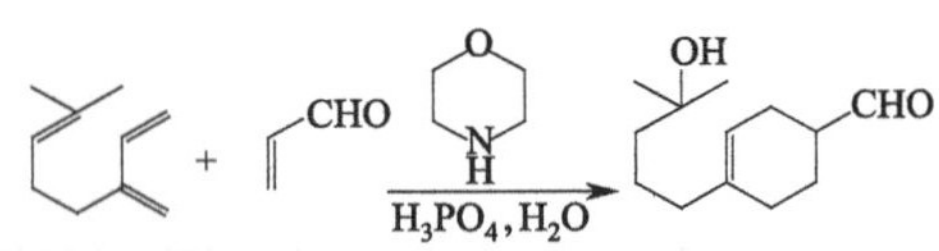

（3）酮类香料化合物的制备

① 甲基壬基酮的制备

甲基壬基酮属于脂肪族不对称酮类香料化合物，制备该香料化合物时，可选用壬酸和乙酸为原料，经脱羧制取：

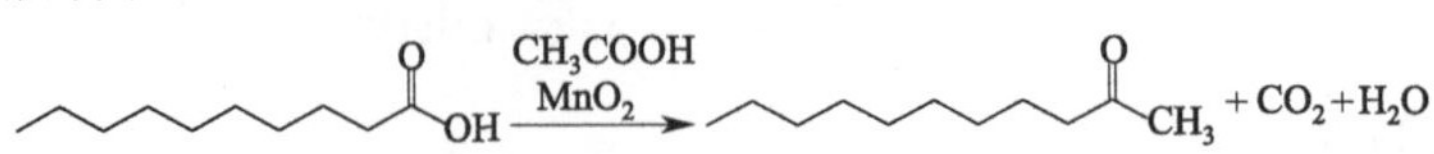

② 对甲基苯乙酮的制备

对甲基苯乙酮属于芳香族酮类香料化合物，其制备方法如下。

以甲苯和乙酰氯为原料制备对甲基苯乙酮：

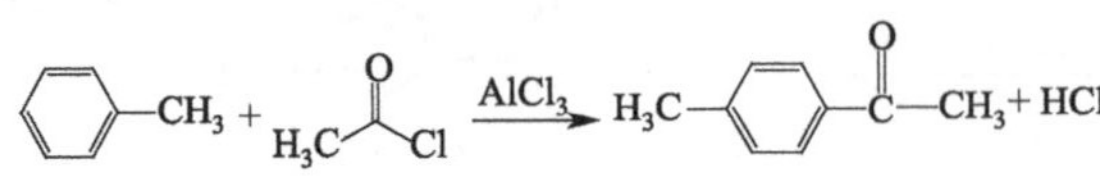

以甲苯和乙酸酐为原料制备对甲基苯乙酮：

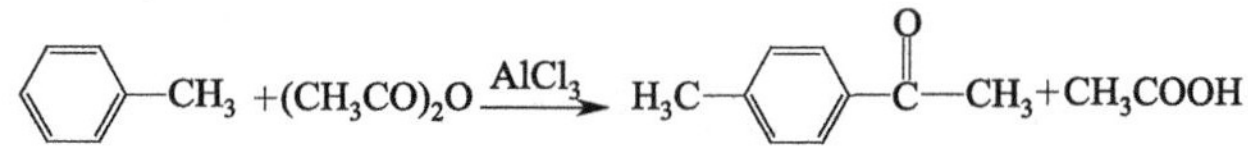

③ 香芹酮的制备

香芹酮是一种不饱和脂环酮类香料化合物，制备香芹酮主要有两种方法，一种是从天然精油中单离获取，该方法早期应用较为普遍，随着石油化工行业的发展，精油单离法逐渐被化学合成法替代。化学合成法是另一种制备香芹酮的方法，具体反应过程如下：

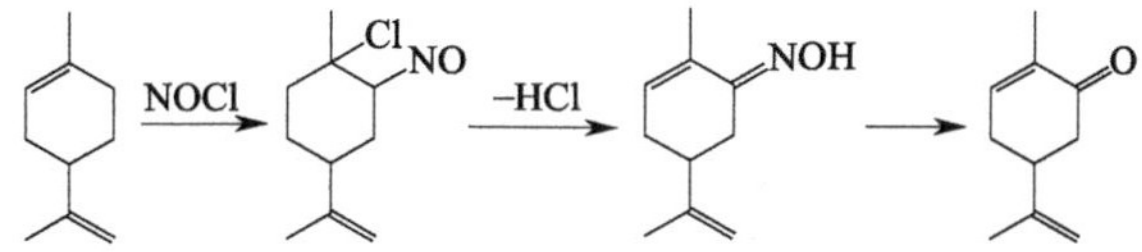

④ 二氢茉莉酮的制备

二氢茉莉酮常用合成路线有两条，一条是以甲基环戊烯醇酮为原料进行制取，具体反应过程如下：

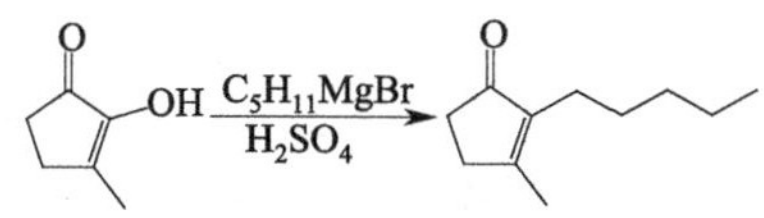

另一条是以 1，4-二酮为原料，经环化反应合成，具体反应过程如下：

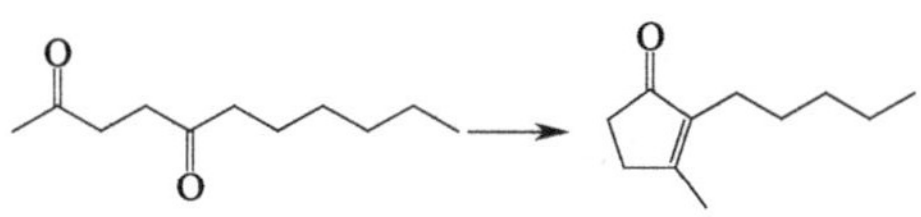

(4) 酯类香料化合物的制备

① 甲酸戊酯的制备

在制备甲酸戊酯过程中，常以甲酸和戊醇为原料，利用酯化的方法进行制取，具体反应过程如下：

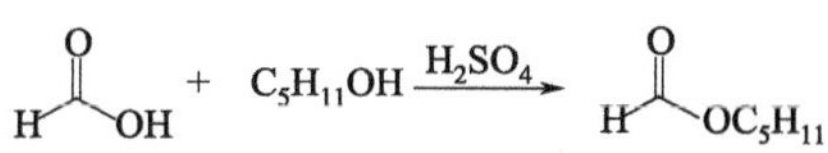

② 甲酸芳樟酯的制备

制备甲酸芳樟酯时可选用甲酸和芳樟醇为原料，通过酯化的方式制取，具体反应过程如下：

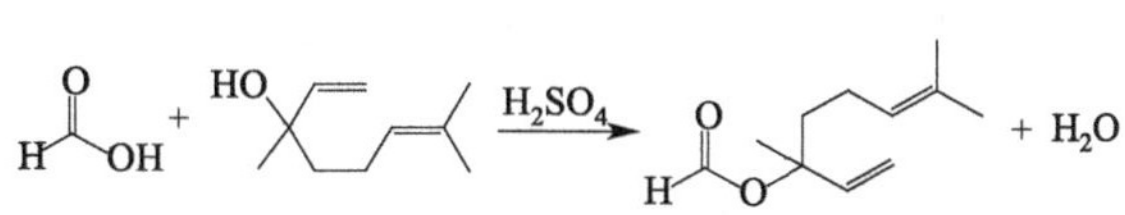

③ 乙酸异戊酯的制备

乙酸异戊酯又称为乙酸-3-甲基丁酯，在制备过程中，可选用异戊醇和乙酸为原料，通过酯化的方式制取，具体反应过程如下：

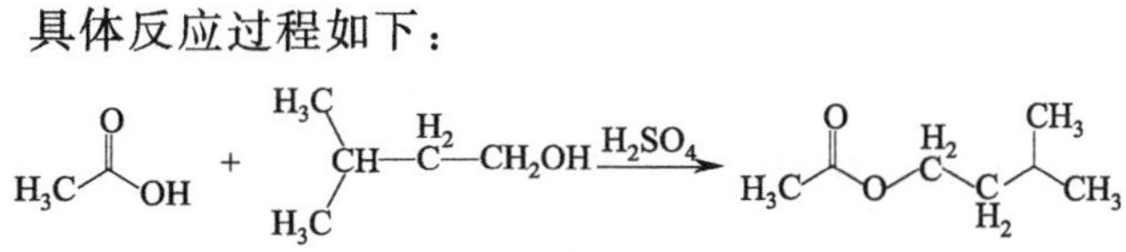

④ 苯甲酸甲酯的制备

苯甲酸甲酯的制备方法有很多种，具体如下。

将苯甲酸和硫酸二甲酯作为原料制取：

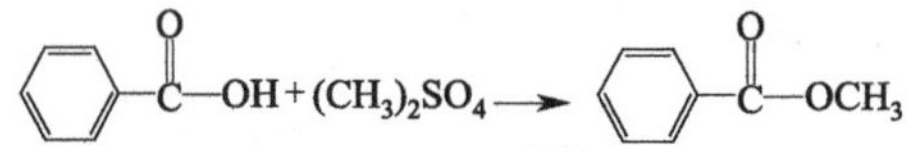

将苯甲酸乙酯和甲醇作为原料，通过酯交换法制取：

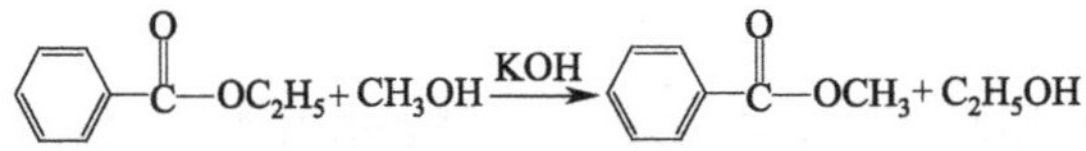

将苯甲酸和甲醇作为原料，通过酯化的方式制取：

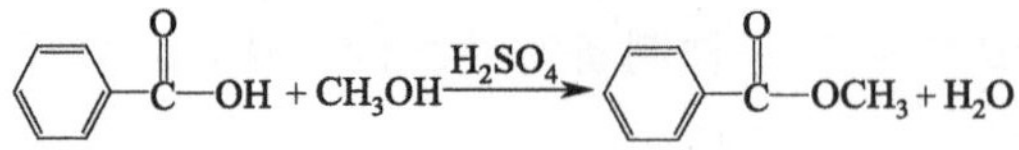

⑤ 苯甲酸苄酯的制备

制备苯甲酸苄酯时，可选用苯甲酸乙酯和苄醇为原料，通过酯交换的方式制取，具体反应过程如下：

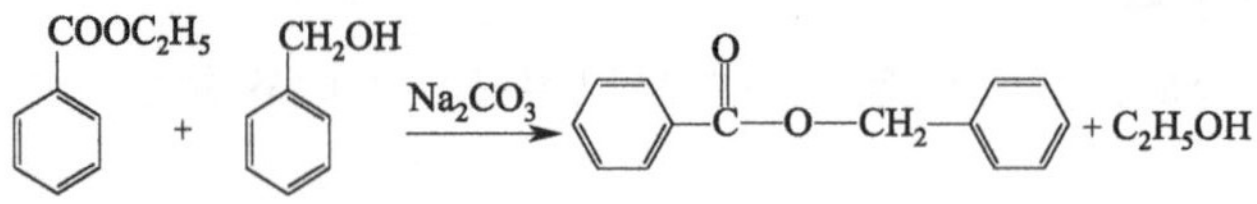

（5）酚类及醚类香料的制备

① 丁香酚的制备

制备丁香酚时，可选取邻甲氧基苯酚和烯丙基氯为原料，通过取代方式制取丁香酚及其同分异构体，相关合成反应式如下：

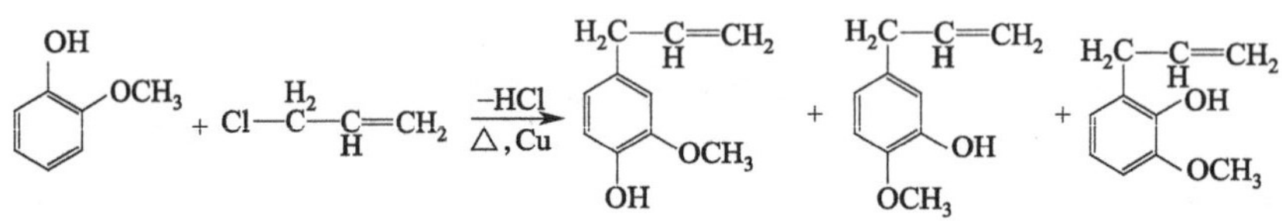

② 二苯醚的制备

制备二苯醚的化学方法通常有两种，具体如下：

苯酚脱水法

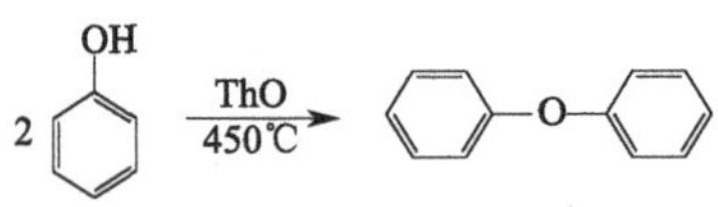

苯酚与氯苯反应

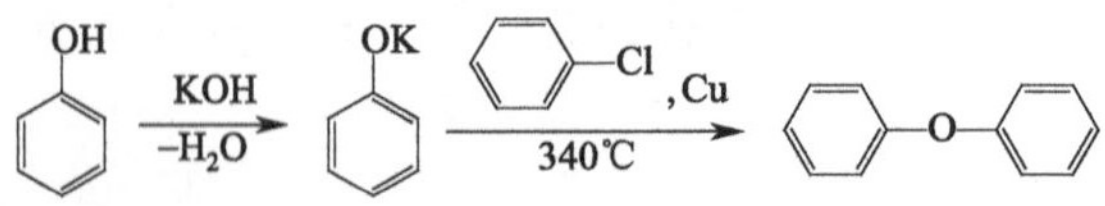

（6）其他合成香料的制备

① 乳酸的工业制备方法有两种，具体如下：

由糖类物质发酵制备：

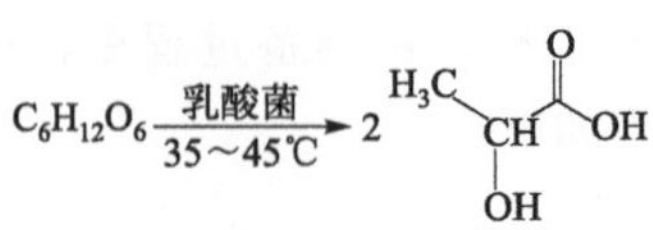

以乙醛和氢氰酸为原料通过化学合成法制备：

$$NaCN \xrightarrow{HCl} HCN + NaCl$$

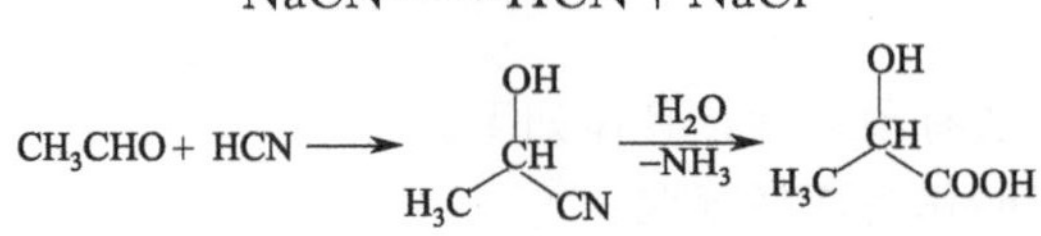

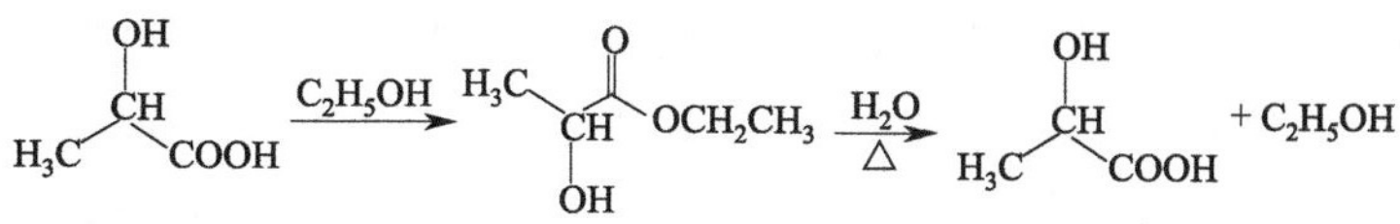

② γ-十一内酯的工业制备

制备 γ-十一内酯时，可选用蓖麻油为原料进行制取，具体反应过程如下：

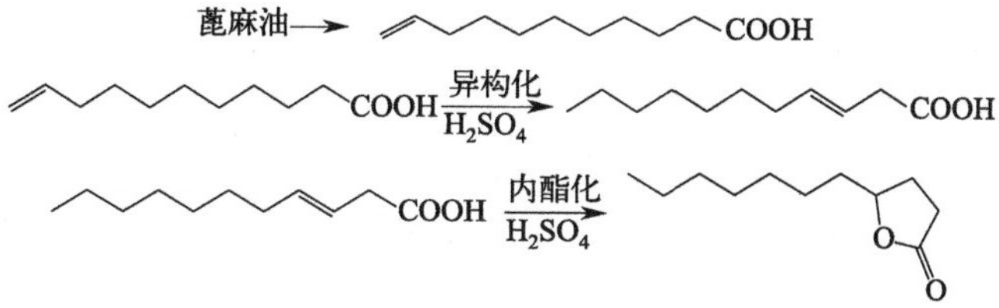

③ 酮麝香的工业制备

酮麝香是天然麝香香料的一种替代品，可选用间二甲苯为原料进行制取，具体反应过程如下：

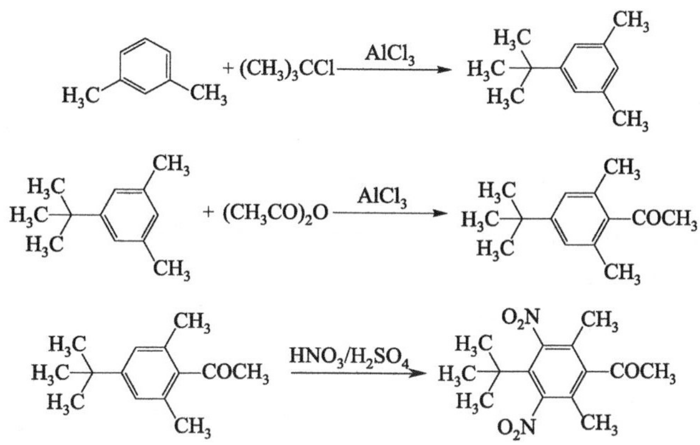

④ 邻氨基苯甲酸甲酯的制备

制备邻氨基苯甲酸甲酯时，可选用邻氨基苯甲酸为原料，通过酯化的方式进行制取，具体反应过程如下：

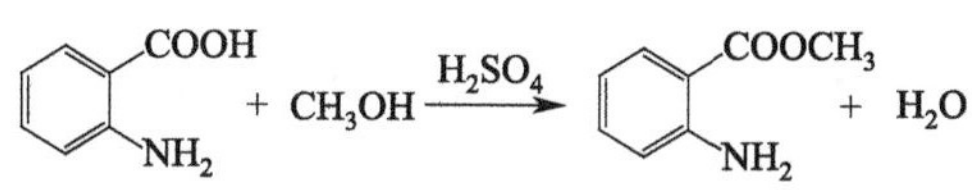

4.3　天然香料

前文介绍了香料的分类和定义，不难发现，天然香料属于香料的一个重要分支，其安全性和特殊的药用性决定了此类香料在香料和香精产品中的地位和作用。在此，特别对动物性天然香料和植物性天然香料进行介绍讲解。

4.3.1　动物性天然香料

目前，常用动物性天然香料种类较少，只有麝香、灵猫香、海狸香和龙涎香四种，虽然种类少，但它们都是性能优良的定香剂，广泛应用在高档香水以及高级化妆品中。

（1）麝香

麝香是名贵的中药材也是一种性能优良的高级天然香料，麝香在我国已经有 2000 多年的历史，《本草纲目》对麝香的功效就有详细记载。麝香是雄性麝鹿的生殖腺分泌物，所含成分主要有麝香大环化合物，如麝香酮等；甾族化合物，如睾丸酮、雌二醇、胆甾醇；氨基酸类化合物，如天门冬氨酸、丝氨酸，以及无机盐和其他成分，如尿囊素、蛋白激酶激活剂等。传统获取麝香的方法是杀麝取香，但该方法过于残忍且违背野生动物保护原则，目前采用的方式是人工饲养活麝并定期刮香的方法。前文介绍了有部分种类的香料物质，其浓度较大时会散发出强烈的臭气，麝香即属于这类香料。为此，人们在使用麝香时，通常用水或酒精将其溶解，经过高度稀释后才能使用。高度稀释后的麝香散发出一种独特的香气，而且在香精中还具有保留其他香气的能力，因此麝香被视为东方最为珍贵的香料之一，常被作为高级香水的定香剂来使用。现已证明，麝香的主要芳香成分是3-甲基环十五酮，其结构式如下：

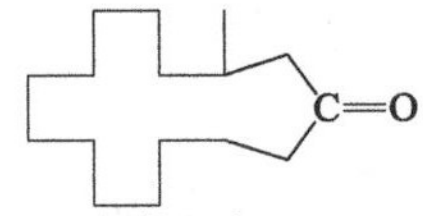

3-甲基环十五酮

（2）灵猫香

与麝香一样，灵猫香是灵猫分泌腺的分泌物。大灵猫适于生活在丘陵山地的树林或灌木丛地带。在我国，大灵猫主要栖息于秦岭和长江流域以南及西藏等地，大灵猫属于国家二级保护动物，禁止滥捕。小灵猫多栖息于树木茂密的山地、灌丛、草丛等地，其习性昼伏夜出、杂食，在我国，小灵猫多分布于淮河流域、长江流域、珠江流域以及福建、台湾、湖南、海南、云南、西藏等地。小灵猫同样为国家二级保护动物，禁止滥捕。目前，我国对灵猫香的采集方法由古代的杀猫取香改为人工养殖，定期刮香。新鲜的灵猫香为淡黄色流动液体，干燥变稠后呈褐色的膏状。浓时具有难闻的恶臭，稀释成酊剂后则散发出令人愉快的香气。灵猫香常被用作高级香水香精的定香剂，其香气比麝香更优雅。灵猫香中的主要芳香成分为9-环十七烯酮是不饱和的大环酮（灵猫酮），其结构式如下：

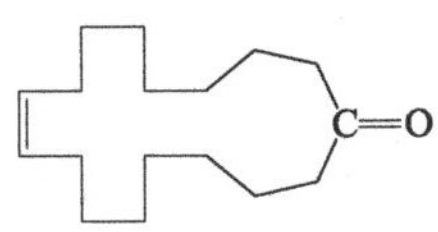

（3）海狸香

海狸又称为河狸，更准确地说，海狸的中文学名为“河狸”。世界范围内，河狸主要分布在西伯利亚和加拿大等地，该品种属于美洲河狸。此外，我国新疆和蒙古国也有河狸的分布，该品种属于欧亚河狸。在我国，河狸的分布极少，仅在乌伦古河及上游的青格里河、布尔根河、查干郭勒河两岸分布，特别是在布尔根河地区分布较为集中。我国为了保护这些河狸，于1981年在布尔根河流域建立了我国唯一的河狸自然保护区，目前，河狸属于我国一级保护动物。

海狸香是海狸（河狸）香腺中分泌出的发香物质。早期，通常采用“捕杀取香”的方法获取海狸香，海狸被捕杀后，将香囊切取，之后将香囊进行干燥处理，干燥后的香囊密封在容器中保存，现在通常采用人工养殖，定期取香的方式获取海狸香。

新鲜的海狸香性状为乳白色黏稠状物质，经干燥处理后变为褐色树脂状，在这里需要特别说明的是海狸香的香气会随着产出地域的不同而发生细微的变化，不同地区产出的海狸香，其香气略有差别。海狸香中的成分主要是动物性树脂，主要芳香成分为结晶性海狸香素，其含量约占4%～5%，截至目前，仍然无法完全确定结晶性海狸香素的结构。与其他动物性天然香料类似，海狸香也需要稀释后才能使用，用乙醇将海狸香稀释为乙醇酊剂后，即可散发出令人愉悦舒适的香气。在应用方面，海狸香主要用于东方型香精的调配，常作为定香剂使用。

（4）龙涎香

龙涎香是一种品质极高的动物性天然香料，天然的龙涎香极难获取，目前应用较多的都是人工合成的龙涎香。龙涎香具有温和且微弱的类似于乳香的动物香气，主要用于调配高级香水所使用的香精，应用时常作为定香剂使用。

天然的龙涎香之所以极难获取，主要是因为天然龙涎香产于大型鱼类抹香鲸的肠道内，但对其形成原因目前没有一个科学统一的说法。现阶段，较为普遍的认识是抹香鲸吞噬大量难以消化的海洋动物后，会在肠道中形成结石，结石的密度比海水低，当结石排出体外后会漂浮在海面或被冲到海岸上，最后被人们采集。

刚排入海中的结石的性状为灰色、褐色至浅黑色蜡块状物质，这种结石并不能称为龙涎香，其香气较弱，品质较低。当结石在海中长期漂浮（几年至几十年），经海上的长期日光照射和海水浸泡后，结石会自然熟化，颜色逐渐变浅，最终变为白色，这种白色的结石即为所说的龙涎香，其价值也是最高的。龙涎香的品质可根据其外观颜色进行简单辨别，颜色越浅，品质越高。

4.3.2 植物性天然香料

植物性天然香料是从植物的花、叶、枝、根、茎、皮、果实或树脂中提取出来的芳香物质的混合物。根据其形态和制法，可分为精油、浸膏、酊剂、净油、香脂和香树脂等。由于植物性天然香料的主要成分都是具有挥发性和芳香气味的油状物，因此有时也统称为精油。精油的含量与植物的种类有关，也随植物产地的土壤成分、气候条件、生长季节、生成年龄、收割时间及贮运情况而异。由于植物性天然香料的种类繁多，因此本章节主要列举典型植物性天然香料并结合其提取方法进行介绍。

目前提取植物性天然香料的主要方法有水蒸气蒸馏法、压榨法、浸提法、吸收法和超临界萃取法。以上方法中，天然植物经过水蒸气蒸馏法、压榨法和超临界萃取法处理后可得到具有挥发性的芳香油状物，这类产品统称为精油；天然植物经浸提法处理后，可得到混合溶液，经回收溶剂后得到具有芳香性的膏状物质，该物质称为浸膏；天然植物经过非挥发性脂类物质处理后（即吸收法处理），其有效芳香物质会混合于脂类物质中，这类含有芳香物质有效成分的脂类物质称为香脂；将浸膏或香脂用高纯度的乙醇溶解、滤去植物蜡质等杂质、蒸出乙醇后得到的浓缩产品称为净油。

下面结合一些重要的产品简要介绍一下植物性天然香料的主要提取方法。

（1）水蒸气蒸馏法

由于水蒸气蒸馏法的技术较为成熟，设备结构简单，易于操作，而且该方法成本低，适于大量产品生产，因此，水蒸气蒸馏法是目前植物性天然香料生产工业中应用最为广泛的一种方法。水蒸气蒸馏法可根据设备构造不同分为水汽蒸馏、水上蒸馏和水中蒸馏。

水汽蒸馏：水蒸气发生装置与蒸馏釜分离设置，通过导入的方法将高温水蒸气导至蒸馏釜中，对天然植物原材料进行蒸馏处理，产品由蒸馏釜上方导管导出，经冷凝后进行后续分离提纯操作。该方法最大优点是可对温度和蒸汽压力进行调节，精油产品质量最好。

水上蒸馏：天然植物原材料位于蒸馏釜中水的上方，通过对水进行加热产生高温水蒸气，进而完成蒸馏操作。该方法不适合易结块或者细粉状原料，精油产品质量相对较好。

水中蒸馏：将天然植物原材料和水同时置于蒸馏釜中，并对其混合物进行加热蒸馏处理，温度一般为95℃。该方法因设备简单，操作方便，因此被广泛使用，但由于直接加热容易出现糊焦现象。

通常情况下，薄荷油、留兰香油、薰衣草油、玫瑰油、白兰叶油，以及桂油、茴油、依兰油、香茅油等这些我国大批量生产的重要香料品种，都是利用水蒸气蒸馏法生产的。以薄荷油的生产为例，其工艺流程如图4.1所示。

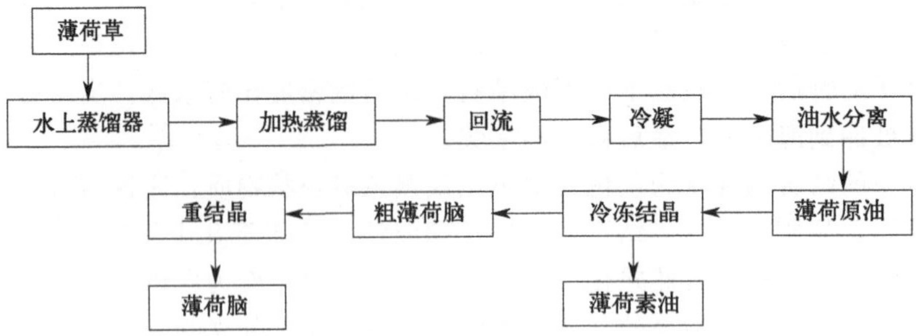

图4.1 水上蒸馏法生产薄荷油的工艺流程

(2) 压榨法

目前，柑橘类精油的生产主要采用压榨法。柑橘类精油例如甜橙油、红橘油等，其相关产品中萜烯及其衍生物的含量高达90%以上，萜烯及其衍生物因具有特殊的C═C双键结构，化学活性较高，如遇高温容易发生氧化或者聚合等化学反应，出现产品变质情况，最终导致精油变质，香气失真。然而，压榨法通常在室温下进行，因此利用压榨法生产此类产品可以有效保证产品质量。

常用于生产柑橘类精油的设备主要有螺旋压榨机、激振磨橘机和平板磨橘机等。

螺旋压榨机工作原理类似于日常生活中常见榨汁机工作原理，机器中的螺旋体在榨笼中不断旋转，对填料口进入的果皮进行推进挤压，将果皮细胞中的精油压榨出来，初品经淋洗和油水分离、除杂等工艺处理，最终得到精油产品。工艺流程如图4.2所示。

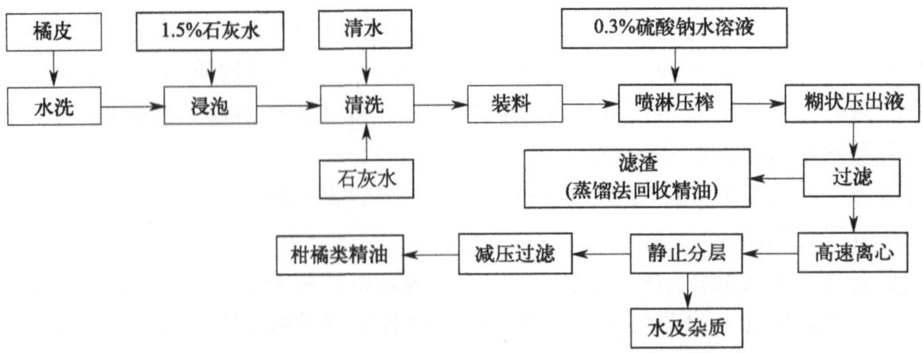

图4.2 螺旋压榨机生产柑橘类精油的工艺流程

由于果皮中含有一定量的果胶，如果果胶在压榨过程中与精油一起析出，则后续的油水分离操作进行困难，为了避免此类事情的发生，在生产前必须对所用原材料进行浸泡除胶操作。浸泡除胶可先用清水浸泡，再用过饱和石灰水浸泡。石灰水可以与果胶发生反应生成不溶于水的果胶酸钙，减少乳胶体的生成，从而有利于分离。

在各类定型设备中，可用于整果加工的设备当属激振磨橘机和平板磨橘机。虽然此类设备在使用时，装入的原材料为整果，但经过磨橘机处理后，磨破的仍然是果皮。磨橘机工作时，果皮细胞磨破后渗出精油，用水喷淋整果，之后经过油水分离得到产品。其工艺流程如图 4.3 所示。

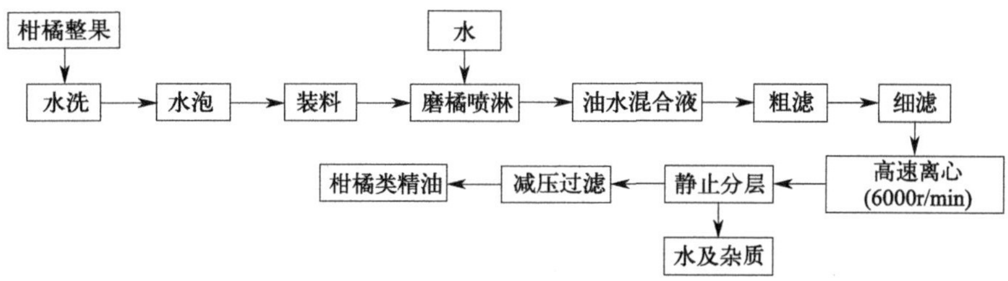

图 4.3　磨橘机生产柑橘类精油的工艺流程

前文介绍了柑橘类精油中含有大量的萜烯类化合物，此类化合物容易发生氧化或聚合反应，进而导致精油变质，影响产品质量。虽然压榨法可有效避免柑橘类精油在生产过程中出现变质的情况，但如果不除去产品中的萜烯类化合物，生产出来的精油产品的质量仍然会在储存过程中逐渐下降，因此，必须对生产的精油进行除萜处理。除萜过程一般分两步进行，首先通过减压蒸馏除去沸点较低的单萜烯，然后用 70％的乙醇萃取高沸点精油液中的芳香成分，经分层分离，与沸点较高的倍半萜烯及二萜烯分开。

压榨法生产的产品主要有甜橙油、红橘油、柠檬油、香柠檬油、佛手油等，这些都是重要的天然香料品种，在饮料、香水、香皂、牙膏、化妆品以及烟、酒等中都有广泛应用。

(3) 浸提法

浸提法又称为液固萃取法，该方法工作原理是利用挥发性有机溶剂将原材料中特定的芳香成分、色素、脂肪、植物蜡、淀粉、纤维以及糖类等物质通过萃取的方式进行提取分离，之后，混合溶液经过常减压蒸馏处理，将溶剂回收并得到相对应的膏状产品，通常称此类产品为浸膏。将分离出的浸膏粗品经乙醇溶解、过滤除杂、减压蒸馏回收乙醇等方式处理后可得到净油。如果用乙醇直接对浸膏粗品进行浸提操作，可得到酊剂。

浸提操作有多种方式，通常情况下可根据固体原料在浸提过程中的运动形态对其进行分类，分为固定浸提、搅拌浸提、转动浸提和逆流浸提四种常用方式。

固定浸提：将物料浸泡在有机溶剂中并保持静止状态，而溶剂既可以静止也可以保持回流的循环状态。

搅拌浸提：将固体原料浸泡在有机溶剂中，利用刮板式搅拌器对混合物进行搅拌操作，使原料与溶剂充分接触，与固定浸提相比，搅拌浸提具有更高的浸提效率。

转动浸提：将固体原料与有机溶剂混合，利用转鼓式浸提机对混合溶液进行处理，使固体原料和浸提溶剂做相对运动。虽然该方法的浸提效率和处理固体原料的能力均高于前两个方法，但固体物料，特别是鲜花物料在该操作中容易受损，进而导致产品中有较多的固体杂质。

逆流浸提：该方法是一种连续或半连续的操作方法。该方法是将溶剂以错流或逆流的方式，以一次或多次循环的形式通过运动的固体原料，进而达到浸提的效果。该方法优点是浸提效率高，处理能力大，缺点是该方法容易损伤物料，进而导致产品中有较多杂质。

在这里特别强调的是，浸提法所使用的有机溶剂应为无毒或低毒溶剂，而且溶剂应不易燃、沸点低、化学性质相对稳定。目前我国用于浸提法的常用溶剂有石油醚、乙醇、苯、二氯乙烷等，近临界和超临界二氧化碳也在某些品种上得到应用。采用浸提法生产的典型产品如茉莉浸膏、桂花浸膏、墨红浸膏、白兰花浸膏、晚香玉净油、树苔净油等，这些在我国均有工业化规模的生产。以茉莉浸膏的生产工艺流程为例，其工艺流程如图 4.4 所示。

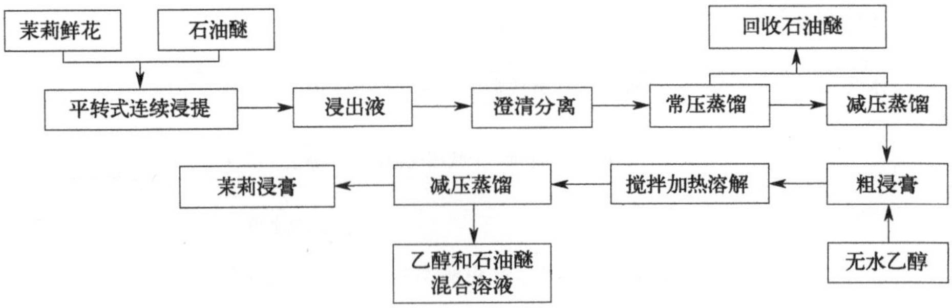

图 4.4 茉莉浸膏的生产工艺流程

浸提法的最大特点是可以在常温下进行生产操作，因此该方法可以有效保证芳香成分的结构不会在生产过程中受到破坏，进而更好地保留物料原有的香韵。实践证明，浸提法在植物性天然香料生产工艺中占有重要的地位。

(4) 吸收法

吸收法在天然香料生产工艺中同样占有重要地位。所谓吸收法，即采用具有一定吸附能力的固体或油脂、麻油等非挥发性溶剂在室温或低温条件下对物料进行处理，由于该工艺工作温度低、物料中芳香成分结构不易破坏，因此产品质量较好。但美中不足的是该方法生产时间较长，效率较低。

① 非挥发性溶剂吸收法

非挥发性溶剂吸收法可根据实际操作温度分为温浸法和冷吸收法。

温浸法：温浸法的工作温度通常在 50～70℃范围内，将非挥发性溶剂，例如麻油、橄榄油、动物油脂等作为吸收溶剂对物料进行浸渍吸收处理，该方法类似于搅拌浸提法。吸收溶剂通过与物料反复接触，将芳香物质吸附到溶剂中，进而制备出香脂。

冷吸收法：首先将精制的猪油和牛油按 2∶1 比例进行混合，经小火加热后搅拌使其充分互溶，待冷却至室温后，即可得到脂肪基。将制备的脂肪基涂抹在固定尺寸的木质花框中的玻璃板的正反两面，之后将鲜花的花瓣铺满，待脂肪基吸附鲜花释放的芳香成分至饱和状态，即可刮取得到的香脂产品。摘除的残花中仍含有一些芳香成分，可用挥发性溶剂浸提制取浸膏。

② 固体吸附剂吸收法

所谓的固体吸附剂吸收法是通过利用具有吸附能力的固体物质，例如活性炭、硅胶等多孔物质吸附鲜花等天然植物物料所散发出的芳香成分，之后用石油醚对吸附物质进行洗脱操作，洗脱液经蒸馏浓缩后即可得到精油产品。其中，吸附过程为气固吸附过程，即经过过滤和增湿处理后的空气首先通过花室内的花层，再与吸附器内的吸附剂接触进行气相吸附，空气经过过滤和增湿处理可有效避免污染吸附剂的现象发生，而且还可以有效提高吸附效果。在这里特别说明的是通常情况下，吸附法只适用于芳香成分易于释放的花种，如兰花、茉莉花、晚香玉、橙花、水仙花等。因产品中香气保真效果极佳，所以多为天然香料中的上品。

4.4 香料的单离

香料的单离过程与植物性天然香料的提取过程是完全不同的两个概念，香料的单离过程是从植物性天然香料中获取有效芳香成分纯净物的过程，而植物性天然香料提取过程是获取芳香成分混合物的过程。两个过程获得产物的纯度不同，方法也不同，植物性天然香料的提取为香料的单离提供了原料，香料的单离过程是对植物性天然香料芳香成分的纯化过程。

所谓单离香料就是从天然香料（主要是植物性天然香料）中分离出比较纯净的某种特定的芳香成分，即天然植物香料有效成分的提取和分离。例如薄荷醇是一种重要的醇类香料，广泛用于日用化学品、食品、医药等领域所使用的香精的调配，薄荷醇可由薄荷油中分离提取。单离香料的生产方法主要有蒸馏法、冻析法、重结晶法和化学处理法。

（1）蒸馏法

单离香料是天然植物香料有效成分，其本身为纯净物，因此单离香料的纯度要求一般都比较高。植物性天然香料中的有效成分通常具有热敏性，即在高温下很容易发生分解或聚合反应，为了避免香料中有效成分在提取过程中发生上述反应导致变质，因此单离香料的蒸馏过程一般都是减压蒸馏过程。另一方面，植物性天然香料中各成分的相对挥发度差别较小，普通蒸馏无法有效对其进行分离，因此在生产单离香料时，通常使用精密精馏的方法。

香茅醇和玫瑰醇的结构互为旋光异构体，二者同时存在于天然精油中，例如：香叶油、玫瑰油和玫瑰草油等。由于香茅醇和玫瑰醇的沸点差相对较小，在分离提纯过程中必须使用精密精馏的方法才能将二者有效分离。从柑橘类精油的脱萜产品中单离松油烯、从香茅油中单离甲基庚烯酮等，都是通过真空精馏的方法实现的。精密精馏的原理及设备、流程与普通精馏相同，只不过待分离混合物各组分间的相对挥发度较小（小于 1.05），因而采用比表面大、润湿性好、持液量和流体阻力小的高效填料进行有效分离。

（2）冻析法

冻析法是利用待分离混合物中各种不同物质的凝固点的差异，通过缓慢降温的方法使待分离混合物中各组分在不同温度下凝固，进而完成低温下的固液分离。植物性天然香料中各组分的凝固点是有一定差别的，因此可采用该法对其进行分离，完成单离香料的分离和提取。冻析法的分离原理与结晶分离法的分离原理类似，二者差别是冻析法析出的固体物质不一定是晶体。例如：芸香酮是调配食用香精的重要香原料，高温条件下，芸香酮很容易发生变质现象，因此生产芸香酮时可采用冻析法以芸香油为原料进行分离提取，此外，从薄荷油中提取薄荷醇时也可采用冻析法进行。

（3）重结晶法

重结晶法广泛用于有机物的分离提纯，在单离香料生产过程中，重结晶法主要对常温下为固态的香料进行精制。樟脑、柏木醇、香紫苏醇等单离香料都是先通过水蒸气蒸馏、减压蒸馏等过程初步分离，然后再用重结晶法进行精制得到合乎要求的产品。另外，有些在常温下呈液态的香料，例如桉叶油素等，也可以采用在低温下重结晶的方法进行精制。

（4）化学处理法

在实际生产过程中，很多植物性天然香料中各组分很难通过蒸馏法、冻析法、重结晶法进行有效分离提纯，但这些香料中有效发香物质的结构特殊，其结构含有能够发生可逆化学反应的基团，因此可通过基团转化的方法将植物性天然香料中的有效成分转化为易于分离的物质，待分离提纯后，再通过化学方法将其结构转化为原有结构，进而完成单离香料的分离提取工作。下面介绍一下比较典型的化学处理法。

① 亚硫酸氢钠加成法

羰基可以与亚硫酸氢钠发生加成反应，产物为磺酸盐固体加成产物，这种加成产物在有机溶剂中的溶解性极差，因此当香料混合物中的杂质不含有羰基，但有效成分含有羰基时，可用该方法将有效成分先转化为磺酸盐固体加成产物，之后将混合物加入到有机溶剂中使杂质溶解，过滤后即可获得纯净的磺酸盐固体加成产物，当加入盐酸对磺酸盐固体加成产物处理时，磺酸盐固体加成产物会转变为原来的羰基化合物。亚硫酸氢钠与羰基化合物形成稳定的二磺酸盐加成产物导致反应不可逆，所以通常选用亚硫酸钠、碳酸氢钠的混合溶液替代亚硫酸氢钠。采用这种加成法生成的比较重要的单离香料有柠檬醛、香草醛、肉桂醛、羟基香茅醛、枯茗醛和胡薄荷酮等，具体反应原理如下：

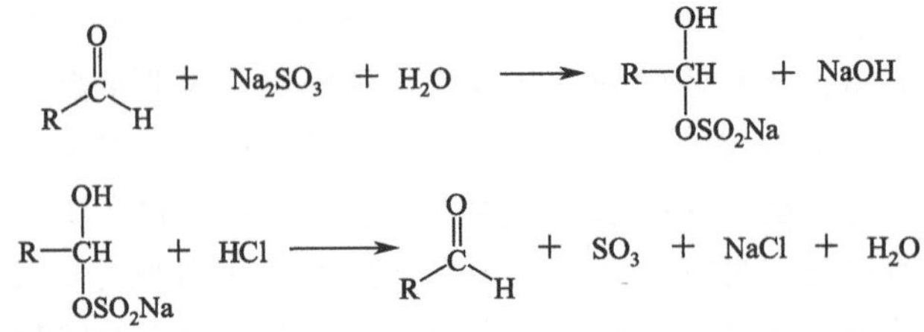

② 酚钠盐法

酚类化合物可以与碱发生作用形成能够在水中溶解的酚钠盐，当香料混合物中有效成分含有酚羟基而杂质不含有酚羟基时，可先将有效成分转化为酚钠盐，之后将混合物加入到水中使酚钠盐充分溶解，过滤后，杂质便会以固体形式与有效成分分离。将滤液收集后并用盐酸调节 pH 值至中性，酚钠盐转化为原来的羟基，香料化合物的有效成分便可在水中析出，经过滤和后续简单提纯操作便可获得纯净的香料化合物。在实际应用过程中所用酸和碱的浓度较低，主要是考虑到香料化合物结构中可能含有不稳定的基团，在较强酸或碱的作用下会出现变质的情况。在香精中有着广泛应用的丁香酚、异丁香酚和百里香酚都是用酚钠盐法生成的。以丁香酚为例，其反应原理及流程如图 4.5 所示。

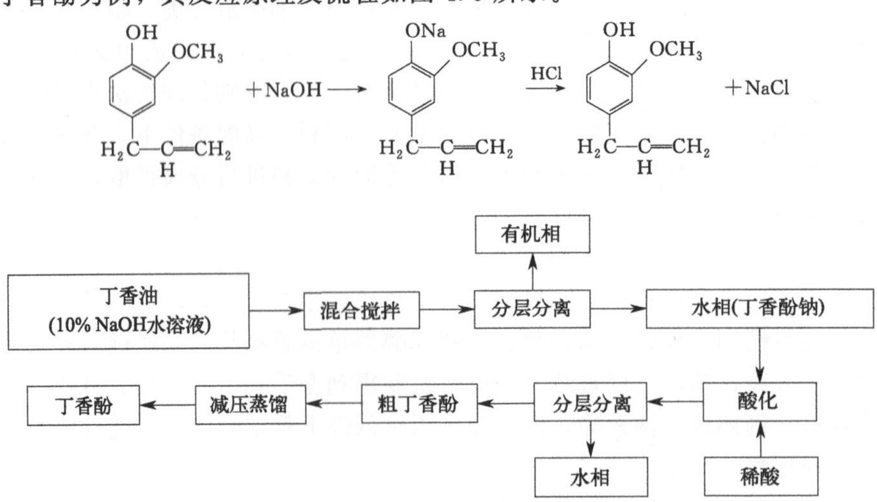

图 4.5　丁香酚反应原理及流程

③ 硼酸酯法

醇可以与硼酸发生反应生成硼酸酯，硼酸酯的沸点较高。当精油中的有效成分含有醇羟基时，可利用该方法将有效成分转化为高沸点的硼酸酯，之后利用减压精馏的方式可以很容易获得硼酸酯的纯净物，纯净的硼酸酯可通过皂化反应转变回原来的结构。作为从天然香料中单离醇的一种主要方法，硼酸酯法被用于生产玫瑰醇、香茅醇、芳樟醇、岩兰草醇和檀香醇等香料产品。具体反应原理如下：

$$3R—OH+B(OH)_3 \longrightarrow B(O\text{-}R)_3+3H_2O$$

$$B(O\text{-}R)_3+3NaOH \longrightarrow 3R—OH+Na_3BO_3$$

4.5　香料的应用

香料是用于调配香精的香原料，由多种香料通过复配技术调配出的香精才是最终用于相关领域的产品。应用在不同领域的香精，其形态要求不同，不同的形态源于不同的调配过程。香精的调配过程被称为“调香”，调香是一门十分强调艺术性和经验性的专业技术。人的嗅觉和味觉是一类普遍带有主观性的化学感觉，不同人的嗅觉和味觉的敏感程度各不相同，即使在科技发达的今天，香精产品品质评价以及香精中各类香料的选用和用量等方面的选定工作仍然不能用仪器来完成。

4.5.1　香精的组成及作用

通常情况下，香精的组成可以从组成成分角度及香精使用角度两个方面进行分析。如果从组成成分角度考虑，香精的基本组成主要包括主香剂、和香剂、修饰剂、定香剂和稀释剂。如果从香精的使用角度考虑，根据香料在香精中的作用，又可将香精的组成分为头香、体香和基香。

(1) 从组成成分角度分析

① 主香剂

主香剂主要起到决定香精香型的作用，是决定香精香型的最基本原料。

② 和香剂

和香剂又称为协调剂，其作用主要体现在香精中各种成分香气的协调方面，和香剂可以使香精主体香气更为突出和明显。

③ 修饰剂

修饰剂又称为变调剂，主要是一些香型与主香剂不同的香料，修饰剂的作用主要是调节香精的格调。少量添加修饰剂后，香精的格调发生变化，会更具风韵。

④ 定香剂

定香剂又称为保香剂，能作为定香剂使用的香料通常具有较差的挥发性。定香剂的作用主要体现在持久性方面，定香剂可以使香精中各芳香成分的挥发更为均匀，使香气更加持久。

⑤ 稀释剂

香精中常用的稀释剂有乙醇、苯甲醇、二辛基己二酸酯等有机溶剂。稀释剂的作用主要体现在调节浓度方面，浓度对香精发香效果影响很大，添加稀释剂可以使香精保持最佳发香效果所需的浓度范围。

(2) 香精使用角度分析

① 头香

在对香料进行嗅辨时，最初片刻所感觉到的香气被称为头香。头香的强度一般由挥发能力和香气扩散能力较强的香料提供。

② 体香

对香料进行嗅辨时，中段的主体香气被称为体香。体香是香精香气的重要组成部分，通常在头香之后。体香的香气强度能够在相当长的一段时间内保持不变，体香的强度和持久性一般由具有中等挥发程度的香料来决定。

③ 基香

基香又称为尾香，基香是头香和体香挥发后残留的香气，基香通常能够持续数日，在应用时，基香香料的挥发性极差，因此香气持续时间长，可作为定香剂使用。

4.5.2 香精的调配及加工

(1) 香精配方的拟定

拟定香精配方的主要步骤如下：

① 首先要明确调配香精的目的，确定香精的香型和香韵；

② 根据调配香精的目的和香精的应用，选择合适的主香剂来满足香精应具备的香型和香韵；

③ 根据已确定的主香剂选择与之配合使用的和香剂、修饰剂和定香剂等芳香成分；

④ 香精经过反复拟配后，试配 5～10g 小样进行嗅辨评估。

⑤ 小样评估合格后，再将比例放大，配制 500～1000g 大样，进行产品加香考查。

(2) 香精的生产工艺过程

① 无溶剂液体香精（图 4.6）

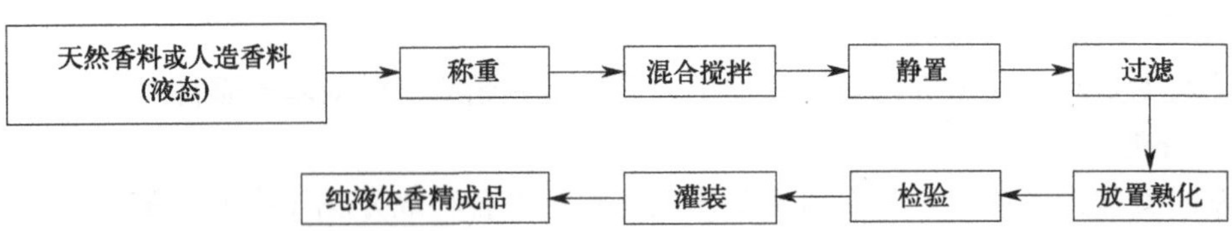

图 4.6 无溶剂液体香精生产工艺过程

其中，所谓的熟化是指，将制得的香精在贮存罐中放置一定时间，经过自然熟化过程后，香精的香气会变得柔和、圆润。

② 水溶性和油溶性液体香精

生产工艺流程如图 4.7 所示。

40%～60%的乙醇水溶液是水溶性香精常用的溶剂，通常情况下，溶剂占香精总量的 80%～90%；在实际应用过程中，也可以选用丙二醇和丙三醇替代乙醇来调配溶剂。

精制天然油脂是油溶性香精常用的溶剂，通常情况下，溶剂占香精总量的 80%左右，在实际应用过程中，也可以选用丙二醇、苯甲醇、甘油三乙酸酯等替代精制天然油脂作为溶剂使用。

③ 乳化香精

乳化香精制备时，乳化过程可选用高压均浆器或者胶体磨在一定温度下进行，分散粒子

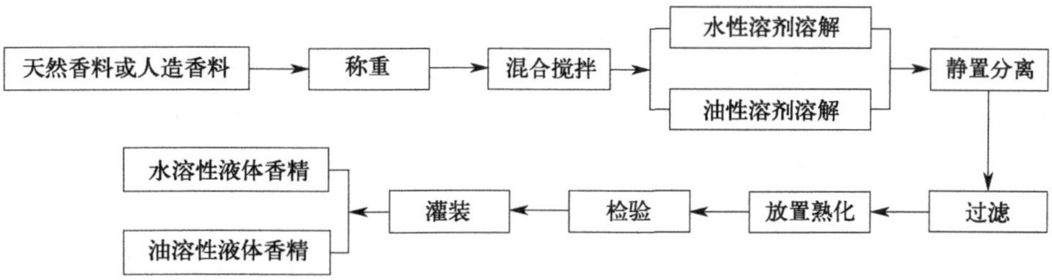

图 4.7　水溶性和油溶性液体香精生产工艺流程

的最佳粒径为 1～2μm。配制外相液常用的乳化剂有单硬脂酸甘油酯、大豆磷脂、二乙酸蔗糖六异丁酸酯等；稳定剂常用阿拉伯胶、果胶、明胶以及羧甲基纤维素钠等。乳化香精生产工艺流程如图 4.8 所示。

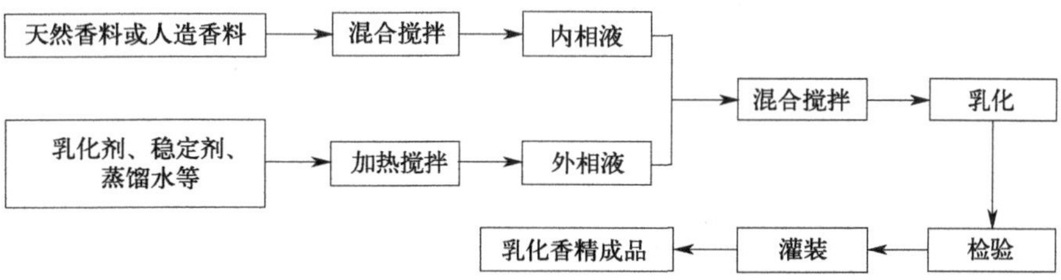

图 4.8　乳化香精生产工艺流程

④ 粉末香精

粉末香精的生产工艺主要包括粉碎混合法、熔融体粉碎法、载体吸收法、微粒型快速干燥法和微胶囊型喷雾干燥法。

a. 粉碎混合法：当所用香原料均为固体时，采用该法最为简便。只需经过粉碎、混合、过筛、检验就可得到产品。

b. 熔融体粉碎法：把蔗糖、山梨醇等糖质原料熬成糖浆，加入香精后冷却，将凝固成的硬糖粉碎、过筛制得粉末香精。该方法的缺点是在加热熔融过程中香料易挥发变质，制得的产品吸湿性也较强。

c. 载体吸收法：在溶解了香精的乙醇浓溶液中加入精制碳酸镁、碳酸钙粉末载体，使香精成分吸附于其上，再经过筛即可用于粉末状化妆品的制造。

d. 微粒型快速干燥法：在糊精、糖类的溶液或其他乳化液中加入液体香精，经搅拌充分分散后，用薄膜干燥机快速减压干燥或喷雾干燥制成粉末香精。这类香精广泛应用于冰淇淋、果冻、口香糖等。

e. 微胶囊型喷雾干燥法：将香精与赋型剂混合乳化后进行喷雾干燥，即可得到包裹在微型胶囊内的粉末香精。所谓赋型剂就是能够形成胶囊皮的材料，常用的有明胶、阿拉伯胶、变性淀粉等天然高分子和聚乙烯醇等合成高分子材料。

4.5.3　香精的评价

香精的评价主要包括三个方面，分别是香气质量的评价、香气强度的评价、留香时间的评价。

香气质量的评价：可以通过直接嗅闻或者通过评香纸对香精或其稀乙醇溶液进行试闻以判断质量。

香气强度的评价：香气强度一般用阈值表示。所谓阈值是指能够感觉到香气的有香物质的最低浓度。阈值越小的香料香气越强，但阈值的大小还与所使用的溶剂有关。

留香时间的评价：留香时间是对香精香气持久性的评价。一般是将香精沾到一张清洁、无臭、15cm×1cm 大小的优质厚纸上，再测定香精在评香纸上的保留时间。

对于食用香精来说，其评价过程还涉及味的评价。评价时向香精中添加一定量的水，之后将其含在口中进行感官评价。另一方面，由于加香介质同样会对香精的香气产生影响，因此在评价过程中，除了对香精本身进行评价之外，还需对香精在不同加香介质中进行的实际应用情况进行评价。加香介质对香精应用效果的影响主要体现在强度不足、香气平衡被破坏、香气随放置时间的延长发生劣化等方面，因此，评价时还需使用恒温槽以及其他相关设备进行稳定性试验，进而得出香精的最终评价结果。

4.5.4 人造香料化合物的应用

半合成香料和全合成香料同属于人造香料范畴。近年来，随着化学工业的快速发展，人造香料在我国发展迅速。人造香料具有产能大、生产周期短、效率高等特点，目前此类产品广泛应用于食品、医药、日用化学品、烟草等领域所使用香精的调配。

(1) 半合成香料化合物的应用

① 羟基香茅醛的应用

羟基香茅醛是香料工业常用大宗商品之一，具有铃兰、菩提花、百合花香气，可用于多种香精的调配。

② 紫罗兰酮的应用

α-紫罗兰酮和 β-紫罗兰酮均是无色至浅黄色液体，具有优雅的紫罗兰香气。可用于各种香型香精中，是配制各种化妆品、香水、香皂香精的佳品。

③ 香兰素的合成

纯净的香兰素为白色或微黄色针状结晶，分子结构中既含有酚羟基，又含有醛基，因此其结构和性质并不是很稳定。香兰素具有香荚兰豆的香气，作为重要的香料品种通常情况下可用于食品和烟酒等领域所用香精的调配。

目前，我国已成为香兰素生产和供应大国。据统计，截至 2019 年全球香兰素总产量近 2 万吨，我国香兰素的产量占全球总产量的 70%左右，产品生产技术已达国际先进水平。我国生产的香兰素产品具有质量好、性能稳定等特点，且同等香兰素产品价格与国外相比较低，因此在全球市场上有很强的竞争力。我国香兰素每年有近万吨的出口量，在北美、欧洲、东南亚等地享有良好声誉。同时，截至 2019 年我国的香兰素年消费量在 2000～2500 吨。其中食品工业占比 55%，医药中间体占比 30%，饲料、调味剂占比 10%，化妆品等占比 5%。

(2) 全合成香料化合物的应用

① 烃类香料

一般烃类化合物的分子量相对较低，所以此类化合物不仅沸点较低，而且其香气质量一般，所以此类化合物很难作为香料单独直接使用。在此类产品中，萜烯类化合物相对于其他烃类化合物较为重要，但萜烯类化合物的香气一般较弱，而且稳定性较差，因此作为香料使用的品种较少。β-月桂烯是无环萜烯的主要品种，该物质是一种无色或淡黄色液体，具有清淡的脂香，不与水混溶。

② 醇类香料

比较典型的醇类香料可根据分子结构的骨架特点分为脂肪族醇、芳香族醇、萜醇以及其他醇等类别。

正辛醇：正辛醇是一种饱和脂肪醇，具有柑橘-玫瑰香气，纯净的正辛醇为无色液体，通常存在于绿茶、甜橙、当归、紫罗兰叶油等中。正辛醇主要用于配制日用香精和果香型食用香精。

2-己烯醇：2-己烯醇是一种不饱和脂肪醇，具有较为强烈的果香，纯净的 2-己烯醇为无色液体，通常微量存在于苹果、橘汁、覆盆子中。2-己烯醇主要用作日用香精的协调剂，以及糖果、烘烤食品等食品香精的调配。

苯乙醇：苯乙醇是一种芳香型醇，具有类似于玫瑰香气的气味，纯净的苯乙醇为无色液体，通常存在于玫瑰油、依兰油、橙花油、茶叶、烟草中。苯乙醇主要用于玫瑰香精、丁香、橙花、依兰、风信子、铃兰等花香型日用香精的调配，也可微量用于食品香精中。

橙花醇：橙花醇是一种萜醇类香料，具有橙花-玫瑰香气，纯净的橙花醇为无色液体，通常存在于橙叶油、橙花油、依兰油、香茅油等许多植物精油中。

③ 醛类香料

醛类香料化合物种类较多，其相关产品约占香料总数的 10%。此类香料化合物在香料行业中占有重要地位：$C_6 \sim C_{10}$ 饱和脂肪醛通常被用作头香剂来配制香精；一些不饱和脂肪醛也作为修饰剂用于配制食品用香精，例如 2-壬烯醛（鸢尾醛）可用于调配黄瓜、西瓜、甜瓜、柑橘、蘑菇、面包、白脱、鸡肉等食用香精；其他醛类化合物如苯甲醛、茴香醛、香兰素、肉桂醛、铃兰醛、柠檬醛、甜橙醛、香茅醛等均为重要的香原料，在香料工业中发挥重要作用。

甲基壬基乙醛：甲基壬基乙醛是一种饱和脂肪醛香料，具有橘子-琥珀香气，纯净的甲基壬基乙醛为无色或淡黄色液体，在茉莉、素心兰、晚香玉等香型日用香精的调配中作为头香剂使用，甲基壬基乙醛也可用于柑橘、杏子、椰子等食用香精的调配。

新铃兰醛：新铃兰醛的结构特点与香兰素类似，即新铃兰醛分子结构中同时含有羟基和醛基，因此其结构和化学性质不是很稳定。新铃兰醛具有清淡而甜润的兔耳草花香，有较好的铃兰香韵，香气稳定而持久。市售商品通常为间位和对位两种异构体混合物。

④ 酮类香料

与醛类香料相比，酮类香料化合物的种类更为丰富，酮类香料相关产品占香料总数量的 15%左右，该占比高出醛类香料 5 个百分点，因此，酮类香料在香料行业中占有更重要的地位。在诸多酮类香料品种中，$C_7 \sim C_{12}$ 的脂肪族不对称酮类化合物因具有较强的香气，可以作为香料直接使用；芳香族酮类香料化合物，例如苯乙酮和对甲基苯乙酮等都属于常用的香料；萜酮和脂环酮类香料化合物大多属于天然香料成分，作为香料使用时，对香气起到非常重要的作用；大环酮类香料化合物属于动物性天然香料的成分，虽然全合成难度较大，但有些产品目前已经可以人工合成，但由于产量和周期等问题，目前大多数大环酮类香料物质均不能工业化生产。

甲基壬基酮：甲基壬基酮属于脂肪族不对称酮类香料化合物，具有特殊的芸香香气，纯净的甲基壬基酮为油状液体，是芸香油的主要芳香成分，此外在椰子油和棕榈油中也有一定量的存在。甲基壬基酮主要用于调配可用于甜橙、桃子、椰子、奶酪等产品的食用香精，另有少量用于调配使用在香皂、除臭剂等产品的香精。

对甲基苯乙酮：对甲基苯乙酮属于芳香族酮类香料化合物，具有类似山楂花的芳香，并有像紫苜蓿、蜂蜜、草莓的香味，熔点为28℃，纯净的对甲基苯乙酮为无色针状结晶体或近似无色液体，温度稍低即可凝固，该品主要存在于玫瑰木油、巴西檀木油、金合欢浸提液中。对甲基苯乙酮主要用于调配山楂花、金合欢、风信子、紫丁香、薰衣草、素心兰、百合等日用香精，也可用于杏仁、香子兰食用香精和烟用香精的调配。

香芹酮：香芹酮属于不饱和脂环酮类香料化合物，具有留兰香叶片的清甜微凉的香味，纯净的香芹酮为淡黄色澄清液体，难溶于水。该品主要用于调配薄荷型、留兰香型、花香型香精，也可用于薄荷型食用香精中，但其最重要的用途是用于牙膏和漱口水所用香精的调配。

二氢茉莉酮：二氢茉莉酮也是常用香料产品之一，纯净的二氢茉莉酮为略带黏性的无色液体，该品具有典型的茉莉花香，与天然茉莉油中存在的顺式茉莉酮香气相近。可用于调配金合欢、依兰、茉莉、晚香玉、玉兰等花香型的日用香精。

⑤ 酯类香料

酯类香料产品种类更为丰富，约占香料总产品类别的20%，因此，酯类香料在香料工业中占据更重要的地位。在各种酯类香料产品中，大多具有花香、果香、酒香或蜜香香气，它们广泛存在于自然界中，是鲜花、水果芳香成分的重要组成部分。在诸多此类产品中，甲酸戊酯、甲酸芳樟酯、乙酸异戊酯、苯甲酸甲酯及苄酯均为具有一定代表性的酯类香料。

甲酸戊酯：甲酸戊酯的性状为无色液体，香气类似朗姆酒，常用于苹果、葡萄、樱桃、香蕉、杏仁、坚果、桃子、杏子等类型香精的生产。

甲酸芳樟酯：香气类似于玫瑰-柠檬，甲酸芳樟酯少量用于果香型日用香精中，微量用于菠萝、苹果、杏子、桃子等食用香精中。

乙酸异戊酯：乙酸异戊酯存在于香蕉、可可豆中。具有梨的甜酸香味，是最常用的果香型食用香料之一，在香蕉、梨、苹果、菠萝等食品香精中起主香剂作用。在桂花等日用香精中起修饰剂作用。

苯甲酸甲酯：苯甲酸甲酯为无色液体，天然存在于晚香玉、依兰、丁香、水仙花中。具有冬青油和水果样香气。可用于依兰、晚香玉、玫瑰、檀香等日用香精中，也可以用于草莓、菠萝、香子兰等食用香精和朗姆酒用香精中。

苯甲酸苄酯：苯甲酸苄酯天然存在于秘鲁香脂、晚香玉、香石竹、风信子、长寿花、依兰及吐鲁香脂等中，具有类似杏仁香脂的香气。在茉莉、铃兰、依兰、栀子、晚香玉、紫丁香等日用香精中用做定香剂，在樱桃、草莓、菠萝等食用香精和酒类香精中也经常使用。

⑥ 酚类及醚类香料

常用酚类香料化合物在自然界中的存在较为广泛。例如丁香油中富含80%左右的丁香酚；月桂叶油中大约含有80%的丁香酚，百里香油中约含有50%的百里香酚，这些酚类化合物都是常用的香料化合物。

醚类香料化合物占香料总数的5%左右，虽然其占比不高，但凭借低廉的价格和良好的稳定性，多数醚类香料化合物广泛用于配制低档香精产品。

丁香酚：丁香酚为常用的香料产品，在香精调配方面，丁香酚以主香剂的身份用于丁香、香石竹、康乃馨等香精的调配；丁香酚还可以修饰剂的身份用于木香型和东方香型香精的调配，丁香酚也可用于食品香精和烟草香精的调配；此外，丁香酚还可以作为制备香兰素的原料来使用。

二苯醚：纯净的二苯醚为无色结晶或黏性液体，具有玫瑰香气，但香气较为粗糙。二苯醚是典型的醚类香料，其低廉的价格和良好的稳定性决定了在低档香精中的地位和作用，例如香皂和洗涤剂香精。

思考题

1. 什么是香料？香料和香精之间有何关系？

2. 香料产品是如何分类的？

3. 重要的动物性天然香料有哪些？这些香料的来源、功能、作用是什么？

4. 植物性天然香料的获取方法有哪些？请对各类方法分别具体解释。

5. 单离香料的生产方法有哪些？请对各类方法分别具体解释。

6. 半合成香料和全合成香料的重要品种有哪些？请具体列举几个实例，并给出该香料的合成路线。

第5章

食品添加剂

5.1 概述

在我国古代。早在神农帝与黄帝时期，人类就能够掌握提取海盐的技术和方法；在大汶口文化时期，蔗糖酶（一种转化酶）就已经被应用在酿酒领域；周朝时期，肉桂（一种天然植物香料）就已经被用于增香；卤水作为一种食品凝固剂，早在2000年前就已经被应用于豆腐的制作和生产（卤水点豆腐）；南宋时期，油条制作工艺所使用的“一矾二碱三盐”式的膨松剂以及制作腊肉所用的亚硝酸盐防腐剂在当时的食品领域广为应用。在国外，食品添加剂的应用最早起源于公元前1500年左右，当时古埃及曾使用源于动植物的天然色素对糖果进行着色加工；之后，大约在公元前4世纪，欧洲人开始将天然色素用于葡萄酒的生产和加工。

19世纪初，工业革命在世界范围内带动了工业的快速发展，随着化学工业的发展，食品添加剂也随之进入发展的快车道。1901年，美国孟山都公司成功合成出糖精并将其应用于食品工业，1908年，日本化学家首次利用海藻提取出谷氨酸钠（味精），这些历史性的发现标志了食品添加剂工业的逐步兴起。与其他发达国家相比，我国的食品添加剂工业起步较晚，新中国成立后，为解决我国4亿人民吃饭的问题，国家在着重发展农业的基础上，同时也逐步开始对食品添加剂进行管制，先后出台了一系列的管理办法及相关规定（表5.1），一直到1973年，我国成立“全国食品添加剂卫生标准科研协作组”，至此才开始全面系统研究与食品添加剂相关的一系列问题。

表5.1 新中国成立后至1973年我国颁布与食品添加剂相关的部分文件

颁布时间	文件具体名称
1953年	《清凉冷饮食物管理暂行办法》
1954年	《关于食物中使用糖精剂量的规定》
1957年	《关于酱中使用防腐剂问题》的通知
1960年	《食用合成染料管理暂行办法》
1967年	《关于试行八种食品用化工产品(醋酸、苯甲酸、苯甲酸钠、碳酸钠、无水碳酸钠、碳酸氢钠、盐酸及糖精钠)标准及检验方法的联合通知》

1973 年之后，我国提高了对食品安全问题的重视程度。1980 年，成立中国食品科学技术学会，1985 年成立全国食品工业标准化技术委员会，促进我国食品添加剂的标准化和国际化等走向更快发展的阶段。

随着食品工业的发展，食品添加剂被誉为现代食品工业发展的灵魂，在很大程度上促进了食品工业的发展。据统计，我国食品工业产值于 1996 年首次位居各工业部门之首后，一直位居第一位置，全国食品工业总产值已超过 12 万亿元（2017 年），已经成为我国重要的支柱产业。显然，作为现代食品工业灵魂的食品添加剂已经逐渐发展为新兴的独立产业。然而，虽然我国逐年加大对食品安全的监管力度，但是，由于人们对食品添加剂缺少正确认识，由此产生的负面效应给食品添加剂的发展带来了诸多不良影响。

本章围绕食品添加剂的发展、制备、作用及功能，食品安全与食品添加剂，食品添加剂的检测与监管等方面进行介绍。重点在于介绍食品添加剂的作用、功能、生产及使用方法，剖析食品安全问题的实质，明确国家对食品安全问题的重视以及对食品工业发展的监管力度和方法。

表 5.2　1973 年至今我国颁布的与食品添加剂相关的部分文件

颁布时间	文件具体名称
1977 年	《食品添加剂使用卫生标准》(试行)
1977 年	《食品添加剂卫生管理办法》
1981 年	《食品添加剂使用卫生标准》
1995 年	《中华人民共和国食品卫生法》
2009 年	《中华人民共和国食品安全法》
2011 年	《食品安全国家标准　食品添加剂使用标准》(GB 2760—2011)
2014 年	《食品安全国家标准　食品添加剂使用标准》(GB 2760—2014)
2015 年	《中华人民共和国食品安全法》(修订)
2024 年	《食品安全国家标准　食品添加剂使用标准》(GB 2760—2024)

5.1.1　食品添加剂的定义

“食品添加剂”概念最早以“化学添加剂”的名字出现。关于“化学添加剂”的概念最早来源于 20 世纪美国发表的一份研究报告，该报告于 1959 年由我国翻译并出版。1962 年，《中国化学》杂志首次出现了“食品添加剂”的概念。自 20 世纪 70 年代起，“食品添加剂”的概念在我国获得了广泛的应用。2009 年，我国实施的《中华人民共和国食品安全法》中对“食品添加剂”做出了明确定义。目前，依据我国 GB 2760—2014《食品安全国家标准　食品添加剂使用标准》规定，食品添加剂是指“为改善食品品质和色、香、味，以及为防腐、保鲜和加工工艺的需要而加入食品中的人工合成或者天然物质。”2024 年 3 月，我国颁布了《食品安全国家标准　食品添加剂使用标准》（GB 2760—2024），新版标准于 2025 年 2 月 8 日正式实施。

在我国，“营养强化剂”也属于食品添加剂的范畴，即为了增强营养成分而加入食品中的天然或者人工合成的属于大类天然营养素范围的食品添加剂。此外，食品加工助剂也纳入到食品添加剂的范畴，即为了使食品加工和原料处理能够顺利进行而加入具有助滤、澄清、脱色、脱皮、提取溶剂和发酵用营养物等功能的物质，这些物质本身与食品无关，它们一般应在食品成品中除去而不应成为最终食品的成分，或仅有残留，相关助剂的残留量在我国颁布的系列食品添加剂管理文件中有明确规定。

5.1.2 食品添加剂的安全使用

理论上来说，如果完全依据国家标准来使用食品添加剂是不会发生食品安全问题的，但近年来，食品安全问题的溯源却都不约而同地指向了所谓的“食品添加剂”，并且在社会范围内引发了广泛的关注。

目前，我国因相关“添加剂”引发的食品安全问题主要包括使用未经国家批准或国家禁止使用的添加剂产品；添加剂使用超过国家标准规定用量；添加剂使用超过国家标准规定范围；使用工业级添加剂代替食品级添加剂四个方面。

(1) 使用未经国家批准或国家禁止使用的添加剂产品

未经国家批准或国家禁止使用的添加剂产品在食品安全问题中被定义为“非法添加剂”。

(2) 添加剂使用超过国家标准规定用量

抛开剂量谈毒性都是不科学的，在这个科学概念下，国家为保障食品添加剂的使用安全制定了一系列管理办法，并且国家标准中明确规定了各类食品添加剂的最大使用剂量，明确要求各类食品添加剂的使用不能超出强制性国家标准所规定的最大限量。

食品添加剂的毒性评价是安全使用食品添加剂的关键所在，为科学规范食品添加剂的使用，通常采用毒性指标来对食品添加剂的毒性进行评价。常用的毒性指标包括每日允许摄入量（ADI值）、半数致死量（LD_{50} 值）和中毒阈量。

① 每日允许摄入量是指一个人一天连续摄入某种食品添加剂后不至于影响自身健康的每日最大摄入量。

② 半数致死量是指动物（一般选取小鼠）的半数致死量，即一群实验小鼠中毒死亡一半的投药量，以 mg/kg 表示。半数致死量是食品添加剂安全性评价常用的指标之一，该数值表示了某种食品添加剂急性毒性的大小。

③ 中毒阈量是指动物中毒所需的最少被测物质的量，即能够引起机体最轻微中毒的剂量。

但是在国家高速发展的几十年中，总会有一些食品生产厂家无视国家规定，过量使用食品添加剂，例如甜味剂、漂白剂、防腐剂的过量使用的问题。随着国家食品安全管理的日益完善，国家监管部门针对过量使用食品添加剂的情况进行了强化管理。总的来说，目前我国因过量使用食品添加剂造成的食品安全问题逐年减少。特别是近年来，人们对健康饮食认识程度的不断提高，食品生产过程中的低盐化程度逐年提升，无防腐剂添加的食品种类也逐年增多。

(3) 添加剂使用超过国家标准规定范围

添加剂使用超过国家标准规定范围指的是食品添加剂在使用时超出《食品添加剂使用卫生标准》（强制性国家标准）系列文件所规定的某种食品中可以使用的食品添加剂的种类和范围。例如：柠檬黄是我国允许限量使用的食用色素，但国家规定柠檬黄仅限用于冰淇淋、膨化食品、果汁及相关饮料中使用，不能用于馒头的加工。

(4) 使用工业级添加剂代替食品级添加剂

工业级添加剂的产品纯度较低，其中含有大量工业生产过程中残留的其他杂质，这些杂质绝大多数对人体有害，误食会对人体健康乃至生命产生极大影响和危害。

5.1.3　食品添加剂的分类

食品添加剂的分类方式有许多种，一般可根据食品添加剂的来源、功能、安全性评价的不同来分类。

如果依据食品添加剂的来源分类，可将食品添加剂分为天然食品添加剂和化学合成食品添加剂两大类。天然食品添加剂指的是以天然动植物或者微生物为原料，利用科学的提取方法从中提取出可作为食品添加剂使用的天然物质。化学合成食品添加剂是指以石油化工所获得的原材料为基础，通过各类化学反应，例如聚合、缩合、还原、氧化等，得到的一系列可作为食品添加剂使用的化学物质，这类食品添加剂可依据自身特点细分为化学合成品和人工合成天然等同物两大类，后者即为人们利用有机合成法所获得的与天然产物有效成分化学结构类似或相同的物质。

如果按功能分类，目前我国食品添加剂依据 GB 2760—2014《食品安全国家标准　食品添加剂使用标准》分为 23 大类（表 5.3），各类食品添加剂包含种类各不相同，少则几种，多则几千种。

表 5.3　食品添加剂按功能分类

酸度调节剂	抗结剂	消泡剂	抗氧化剂	漂白剂
膨松剂	着色剂	护色剂	乳化剂	酶制剂
增味剂	面粉处理剂	被膜剂	水分保持剂	营养强化剂
防腐剂	稳定剂和凝固剂	甜味剂	增稠剂	食品用香料
胶基糖果中基础剂物质		食品工业用加工助剂		其他

5.1.4　食品添加剂生产所需原材料

食品添加剂生产环节所需的原材料可分为两大类，一类是来自自然界的天然物质，一类是由石油加工过程获得的基础化工原料。来自自然界的天然物质是获取食品添加剂最初的原材料，例如食用盐的有效成分是 NaCl，其中海盐来自海水，此外还有大量食用盐产自盐田；食醋来自粮食发酵；葡萄酒酿制过程中生成的粗酒石可用于生产酒石酸等，但由于产能有限，因此单独依靠天然物质获取食品添加剂并不能满足目前人们日常生活的要求。随着社会工业进程的不断发展，化学合成法逐渐成为获取食品添加剂的主要方法，在生产过程中常见基础化工原料，例如甲苯、苯酚、丙酮、丙烯腈、乙醛等都是生产食品添加剂不可或缺的重要原材料。甲苯可用来生产苯甲酸和糖精；苯酚可用于生产对羟基苯甲酸酯类物质；丙酮可用于生产山梨酸；丙烯腈可用于生产谷氨酸钠和乳酸；乙醛可用于生产乙酸；正丁烯和丁二烯或者苯等化学原料都可用于生产顺丁烯二酸酐，进而生产酒石酸。

5.2　常见食品添加剂的制备方法

目前，防腐剂、食品抗氧化剂、调味剂、食用色素、乳化剂、膨松剂、增稠剂等是我国食品工业常用的食品添加剂。各类添加剂主要产品的生产和制备方法如下。

5.2.1 常见防腐剂的制备

目前，在我国食品工业中应用较多的防腐剂主要包括苯甲酸及其盐类、山梨酸及其盐类、丙酸及其盐类、对羟基苯甲酸酯、脱氢乙酸及其钠盐、双乙酸钠以及部分无机防腐剂。

(1) 苯甲酸及其盐类的制备

工业上生产苯甲酸时，主要是以甲苯为原料，在Co催化剂作用下，经过与空气的氧化作用获得的，生成的苯甲酸用Na_2CO_3中和最后得到苯甲酸钠，粗品经活性炭脱色、过滤、干燥、粉碎等后续处理即可获得纯品，其反应方程式如下：

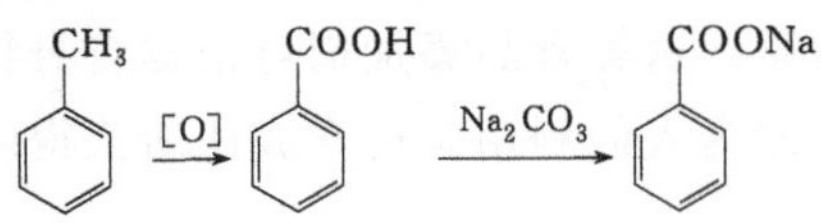

(2) 山梨酸及其盐类的制备

山梨酸的生产方法有很多种，其中乙烯酮法是工业上常用的方法。该方法以乙酸为原料，经高温裂解转化为乙烯酮，之后利用缩合反应将乙烯酮和巴豆醛转化为聚酯，最后经过水解、精制等工艺即可得到产品，相关反应过程如下：

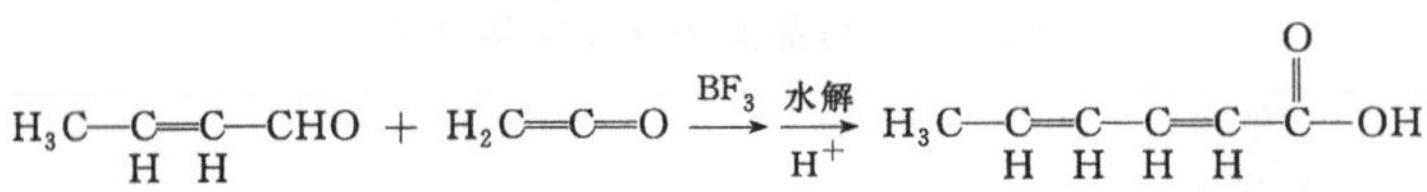

如果选用丙酮和巴豆醛为原料，同样可以制得山梨酸钠，山梨酸钠经酸化处理便可获得山梨酸，山梨酸钠的合成路线如下：

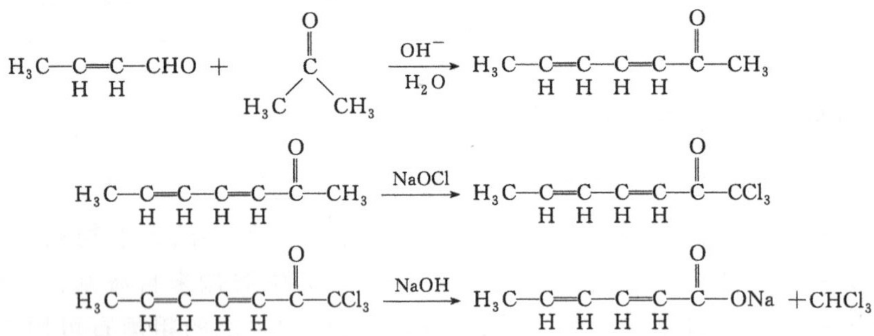

(3) 丙酸及其盐类的制备

工业生产方面，丙酸的获取方式主要有以下几种：

① 石脑油氧化生产醋酸过程中生成的副产物里含有丙酸，可通过分离提纯方式获取；

② 以乙烯和CO为原料，在Ni催化剂作用下，利用羰基合成获取丙酸，反应过程如下：

$$H_2C{=}CH_2 \xrightarrow{CO} CH_3CH_2CHO \xrightarrow{[O]} CH_3CH_2COOH$$

③ 以丙烷为原料，利用液相氧化的方法获取丙酸；

④ 以乙醇和CO为原料，在BF_3等催化剂作用下，通过高温高压法获取丙酸。

最后，丙酸经碱处理便可获得相关的丙酸盐类产品。

(4) 对羟基苯甲酸酯的制备

工业生产方面，可以将苯酚作为起始原料，经过碱化、羧基化、酸化、酯化等工艺流程制备出产品，其反应过程如下：

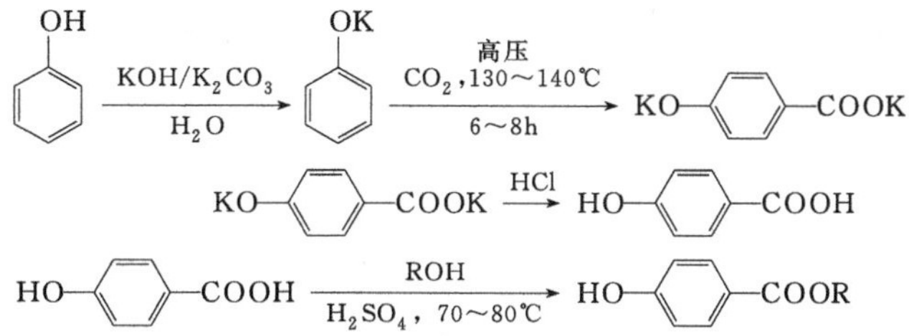

(5) 脱氢乙酸及其钠盐的制备

脱氢乙酸的常用工业生产方法主要包括双乙烯酮法和乙酰乙酸乙酯法。其中，双乙烯酮法是指将原料双乙烯酮与催化剂在惰性溶剂中发生作用，通过二聚反应制备脱氢乙酸的方法；乙酰乙酸乙酯法是指将原料乙酰乙酸乙酯和碳酸氢钠在惰性气氛（例如氮气气氛）和高温条件下作用制备脱氢乙酸的方法，二者反应过程如下：

① 双乙烯酮法

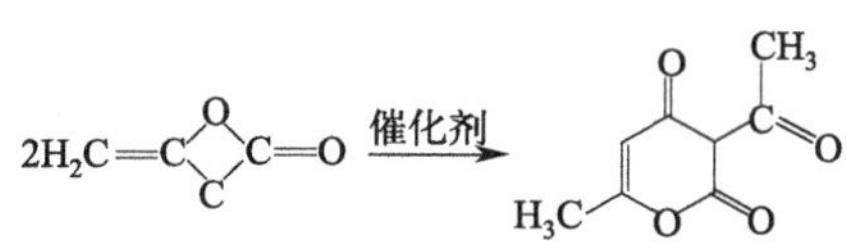

② 乙酰乙酸乙酯法

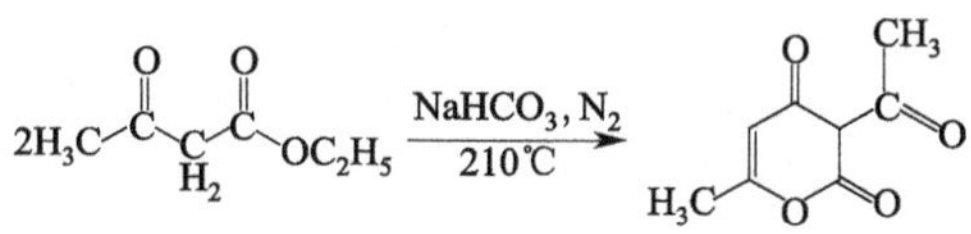

脱氢乙酸经碱溶液处理便可获得相应的盐类，进而提高其水溶性，增强其应用价值。

(6) 双乙酸钠的制备

双乙酸钠是一种新型的食品添加剂，在工业生产方面，该产品的生产方法主要包括乙酸-乙酸钠法、乙酸酐-氢氧化钠法、乙酸-纯碱法、乙酸-醋酐-纯碱法、乙酸-烧碱法等相关工艺。

① 乙酸-乙酸钠法

该方法将乙酸和乙酸钠作为原料，选择合适的投料比、反应时间、反应温度等参数，一步制备出产品。研究表明，乙酸和乙酸钠的摩尔比为3.8∶1，反应温度为90℃，反应时间为180min，产品质量最佳，能够达到食品级标准。

② 乙酸酐-氢氧化钠法

该方法将乙酸酐和氢氧化钠作为原料，以水作为溶剂，通过选择合适的反应条件一步制备出双乙酸钠，科学研究发现，该方法无“三废排放”，且生产成本比用乙醇为溶剂的方法要低。

③ 乙酸-纯碱法

该方法将乙酸和碳酸钠作为原料，通过选择合适的投料比、反应时间和反应温度等相关参数，一步制备出产品。研究表明，当反应温度为94℃，反应时间为1h，Na_2CO_3 和 CH_3COOH 的投料比为1∶3.9时，产物的产率较高，相关反应过程如下：

$$4CH_3COOH + Na_2CO_3 \longrightarrow 2CH_3COOH \cdot CH_3COONa + CO_2 + H_2O$$

④ 乙酸-醋酐-纯碱法

该方法将碳酸钠、乙酸、乙酸酐作为原料制备双乙酸钠，研究发现，乙酸∶乙酸酐∶碳酸钠的投料比为 2∶1∶1、溶剂为水、反应时间为 3h、反应温度为 70℃时，产品收率可高达 96%，相关反应过程如下：

$$2CH_3COOH + Na_2CO_3 + (CH_3CO)_2O \longrightarrow 2CH_3COONa \cdot CH_3COOH + CO_2$$

⑤ 乙酸-烧碱法

该方法是一种以 CH_3COOH 和 NaOH 为原料生产双乙酸钠的工艺技术，研究发现，当 CH_3COOH 与 NaOH 的投料比为 2.1∶1、反应温度为 110℃、反应时间为 2h 时，产品收率可高达 97%以上，且产品纯度符合国家食品级标准。

5.2.2 常见调味剂的制备

食品添加剂范畴中，调味剂的种类多种多样，根据我国目前应用情况来看，鲜味剂、酸味剂、甜味剂等调味剂品种使用量较大，因此，对这些重要调味剂产品的合成方法加以介绍。

（1）主要鲜味剂的制备

① L-谷氨酸钠的制备

L-谷氨酸钠又名味精，其制备方法主要包括两大类，一类是合成法，一类是发酵法。

合成法：以丙烯腈为原料，在高温和高压条件下，使其与 CO 和催化剂作用，首先制得 β-氰基丙醛腈，之后将 β-氰基丙醛腈与氯化铵和氰化钾作用生成氨基腈。之后氨基腈经水解制得谷氨酸二钠，用硫酸中和谷氨酸二钠可获得谷氨酸的手性混合物，利用光学分离法分离出 L-谷氨酸和 D-谷氨酸，D-谷氨酸经消旋化转化为 L-谷氨酸，最后将全部的 L-谷氨酸转至中和工序处理，即可获得 L-谷氨酸钠纯品。该方法是 20 世纪 70 年代以前普遍采用的一种制备 L-谷氨酸钠的重要工业合成方法，日本使用该方法长达 10 年之久，后于 1973 年停用。

发酵法：发酵法是生产味精的主要方法，该方法经不断改进升级一直沿用至今。发酵法是以淀粉、玉米等粮食作物获取的水解糖或糖蜜为原料，借助微球菌以尿素或铵盐作为氮源，通过发酵的方式制备 L-谷氨酸钠。经浓缩、结晶等提纯工序后可获得纯净的 L-谷氨酸钠，相关反应过程如下：

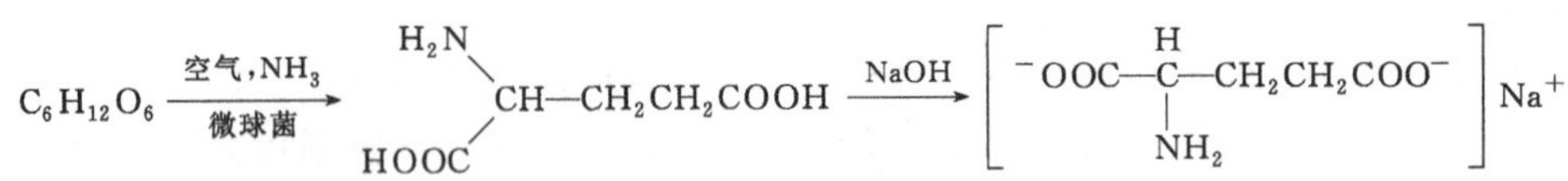

② L-丙氨酸的制备

现阶段，L-丙氨酸的生产方法主要包括化学合成法、提取法、酶转化法、发酵法等四种。

化学合成法（丙酸氯化法）：所谓的化学合成法生产 L-丙氨酸，其实就是指丙酸氯化法，该方法是将丙酸和液氯为原料，以赤磷（质量 3%）为催化剂，先制备出 D,L-氯代丙酸，之后通过氨化处理，将 DL-氯代丙酸转化为 DL-丙氨酸，最后再对其进行手性拆分。将拆分好的 L-丙氨酸粗品用甲醇进行重结晶，之后再通过离心和干燥等后续工艺处理，即可得到 L-丙氨酸产品。用该方法生产的 L-丙氨酸质量一般，而且生产过程对环境影响较大，很容易造成环境污染。

提取法：提取法生产 L-丙氨酸的过程极其复杂，而且成本也比较高，不适合大规模的工业化生产。该方法将玉米蛋白、明胶等物质作为原料，通过对其进行酸水解、分离提纯、手性拆分、提纯干燥等工艺处理，进而获取 L-丙氨酸。

酶转化法：该方法是将 L-天冬氨酸作为原料，通过含有 L-天冬氨酸-β-脱羧酶活性的微生物细胞对原料进行处理，进而获取 L-丙氨酸的工艺技术。研究发现，该工艺生产效率相对较高、成本较低、产品收率高且质量好，是目前 L-丙氨酸的主要工业生产方法。

发酵法：该方法是继化学合成法、提取法、酶转化法之后开发出来的新型生产技术，随着生物工程技术的发展，发酵法逐渐受到人们的广泛关注，用该方法生产 L-丙氨酸，其生产成本更低、产品纯度更高、后续提纯工艺简单、发酵过程条件温和、产品质量极佳，是未来 L-丙氨酸工业化生产的重要发展方向。

③ 甘氨酸的制备

甘氨酸又称为氨基乙酸，是最简单的氨基酸。甘氨酸的合成方法主要包括氯乙酸氨解法、施特雷克法、羟基乙腈工艺、直接海因法、生物合成法等重要工艺。

氯乙酸氨解法：氯乙酸氨解法是目前我国工业生产甘氨酸的主要生产方法。该方法将乌洛托品作为催化剂，以氯乙酸和氨水为原料，控制反应在 80℃、pH 值为 6.5～7.0 范围进行生产。粗品经冷却（降温至 60℃）后，加入乙醇，之后再冷却降温醇析，后经甲醇溶液分离后，即可获得甘氨酸纯品，相关反应过程如下：

$$ClCH_2COOH + NH_3 \longrightarrow NH_2CH_2COOH + NH_4Cl$$

施特雷克法：施特雷克（Strecker）法是将甲醛、氯化铵、氰化钠作为原料生产甘氨酸的生产工艺。该方法首先将氰化钠、氯化铵、甲醛水溶液混合进行反应，反应结束后再将适量乙酸加入到反应体系中，最终生成亚甲基氨基乙腈晶体。将生成的亚甲基氨基乙腈分离后溶于乙醇中，之后加入适量硫酸与其反应生成乙酸氨基乙腈硫酸盐。反应结束后，向反应体系中加入适量氢氧化钡，最终生成氨基乙酸钡。之后加入硫酸，钡离子会形成沉淀，过滤、冷却后即可得到甘氨酸晶体，相关反应过程如下：

$$2HCHO + NaCN + NH_4Cl \longrightarrow H_2C{=}N{-}CH_2CN + NaCl + H_2O$$

$$H_2C{=}N{-}CH_2CN + 2C_2H_5OH + H_2SO_4 \longrightarrow (NH_2CH_2CN)H_2SO_4 + CH_2(OC_2H_5)_2$$

$$2(NH_2CH_2CN)H_2SO_4 + 3Ba(OH)_2 \longrightarrow (NH_2CH_2COO)_2Ba + 2BaSO_4\downarrow + 2NH_3 + 2H_2O$$

$$(NH_2CH_2COO)_2Ba + H_2SO_4 \longrightarrow 2NH_2CH_2COOH + BaSO_4\downarrow$$

羟基乙腈工艺：该工艺将甲醛和氢氰酸作为原料，首先制备出羟基乙腈，之后将羟基乙腈进行氨解反应制得氨基乙腈，氨基乙腈经过碱解、酸化等工序处理即可获得甘氨酸，相关反应过程如下：

$$CH_2OHCN + NH_3 \longrightarrow NH_2CH_2CN + H_2O$$

$$NH_2CH_2CN + NaOH + H_2O \longrightarrow NH_2CH_2COONa + NH_3$$

$$NH_2CH_2COONa + HCl \longrightarrow NH_2CH_2COOH + NaCl$$

直接海因法：该方法将羟基乙腈作为原料，使其与氨源（碳酸氢铵或氨水）和碳源（碳酸铵、碳酸氢铵、二氧化碳）反应先制备出海因，之后海因经水解后即可得到甘氨酸，相关反应过程如下：

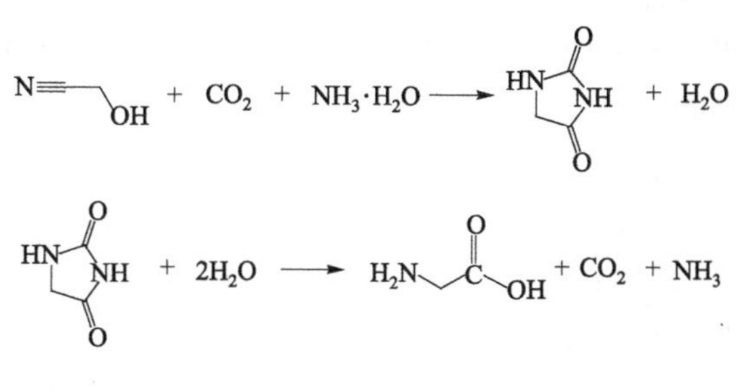

生物合成法：生物合成法是一种环境友好、产品选择性高、收率高、条件温和的生产甘氨酸的方法，该方法是将各类微生物作为原材料，通过生物工程技术来生产甘氨酸的新型高效环保工艺，是未来最具发展前景的一项技术。

（2）主要酸味剂的制备

① 乙酸的制备

人们日常生活中所使用的醋，其有效成分即为乙酸，乙酸的工业制备方法主要有三种，具体如下：

a. 以乙醛为原料，通过氧化反应制得乙酸；

b. 以甲醇和CO为原料，将金属氧化物负载在活性炭上作为催化剂，利用羰基合成法制得；

c. 以木材为原料，通过分解纤维素后蒸馏制得。

在食品工业中，食醋的制备主要还是以传统的发酵法为主，例如山西陈醋的制取。

② 柠檬酸的制备

柠檬酸又称为枸橼酸，是世界范围内使用量最大的酸味剂。柠檬酸的工业制备方法主要有两种：

a. 以含糖植物块茎、糖蜜或甘蔗渣为原料，通过糖质发酵法制取；

b. 以含有柠檬酸的果实，通过榨取的方式提取。

在我国，80%以上的柠檬酸都是以干薯粉为原料，利用黑曲霉进行深层发酵，之后经中和、酸解、精制、浓缩、结晶、干燥等多步工序制备而得。

③ 乳酸的制备

乳酸又称为α-羟基丙酸、2-羟基丙酸、丙醇酸，乳酸是较为重要的酸味剂，在工业生产方面，乳酸的工业制备方法主要发酵法、乙醛氢氰酸法和丙烯腈法，其中广泛采用的方法是发酵法。

发酵法生产乳酸时，选取红薯、玉米、土豆、大米或小麦等淀粉质原料和甜菜或糖蜜等糖质原料，经酶催化后转化为单糖或二糖，生成的单糖和二糖经过复杂的生物转化过程，最终生成丙酮酸，丙酮酸再与乳酸杆菌脱氢酶作用生成乳酸，其反应过程如下：

$$(C_6H_{10}O)_n + nH_2O \longrightarrow nC_6H_{12}O_6$$

$$2(C_6H_{10}O)_n + nH_2O \longrightarrow nC_{12}H_{22}O_{11}$$

$$C_6H_{12}O_6 \xrightarrow{\text{乳酸杆菌}} 2CH_3CH(OH)COOH$$

$$C_{12}H_{22}O_{11} + H_2O \xrightarrow{\text{乳酸杆菌}} 4CH_3CH(OH)COOH$$

④ 酒石酸的制备

我国使用的酒石酸多为进口天然酒石酸，关于酒石酸的制备，国外大多采用粗酒石为原料，其主要成分为酒石酸氢钾，经石灰和硫酸处理后，反复精制提纯，进而得到纯净的D-酒石酸。粗酒石是葡萄酿造工艺中的副产物，在欧美国家，葡萄酒酿制工艺先进，粗酒石来源丰富。酒石酸生产过程如下：

$$KHC_4H_4O_6 + Ca(OH)_2 \longrightarrow CaC_4H_4O_6 + KOH + H_2O$$

$$CaC_4H_4O_6 + H_2SO_4 \longrightarrow H_2C_4H_4O_6 + CaSO_4$$

国内则多以顺丁烯二酸酐为原料，将其与H_2O_2作用先生成顺式环氧琥珀酸，之后再经过水解和酯化工艺处理进而制得D-酒石酸。

⑤ 苹果酸

苹果酸是国际公认的最为安全的一种酸味剂，其产品的生产方法主要有发酵法和化学法两大类。以葡萄糖类物质为原料，将其与霉菌直接作用，经发酵后可直接获得苹果酸，该方法被人们称为一步发酵法。以糖类物质为原料，使其先与根霉作用，经发酵后可获得富马酸（有时是富马酸和苹果酸的混合物），最后再经过霉菌的生物催化作用，发酵制得苹果酸，该方法被人们称为二步发酵法。

化学法生产的苹果酸主要用于工业使用，在工业领域所使用的苹果酸多为 DL-型。该方法以马来酸或富马酸为原料，使其与 NaOH、H_2SO_4、金属催化剂作用，在高温和高压条件下通过水合作用直接制备出 DL-苹果酸，反应过程如下：

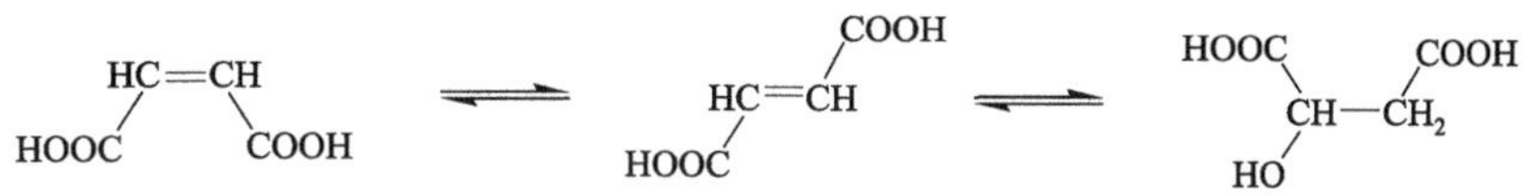

⑥ 磷酸

磷酸是唯一可作为酸味剂使用的无机酸，该产品主要用于调配可乐饮品。磷酸的生产方法主要有三种，具体如下：

a. 以黄磷为原料，经气化后，将气化物质导入过热水蒸气或者空气中进行氧化，用水吸收氧化过程中生成的 P_2O_5，完毕后再经过除杂提纯工艺处理，即可得到磷酸；

b. 以磷和 HNO_3 为原料，用氧化法制得；

c. 以磷酸三钙为原料，使其与稀硫酸共热，分解后经过滤和浓缩等工艺处理即可制得磷酸。

（3）主要甜味剂的制备

① 甜蜜素的制备

甜蜜素又称为环己亚胺磺酸钠，其甜度是蔗糖的 30～50 倍。关于甜蜜素的制备，通常可选用环己胺为原料，将其与氯磺酸或氨基磺酸盐作用，通过磺化方法制得环己基氨基磺酸后，再用 NaOH 中和，经过提纯精制后便可得到甜蜜素，其过程如下：

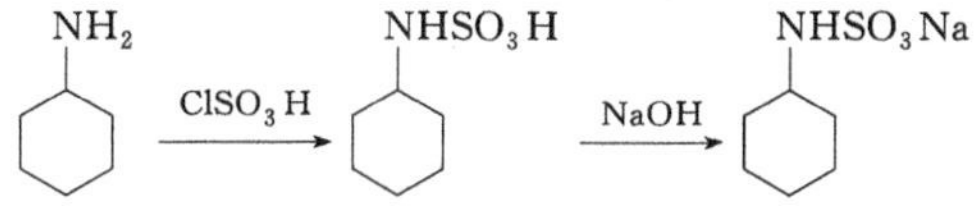

② 阿斯巴甜的制备

阿斯巴甜又称为天门冬酰苯丙氨酸甲酯，其甜度是蔗糖的 100～200 倍。该品制备方法主要包括化学合成法和生物合成法。其中，化学合成法又包括酸酐法、内酯法，生物合成法又包括酶法和基因工程法。

a. 酸酐法

最早用于合成阿斯巴甜的酸酐法又称为内酐法，该方法是一种先保护后脱水形成内酐的方法，其反应过程如下：

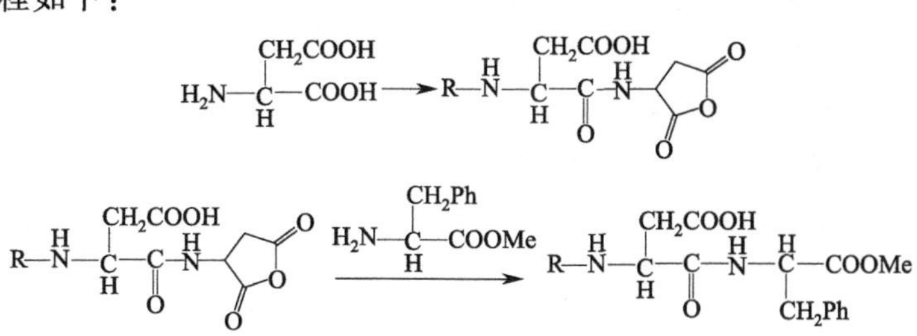

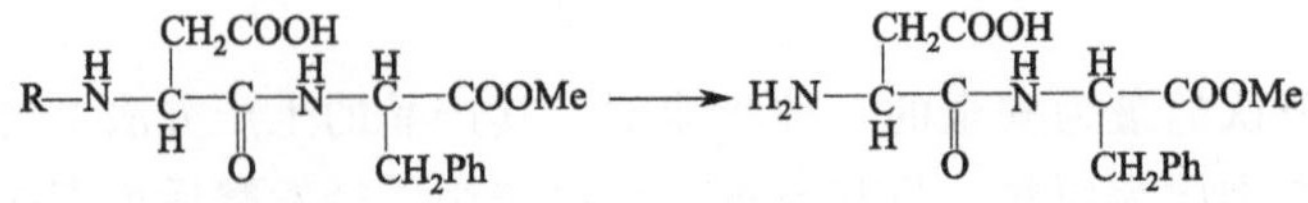

b. 内酯法

将天门冬氨酸以内酯的形式参与缩合反应，这样的方法被称为内酯法。该方法产物单一，仅为 α-异构体一种，因此具有很强的优越性。内酯法又可细分为噁唑烷酮法、N-羰基酸酐法、活化酯法。

N-羰基酸酐法是将 L-天门冬氨酸进行氨基和羧基进行双保护，之后再将中间体与 L-苯丙氨酸甲酯缩合制备阿斯巴甜，相关反应过程如下：

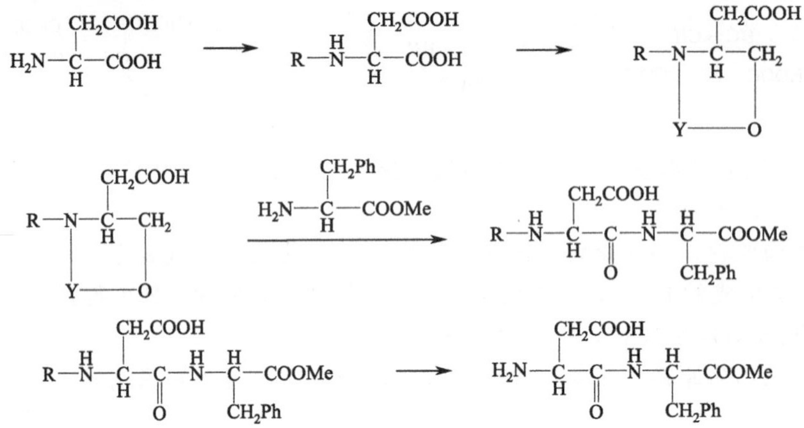

活化酯法是首先将 L-天冬氨酸的氨基和羧基先后进行保护形成活性酯，之后再将中间体与 L-苯丙氨酸甲酯缩合，最终制备阿斯巴甜，相关反应过程如下：

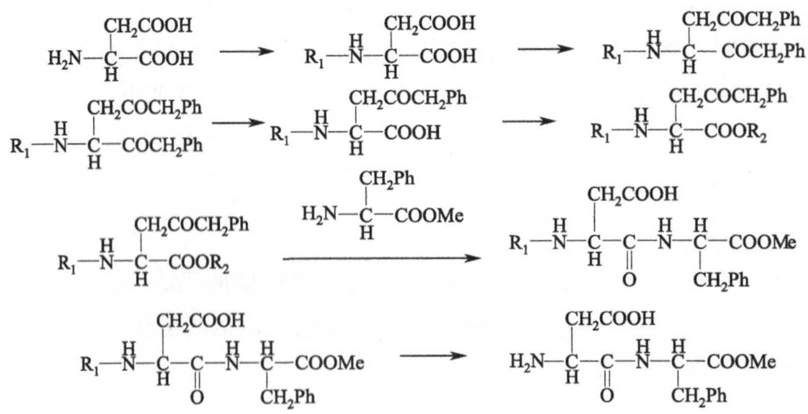

③ 安赛蜜的制备

安赛蜜又称为 AK 糖，学名乙酰磺胺酸钾。在制备方面，安赛蜜的制备方法主要包括乙酰乙酰氨-N-磺酰氟法、乙酰乙酰氨-三氧化硫法、氨基磺酸-三氧化硫法等。其中前两种方法因反应条件苛刻、原料获取困难等诸多不利因素进而制约了其工业化生产，第三种方法可选用氨基磺酸、三乙胺、冰醋酸、双乙烯酮、三氧化硫等常见原料作为制备原料，反应条件相对温和且产品纯度高、收率高，是生产安赛蜜时普遍采用的方法，相关反应过程如下：

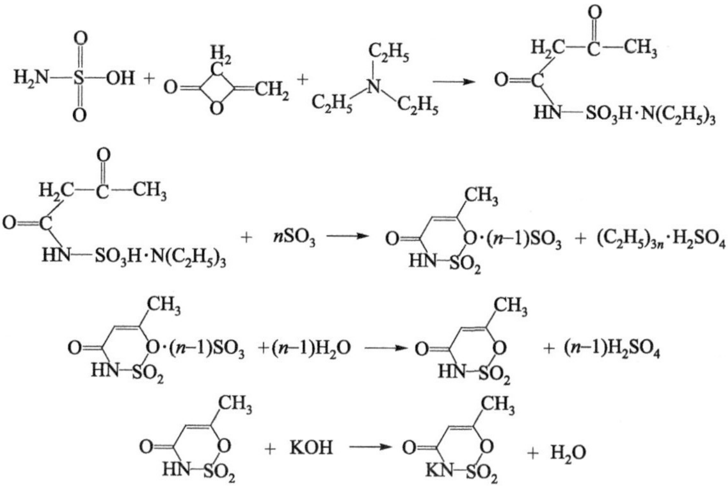

④ 糖精钠的制备

糖精学名为邻磺酰苯甲酰亚胺，制备时可选择甲苯或邻氨基苯甲酸甲酯为原料。以甲苯为原料会生成近一半的对甲基苯磺酰胺副产物，因此人们改用邻氨基苯甲酸甲酯为原料，进而提高了产率。两者反应如下：

以甲苯为原料

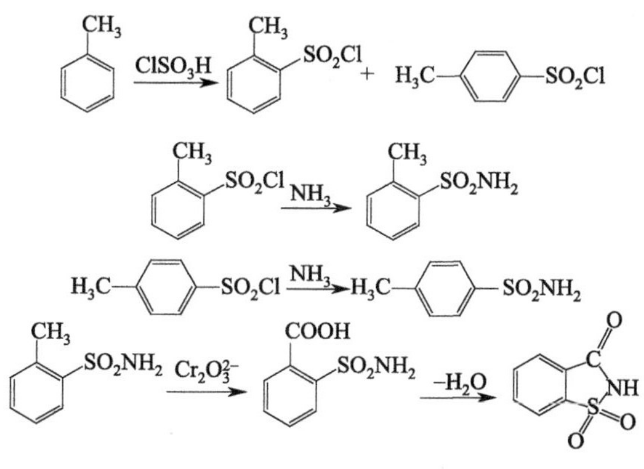

以邻氨基苯甲酸甲酯为原料

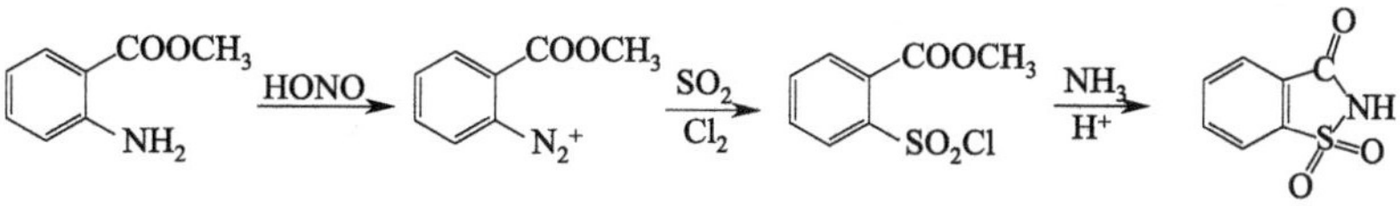

⑤ 三氯蔗糖的制备

三氯蔗糖又称为蔗糖素。三氯蔗糖的合成方法较多，主要方法包括全基团保护法、单基团保护法、酶-化学联合法等。其中单基团保护法又包括了乙酸酐法、原乙酸三甲酯法、有机锡法。以单基团保护法为例，单基团保护法主要涉及选择性酰化、氯代、脱酰基三个主要步骤，单基团保护法的一般合成路线如下：

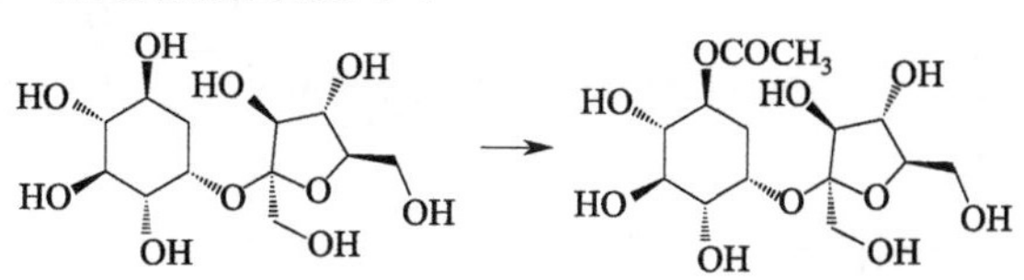

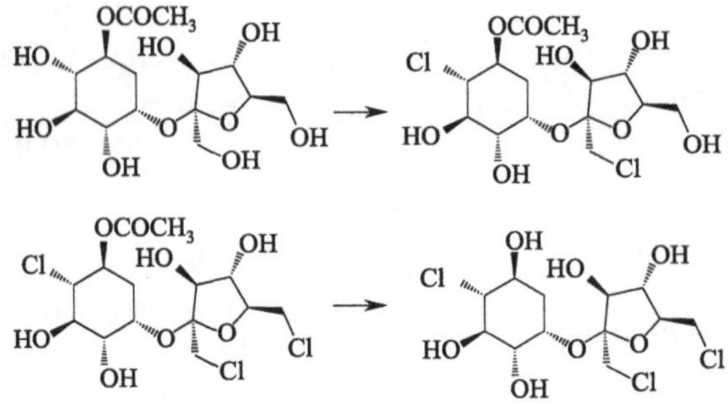

5.2.3 常见食品抗氧化剂的制备

抗氧化剂主要包括油溶性食品抗氧化剂、水溶性食品抗氧化剂、天然抗氧化剂三大类。

(1) 油溶性食品抗氧化剂的制备

① 丁基羟基茴香醚的制备

丁基羟基茴香醚缩写为BHA，常用制备方法可根据原料的不同分为两种，其反应过程如下：

以对羟基苯甲醚为原料

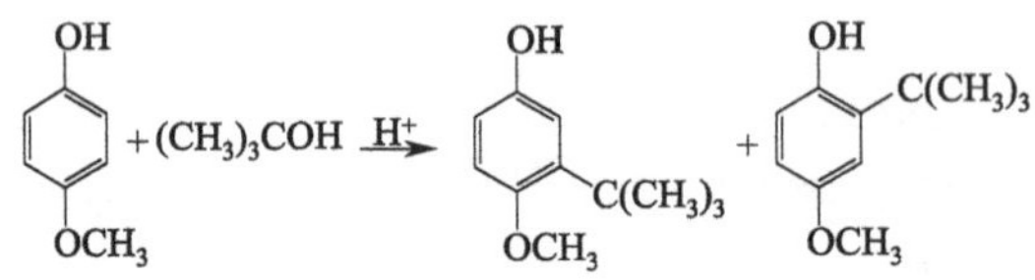

以对苯二酚为原料

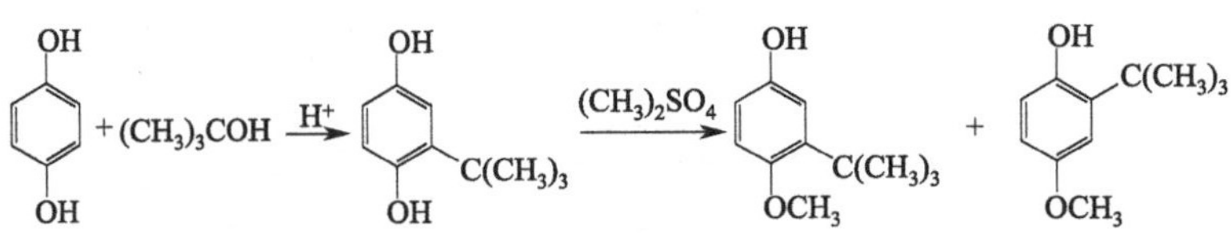

② 2,6-二叔丁基对甲苯酚的制备

2,6-二叔丁基对甲苯酚缩写为BHT，可选取对甲基苯酚和异丁烯为原料，在浓 H_2SO_4 或 H_3PO_4 催化作用下，以 Al_2O_3 为脱水剂，经高压反应直接获得粗品，后经蒸馏和重结晶提纯工艺处理即可得到BHT，相关反应过程如下：

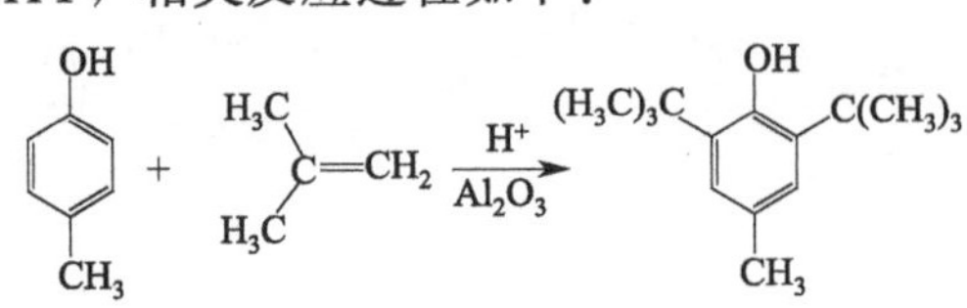

③ 没食子酸丙酯的制备

没食子酸丙酯缩写为PG，制备PG可选取没食子酸和丙醇为原料，以浓 H_2SO_4 为催化剂，通过酯化反应直接制取，其反应过程如下：

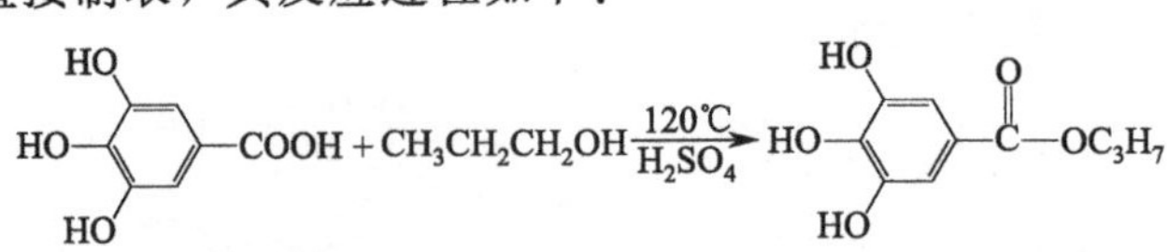

(2) 水溶性食品抗氧化剂的制备

维生素C是最具代表性的水溶性食品抗氧化剂，维生素C的制备工艺主要以D-葡萄糖为原料，首先将原料还原，之后经醋酸杆菌作用进行发酵，发酵后产物再经过缩合、氧化、环化及脱保护、重结晶等步骤处理，最终可获得维生素 C 的纯品。

（3）天然抗氧化剂的制备

天然抗氧化剂种类很多，以最为常见的植酸为例。植酸又称为肌醇六磷酸，缩写为 PA，植酸广泛存在于高等植物体内，在制备植酸时，可采用环己六醇和磷酸为原料，利用化学合成法获得植酸。也可以将米糠等农副产品作为原料，通过萃取分离提纯的方法获得植酸，其工艺流程如图 5.1 所示。

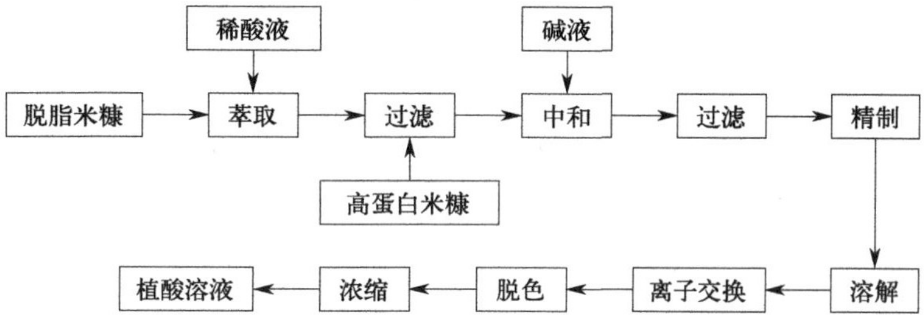

图 5.1　萃取分离提纯法制取植酸生产工艺流程

5.2.4　常见食用色素的制备

食用色素主要包括天然食用色素和人工合成食用色素两大类，不同类型色素的生产方法也各不相同。

（1）天然食用色素的制备

天然食用色素的制备方法主要包括提取分离法、组织培养法、酶处理法、粉碎法、微生物发酵等，其中最为常用的方法是提取分离法。

① 提取分离法

提取分离法与香料与香精章节所讲方法基本一致，在此不做过多介绍。

② 组织培养法

以植物组织细胞为原料，通过人工培育的方式繁殖大量有色的细胞组织，之后经传统的提取分离法获得天然食用色素。

③ 粉碎法

将收集的植物叶片洗净后，用弱碱性水溶液浸泡，待浸透后，将其置于低温下冷冻，利用膨胀效应破坏细胞壁和细胞膜组织。室温解冻后，经脱水、洗涤、干燥、粉碎等工艺处理后可获得绿色粉末。

④ 酶处理法及微生物发酵法

酶处理法和微生物发酵法与组织培养法类似，都属于生物方法范畴，但其各有自身特点。酶处理法更倾向于酶催化技术，而微生物发酵则类似于传统的发酵工艺。目前，日本利用生物技术生产天然食用色素的企业较多，我国在该领域的发展有待提高。

（2）人工合成食用色素

目前，合成食用色素仅在包括我国在内的少数发展中国家允许使用，相关产品均属于偶氮类化合物，产品制备方法与染料中偶氮染料的制备方法类似，因此在本章节不做过多介绍。

5.2.5 常见食用乳化剂的制备

食品用乳化剂的主要产品包括脂肪酸甘油酯、脂肪酸蔗糖酯、脂肪酸山梨醇酯等。

(1) 脂肪酸甘油酯的制备

脂肪酸甘油酯属于油包水型乳化剂（W/O），脂肪酸甘油酯的制备方法主要有两种，一种方法是以 1,2-苄基甘油和脂肪酰氯为原料进行制备，其反应过程如下：

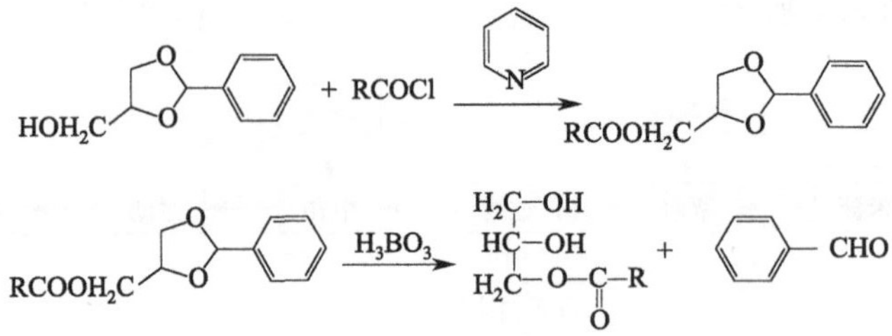

另一种制备方法是以 1,2-异亚丙基甘油和脂肪酰氯为原料进行制备，其反应过程如下：

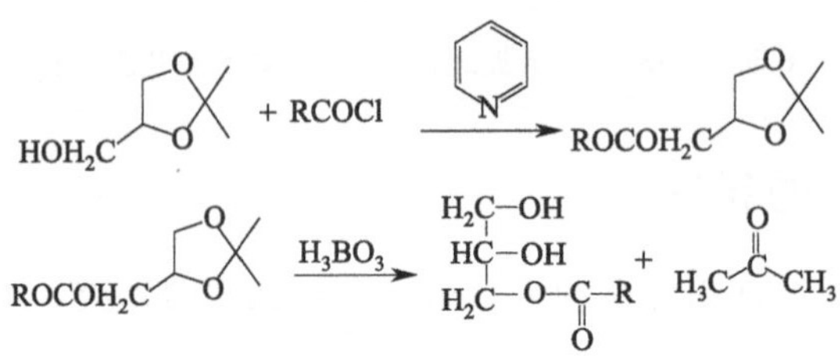

(2) 脂肪酸蔗糖酯的制备

脂肪酸蔗糖酯是蔗糖与食用脂肪酸制备的酯类，脂肪酸蔗糖酯的制备方法主要有两大类，一类是直接法，即以脂肪酸甲酯或乙酯为原料，利用酯交换的方法与蔗糖发生反应而制得，其反应过程如下：

$$C_{12}H_{22}O_{11} + RCOOCH_3 \rightleftharpoons RCOOC_{12}H_{21}O_{10} + CH_3OH$$

另一种制备方法被称为微滴乳化法，即以蔗糖为原料，将其溶解在水或丙二醇中，之后加入脂肪皂，待脂肪酸酯分散成粒子状态后，溶液呈现透明且均匀的乳化状态，之后用酯交换反应制得，其工艺流程如图 5.2 所示。

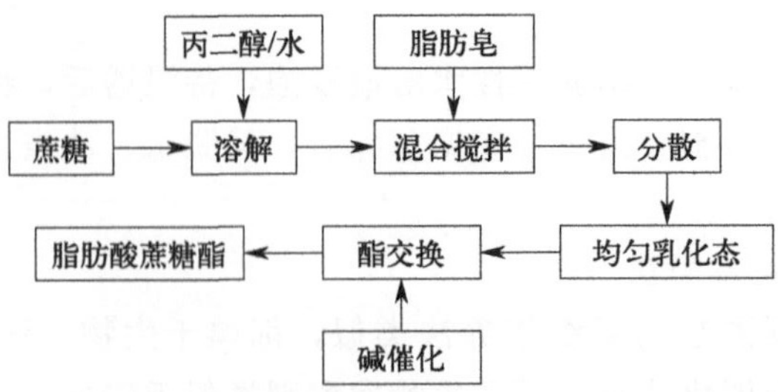

图 5.2 微滴乳化法制取脂肪酸蔗糖酯工艺流程

(3) 脂肪酸山梨醇酯的制备

在制备脂肪酸山梨醇酯时是以山梨醇和脂肪酸为原料，直接利用酯化反应制取，其反应过程如下：

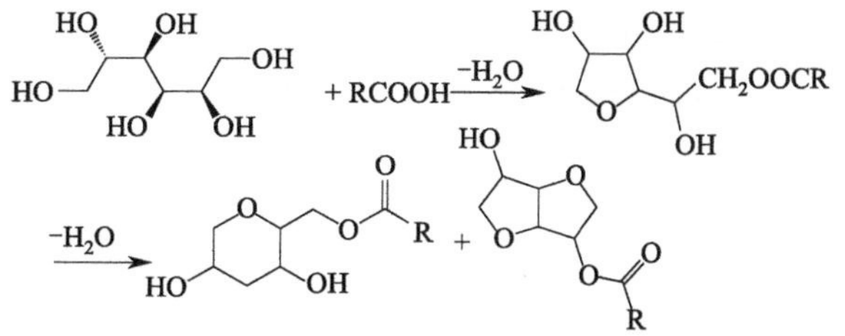

5.2.6　常见食品增稠剂的制备

食品增稠剂主要品种包括果胶、食用明胶、海藻胶、羧甲基纤维素及其盐类等。

(1) 果胶的制备

果胶富含在水果的果皮中，因此制备果胶时常以水果果皮，例如香蕉皮、西瓜皮、橘子皮等作为原料，其生产工艺流程如图 5.3 所示。

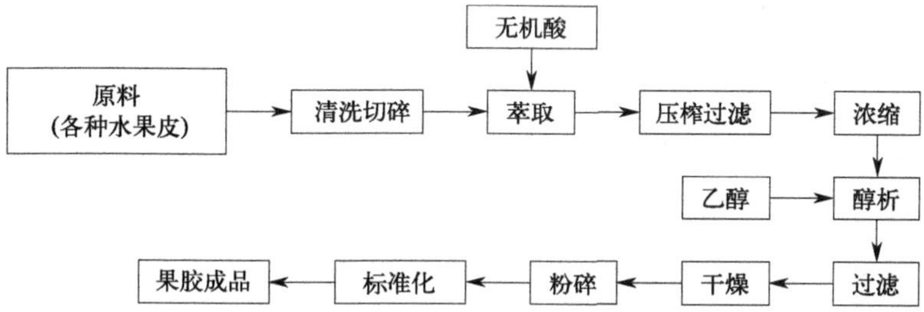

图 5.3　由果皮制果胶工艺流程

(2) 食用明胶的制备

食用明胶的生产多以动物的皮、骨或软骨、筋膜及韧带为原料，经水解和精制处理即可获得食用明胶，其生产工艺流程如图 5.4 所示。

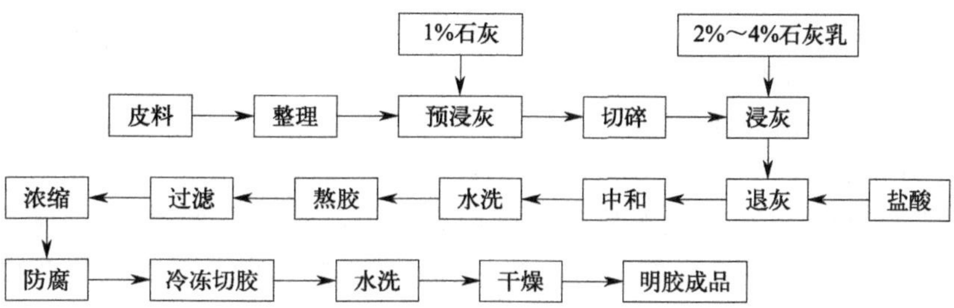

图 5.4　由皮料生产明胶工艺流程

(3) 海藻胶的制备

在生产环节，人们大多使用海带或巨型藻类为原料，通过产物成分提取的方式进行生产，其相关生产方法类似于天然产物有效成分的提取，相关内容已在本书中进行讲解，在此不做过多重复介绍。

(4) 羧甲基纤维素及其盐类的制备

羧甲基纤维素钠的生产多以棉絮状的纤维为原料，首先对其进行碱化处理，然后再进行醚化处理，其反应过程如下：

$$[C_6H_7O_2(OH)_3]_n + nNaOH \longrightarrow [C_6H_7O_2(OH)_2ONa]_n + nH_2O$$

$$2ClCH_2COOH + Na_2CO_3 \longrightarrow 2ClCH_2COONa + CO_2 + H_2O$$

$$[C_6H_7O_2(OH)_2ONa]_n + nClCH_2COONa \longrightarrow [C_6H_7O_2(OH)_2OCH_2COONa]_n + nNaCl$$

5.3 食品防腐剂

食品防腐是延长食品保存期最为有效的方法之一，传统保存食品的方法，例如盐渍、糖渍、晒干、泡酒、发酵等在一定程度上可有效延长部分食品的保存时间，但并不适用于其他食品。新技术方法，例如真空包装、惰性气体包装、灌藏、冷藏和冷冻、高压或高温杀菌、辐射杀菌等在一定程度上填补了传统方法的缺陷，但仍然存在不足之处。与这些食品防腐技术相比，添加防腐剂来延长食品储存期则是更为方便、简单而且有效的重要方法之一。

食品腐败变质的根源在于食物中所含细菌或微生物的滋生和繁殖，而防腐剂是一种具有抑制微生物增殖或者杀死微生物的化合物。狭义的防腐剂并不能在较短的时间内杀死细菌，一般情况下，防腐剂只是起到了抑制细菌的作用。因此，若要有效延长食品的保存期，除了需要适量添加防腐剂外，还应配合其他杀菌方法，进而达到有效延长食品保存期的目的。

5.3.1 食品防腐剂作用机理

食品腐败变质的根源在于微生物的滋生和繁殖，微生物要想存活或繁殖必须满足如下条件：

① 微生物能够自由地从外界获取生存和繁殖所必需的营养；

② 微生物获得足够的营养后，能够正常地完成生存和繁殖所必需的新陈代谢过程；

③ 微生物所处环境的温度和湿度等外界因素适合其生存。

由此不难发现，除少数需干燥保存的食品外，对于绝大多数食品来说，适宜的温度和湿度是保证食品的色、香、味、口感以及新鲜程度等必不可少的外界因素，加之食品通常具有丰富的营养，因此在这样的环境中细菌很容易滋生和繁殖。因此，要想抑制或杀死微生物细菌，则需从微生物自身结构特点考虑。

防腐剂对微生物细菌的抑制作用和致死机理颇为复杂，但从整体上来说，一般认为防腐剂对微生物有如下作用。

① 防腐剂可以破坏微生物的细胞壁和细胞膜结构，或者改变微生物细胞膜的渗透性，使外界营养物质不能有效进入到细胞内或细胞内的酶类物质以及相关代谢产物外溢至细胞外，导致微生物正常的代谢过程无法进行或正常的代谢平衡遭受严重破坏，进而实现杀菌防腐的目的。

② 防腐剂进入到微生物细胞内部与细胞中的酶发生作用，破坏含硫蛋白酶的活性或使蛋白发生变性，影响微生物正常的代谢过程，进而实现杀菌防腐的目的。

③ 防腐剂进入到微生物细胞内与遗传物质发生作用破坏其遗传微粒结构，使之无法繁衍，进而实现杀菌防腐的目的。

在这里需要特别说明的是，防腐剂只能延缓食品的腐败变质，延长食品的保存期，不能将已经腐败的食品转化为新鲜的食品。也就是说当食物腐败变质到一定程度后，无论加入多少防腐剂都无济于事。此外，单独一种防腐剂往往具有自身使用条件的局限性，因此在实际使用时，通常是 2 种或 2 种以上的防腐剂一同使用，这样可以避免防腐剂单独使用的不足。

5.3.2 常见食品防腐剂

食品防腐剂种类繁多，其中美国允许使用的防腐剂有50多种，日本有40多种。目前世界各国所使用的防腐剂可依据其来源分为天然防腐剂、化学合成防腐剂、有机防腐剂和无机防腐剂。鉴于此，本章节依据我国实际情况，重点围绕常见合成类有机防腐剂进行介绍。

（1）苯甲酸及其盐类

苯甲酸又称为安息香酸，其性状为无色无定形结晶粉末，熔点121～123℃，微溶于水，易溶于乙醇等有机溶剂。由于苯甲酸水溶性较差，因此常以钠盐形式使用。苯甲酸钠为白色结晶性粉末或晶体，极易溶解于水，微溶于乙醇，水溶液pH为8，苯甲酸钠在使用时最好不要与酸性物质混用，否则极易出现不溶性絮状沉淀，影响食品质量。

苯甲酸的防腐效果对使用环境的pH值敏感，在强酸性体系中（pH<4.5）对各种细菌均有良好的抑制效果。苯甲酸主要用于饮料、酱菜、果酱、酱油中，其中苯甲酸在饮料中的使用量最大。

科学研究表明，未解离的苯甲酸具有较强的亲油性，它可以很容易透过微生物的细胞膜，当苯甲酸进入到细胞内部后，可以与细胞内的储碱发生作用使之酸化，进而抑制微生物细胞中呼吸酶的活性。苯甲酸对乙酰辅酶A缩合反应有很强的抑制作用。

医学研究发现，苯甲酸是较为安全的防腐剂。当人体摄入苯甲酸之后，绝大多数的苯甲酸在9～15 h内与人体内的甘氨酸在酶的催化作用下转化为马尿酸，剩余的苯甲酸则与葡萄糖醛酸作用生成葡萄糖苷酸进而解毒。生成的马尿酸和葡萄糖苷酸全部进入肾脏，最后经尿液排出。苯甲酸的ADI值为0～5mg/kg，根据目前国家对苯甲酸制定的使用规范来看，尚未发生任何关于苯甲酸中毒的副作用报道。但是需要注意的是，苯甲酸的解毒过程是在肝脏中进行的，对于肝功能不全或衰弱的人群来说，还是建议少食用或者不食用含有苯甲酸的食物，进而减轻肝脏的代谢负担。

（2）山梨酸及其盐类

山梨酸（sorbic acid）又称为花楸酸，属于不饱和脂肪酸，但直至目前尚无关于其营养价值的报道。山梨酸的分子式为$C_6H_8O_2$，其性状为无色结晶或者白色结晶性粉末，具有特殊的酸味，熔程为132～135℃，在空气中易被氧化变色。山梨酸水溶性极差，但易溶于乙醇、乙醚等有机溶剂，山梨酸水溶液加热时，山梨酸可与水蒸气一起挥发。山梨酸的防腐性质同样对作用体系的pH值敏感，其适合使用的pH值范围为5～6，山梨酸的防腐性能随着pH值的升高而下降，在其适宜食用的pH值范围内，对霉菌、好气性菌、酵母等有抑制作用，但对嗜酸乳杆菌和嫌气性芽孢形成菌几乎无效。

由于山梨酸的水溶性极差，因此常以盐类形式使用。山梨酸的盐类有钾盐、钠盐、钙盐三种。山梨酸钠因不易保持自身特性，因此不能作为防腐剂使用；山梨酸钙是类似于滑石粉的粉末，水溶性极差，因此也不能作为防腐剂使用；山梨酸钾为白色鳞片状结晶，虽然其自身带有轻微臭味，但配合其他添加剂使用时，臭味可被掩盖，再则山梨酸钾水溶性良好，因此可作为食品添加剂使用。

山梨酸及其钾盐是目前公认最为安全的防腐剂产品，当山梨酸或山梨酸钾进入人体后，山梨酸钾首先会转化为山梨酸，之后山梨酸会代谢成H_2O和CO_2排出体外。科学研究表明，山梨酸可与微生物细菌中的巯基相结合，破坏微生物细菌中的酶系统，影响其代谢过程，进而实现防腐的目的。另外山梨酸及其钾盐的分子结构中所含的不饱和双键可有效抑制霉菌的脱氢作用，进而阻止了新的不饱和脂肪酸的形成，降低了微生物细菌的新陈代谢，阻止了微生物的滋生和繁衍。使用山梨酸及其钾盐防腐剂时应注意其加热随水蒸气挥发的问题，因此最好加热后再添加。此类防腐剂常用于调味品、果汁饮料、罐头等食品的防腐。

(3) 丙酸及其盐类

室温下，丙酸为无色液体，能够与水以任意比例互溶，并且可溶于乙醇，丙酸的钠盐和钾盐均可溶于水。丙酸是人体正常代谢的中间产物，可被人体完全代谢或利用，安全无毒，因此ADI值不做规定。丙酸及其盐类常用于面包以及糕点的防腐，其对霉菌、好气性细菌尤其对使面包生成丝状黏质的大肠芽孢杆菌有效，并能防止黄曲霉毒素的生长。

(4) 对羟基苯甲酸酯类

对羟基苯甲酸酯又称为尼泊金酯，是一系列防腐剂的总称，其常用酯类包括甲酯、乙酯、丙酯、丁酯和异丁酯等，在该系列产品中以对羟基苯甲酸甲酯的防腐性能最为优异，对羟基苯甲酸甲酯的结构式如图所示：

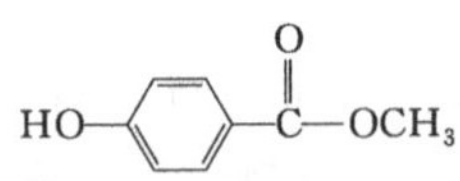

对羟基苯甲酸甲酯的性状为白色结晶性粉末，略带有特殊的麻醉性气味，其熔程为125～128℃，对羟基苯甲酸甲酯的油溶性良好，其溶解度在2%～5%左右。对羟基苯甲酸甲酯的防腐性能对pH值敏感，其最佳pH值范围在4～8之间。由于对羟基苯甲酸甲酯的水溶性较差，再加之其具有特殊的气味，因此该产品不适合大多数食品的防腐，在实际应用中，对羟基苯甲酸甲酯常用于药物和化妆品等产品中，此外也可用于啤酒或香肠等特殊食品的防腐。科学研究表明，对羟基苯甲酸甲酯的抗菌机理源于其对微生物细胞中呼吸酶与电子传递酶活性的抑制，此外，对羟基苯甲酸甲酯还能够破坏微生物细胞的细胞膜，使蛋白质变性。

5.3.3 其他食品防腐剂

(1) 脱氢乙酸及其钠盐

脱氢乙酸的性状为无色至白色针状结晶或白色晶体粉末，无味、无刺激性。脱氢乙酸的水溶性极差，属于难溶于水的级别，因此在使用时常用其钠盐的形式。脱氢乙酸可溶于苯或乙醇等有机溶剂，其结构式如下：

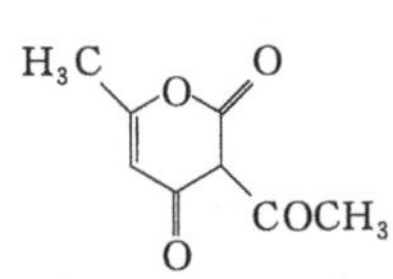

科学研究发现，脱氢乙酸为酸性防腐剂，对中性食品基本无防腐作用，当使用环境pH值为5时，脱氢乙酸对霉菌的抑制能力是苯甲酸的2倍。在实际使用过程中，脱氢乙酸常用于腌制食品，例如腌制咸菜、腌制肉类、发酵豆制品等，最大使用量为0.3g/kg。在肉类熟食品、糕点、调味品等食品中使用时，最大使用量为0.5g/kg，淀粉制品中的最大使用量为1.0g/kg。

(2) 双乙酸钠

双乙酸钠（SDA）又称为二乙酸钠、双醋酸氢钠、二醋酸一钠，是一种乙酸和乙酸钠的复合物。其性状为白色晶体状固体，易吸湿，具有醋酸气味，其产品水溶性良好，并且可与常见醇类互溶。科学研究表明，双乙酸钠的防腐能力源于其溶于水后会释放乙酸，乙酸可以渗透霉菌的细胞壁，使霉菌细胞内的蛋白质变性，进而实现了防腐的目的。通常情况下，双乙酸钠的 ADI 值为 0～15mg/kg。当人体摄入双乙酸钠后，所摄入的钠盐会通过人体正常代谢转化为 CO_2 和 H_2O，因此该品对人体较为安全。双乙酸钠常用于油类、豆制品、原粮、水产品或膨化食品中。

（3）无机防腐剂

目前在我国尚可使用的无机防腐剂主要是硝酸盐和亚硝酸盐类，例如硝酸钠、硝酸钾、亚硝酸钠、亚硝酸钾等，但考虑到这些硝酸盐普遍具有一定毒性，因此在使用过程中需严格控制使用剂量。科学研究发现，亚硝酸盐是食品添加剂中毒性最强的物质之一，当人体摄入亚硝酸盐后，亚硝酸盐会与血红蛋白结合形成不具备携带氧功能的高铁血红蛋白，一旦摄入过量，严重时会有窒息的危险。亚硝酸盐类防腐剂的 ADI 值为 0～0.06mg/kg，需要特殊说明的是该数值不适合 3 个月以下的婴儿。在应用方面，亚硝酸盐类防腐剂主要用于肉类罐头、香肠、火腿以及其他肉类腌制食品中，亚硝酸盐在肉类食品中除了具有防腐效果之外，还具有护色功能，是理想的护色剂。

5.3.4　影响食品防腐剂防腐作用的因素

为了充分发挥防腐剂的功效，除了要根据微生物细菌类别之外选用防腐剂之外，还要考虑到影响防腐剂发挥功效的外界影响因素，这样才能达到防止食物腐败的目的。通常情况下，影响防腐剂发挥功效的外界因素如下：

（1）pH 值

各种常见防腐剂都对 pH 值敏感，而且每种防腐剂都有自己适合使用的 pH 值。对于苯甲酸来说，它属于常见的酸性防腐剂，pH 值越低，其防腐能力越强；另外，对羟基苯甲酸甲酯的防腐性能虽然理论上与 pH 值无关，但实际应用发现，当 pH 值控制在 4～8 范围内时，对羟基苯甲酸甲酯的防腐性能较好。

（2）食品的腐败程度

防腐剂只能对染菌程度不大的食物进行防腐，而当食物染菌程度已经超过可承受范围，防腐剂对该食物的防腐也无能为力。这是因为食物中的细菌繁殖过程分为 4 个时期：滞留适应期；对数生长期；最高生长期；衰亡期。滞留适应期和对数生长期为细菌的缓慢诱导时期。由于防腐剂的作用方式是抑制微生物细菌的繁殖，所以只有在滞留适应期和对数生长期中加入防腐剂才能有防腐的效果，当细菌大量繁殖后，防腐剂无法在短时间内杀死微生物细菌，因此自身的防腐作用失效。

（3）防腐剂在食品中的分散情况

一般情况下，防腐剂必须充分地分散在食物中，在工业熟食品加工过程中，由于单次加工量巨大，因此防腐剂的使用更应该如此。但总有例外的时候，例如果冻的防腐。由于果冻在相对温度过高时候，霉菌是从果冻表面开始繁殖的，而果冻在相对温度升高过程中是从表面开始缓慢融化，因此在防腐时，只需将防腐剂分散在果冻的表面即可，当果冻表面开始融化后，防腐剂溶解并均匀地分散在果冻表面，进而达到了防腐的目的。

（4）外界温度（是否加热）

通常升温杀菌时加入防腐剂可以使杀菌时间缩短，也就是说加热杀菌可以与防腐剂协同使用。除个别酸性防腐剂，例如山梨酸之外，其他常用防腐剂的热稳定性都很好，因此可以在加热前加入防腐剂。对于可与水蒸气一起挥发的酸性防腐剂来说，最好加热杀菌后再加入。

(5) 是否有其他防腐剂合用

由于大多数防腐剂都对 pH 值敏感，而且各自都具有自己的适用条件，因此单独使用某一种防腐剂未必能够达到预期的防腐效果。因此在实际应用过程中，人们通常是将 2 种或 2 种以上的防腐剂协同使用，以此来提高防腐剂的防腐功效。

5.3.5 常用防腐剂性能对比

苯甲酸及其盐类、山梨酸及其盐类、对羟基苯甲酸及其酯类防腐剂是我国实际使用最为广泛的三大类防腐剂，其安全性和抗菌能力各有不同，为此，对这三大类防腐剂进行对比讨论。

(1) 安全性对比

通过多年的应用实践发现这三大类防腐剂的安全性的差别如下：山梨酸及其盐类＞对羟基苯甲酸及其酯类＞苯甲酸及其盐类。

(2) 抗菌作用对比

由于这三大类防腐剂的自身性质特点不同，使用条件和方法也不同，因此很难对其进行比较。但如果从大的层面来分析，也可以对这三大类防腐剂进行一个粗略的对比。就目前来看，对羟基苯甲酸及其酯类防腐剂的防腐能力是最强的，但这类防腐剂水溶性太差，如果使用不当，防腐能力会大打折扣。山梨酸及其盐类防腐剂与苯甲酸及其盐类防腐剂的防腐效果类似，但前者更适合于对奶油等食品的防腐，在特定的食品中，其防腐能力大于后者。

5.4 食品调味剂

所谓的调味剂是指能赋予食品甜、酸、苦、辣、咸、鲜、麻、涩和清凉等特殊味感的一类食品添加剂。需要强调的是，调味剂不包括能刺激嗅觉的物质，例如香料。在我国食品加工过程中应用最为广泛的调味剂是酸味剂、甜味剂和鲜味剂三大类，因此本章节对这三大类调味剂进行逐一介绍。

5.4.1 鲜味剂

鲜味剂又称为“风味增效剂”或“增味剂”，鲜味剂是一种可以增强或补充食物原有风味的物质。当使用量低于其自身单独检测的阈值时，鲜味剂仅能起到增强风味的效果，如果使用量高于其自身单独检测的阈值时，鲜味剂才能起到提鲜的效果。鲜味剂不同于其他调味剂，其味觉感应与其他调味剂完全不同，鲜味剂不会影响其他味觉，只是增强食物自身的风味特征，从而改善食物的口感。鲜味剂适用于各类食品的加工，例如肉类、蔬菜、水产品、乳类食品、酒类饮品等。

依据鲜味剂的化学性质可将鲜味剂分为氨基酸类鲜味剂和核糖核苷酸类鲜味剂。常见氨基酸类鲜味剂主要有 L-谷氨酸钠、L-天冬氨酸钠、L-丙氨酸以及甘氨酸等；常见核糖核苷酸类鲜味剂有 5′-肌酐酸二钠、5′-鸟苷酸二钠、琥珀酸及其盐类等。以上鲜味剂都是我国允许使用的，除此之外，我国还允许使用动植物水解蛋白和酵母抽提物等鲜味剂。

（1）L-谷氨酸钠

L-谷氨酸钠的性状为无色至白色结晶或晶体粉末，略带甜味或咸味，具有特征鲜味，易溶于水，微溶于乙醇，不溶于乙醚、丙酮等有机溶剂。在自然界中，L-谷氨酸钠以蛋白质组成成分或游离形式存在于植物组织中。在烹饪过程中，温度较高（155～160℃）时，L-谷氨酸钠会脱水形成焦谷氨酸钠（致癌）。L-谷氨酸钠在100℃加热3h，分解率为13%。因此在烹饪过程中不建议加入L-谷氨酸钠，应待烹饪结束后，食物出锅后再加入提鲜。

科学研究表明，当人体摄入适量L-谷氨酸钠后，其中96%会被人体所吸收，一般用量不存在所谓的毒性问题。因此，社会上流传的味精对人体有害的说法其实是谬论，人体长时间不摄入L-谷氨酸钠，势必会对人体健康产生一定影响。在这里需要特殊说明的是，不建议空腹摄入过量的L-谷氨酸钠，这是因为空腹时摄入过量L-谷氨酸钠会导致人体内氨基酸平衡失衡。通常情况下，食品中的L-谷氨酸钠用量为0.2～1.5g/kg，ADI值为0～120mg/kg，LD_{50} 值为16.2g/kg，建议成人每天摄入L-谷氨酸钠的量不要超过6g。

（2）L-丙氨酸

L-丙氨酸也是我国允许使用的鲜味剂，其分子式为 $C_3H_7NO_2$，是人体非必需氨基酸，L-丙氨酸与其他鲜味剂合用可起到增效的作用。L-丙氨酸是人体血液中含量最多的氨基酸，具有重要的生理作用，因此每天摄入适量的L-丙氨酸对人体是无害的。

（3）甘氨酸

甘氨酸又称为氨基乙酸，是最简单的氨基酸，甘氨酸广泛存在于鱼、虾、海蟹、鲍鱼、海胆等中，此外，动物蛋白中也同样富含甘氨酸。甘氨酸作为鲜味剂广泛应用在汤料、饮料、咸菜、水产品等食物中，甘氨酸与谷氨酸钠合用可起到增加鲜味的功效。

（4）呈味核苷酸二钠

呈味核苷酸二钠简称为I+G，主要包括5′-肌苷酸二钠（简称IMP）和5′-鸟苷酸二钠（简称GMP），是我国允许使用的重要新型鲜味剂。呈味核苷酸二钠很少单独使用，一般情况下，常与味精一起调配鸡精，其鲜度是普通味精的数十倍。

5.4.2　酸味剂

所谓的酸味剂是可赋予食品酸味的物质的总称。酸味剂可用于调节食品的pH值，抑制微生物细菌的滋生和繁殖，配合防腐剂使用，可为防腐剂提供适宜的条件。此外酸味剂还是食品抗氧化剂的增效剂，能够有效防止食物褐变。酸味剂的另一功效是能够促进人体对食品中钙、磷等矿物质的吸收，促进人体的消化。目前，市面上常见的酸味剂有两大类，一类是有机酸，例如乙酸、苹果酸、乳酸、柠檬酸等；另一类是无机酸，主要是食用磷酸，磷酸主要用于调配可乐饮料。

（1）乙酸

乙酸（acetic acid）结构式为 CH_3COOH，是最常见的酸味剂，日常生活中所使用的白醋或陈醋中就含有乙酸。

（2）柠檬酸

柠檬酸又称为枸橼酸，是世界范围内使用量最大的酸味剂，据统计，柠檬酸的使用量约占酸味剂总使用量的2/3，其结构式如下：

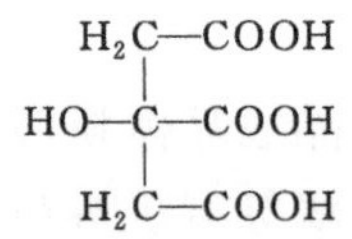

柠檬酸的理化性质为无色半透明晶体或白色粗至细粉结晶，易溶于水，有强烈的酸味。柠檬酸作为酸味剂使用时，主要用于生产饮料、酒类以及糖果等。柠檬酸除了可以作为酸味剂使用外，其还具有防腐和增效等功效，可作为防腐剂、漂白增效剂、抗氧化增效剂使用。

（3）乳酸

乳酸又称为α-羟基丙酸、2-羟基丙酸、丙醇酸，其性状为无色或浅黄色黏稠液体，可以与水、醇、甘油等溶剂混溶，微溶于乙醚，不溶于氯仿等其他有机溶剂。乳酸是较为重要的酸味剂产品，但其应用范围不及柠檬酸。乳酸除了可以作为酸味剂使用外，其产品还具有杀菌作用，能够有效抑制杂菌的滋生和繁殖。乳酸的结构式如下：

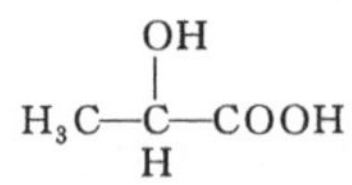

（4）酒石酸

酒石酸（tartaric acid）是一种广泛存在于多种蔬菜和水果中的化学物质，结构中含有两个手性碳原子，其性状为无色透明棱柱状结晶或白色结晶粉末。酒石酸易溶于极性溶剂，例如水和乙醇，其酸味为柠檬酸的1.2～1.3倍。我国使用的酒石酸多为进口天然酒石酸，其产品可作为酸味剂在罐头、糖果、果酱以及饮料中使用。酒石酸的结构式如下：

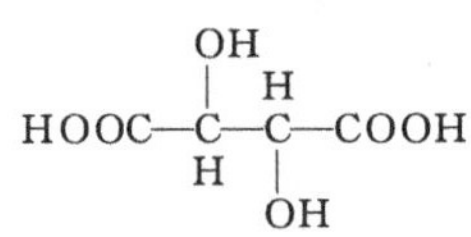

（5）苹果酸

苹果酸是国外产能较大的一类酸味剂，其性状为无色结晶，水溶性良好，但醇溶性较差，属于微溶级别。苹果酸是国际公认的最为安全的一种酸味剂，可用于调酸和保鲜来使用，酸味比柠檬酸高出20%，在实际应用过程中可部分或者全部替代柠檬酸。

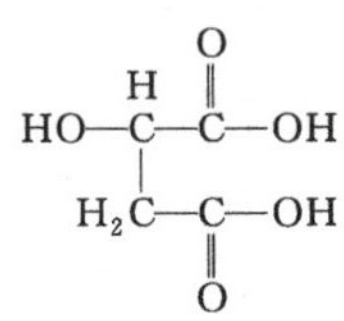

（6）磷酸

磷酸是唯一可作为酸味剂使用的无机酸，其性状为无色黏稠液体，可溶于极性溶剂，例如水和乙醇等。磷酸作为酸味剂主要用于调配可乐饮品。

5.4.3 甜味剂

所谓的甜味剂是指能够赋予食品甜味的一类添加剂。目前，现阶段所使用的甜味剂可分为营养型甜味剂和非营养型甜味剂。所谓的营养型甜味剂是指其甜度与蔗糖相同时，自身热值在蔗糖的2%以上的物质，例如葡萄糖、麦芽糖、果糖、山梨醇糖等各种常见糖类。非营养型甜味剂主要包括糖精钠、甜蜜素、安赛蜜、甘草等。非营养型甜味剂的甜度普遍远高于蔗糖的甜度，例如甜蜜素的甜度是蔗糖的30～50倍，阿斯巴甜的甜度是蔗糖的100～200倍，安赛蜜的甜度是蔗糖的200倍。鉴于甜味剂的自身特点，本章节将重点对高甜度甜味剂进行介绍。

(1) 甜蜜素

甜蜜素又称为环己亚胺磺酸钠，其甜度是蔗糖的30～50倍，其结构式如下：

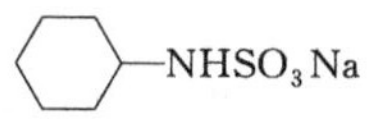

甜蜜素的性状为白色针状、片状结晶或结晶粉末，可溶于水和丙二醇，但在乙醇、乙醚、氯仿等有机溶剂中溶解性较差，几乎不溶。20世纪70年代之前，甜蜜素在美国的消耗量极大，最高曾达到9000t。后因研究发现，甜蜜素与糖精混合使用时会导致实验用白鼠患膀胱癌，此后便被禁用。后续研究发现，直至目前尚未发现关于甜蜜素导致哺乳动物患膀胱癌的直接证据，因此在世界范围内，一些国家，例如中国、法国、西班牙、韩国等仍然允许甜蜜素作为甜味剂在食品工业中使用。我国允许甜蜜素用于酱菜、糕点、饮料及酒类饮品的加工，最大使用量为0.65g/kg，ADI值为0～11mg/kg。

(2) 阿斯巴甜

阿斯巴甜的性状为白色结晶粉末，其热值极低，使用安全。科学研究表明，阿斯巴甜被人体吸收后，可通过人体正常的代谢分解为天冬氨酸、苯丙氨酸以及甲醇，最后经尿液排出体外。由于正常饮食不可能摄入大量的阿斯巴甜，因此代谢产物中所含微量的甲醇不足以对人体造成损害。但有研究发现，苯丙酮尿症的患者不宜食用含有阿斯巴甜的食物。阿斯巴甜主要用于速溶咖啡、碳酸饮料、果肉饮料、冷冻奶制品、果酱、口香糖等食品中，其ADI值为0～40mg/kg。

(3) 安赛蜜

安赛蜜又称为AK糖，学名乙酰磺胺酸钾，甜度是蔗糖的200倍，其性状为白色结晶粉末，易溶于水。科学研究表明，安赛蜜不参与人体的机体代谢，不能提供能量，且自身的热稳定性良好，是应用较为广泛的第四代合成甜味剂。目前，世界范围内已有90多个国家将安赛蜜用于食品、饮料、医药、化妆品等领域中。

(4) 糖精钠

糖精学名为邻磺酰苯甲酰亚胺，其结构式如下：

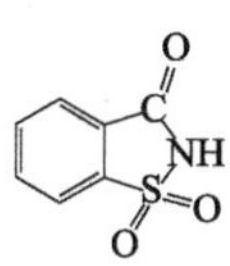

糖精的性状为白色结晶或粉末，其水溶性较差，因此多以钠盐的形式使用。科学研究表明，糖精钠不能够在人体内分解，当人体摄入糖精钠后，其会随着尿液排出。糖精钠自身无营养价值，不能够提供能量，且自身热稳定性较差，在酸性溶液中加热后会因分解而丧失甜味。目前，我国允许糖精钠在果汁、蜜饯、酒类、酱菜等食品中使用。

(5) 三氯蔗糖

三氯蔗糖的性状为白色结晶粉末，水溶性极高，甜度是蔗糖的400～800倍。由于三氯蔗糖的分子结构中含有氯，所以在高温下其性质稳定，为此，三氯蔗糖适用于烘烤食品。此外三氯蔗糖还可作为水果罐头、酱菜、冰淇淋和饮料等食品的甜味剂。

（6）阿力甜

阿力甜是目前最新一代高强度低热量甜味剂，其甜度是蔗糖的2000倍。阿力甜的性状为白色结晶粉末，易溶于水和乙醇。阿力甜具有良好的安全性，目前各国已批准阿力甜用于饮料、糖果、乳制品等食品的加工。

（7）甜叶菊苷

甜叶菊苷是甜叶菊的提取物，是一种双萜配糖体，甜度是蔗糖的300倍。甜叶菊苷的性状为白色结晶体，其自身最大特点是当人体摄入甜叶菊苷后，其不会被人体吸收，不产生热量，广泛被糖尿病患者和肥胖者所使用。我国传统中草药——甘草也含有类似的物质，其被命名为甘草甜素，同样可作为天然的甜味剂用于各类食品的加工。

此外，还有一些甜味剂，例如麦芽糖醇、山梨糖醇、乳糖醇等，其甜度均低于蔗糖。木糖醇的甜度与蔗糖相近，可替代蔗糖供糖尿病患者使用。

5.5 食品抗氧化剂

微生物细菌是导致食物腐败变质的原因之一，除此之外，导致食物变质的另一个主要原因就是食物的氧化。食物中富含各类营养成分，极易出现氧化变质的情况，当食物因氧化而变质，势必会加快微生物细菌的繁殖速度。此外，食物氧化还会影响食物的色泽和口感，降低人们对食物的食欲。因此，食品如需长期保存，防止其氧化是必不可少的一项措施。在食品加工过程中，添加适量的食品抗氧化剂是解决该问题的有效方法之一。

5.5.1 食品抗氧化剂作用机理

能够阻止或延缓食品氧化，进而提高食品的稳定性和延长食品储存期的食品添加剂被称为食品抗氧化剂。各类食品抗氧化剂的作用机理类似，一般可将该机理分为三种情况：

（1）抗氧化剂自身极易被氧化，进而消耗掉食品密封包装内部残留的氧气，降低或消除了食品与氧气接触的可能，进而实现了食品抗氧化的目的。常用的抗氧化剂，例如抗坏血酸及其衍生物等的抗氧化机理均属于该范畴；

（2）抗氧化剂自身能够抑制或削弱氧化酶的活性，降低或阻止氧化酶的催化作用，例如亚硫酸盐类抗氧化剂、SO_2或其他含硫化合物的抗氧化机理与之相匹配；

（3）抗氧化剂自身能够释放出氢离子，能够破坏含有油脂的食品发生氧化时产生的过氧化物或阻止过氧化物的生成，使过氧化物不能够转化为醛或酮等类型的分子，进而达到了食品抗氧化的目的。常见的酚类抗氧化剂，例如丁基羟基茴香醚、没食子酸及其衍生物、生育酚等的抗氧化机理可归结于此。

5.5.2 油溶性食品抗氧化剂

所谓的油溶性食品抗氧化剂是指能够溶解在油脂中，并且对油脂或富含油脂的食物有较为稳定良好的抗氧化作用的物质。常见的合成酚类食品抗氧化剂和合成酯类食品抗氧化剂均属于油溶性食品抗氧化剂的范畴。

（1）丁基羟基茴香醚

丁基羟基茴香醚有 3-叔丁基-4-羟基茴香醚（缩写为 3-BHA）和 2-叔丁基-4-羟基茴香醚（2-BHA）两种同分异构体。BHA 其实是以 3-BHA 为主要成分，以 2-BHA 为次要成分的混合物，其结构式如下：

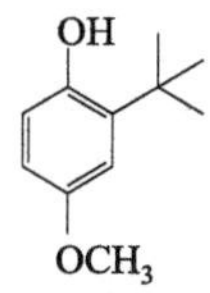
3-BHA

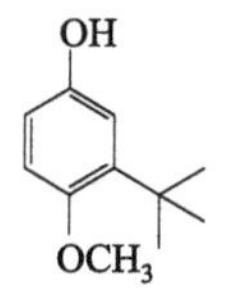
2-BHA

BHA 的性状为无色至浅黄色蜡状固体或结晶粉末，易溶于油脂和乙醇，水溶性较差。科学研究发现，3-BHA 的抗氧化效果比 2-BHA 的抗氧化效果强 1.5～2 倍，二者混用有增效作用。BHA 主要用于油脂、油炸食品、肉干食品、罐头及腌肉等食物的抗氧化，ADI 值为 0～0.5mg/kg，最大使用量为 0.2g/kg。

（2）2,6-二叔丁基对甲苯酚

2,6-二叔丁基对甲苯酚缩写为 BHT，其结构式如下：

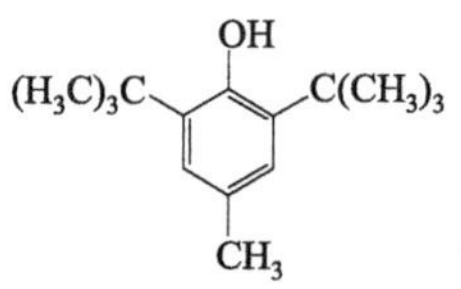

BHT 的性状为无色晶体或白色结晶粉末，水溶性较差，在乙醇及各类油脂中的溶解度良好，但不溶于甘油。BHT 因其具有较强的抗氧化能力和良好的热稳定性而备受关注，其成本较低，仅为 BHA 的 1/8～1/5，并且不与金属离子显色，因此为我国主要采用的食品抗氧化剂。由于 BHT 的毒性较大（无致癌性），因此在使用时需严格控制其使用量，BHT 的 ADI 值为 0～0.3mg/kg。

（3）没食子酸丙酯

没食子酸丙酯缩写为 PG，其结构式如下：

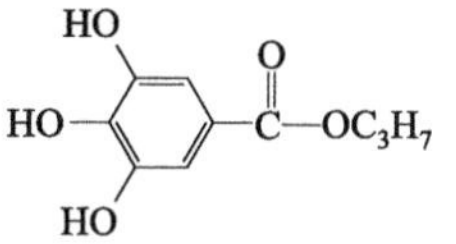

PG 的性状为白色至淡黄褐色结晶粉末或乳白色针状结晶，水溶性极差，仅在热水中溶解，但油溶性好，可溶于乙醇和乙醚。PG 自身稳定性良好，并且对热稳定，但与金属离子作用时会发生着色反应。PG 的抗氧化能力比 BHA 和 BHT 都强，三者合用效果最佳。PG 可用于油脂、肉类食品及罐头、油炸食品的抗氧化。

5.5.3 水溶性食品抗氧化剂

所谓的水溶性食品抗氧化剂是指抗氧化剂自身能够溶解在水中，并且对食品具有稳定而良好的抗氧化作用的物质，常见的水溶性食品抗氧化剂有 L-抗坏血酸及其衍生物和乙二胺四乙酸二钠、氨基酸类衍生物等。

（1）L-抗坏血酸

L-抗坏血酸又称维生素 C，其性状为白色至浅黄色晶体或结晶性粉末，维生素 C 具有较强的还原性，可优先与食物所处环境中的 O_2 发生反应，从而达到食品抗氧化的目的。维生素 C 的稳定性较差，遇光分解，因此在使用时应注意避光，另外维生素 C 可以与金属离子发生反应，因此使用时还需注意避免容器内混入金属。正常剂量的维生素 C 对人体无害，广泛用于饮料、肉制品、蔬菜水果等食品的抗氧化。

（2）乙二胺四乙酸二钠

乙二胺四乙酸二钠缩写为 EDTA-2Na，其性状为白色晶体颗粒或粉末，EDTA-2Na 的水溶性良好，但难溶于乙醇。EDTA-2Na 作为抗氧化剂使用时，主要利用其较强的螯合性防止食物氧化变质，较强的螯合性可有效预防食物中可能存在的金属离子所引起的食物表面变色，保持食物的色、香、味。EDTA-2Na 主要应用在果脯、蔬菜罐头、八宝粥以及饮料中。

5.5.4 天然食品抗氧化剂

所谓的天然食品抗氧化剂是指广泛存在于自然界动植物体内，具有抗氧化功能的物质。常见天然食品抗氧化剂有生育酚、植酸、茶多酚等。

（1）生育酚

生育酚，即日常生活中经常接触的维生素 E，天然的维生素 E 广泛存在于高等动植物体内，具有较强的抗氧化功能，可以防止高等动植物的细胞组织成分因氧化而丧失功能。生育酚混合浓缩物是日常生活中人们使用的生育酚产品，其性状为黄至褐色透明黏稠液体，水溶性较差，但可以溶于乙醇。此外，生育酚混合浓缩物可以与油脂、乙醚、丙酮等有机溶剂按任意比例混合，生育酚混合浓缩物的稳定性较差，对氧气十分敏感，空气中遇光变黑。生育酚混合浓缩物耐酸不耐碱，但对热稳定，无氧条件下将生育酚加热至 200℃也不会分解。

在我国，生育酚的价格较高，因此主要用于附加值高的商品中，例如医药、婴幼儿食品及相关乳制品中，其 ADI 值为 0～2mg/kg，在油炸食品或饮料中，其最大使用量为 0.2g/kg。

（2）植酸

植酸又称为肌醇六磷酸，缩写为 PA，其结构式如下：

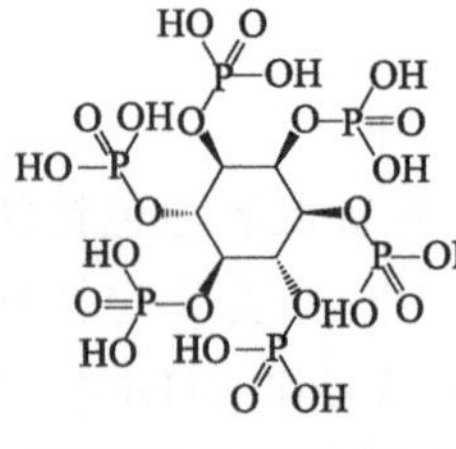

植酸广泛存在于高等植物体内，其性状为浅黄色或黄褐色黏稠状液体，易溶于水，不同于无水乙醇、氯仿等有机溶剂，安全无毒，抗氧化性好。植酸的热稳定性极好，长期油炸仍然能够保持效果。目前，植酸广泛应用在油炸食品、各类腌肉食品、膨化食品以及油脂类食品中。

（3）茶多酚

茶多酚是茶叶中的有效成分，是一种混合物，属于天然的抗氧化剂，其性状为浅黄色或浅绿色粉末，溶解性良好，能够溶于水、乙醇、醋酸乙酯等多种溶剂中，茶多酚的抗氧化作用主要依赖于所含的儿茶酚。茶多酚与很多酸味剂有较好的协同效应，例如苹果酸、柠檬酸、酒石酸等，其中茶多酚与柠檬酸的协调效应最好。茶多酚与其他食品抗氧化剂也具有协同效应，例如抗坏血酸、生育酚等。此外，茶多酚还具有防止食物褪色、杀菌消炎等功效。

5.6　食用色素

食用色素又称为着色剂，它是一种能够给食物染色，进而提高食品价值并能够刺激人们对食品产生食欲的物质。20 世纪，食用色素在我国应用较为广泛，随着人们对饮食安全认识的提高，进入到 21 世纪之后，食用色素在食品加工领域所占比例逐年下降，但目前仍有部分食品的加工需要食用色素。现阶段，食用色素主要应用在酒类、饮料、糕点，以及医药和化妆品的生产和加工中。

食用色素可依据其来源分为合成食用色素和天然食用色素两大类。合成食用色素具有着色能力强、颜色鲜艳、性质稳定等优点，在 20 世纪被广泛采用，但随着科学的发展以及人们对食品安全认识的提高，合成食用色素逐渐淡出原有的应用领域。这是因为合成食用色素不具备营养价值，其化学毒性较大，绝大多数合成食用色素对人体健康危害极大，合成食用色素在生产过程中可能混有重金属元素，因此世界各国陆续禁用了绝大多数合成食用色素在食品加工中的应用。与合成食用色素相比，天然食用色素具有安全可靠的特点，部分天然食用色素还具有一定的药用价值和营养价值，虽然其着色能力和颜色的鲜艳程度均不如合成食用色素，但从安全角度和营养及药用价值角度考虑，天然食用色素是未来食用色素发展的主要方向。

5.6.1　合成食用色素

（1）苋菜红

苋菜红的性状为紫红色粉末，水溶液呈现玫瑰红的颜色，脂溶性较差，对热、酸、光等外界因素不敏感，稳定性好，可用于饮料、酒类、糕点、化妆品以及医药等领域，最大允许使用量为 0.05g/kg。

（2）胭脂红

胭脂红的性状为深红色粉末，水溶液呈现红色，脂溶性较差，对酸、碱、光和热等外界因素有良好的耐受性，可用于糕点、饮料等食品的加工，最大允许使用量为 0.05g/kg。

（3）柠檬黄

柠檬黄的性状为橙黄色粉末，水溶性良好，脂溶性较差，对酸、碱、热、光等外界因素不敏感，耐受性好，可用于饮料、糕点、医药及化妆品的加工，最大使用量为 0.10g/kg。

（4）日落黄

日落黄的性状为橙黄色粉末，水溶性良好，脂溶性较差，耐光、热、酸，可用于饮料、糕点、医药及化妆品的加工，最大使用量为 0.10g/kg。

5.6.2　天然食用色素

绝大多数天然食用色素来自动植物，例如甜菜红、姜黄、胭脂虫红等，个别天然食用色素来自天然矿物质，例如二氧化钛。天然食用色素安全、无毒无害，主要品种有焦糖色素、红花黄、甜菜红、叶绿素铜钠盐等。

5.7 乳化剂

所谓的乳化剂其实是一类可食用的表面活性剂，与其他领域使用的表面活性剂一样，食品用表面活性剂同时具有亲水基团和疏水基团。许多食品中都含有水溶和油溶的配料，如果没有乳化剂的加入，很难将其混合均匀，即出现油水分离的情况。加入乳化剂后，可有效解决这一问题，使食物的风味、外观及质量得到有效的提高。

世界范围内允许在食品中使用的乳化剂有 60 多种，各国根据自身国情以及国家对食品安全的管理，对可用于食品加工的乳化剂种类规定各不相同，美国允许使用 58 种，日本对食品安全管理较为严格，仅允许使用 20 种。在这些食品乳化剂中，使用量较大的有脂肪酸甘油酯、脂肪酸蔗糖酯、脂肪酸山梨醇酯、大豆磷脂、丙二醇脂肪酸酯等。

（1）脂肪酸甘油酯

脂肪酸甘油酯属于油包水型乳化剂（W/O），其室温下性状为白色或淡黄色粉末、片状或蜡状半流体和黏稠液体。脂肪酸甘油酯的醇溶性较好，与热水混合后，经剧烈搅拌后乳化。其结构式如下：

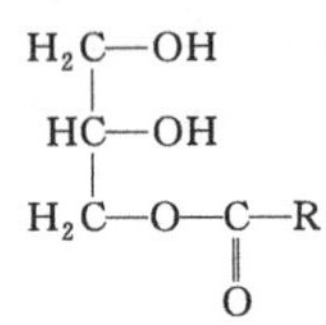

（2）脂肪酸蔗糖酯

脂肪酸蔗糖酯是蔗糖与食用脂肪酸制备的酯类，其中，蔗糖富含羟基，可作为亲水基团，脂肪酸的烷基链可作为亲油基团。其室温下性状为白色或黄褐色粉末，水溶性较差。脂肪酸蔗糖酯不仅可改进食品的多种性能，而且自身可通过人体正常的代谢作用转化为蔗糖和脂肪酸被人体吸收，可以说脂肪酸蔗糖酯是一种可生物降解、无毒无害、具有一定营养价值的食品增稠剂，其用量在食品添加剂范畴中无限制。

（3）脂肪酸山梨醇酯

脂肪酸山梨醇酯也是常用的食品乳化剂，其室温下性状为白色或黄色液体，有时呈现为蜡状物。脂肪酸山梨醇酯的乳化效率较高，且稳定性好。

（4）大豆磷脂

大豆磷脂是目前食品加工业中使用最多的天然食品乳化剂，大豆磷脂是大豆生产大豆油时生成的副产物，同时也是卵磷脂、脑磷脂和肌醇磷脂的混合物。大豆磷脂作为食品添加剂使用时，主要用于奶油制品和巧克力的生产和加工，此外，大豆磷脂也可作为饲料添加剂使用，也可用于化妆品和医药等其他领域。

5.8 增稠剂

所谓的食品增稠剂又称为增黏剂或糊料，它是一种能够在水中溶解或分散，增加流体或半流体食品黏度，赋予食品黏滑口感，改变或稳定食品稠度，保持食物水分的食品添加剂。食品增稠剂有时候也可以作为乳化剂和稳定剂使用。食品增稠剂一般都具有如下特征：

a. 具有一定的水溶性；

b. 在水中能够剧烈溶胀，使用时能够迅速溶解或糊化；

c. 其水溶液黏度较大，属于非牛顿流体；

d. 条件允许情况下能够形成薄膜或凝胶状。

现阶段，世界范围内允许使用的食品增稠剂有 40 多种，依据食品增稠剂的来源可将其分为天然类食品增稠剂和合成类食品增稠剂两大类，其中合成类还包括了天然改性食品增稠剂。在常用食品增稠剂产品中，天然类食品增稠剂主要包括果胶、明胶、卡拉胶、海藻胶及其衍生物以及淀粉等，合成类食品增稠剂主要包括改性淀粉、改性纤维素等。

（1）果胶

果胶是较为常见的食品增稠剂产品，其室温下性状为乳白色或淡黄色不定形粉末，在水中的溶解度良好，但不溶解于乙醇以及其他有机溶剂，高温下分解。果胶的分子结构为直链状多糖聚合体，其结构单元为 D-半乳糖醛酸结构。依据酯化半乳糖醛羧基对总的半乳糖醛羧基的比值（即酯化度，缩写为 DE）可将果胶分为 HM 果胶和 LM 果胶两大类，其中 HM 果胶为高甲氧基果胶，其 DE 值＞50%，甲氧基含量在 7%～16.3%之间；LM 果胶为低甲氧基果胶，其 DE 值＜50%，甲氧基含量在 7%以下。

现阶段，果胶是国内外普遍广泛应用的食品增稠剂，HM 果胶可用于果冻、果酱、软糖、蛋糕、巧克力及冰淇淋等食品的加工；LM 果胶可用于低糖食品或奶制品等食品的加工，此外，LM 果胶也可作为重金属离子中毒后的解毒剂来使用。

（2）食用明胶

明胶是一种具有较大分子结构的亲水性胶体，是胶原部分水解后的产物，其结构中含有羧基、氨基以及多肽基团，结构式如下：

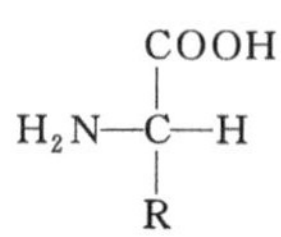

R＝多肽基团

食品加工中所使用的明胶不同于工业明胶。依据其自身性能，明胶可分为食用明胶、药用明胶、工业明胶和照相明胶四大类。食用明胶外观呈白色，是透明的，其外观不同于工业明胶。工业明胶因所含杂质较多，因此与食用明胶有明显区别。工业明胶所含杂质较多，经其加工后的产品一般质量都比较差，其黏度和韧性都比较小，产品易碎，此外由于工业明胶在色泽上有很大瑕疵，如若被用于食品加工，则需要配合大量食品香精和染色剂来使用，进而掩盖其自身缺陷。如果发现食品色泽极其鲜艳、易碎、精制程度差，即可初步判定该食品在加工过程中使用了工业明胶。

由食用明胶加工后的食品具有弹性、口感软滑、入口即化的特点。食用明胶广泛用于果冻、皮冻、罐头、果酱、糕点、糖果及果汁等食品的加工。

（3）海藻胶

海藻胶其实是一类食品增稠剂的总称，其包括了卡拉胶、琼脂、红藻胶、海藻酸及其盐类等。通常情况下，凡是以海藻为原料，通过加工制得的胶统称为海藻胶。但在生产环节，人们大多使用海带或巨型藻类为原料，因此产出的产品多为海藻酸及其盐类，所以现在市面上所说的海藻胶其实是海藻酸及其盐类。海藻酸及其盐类广泛用于罐头、面条以及冰淇淋等食品的加工，由于其自身具有相当的营养价值，因此还可作为保健品或营养品使用。

（4）羧甲基纤维素及其盐类

羧甲基纤维素缩写为CMC，是常见的增稠剂品种，由于其水溶性较差，因此常以钠盐的形式应用。羧甲基纤维素钠在室温下的性状为白色粉末，也有将其加工成颗粒状或纤维状使用的情况。羧甲基纤维素钠可作为稳定剂用于冰淇淋的加工，此外，其还可作为增稠剂用于果酱、泡面、罐头等食品的加工。

5.9 膨松剂

膨松剂又称为膨胀剂、疏松剂、发粉，是一类可以使面食形成致密多孔结构，使其具有蓬松、柔软或薯脆口感的食品添加剂。在面食加工过程中，膨松剂是在和面工序中添加的，添加膨松剂的面团经加工成型后，在蒸煮、烘烤、油炸等熟制过程中会因膨松剂受热分解所生成的大量气体而膨胀，在食物内部形成大量致密而又均匀的多孔结构，进而使面食具备了松软或薯脆的口感。

目前，在食品加工过程中所使用的膨松剂可依据其组成分为碱性膨松剂和复合型膨松剂两大类。碱性膨松剂是以碳酸氢钠和碳酸氢铵为代表的单一型膨松剂，复合膨松剂是通过复配技术，将特定比例的碳酸盐或碳酸氢盐、酸性物质、淀粉等混合调配而成的食品添加剂。20世纪，酵母被广泛用于面食的加工，但根据我国食品添加剂的管理规定，将其划分在营养强化剂中，虽然营养强化剂也是食品添加剂的一种，但鉴于其目前使用情况，本教材对此不作过多介绍。

5.9.1 碱性膨松剂

（1）碳酸氢钠

碳酸氢钠又称为小苏打，其性状为白色结晶或粉末，易溶于水，不溶于乙醇，水溶液为弱碱性。碳酸氢钠与酸发生强烈反应，可生产 CO_2 和 H_2O，其碱性对食品的口味影响很大，而且还会破坏维生素等营养成分，有时甚至会使食品产生大量黄斑，降低食品的质量，因此在食品加工过程中应适量并慎重使用碳酸氢钠。

（2）碳酸氢铵

碳酸氢铵又称为臭粉，具有氨的臭味，作为食品添加剂使用时，其性质类似于碳酸氢钠，对食品质量同样有严重影响，因此在食品加工过程中也应慎重使用。

5.9.2 复合膨松剂

（1）硫酸铝钾和硫酸铝铵

硫酸铝钾又称为明矾和钾矾，其性状为无色透明结晶或结晶性粉末。水处理领域中，硫酸铝钾常作为净水剂使用。在食品加工中，硫酸铝钾可作为复合膨松剂调配的成分。

硫酸铝铵又称为铵明矾，其性状为无色透明结晶或结晶性粉末。水处理领域中，硫酸铝铵也可作为净水剂使用。在食品加工中，硫酸铝铵常作为硫酸铝钾的替代品，用于调配复合膨松剂。

含有硫酸铝钾和硫酸铝铵的复合膨松剂可用于烘烤食品、水产品等食品的加工，但在使用时应按需使用，特别注意铝的残留量应小于100mg/kg（干基）。

（2）磷酸氢钙

磷酸氢钙的性状为白色结晶或结晶性粉末，其水溶性和醇溶性都较差。在食品加工中，磷酸氢钙可用于调配复合膨松剂使用，也可单独作为钙强化剂使用。该品可用于发酵面制品的加工。

（3）酒石酸氢钾

酒石酸氢钾的性状为白色或结晶性粉末，具有令人愉快的清凉酸味，可溶于热水，在冷水和醇中的溶解性较差，属于难溶级别。该品可用于面食和烘烤食品的加工，最大使用量为250g/kg。

（4）磷酸氢二铵

磷酸氢二铵的性状为白色粉末，主要用于饼干等烘烤食品的加工，其最大使用量为2.5g/kg。

由于各类常见碱性膨松剂和复合膨松剂的缺陷明显，加之目前人们饮食习惯的不断改变，膨松剂系列食品添加剂在实际应用过程中逐渐淡出人们的视野，其食品加工中使用量逐年下降，目前仅在糕点和饼干等食品加工中使用。

思考题

1. 什么是食品添加剂？什么是非法添加剂？

2. 如何评价食品添加剂的安全？

3. 防腐剂的作用机理有哪些？

4. 常用防腐剂有哪些？这些防腐剂产品适用于哪些食品？

5. 影响防腐剂功效的因素有哪些？请具体说明。

6. 谷氨酸钠的制备方法有哪些？请写出具体合成路线及方法。

7. 常见酸味剂有哪些？这些酸味剂产品适用于哪些食品？

8. 常见甜味剂有哪些？这些甜味剂产品应该如何使用才安全？请具体说明。

9. 食品抗氧化剂的作用机理是什么？

10. 除防腐剂、调味剂、食品抗氧化剂之外，还有哪些其他类型的食品添加剂？这些添加剂有什么功能？

第6章

染料和颜料

6.1 概述

染料和颜料都是有色物质，它们可以通过一系列方式为其他材料染色。染料和颜料相比，染料的应用更为广泛。传统染料是一种用于纤维或其他材料染色的物质，然而随着科技的发展，一系列功能性染料已经不是只用于染色这么简单，这些功能性染料的应用已经涉及人们生活中所能接触的各种高科技产品，甚至部分功能染料直接应用在国防以及航空航天等国家核心工业中。

世界范围内，合成染料工业起源于19世纪50年代末期，苯胺紫的发现及后续工业化生产标志着合成染料在世界范围内开始占据主要地位。合成染料发展至今，由于其在诸多方面都具备良好的综合性能，现阶段合成染料已经逐步替代了绝大多数的天然染料。目前，各类染料产品层出不穷。据统计，现已应用的染料多达8600多种，这些染料产品已成为人们在日常生活中不可或缺的重要产品。此外，部分特殊染料产品广泛应用在国防、航空航天、航海等重要领域，这些产品的应用关系到国家的发展和国防安全。

染料商品种类繁多，为更好区分各类染料商品，通常情况下可依据染料的化学结构和使用性能两个方面对相关产品进行分类。染料分子结构中，发色基团对染料的颜色起到至关重要的作用，因此可根据发色基团的不同对染料进行分类。染料的使用性能与诸多因素有关，例如自身性质、使用对象、使用方法等，因此我们可以根据这些因素对其进行分类。

6.1.1 染料的分类

染料的分类方式有很多种，通常情况下，可依据染料分子结构和染料的应用进行分类。

(1) 按染料分子结构分类

依据染料分子的结构特征，可将其分为偶氮染料、蒽醌染料、酞菁染料、芳甲烷染料、次甲基染料（靛族染料）、硝基和亚硝基染料、硫化染料、杂环染料等。

偶氮染料：偶氮染料分子结构中含有偶氮基且两端都连接芳香环，凡是具有这样结构的化合物统称为偶氮染料。在诸多合成染料商品中，偶氮染料是品种最多的一类，约占合成染料品种总数的60%～70%。偶氮染料色泽鲜艳，产品颜色多为红色、橙色或黄色，很少有蓝色或绿色的偶氮染料品种，此类染料广泛用于各类合成纤维的印染，也可用于塑料制品、橡胶制品、涂料制品的着色，备受争议的苏丹红染料就是具有代表性的偶氮染料产品。

蒽醌染料：以蒽醌及其衍生物为发色基团的化合物统称为蒽醌染料。蒽醌染料系列产品在染料工业中占据重要地位，其产品种类仅次于偶氮染料。蒽醌染料性质稳定，颜色鲜艳，产品多为深色系，应用领域广泛。

酞菁染料：酞菁以及以酞菁作为母体结构衍生化得到的系列化合物统称为酞菁染料。酞菁染料虽然色泽单一（蓝色或绿色），但这类染料具有颜色鲜艳、性质稳定的特点，耐光、耐热、耐溶剂性、化学试剂性质极佳，能够在诸多外界因素影响下保证染色后不褪色。另外，酞菁染料产品价格低廉，因此这类染料也有广泛的应用价值。最新研究发现，酞菁染料具有特殊的光物理性质，可用于功能性染料的设计和开发。

芳甲烷染料：芳甲烷染料是在纺织领域中使用的染料，虽然在现阶段此类染料使用量不大，但其在染料工业领域具有重要的意义。芳甲烷染料价格低廉，系列产品覆盖色调全面且颜色艳丽，但技术性要弱于偶氮染料、蒽醌染料和酞菁染料。

次甲基染料：次甲基染料又称为靛族染料，此类染料化合物的结构中含有一个或多个次甲基，此类染料色调全面，常用于打印、织物印染等领域。

硝基和亚硝基染料：硝基和亚硝基染料是指分子结构中含有硝基和亚硝基的染料，此类染料可作为分散染料和半还原毛发染料使用。

硫化染料：硫化染料的结构中含有硫、二硫键或聚硫键，其结构复杂。在纤维制品染色中一般不适用硫化染料。

杂环染料：杂环染料的品种很多，一般将分子中含有杂环结构的染料统称为杂环染料。杂环染料覆盖面广，其产品种类涵盖了其他各类染料产品，即与其他染料产品分类有很大的交集。就其结构特点而言，由于涵盖了各种其他类别的染料，因此无法准确归纳杂环染料的性质及应用的规律性，为此不做过多介绍。

(2) 按染料的应用分类

染料产品依据其应用方式可分为酸性染料、碱性染料、活性染料、还原染料、分散染料、直接染料、媒介染料、冰染染料、缩聚染料等。

酸性染料：所谓的酸性染料是一种能够溶解在水中的阴离子染料，其分子结构中含有羧基和磺酸基等酸性基团，此类染料在染色时需要在酸性染液中进行，因此被称为酸性染料。酸性染料常用于皮革、蛋白质纤维、尼龙等产品的染色。

碱性染料：碱性染料分子中含有碱性基团，这些碱性基团能够与纤维上的羧基发生反应并结合，因此可用于分子结构中含有羧基的纤维制品的染色。部分碱性染料品种溶于水后呈阳离子状态，因此这类溶于水后呈现阳离子状态的碱性染料又称为阳离子染料。

活性染料：活性染料又称为反应型染料，此类染料分子中含有活性基团，使用时能够与纤维中所含氨基或羟基发生化学反应，进而完成对纤维制品的染色。这类染料的染色过程实际上就是一个化学反应过程，该过程使染料分子和纤维之间形成了染料-纤维共价键，因此染色后不容易脱色，牢度高。活性染料常用于纤维素类织物的印花和染色，也可用于羊毛及棉纶制品的染色。

还原染料：还原染料水溶性极差，这类染料在使用时，应先选用合适的还原剂在碱性溶液中将染料还原成可溶性的隐色体钠盐，隐色体钠盐可直接对纤维进行上染。纤维上染后，再选取合适的氧化剂或利用空气中的氧将纤维织物上的隐色体钠盐氧化成不溶性染料，至此，染色完成。还原染料主要用于纤维织物的染色和印花，有时也可用于丝或毛的织物染色，但应用较少。还原染料染色后的牢度强，具有耐候、耐洗、耐光、耐污垢等特点。

分散染料：分散染料是一种非离子染料，其分子结构中不含有水溶性基团，疏水性极强。使用时，可选用合适的分散剂将染料分散成细微的颗粒，颗粒进入纤维内部进行染色。分散染料主要用于疏水性合成纤维的染色，例如聚酯纤维（涤纶）、醋酸纤维、聚酰胺纤维等。

直接染料：直接染料的分子结构中含有较多的偶氮基，此外还含有磺酸基和羧基，结构与酸性染料类似，但直接染料的分子量较大。这类染料分子的结构中所含的磺酸基和羧基可以与织物发生作用，直接性高，所以被称为直接染料。直接染料与染色基质之间的相互作用是范德华力和氢键，因此染色基质需含有一定数量的极性基团，例如羟基、羧基等。这类染料常用于纤维素纤维、蚕丝、皮革及纸张的染色。

媒介染料：媒介染料的分子结构中也含有水溶性基团，例如磺酸基和羧基等，在这方面，媒介染料的结构与酸性染料、直接染料类似，但媒介染料的分子结构中还含能够与金属媒介发生络合作用的其他基团。媒介染料常用于蛋白质纤维和聚酰胺纤维的染色，使用时，染料首先经过金属媒染剂处理，保证其在纤维上能够形成不溶性的金属配位化合物。此类染料的牢度强，但染色废水对环境的污染较为严重。

冰染染料：冰染染料是偶氮染料的一种，此类染料使用时需要控制温度在 0～5℃之间进行，染色过程需要使用冰，因此被称为冰染染料。冰染染料在使用时，色基（重氮组分）和色酚（偶合组分）能够直接在纤维上发生化学反应并生成带有颜色的沉淀，进而完成对纤维的染色。冰染染料一般用于纤维素纤维的染色和印花。

缩聚染料：缩聚染料的分子结构中含有水溶性基团，这类染料在使用时能够自发脱去水溶性基团而发生分子间缩聚反应，反应生成的大分子量不溶性染料会牢固地附着在纤维上，进而完成对纤维织物的染色。缩聚染料是 20 世纪 80 年代才发展起来的一类染料，其产品主要用于纤维素纤维的染色和印花，有时也可用于维纶的染色。

6.1.2 染料的命名

染料品种多达 8600 多种，结构复杂，为方便区分和使用各类染料产品，我们通常采用统一的命名方式对各种染料进行命名，以便区分和使用。一般情况下，染料商品在生产和流通过程中通常采用三段式命名，也就是说将染料名称分为三部分。第一部分称为“冠称”，冠称表示染料的应用类别；第二部分称为“色称”，表示染料的色泽；第三部分称为“尾称”，常用数字符号或英文字母表示染料的色光、形态、特殊性能及相关用途。

冠称：冠称通常依据染料的应用对象、染色方法、染料性质等方面来确定。我国规定染料的冠称有直接、直接铜盐、直接耐晒、直接重氮、弱酸性、酸性、酸性媒介、酸性络合、中性、活性、阳离子、毛用活性、还原、可溶性还原、硫化、可溶性硫化、分散、色盐、色酚、色基、色淀、缩聚、氧化、混纺、快色素等。

色称：色称表示染料的基本颜色。我国规定可以采用的色称有黄、金黄、嫩黄、深黄、红、大红、桃红、紫红、品红、枣红、玫红、紫、蓝、深蓝、湖蓝、翠蓝、艳蓝、绿、深绿、艳绿、草绿、橄榄绿、棕、深棕、红棕、黄棕、黑、灰等。考虑到染料发展过程，人们仍然保留着传统天然植物染料的认知习惯，所以色称中还包括了果绿、天蓝、玫瑰红等天然植物染料颜色的称呼。

尾称：在我国染料命名方式中，尾称常用于表示染料的牢度和色光等应用性能的差异，常用尾称的意义如下。

表示光和色泽的品质时，英文单词 red 表示红色，在染料命名的尾称中通常将其缩写为R，表示染料带红光。与之类似的表示方法还有 B（blue），表示染料带有蓝光或青光；F（fine），表示染料为色光纯；D（dark），表示染料带有深色或者色光较暗。类似的表示方法不仅涉及英语，也涉及一些德语，例如：德语 gruen 表示绿色，gelb 表示黄色，因此 G 表示染料带有黄色光或绿色光。

表示用途及性质时，cotton 是棉花的意思，其缩写为 C，表示棉用。类似的表示方法还有 M（mixture），表示混合物，国产染料表示含有两个活性基团；N（new，normal），表示新类型或标准；P（printing），表示染料适用于印花。

为了区分染料色泽以及性质强弱，有时候还在缩写字母前面添加阿拉伯数字对其进行区分，例如 2B 比 B 稍蓝一些，而 3B 比 2B 更蓝；再如 2L 比 L 具有更好的耐晒性。在这里需要特殊说明的是，由于各国制定的标准有一定差别，因此各类标准之间不具有可比性。

表示染料形态和强度时，powder 是粉末的意思，其缩写为 P，但为了与之前的表示加以区分，通常用两个或两个以上的字母表示粉末，例如 Pd（powder），表示粉末状；Gr（grains），表示颗粒状；Liq（liquid），表示液体状；Pst（paste），表示浆状。此类表示方法在国际范围较为常用，但在我国并不是很常见。

相对于国外染料企业来说，我国染料企业的规范化管理较为落后，各企业对染料产品的命名并不是采用统一的方法，因此我国染料命名比较混乱。这直接体现在符号表示意思不统一，有些规模较大的企业甚至自己形成一套命名体系，各企业对染料命名比较随意。因此为了规范染料产品种类，方便区分各类产品，商业活动中常采用染料索引序号来准确区分各类染料产品。

《染料索引》（colour index，简称 C. I.）是一部由英国染色家协会（SDC）和美国纺织化学家和染色家协会（AATCC）合编出版的国际性染料、颜料品种汇编。《染料索引》的前部分是依据染料对吸收光谱的波长长短进行排序，序列为黄、橙、红、紫、蓝、绿、棕、灰、黑的顺序。对于同一色系的染料来说，需要更详细的编号来区分同一色系的各类染料产品，例如：C. I. 酸性黄 1；C. I. 直接红 28，这里面的 1 和 28 就是编号。《染料索引》的后部分是依据染料化合物结构进行编号区分的，例如：C. I. 酸性黄 1 的化学结构编号为 C. I. 10316；C. I. 直接红 28 的化学结构编号为 C. I. 22120。

6.2 染料的作用原理

6.2.1 光与颜色之间的关系

人眼只能观察到处于可见光范围的颜色，所谓的颜色又包括物质本身的颜色和物质发光的颜色两大类。物质本身的颜色是指当日光照射在某种物质上时，未被该物质吸收的光复合后展现出的颜色。物质发光的颜色是指当某种特殊的发光材料受到光辐射激发后，组成该材料的分子因辐射激发跃迁至高阶的激发态，当处于高阶激发态的分子以辐射跃迁方式跃迁回基态时，会发出耀眼的荧光。如果荧光强度远高于未被吸收的激发光的强度，则荧光的颜色即为物质发光的颜色，如果荧光强度较弱，则荧光与未被吸收的激发光经复合后的颜色即为该发光材料的颜色。在这里我们需要特别说明的是某些特殊的发光材料能够发出磷光，但氧气对磷光有很强的猝灭作用，因此我们在日常生活中能接触到的发光材料多为荧光材料。

不同物质的吸光能力不同，对于吸光能力较强的非发光物质来说，当该物质受到日光辐射后，该物质能够将处于可见光区各波段的光全部吸收，该物质则展现出黑色。对于吸光能力较弱的非发光物质来说，该物质对处于可见光区各波段的光无吸收，则该物质展现出全部光复合后的颜色，即白色。如果某一物质对可见光区某一波段的光有吸收作用，则该物质展现出的颜色即为未被吸收波段的光与被吸收波段未被完全吸收而反射回物质表面的光复合后的颜色。

不同物质的颜色各不相同，这是因为不同物质的组成不同，其内能也不同。当物质吸收辐射光的能量后，会从基态跃迁至位于不同能级的激发态，各激发态与基态之间的能级差即为被吸收光的能量。不同物质基态与激发态之间的能级差不同，其吸收的光也就不同，因此，未被吸收的光经复合后显示出的颜色也各不相同。物质基态的能量设为 E_0，激发态的能量设为 E_1，则能级差 $\Delta E = E_1 - E_0$，ΔE 即为被吸收的能量。

除了组成物质的分子结构对其颜色有影响外，光源的改变也会对同一物质的颜色产生不同影响。这是因为不同光源在各波段的发光强弱不同，因此激发光的能量也不同，例如日光与室内灯光等。所以在日光和室内灯光不同照射下，人们观察同一物质显现出的颜色会有一定差别，这个现象被人们称为色差。

6.2.2 染料和颜料化合物结构与颜色之间的关系

在前一部分我们提到了组成物质的分子结构对其颜色有直接的影响，因此在染料领域我们可以通过设计和改变染料分子结构的方式调节染料的颜色。早期科学研究发现化合物颜色与其分子结构之间有着经验性的规律，后期深入研究已发展到分子能级跃迁以及能量和能级等微观的科学规律。影响化合物颜色的因素主要包括如下几个方面。

（1）共轭体系

共轭体系是影响染料化合物颜色的主要原因之一，共轭体系涉及化合物中电子的叠合程度以及分子内电子转移的难易程度（电子流动性），与共轭体系相关的因素主要包括共轭双键的长度和分子平面结构程度两个方面。

① 共轭双键长度

化合物结构中共轭双键可以增大共轭体系，另外，共轭双键越多，长度越长，分子内活化能就越低，电子转移更容易发生，因此化合物的最大吸收波长会向长波长方向移动，化合物显现出的颜色加深。对于染料分子来说，如果两种染料分子的结构相似，其共轭双键越长，染料的颜色越深。

② 分子平面结构

化合物分子中平面结构对其颜色影响也很大，平面结构越好，其 π-电子的相互叠合程度就越大，分子内的电子更容易发生定向的移动。对于染料分子来说，如果分子结构中所有的共轭双键以及母体结构的共轭体系都处于同一平面，染料分子中的电子转移更容易发生，则染料的颜色越深，反之颜色越浅。

（2）取代基

化合物结构衍生化过程会涉及很多取代基的改变，不同类型的取代基，其电子特性不同，因此可以通过引入或改变化合物结构中不同的取代基来调节化合物的颜色。对于染料分子来说，取代基对染料分子颜色的变化通常涉及如下两个方面。

① 染料分子离子化

向有机染料分子结构中引入给电子基团或吸电子基团时，分子会因不同电子特性基团的引入发生离子化，该离子化过程会使染料分子显现的颜色发生改变，颜色的改变程度与引入基团的电子特性、基团引入位置、染料分子自身结构、染料使用的外界环境有直接关系。

染料分子中含有吸电子基团时，如果介质体系酸性增强，则分子会随之转变成阳离子，染料分子显现出的颜色变得更深。又如含有羟基的蒽醌染料分子，当羟基转变为阴离子后给电子能力增强，染料分子颜色加深。关于染料分子离子化对其自身颜色影响较为复杂，各类染料之间规律性并不一致，因此，如若探究离子化因素与染料颜色之间的关系，则需具体情况具体分析。

② 影响染料分子中共轭体系中的 π 电子

不同取代基的引入对染料分子中的 π 电子作用明显，在不考虑外界因素的影响下，由引入取代基而产生的推拉电子效应是引起染料分子颜色改变的直接原因。通常情况下，当染料分子中含有吸电子基团时，分子中的电子会向该基团发生定向的移动，染料分子颜色变深，如果该分子中吸电子基团的反方向含有给电子基团，则推拉电子效应更为明显，染料分子颜色会变得更深。此外，取代基的位置对染料分子颜色也有一定影响，但影响因素较为复杂。

需要特殊说明的是，向染料分子中引入不同类型的取代基，不仅可以改变分子的颜色，而且还会对染料的使用性能、加工性能以及其他物化性质产生影响，因此在设计染料分子结构的时候需要从多方面考虑，调节颜色的同时不能降低染料的使用性能以及其他方面的综合性能。

(3) 配位因素

染料分子中如果含有可与金属离子配位的取代基团，当其与金属离子溶液混合后会发生配位作用形成金属配合物，配合物的形成通常会增大染料分子的共轭体系，使其颜色变深。另一方面，对于不同类型的金属离子来说，其电子性能各不相同，金属离子中心对染料配体的电子作用也各不相同，因此同一个结构的染料分子与不同金属离子配位后形成配合物，其颜色也各不相同。

随着计算机技术的发展，围绕染料分子电子云分布与染料颜色以及分子内能级变化之间的规律性研究仍处于起步时期，目前尚无准确的规律性研究成果，该项研究仍然是染料科学的重要研究方向之一。

6.2.3　染料和颜料的亲和力

对于染料和颜料来说，其亲和力指的是分子与着色物质之间的作用力。印染过程中，染料分子与纤维织物之间的亲和力决定了染料使用时的坚牢度，即染料的使用效果。颜料分子多以固体形式分散在纤维中，分子与纤维织物之间的作用力非常弱，所以大多数的颜料商品不适合印染使用。

6.2.4　染料和颜料的坚牢度

坚牢度又称牢度，是评价染料商品使用性能的指标之一，通常牢度是指在外界环境或介质等因素的影响下，织物经染料染色后染料分子与织物之间的结合程度。影响染料商品牢度的因素包括染料和纤维的分子结构、化学性质、染料使用时的外界因素、染料在纤维织物上的状态及结合形式等。染料牢度主要涉及如下两个方面：

① 染色加工过程中的牢度：包括耐洗、耐漂白、耐升华、耐缩绒等；

② 织物使用过程中的牢度：包括耐洗、耐光、耐摩擦、耐候性、耐污等。

6.3 几种重要染料以及染料中间体的制备

有机染料和颜料的结构复杂，在生产环节需要经过多步有机反应才能制备出想要得到的相关产品。原料环节，生产有机染料和颜料所使用的原材料通常为石油加工获得的基本化工原料，例如“三烯”和“三苯”等，因此生产有机染料和颜料涉及很多常见的有机反应，例如亲电取代反应、取代基转化反应、重氮化反应、缩合反应、偶合反应等。为此，本章节将对以上反应进行详细介绍。

6.3.1 偶氮染料的制备

在染料工业中，偶氮染料品种占总数的60%～70%，是应用最为广泛的染料品种。相关产品生产过程中，主要涉及重氮化和偶合两个重要的反应过程。

重氮化反应：所谓的重氮化反应是指芳胺在较低温度下（通常为0～5℃）与亚硝酸发生反应生成重氮盐的过程，在反应过程中，芳胺类物质被称为重氮组分，亚硝酸被称为重氮化试剂，反应通式如下：

$$ArNH_2 + NaNO_2 + 2HX \longrightarrow ArN_2^+X^- + NaX + 2H_2O$$

其中，X=Cl，Br，NO_3，HSO_4 等。

由于亚硝酸的稳定性极差，因此重氮化反应在实际的应用中，常选用硫酸或盐酸与亚硝酸钠发生作用生成亚硝酸，刚生成的亚硝酸直接与芳胺发生重氮化反应，这样可以避免亚硝酸因分解给反应带来的不便。

（1）影响重氮化反应的因素

科学研究表明，重氮化反应的影响因素主要包括无机酸的浓度、无机酸的类别及性质、芳胺的碱性三个方面。

① 无机酸的浓度

无机酸的浓度主要影响芳胺的溶解以及亚硝酸的电离平衡两个方面。有机芳胺类物质在水相中溶解度较低，当无机酸加入后，芳胺可以与无机酸发生反应生成季铵盐以提高在水相中的溶解性。这类季铵盐属于强酸弱碱性季铵盐，在水中可水解为游离的胺类并与亚硝酸反应。

$$ArNH_2 + H_3O^+ \rightleftharpoons ArNH_3^+ + H_2O$$

如果提高无机酸的浓度，则平衡会向着季铵盐方向移动，这样一来，体系中游离胺的浓度就会降低，重氮化反应速度就会变慢。

反应体系中还存在另一个电离平衡，即亚硝酸的电离平衡，具体如下：

$$HNO_2 + H_2O \rightleftharpoons H_3O^+ + NO_2^-$$

提高无机酸浓度，亚硝酸的电离会受到抑制，重氮化反应速率提高，反应速度加快。如果无机酸为盐酸，还有利于亚硝酰氯的生成。

一般情况下，当无机酸浓度较低时，反应体系中游离胺的浓度是影响重氮化反应的次要因素，而亚硝酸的电离平衡是主要因素，因此，提高无机酸浓度会使重氮化反应速度加快。

但是当无机酸的浓度增加到一定程度后，反应体系中游离胺的浓度变成了影响重氮化反应的主要因素，增加无机酸的浓度会使重氮化反应活性降低，反应速度减慢。

② 无机酸的类别及性质

无机酸的类别决定了其性质，性质不同，对重氮化反应来说，参与反应的亲电试剂也不同。研究表明，亚硝酸在不同酸性介质中存在完全不同的平衡，具体如下：

在盐酸介质中，亚硝酸会生成亚硝酸酐和亚硝酰氯。

$$2HNO_2 \rightleftharpoons N_2O_3 + H_2O$$

$$HNO_2 + HCl \rightleftharpoons NOCl + H_2O$$

在稀硫酸介质中，亚硝酸会生成亚硝酸酐。

$$2HNO_2 \rightleftharpoons N_2O_3 + H_2O$$

在浓硫酸介质中，亚硝酸会生成亚硝基正离子。

$$HNO_2 + H_3O^+ \rightleftharpoons NO_2^+ + 2H_2O$$

而亚硝酸酐、亚硝酰氯、亚硝基正离子的活性顺序为：$NO_2^+ > NOCl > N_2O_3$，因此在通常情况下，重氮化反应在浓硫酸介质中的反应速率是最快的，在盐酸介质中的反应速率排在中间，在稀硫酸体系中的速率最慢。

③ 芳胺的碱性

研究表明，单独考虑芳胺碱性时，碱性越强，N 的亚硝基化反应速率越快，但考虑到体系中酸的浓度时，则规律会发生变化。例如当反应体系酸浓度较高时，芳胺与酸形成季铵盐后，其水解的难易程度是影响反应活性的主要因素。在这样的情况下，芳胺碱性越强，水解越难；碱性越弱，水解越容易。因此，体系中酸浓度较高时，芳胺碱性越弱，反应活性越高。在这里需要特殊说明的是，如果芳胺的碱性弱到一定程度，就不能使用普通的方法进行重氮化了，这是因为当芳胺的碱性弱到一定程度，芳胺中 N 上的硝化反应难以进行。

（2）重氮化反应方法

由于芳胺的碱性强弱不同，因此对不同碱性的芳胺进行重氮化反应时有不同的方法。一般情况下，重氮化的方法可分为直接法和反加法两种。

① 直接法

当芳胺中含有给电子基时，芳胺的碱性较强，能够与体系中的酸形成稳定的重氮盐。在这样的情况下进行重氮化时，只需选用浓度适当的稀酸就能够将芳胺全部溶解，之后控制温度在 0～5℃之间，缓慢滴加 30%左右的亚硝酸钠水溶液，重氮化反应便可正常进行。绝大多数芳胺均可使用直接法进行重氮化反应，但需注意酸的用量不宜过多。

② 反加法

所谓的反加法是针对含有吸电子基团的芳胺进行重氮化时使用的特殊方法，这类芳胺碱性较弱，用普通的直接法无法进行正常的重氮化反应。使用反加法时，首先将含有吸电子基团的芳胺与亚硝酸钠混合并调成糊状，之后将调好的糊状混合物加入到冷的盐酸溶液中使反应迅速完成，这样的重氮化方法即为反加法。该方法适用于结构中含有强吸电子基团的芳胺类物质，例如含有硝基或磺酸基的芳胺。反加法在使用时需注意酸的用量，为避免反应过程中生成重氮氨基化合物，所以使用反加法时酸通常是过量的。

偶合反应：所谓的偶合反应是重氮化反应的后续，通常情况下，偶合反应是指具有芳胺结构的重氮化合物与含有羟基、氨基等基团的芳香化合物生成偶氮化合物的反应统称为偶合反应。重氮化反应和偶合反应是偶氮染料生产过程中最为重要的两种反应，偶合反应的具体过程如下：

$$Ar-\overset{+}{N}\equiv NX^- + HR \longrightarrow Ar-N=N-R + HX$$

$$R = -ArOH, -ArNH_2, Ar-NH-C(=O)-CH(CH_3)-C(=O)-CH_3$$

该反应主要由两部分组成，一部分是重氮组分，一部分是偶合组分。所谓的重氮组分指的是重氮化合物。偶合组分是指该反应经常涉及的酚类化合物，例如苯酚、萘酚及相关衍生物；胺类化合物，例如苯胺、萘胺及相关衍生物；氨基萘酚磺酸类衍生物，例如J酸、H酸等。

（1）偶合反应机理

偶合反应属于亲电取代反应，重氮组分带有正电荷，属于亲电基团，偶合组分含有芳环结构，电子云密度较高，当偶合反应进行时，重氮正离子 ArN_2^+ 会主动进攻芳环中电子云密度较高的碳原子并形成不稳定的中间体，中间体会迅速失去相应的一个氢原子并形成偶氮化合物，具体反应机理如下：

① 苯胺偶合

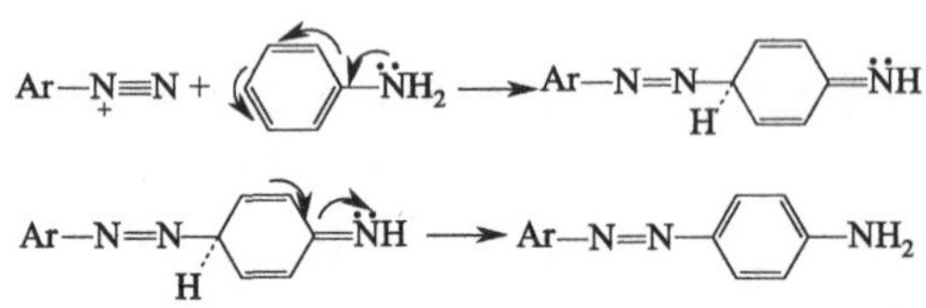

② 苯酚偶合

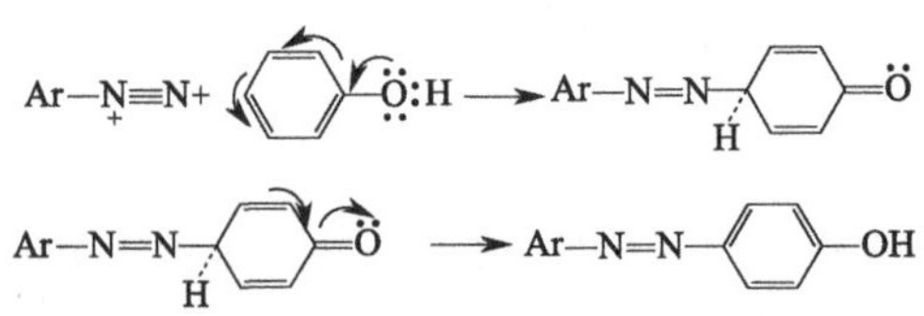

（2）影响偶合反应的因素

① 重氮盐芳环含有取代基的影响

偶合反应是典型的亲电取代反应，重氮盐作为取代基，其自身正电性的强弱在一定程度上决定了偶合反应的速率。当重氮盐芳环上含有给电子取代基时，由于基团的给电子作用使重氮盐自身的正电性下降，亲电性降低，因此偶合反应速率降低；当重氮盐芳环上含有吸电子基团时，由于基团的吸电子作用使重氮盐自身的正电性提高，亲电性增强，因此偶合反应速率提高。

② 偶合组分的结构及性质的影响

偶合组分的结构及性质对偶合反应也具有较强的影响，但其规律性与重氮组分正好相反。当偶合组分结构中含有给电子基团时，取代基的给电子效应会增强偶合组分中芳环的电子云密度，使偶合组分更容易与亲电试剂（重氮组分）发生作用，偶合反应活性提高，反应速率加快。当偶合组分的结构中含有吸电子基团时，取代基的吸电子效应会降低偶合组分中芳环的电子云密度，使偶合组分难以与亲电试剂（重氮组分）发生作用，偶合反应活性降低，反应速率减慢。

③ 反应体系中 pH 值的影响。

常见偶合组分性质不同，因此反应体系中 pH 值对偶合过程的影响也各不相同。

当偶合组分是酚类化合物时，随着反应体系 pH 值的增大，酚类化合物更有利于生成酚类负离子，酚类负离子的反应活性比酚类化合物的反应活性高，所以偶合反应速率随着反应体系 pH 值的增大而加快。

$$\mathrm{Ar{-}OH + OH^- \rightleftharpoons Ar{-}O^- + H_2O}$$

$$\mathrm{Ar'{-}N_2^+ + Ar{-}O^- \longrightarrow Ar{-}N{=}N{-}Ar'{-}O^-}$$

当反应体系的 pH 增大至 9 时，反应体系中各组分变化更为复杂，此时反应体系中的重氮组分结构会发生变化，重氮盐会因 pH 值过高而转化为活性很低的反式重氮盐，降低了偶合反应的活性。

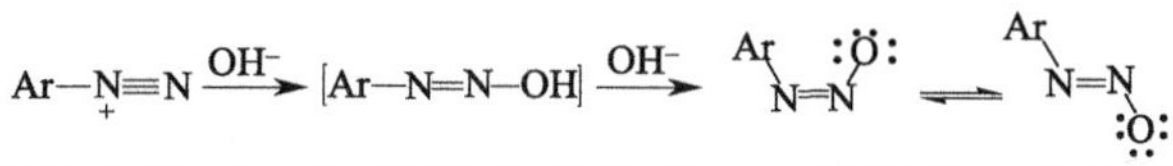

当偶合组分是胺类化合物时，如果反应条件的 pH 值较低，芳胺类偶合组分结构中的氨基会转化为氨基正离子，氨基正离子具有吸电子性，可以使芳环上的电子云密度降低，这样一来，偶合组分就不利于重氮组分的正离子进攻，因此偶合反应速率较慢。当反应体系中的 pH 值升高时（pH＜5），芳胺在酸性介质中形成的季铵盐会很容易水解，并且转化为游离胺，溶解性增加，因此偶合反应速率加快。

$$\mathrm{ArNH_2 + H_3O^+ \rightleftharpoons ArNH_3^+ + H_2O}$$

$$\mathrm{ArNH_3^+ + H_2O \rightleftharpoons ArNH_2 + H_3O^+}$$

当反应体系中 pH 值升高至 5 时，反应速率与 pH 值的变化无明显关系，这时的整个反应体系中虽然 pH 值在改变，但反应组分无明显变化。但是当反应体系中的 pH 值升高到 9 以上时，重氮盐会转化为反式重氮盐，其反应活性降低，偶合反应速率也随之减慢。

当偶合组分为氨基萘酚磺酸类化合物时，反应体系中的 pH 值对整个反应的影响主要体现在重氮盐取代的位置上。当反应体系的 pH 值较低时，重氮盐主要进攻氨基的邻位，随着反应体系中 pH 值的升高，这一趋势逐渐减弱，当反应体系显弱碱性时，重氮盐主要进攻羟基的邻位，而且此时的反应速率要比酸性条件下重氮盐进攻氨基邻位的反应速率快很多。氨基萘酚磺酸类化合物的这一特性使其可以作为双偶氮染料生产的重要原材料，在实际生产过程中，我们可以通过控制反应体系中 pH 值的办法，先使反应在酸性条件下进行，获得氨基邻位的取代产物，之后将反应体系中的 pH 值调至弱碱性，使反应底物进行第二次偶合，生成羟基邻位含有取代基的重氮化合物，这样便可获得双偶氮染料。

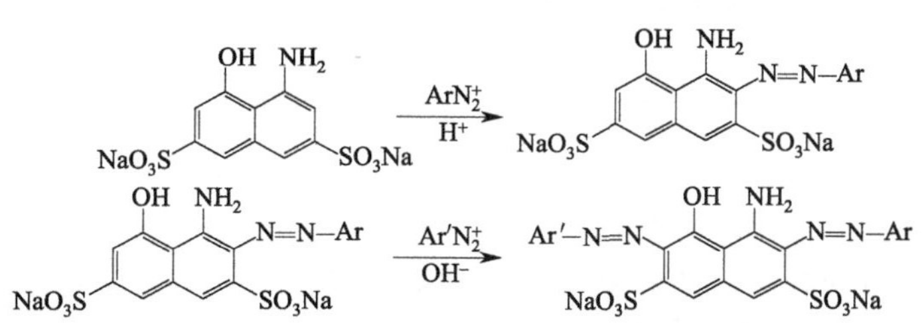

④ 其他影响因素

对于偶合反应来说，能够影响反应进程的因素中，除了重氮组分和偶合组分自身结构特点及性质、反应体系中 pH 之外，还有其他的一些反应因素的影响，例如反应温度、催化剂的种类、电解质的种类及浓度等。

科学研究表明，偶合反应过程中，反应温度每升高 10℃，重氮盐分解速率增加 3～5 倍，偶合反应速率增加 2～2.4 倍，由此可见，升高温度虽然可以提高偶合反应的反应速率，但也会过度消耗原材料重氮盐，因此我们在实际生产过程中将偶合反应的正常温度设定为较低温度（0～5℃）。

吡啶是常用于偶合反应的催化剂，在反应体系中适度加入吡啶后，可以加速反应的进行。催化剂的加入对整个反应体系会有直接的影响，当使用吡啶作为催化剂时，往往是因为偶合组分的反应位点具有较大位阻使反应难以进行。

对于偶合反应来说，重氮盐和偶合组分都带有电荷，因此在反应体系中适度添加一定剂量的电解质能够加快反应的进行，而且对原料分解速率影响不大。

6.3.2 蒽醌染料的制备

蒽醌染料性质稳定、颜色鲜艳，相关产品种类仅次于偶氮染料，在染料工业中占据重要地位。在制备方面，蒽醌染料的生产涉及了各类常见的化学反应，这些反应同样可用于其他类型染料的制备，本书以蒽醌染料为例，对所涉及的反应进行介绍。

（1）亲电取代反应

有机染料和颜料的分子结构中常含有芳环结构，在产品制备过程中会涉及合成以及芳环结构衍生化等步骤，其中亲电取代反应是较为常用的反应之一。通常情况下，苯、萘、蒽及蒽醌等含有芳环结构的原料或含有以上结构的染料中间体在发生取代反应时大都是亲电取代反应。

所谓的亲电取代反应其实是指带有正电荷的亲电试剂在反应过程中去进攻电子云密度较大的芳环，将芳环上的氢原子取代下来。染料合成中常用的亲电试剂有卤化剂 X^+、硝化剂 NO_2^+、磺化剂 HSO_3^+，相对应的反应被称为卤化反应、硝化反应、磺化反应。

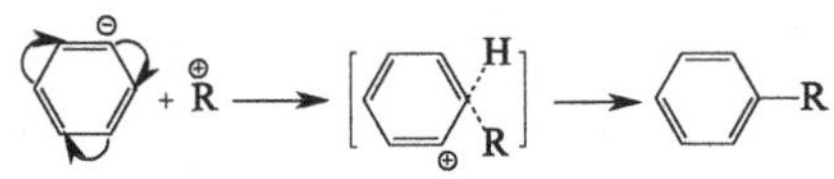

式中，$R=X^+$，NO_2^+，HSO_3^+。

芳环上发生亲电反应时，其反应速率与亲电试剂的亲电性强弱以及芳环上电子云密度多少有直接关系。特别是当芳环上含有不同电性取代基时，取代基还会对亲电取代反应的反应位点产生较为强烈的影响。其相关规律性总结如下：

① 当芳环上含有给电子基团时，芳环上的电子云密度会因基团的给电子效应而增加，这样的情况有利于亲电试剂的进攻，所以反应活性提高，反应时，亲电试剂优先进攻给电子基团的邻位和对位；

② 当芳环上含有吸电子基团时，芳环上的电子云密度会因基团的吸电子效应而降低，这样的情况不利于亲电试剂的进攻，所以反应活性下降，反应需在较为苛刻的条件下进行，亲电试剂优先进攻吸电子基团的间位；

③ 当芳环上同时含有给电子和吸电子两种取代基团时，芳环上电子云分布变得复杂，通常情况下，亲电试剂会优先进攻给电子基团的邻位和对位。

卤化反应：卤化反应是一种将卤素原子引入到芳环中的反应。在制备有机染料或颜料时，通常利用卤化反应将氯或溴等卤素原子引入到芳环中，催化剂常选择 $FeCl_3$、HCl、NaOCl 等物质，卤化试剂常选用氯气或溴水。

4-硝基甲苯氯化时，可选用氯气作为卤化试剂，$FeCl_3$ 作为催化剂，控制反应温度在50～60℃之间，反应结束后会有两种产物生成，其中 4-硝基-2-氯甲苯为主产物，4-硝基-3-

氯甲苯为副产物，具体的反应过程如下：

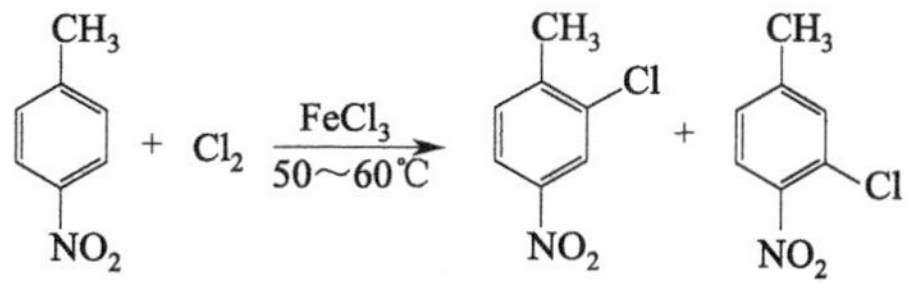

硝化反应：硝化反应是通过硝基试剂向芳环上引入硝基的重要亲电取代反应，含有硝基的化合物可以通过还原的方式将硝基转化为氨基，因此硝化反应是制备有机染料和颜料中间体时常使用的重要反应。硝化试剂常选用混酸，即硝酸和硫酸的混合物，混酸中含有亚硝基正离子（NO_2^+），它是很强的亲电试剂，反应活性较高，混酸中亚硝基正离子的形成过程如下：

$$HNO_3 + 2H_2SO_4 \rightleftharpoons NO_2^+ + 2HSO_4^- + H_3O^+$$

该反应在应用时需考虑反应底物的性质特点。对于性质稳定且不含有特殊活性基团的底物来说，可以利用硝化反应直接向底物基团特定位点引入硝基。如果反应底物含有可以与硝基试剂反应的活性基团，则需对该基团进行基团保护，之后再利用硝化反应对底物进行衍生化。如苯胺，其结构中含有的氨基会与硝化试剂发生反应，对其硝化时应先用醋酐对氨基进行基团保护，防止氨基被硝基试剂氧化，反应过程如下：

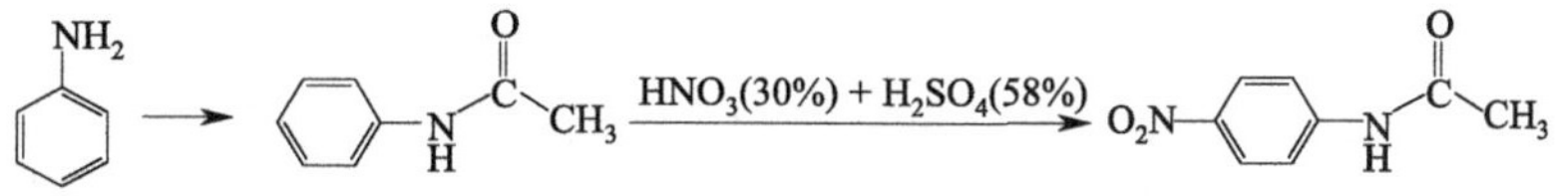

当蒽醌母体结构发生硝化反应时，硝化试剂优先进攻 α 位点，二次硝化后可获得 1,5-二硝基蒽醌和 1,8-二硝基蒽醌，具体反应过程如下：

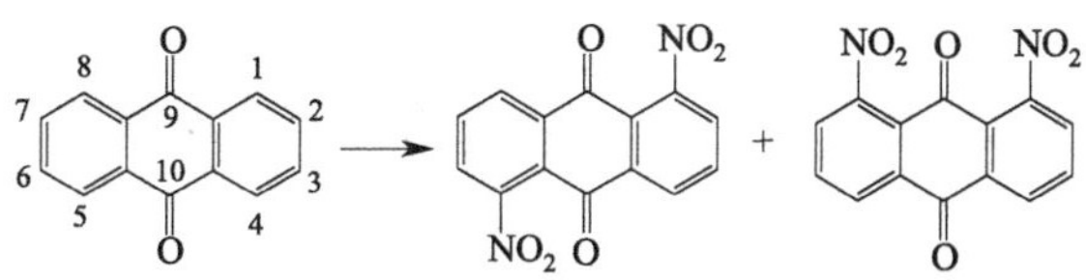

磺化反应：磺化反应是通过磺化试剂向芳环上引入磺酸基的重要亲电取代反应，磺酸基可以转化为氨基、羟基等重要官能团，因此磺化反应也是有机染料和颜料生产工艺中较为重要的反应之一。磺化试剂常选用浓硫酸或发烟硫酸，其中亲电试剂为 HSO_3^+，而且反应为可逆反应。

甲苯磺化时可选用浓硫酸作为磺化试剂，亲电基团优先进攻甲基的邻位和对位。

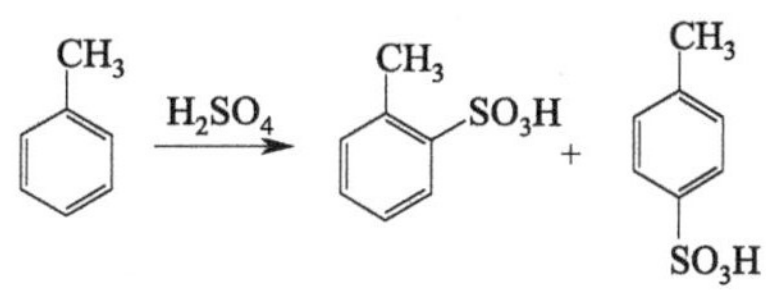

硝基苯磺化时可选用发烟硫酸作为磺化试剂，亲电基团优先进攻硝基的间位。

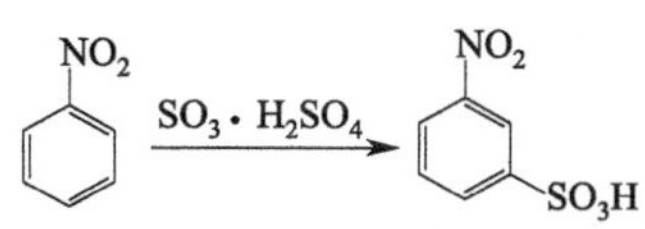

蒽醌的磺化反应较为困难，需要苛刻的反应条件才能进行，例如：较高的温度、亲电性较强的磺化试剂。因此在对蒽醌进行磺化时，常选用发烟硫酸作为磺化试剂，此外，反应温度也多为 100℃以上的高温条件。选择性方面，如果不加入任何催化剂，则磺酸基优先进攻蒽醌的β位。如果想在蒽醌的α位上引入磺酸基，则需选用汞的盐类作为催化剂，例如$HgSO_4$，改变反应的选择性。

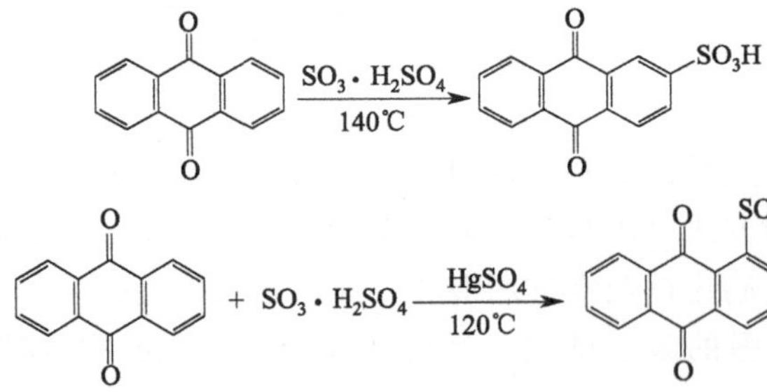

(2) 取代基转化反应

取代基的转化在有机染料和颜料产品制备过程中起到非常重要的作用。有些基团，例如氨基、羟基、芳基或酰基等，很难用简单的方式将其直接引入到有机染料和颜料的分子结构中，因此需要一种巧妙的办法来完成上述基团对分子结构的修饰。取代基转化反应涉及的反应类型主要包括硝基还原反应、氨解反应、N-烷基化反应和N-芳基化反应等。

硝基还原反应：硝基还原反应是以芳香族硝基化合物为原料制备芳胺化合物的重要方法之一，该反应活性与芳环上所含有的取代基种类有关，应用时需根据取代基的类型选择合适的还原剂。常用于硝基还原反应的还原剂有锌粉、铁粉、硫化碱等。但考虑到以上还原剂在使用时对环境的危害以及自身的安全隐患，现如今，新的技术逐渐替代了传统的还原技术，目前我国多采用催化加氢技术来生产芳胺以及相关衍生物，例如：

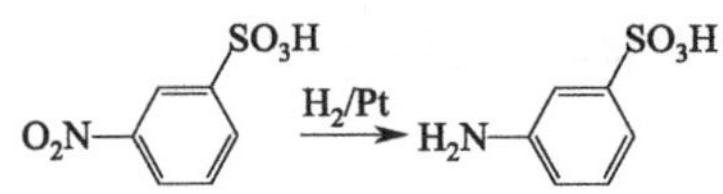

当反应底物为蒽醌或蒽醌衍生物时，在制备含有氨基的蒽醌衍生物时，常选用硫化碱作为还原剂。

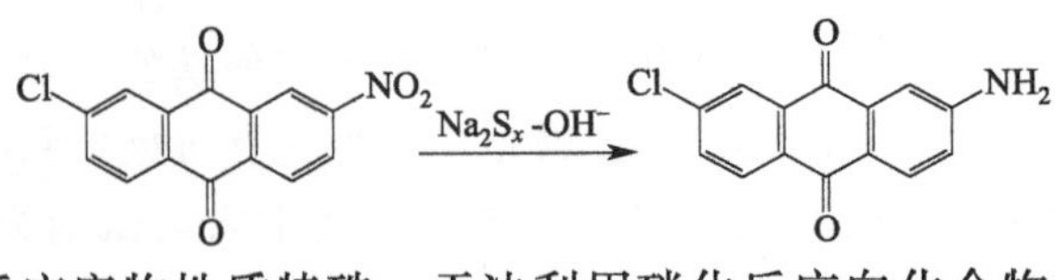

氨解反应：有些反应底物性质特殊，无法利用硝化反应向化合物结构中某一特定位置引入硝基，这样也就无法将氨基引入到指定位点。为此，我们可先将$—SO_3H$、$—Cl$、$—OH$等基团引入到化合物的指定位点上，然后通过氨解反应将以上基团转化为氨基。

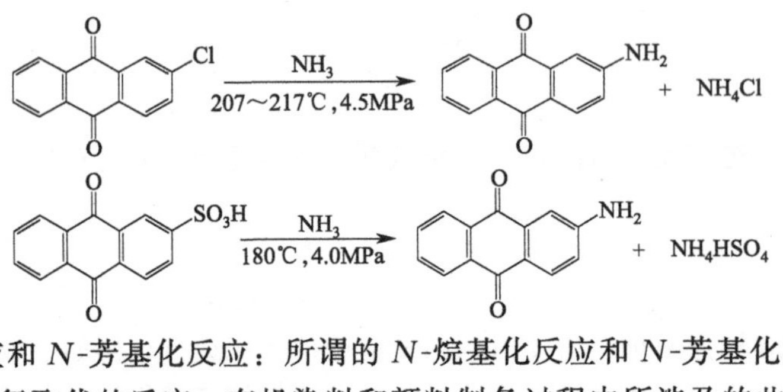

N-烷基化反应和N-芳基化反应：所谓的N-烷基化反应和N-芳基化反应是将氨基上的氢用烷基和芳基进行取代的反应，有机染料和颜料制备过程中所涉及的此类反应所用烷基化试剂和芳基化试剂通常为卤代烷烃、醇类、硫酸二甲酯、环氧乙烷等。

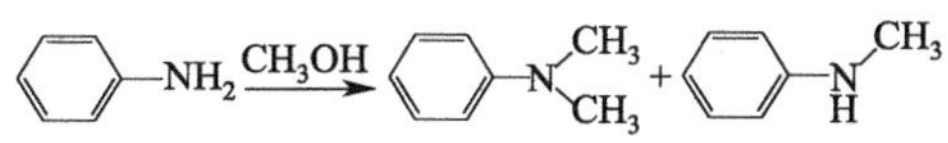

蒽醌的衍生物常选用芳胺作为芳基化试剂，例如：

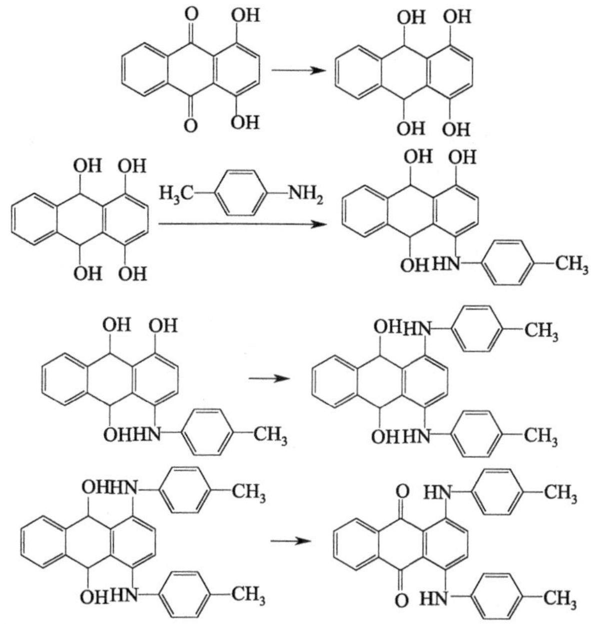

（3）环化缩合反应

环化缩合反应是缩合系列反应中的一种特殊反应，该反应可用于制备环状化合物。苯绕蒽酮是生产还原染料的一种十分重要的中间体，在制备时，可选用蒽醌为起始原料，通过环化缩合的方法制备目标化合物，具体反应过程如下：

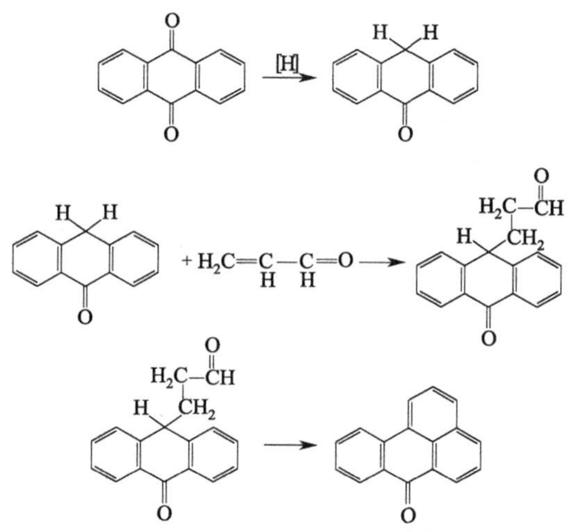

苯绕蒽酮

6.3.3 萘的衍生物

萘是一种重要的化工原料，其本身以及衍生物都可以作为生产有机染料和颜料的原材料。萘的结构中含有 8 个活性位点，分别用 α 和 β 进行区分，具体位点标注如下：

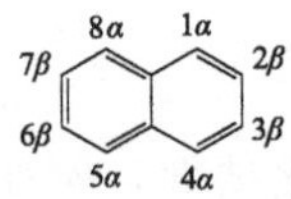

（1）萘的硝化反应

萘及其衍生物发生硝化反应时活性很高，反应很容易进行，硝化试剂的浓度以及反应温度对硝化产物的生成会产生很大影响。为控制产物种类及产量，常选用低浓度混酸作为硝化试剂，另一方面也可以通过控制反应温度的方法控制硝化反应的进行。当温度较低时，硝化试剂主要进攻 α 位点，当温度较高时，硝化试剂主要进攻 β 位点。如果萘环上含有吸电子基团时，因受到空间位阻的影响，硝化试剂优先进攻位阻较小的位点。我们以 1-萘磺酸为例，其硝化反应在室温下进行时，硝化试剂优先进攻萘环的 1α 位和 4α 位，反应过程如下：

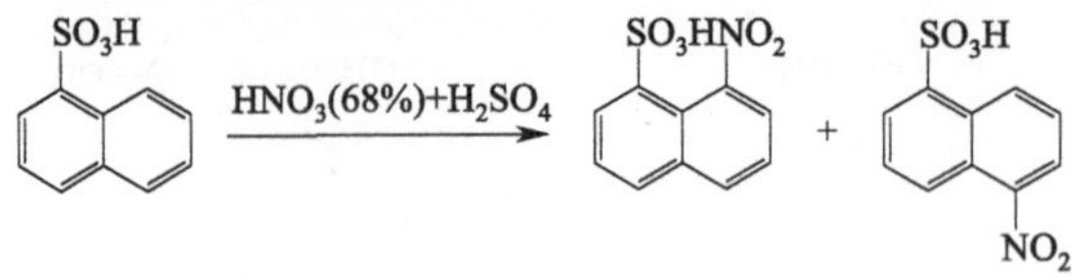

（2）萘的磺化反应

萘发生磺化反应时与发生硝化反应类似，其活性较高，而且产物复杂，低温时 HSO_3^+ 优先进攻 α 位，温度较高时 HSO_3^+ 优先进攻 β 位。如果硫酸浓度和反应温度都较高时，可以获得更为复杂的二或三磺化产物的混合物。

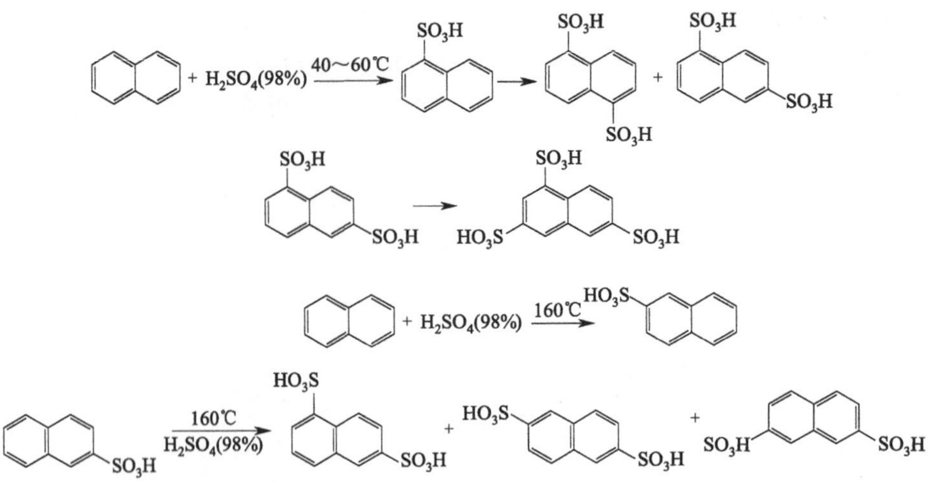

（3）萘的氨解反应

氨解反应特别适合用于萘系衍生物的氨基衍生化，目前绝大多数萘系氨基衍生物都是通过氨解反应制备的。

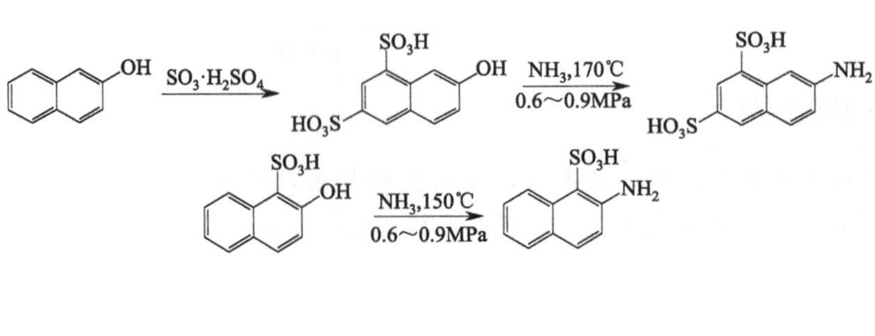

(4) 萘的磺酸基碱熔反应

所谓的磺酸基碱熔反应是指含有磺酸基的化合物在 250～300℃的高温下可以与强碱，例如 NaOH 或 KOH 等共熔，磺酸基在此条件下转化为羟基的反应。该反应是制备酚类化合物的重要反应之一，由于羟基可通过基团转化的方式变为酯基、烷氧基等重要基团，由此可见磺酸基碱熔反应在有机染料和颜料产品制备中的重要性。碱熔反应属于亲核取代反应，因此，当芳环上含有吸电子基团时反应活性增强，反之活性减弱。

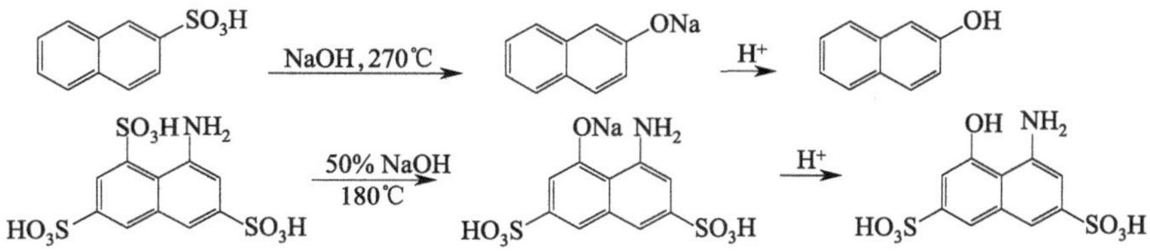

(5) 萘的氨基酰化反应

所谓的氨基酰化反应是将氨基转化为酰氨基的反应，有机染料和颜料制备中常用的酰化试剂有酰氯、酸酐、羧酸等，此类反应不仅是氨基衍生化的一种方法，而且也是一种氨基保护的方法。在产品制备过程中，如果最终结构中需要保留氨基，但在合成过程中，氨基会对后续反应产生负面影响，导致产率降低或无后续产品生成，这时候就可以考虑用氨基酰化反应将氨基保护起来，待后续反应完成后再将酰氨基转化为氨基。

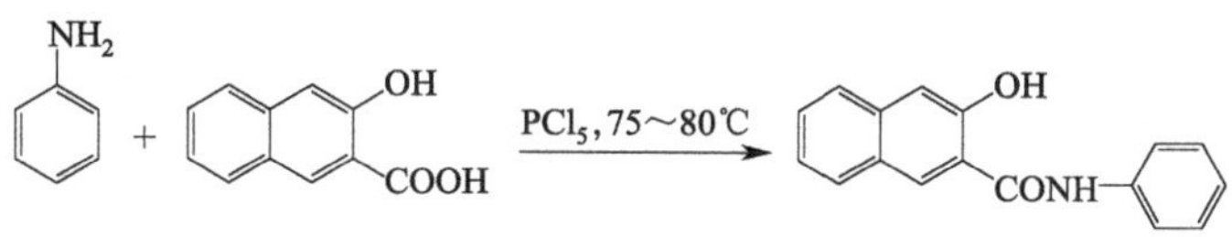

(6) 萘的羧化反应

苯酚钠在适当的溶剂中或熔融状态下通入 CO_2 可将羧基引入到芳烃结构中，例如水杨酸的制备，具体反应过程如下：

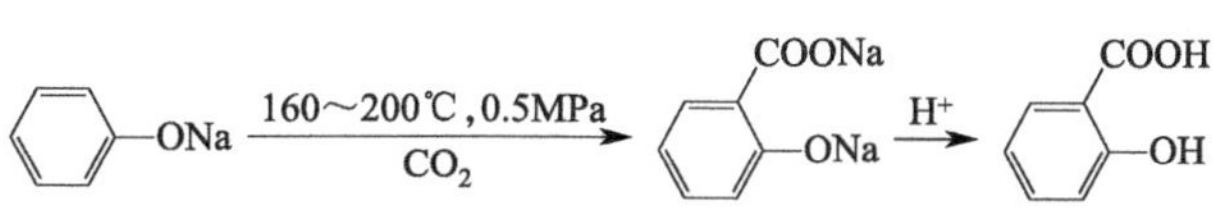

如果将原料换为萘酚的盐类，反应同样适用，例如 2-羟基-3-萘甲酸的制备，具体反应过程如下：

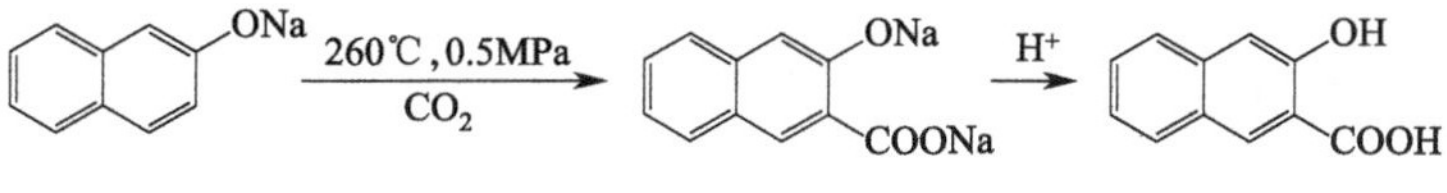

6.3.4 其他类型中间体的制备

偶氮类衍生物、蒽醌衍生物、萘的衍生物在染料工业中应用较多，产量较大，但是除了这些化合物之外，还有一些芳烃类化合物在染料工业中同样具有较多的应用。

(1) 3,3′-二氯联苯胺的制备

3,3′-二氯联苯胺是制备有机染料和颜料的重要中间体产物，早期由于加氢工艺落后，生产该化合物时常采用还原剂将硝基还原为氨基，之后重氮化反应和偶合反应将产物制备出来。目前我国多采用催化加氢的方式，以邻硝基氯苯为原料进行制备，相关反应过程如下：

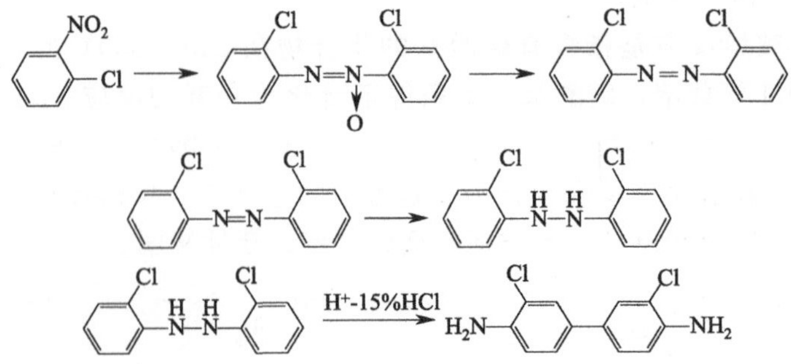

（2）N,N'-四甲基-4,4'-二氨基三苯甲烷的制备

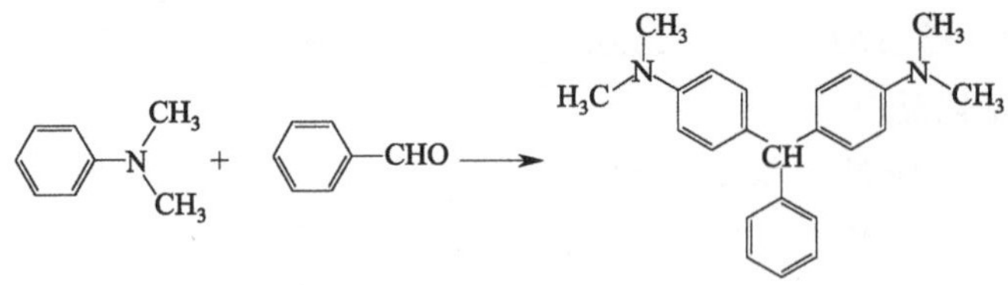

（3）N,N'-四甲基-4,4'-二氨基二苯甲烷的制备

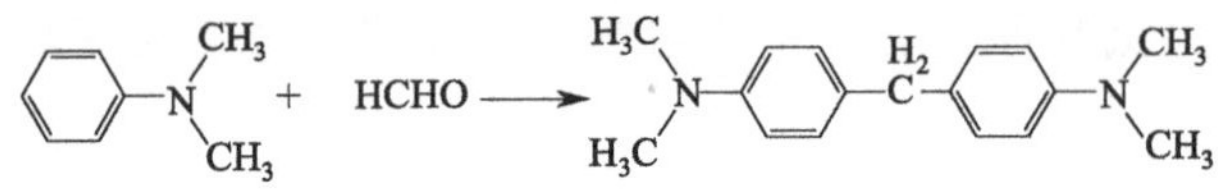

（4）N,N'-四甲基-4,4'-二氨基二苯甲酮（米氏酮）的制备

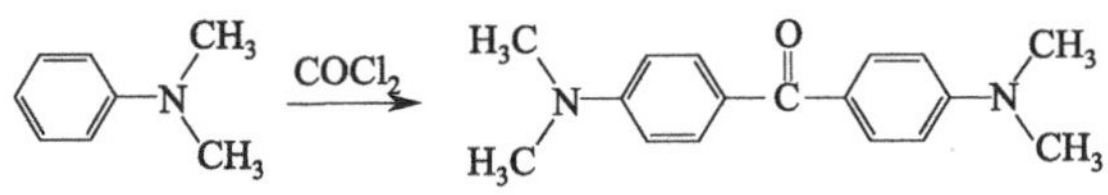

6.4 染料和颜料的商品化加工

通过化工生产方式获得的染料或颜料化合物不能直接作为最终商品进行使用，这些化合物必须进行系列商品化加工处理才能作为染料和颜料的最终商品进行销售和使用。染料和颜料的种类繁多，各类染料应用时所需的必要条件千差万别，在商品化加工过程中使用的方法和注意的问题也不同，因此，本节仅对染料和颜料按大类进行介绍。

6.4.1 染料的商品化加工

染料的商品化加工方法包括拼混、研磨、添加助剂或填充剂等。染料经过商品化加工处理后，其产品外观、颗粒细度、所含水分、产品酸碱性、溶解性及扩散性等技术指标都会得到一定程度的改善。此外，染料产品使用后的性能，例如坚牢度、色光、强度等同样会得到提高，进而满足产品实际应用的技术指标需求。

（1）非水溶性的分散染料和还原染料

① 染料的粒径大小、结晶状态、扩散性能、分布情况、表面性质等方面的因素对自身综合应用性能有很大的影响。

② 在商品化加工过程中，应将染料的粒径控制在 1×10^{-7}m(100nm）左右，并且呈正

态分布趋势，研磨过程中应根据需要适度添加分散剂和润湿剂。

③ 添加润湿剂和分散剂等助剂后，染料和纤维会充分润湿和渗透，提高了染料在水中的分散度，改善了分散效果，进而保证染料分子能够有效渗透纤维织物的内部，保障染色或印花等工艺的顺利进行。

（2）其他类型染料

① 直接染料常选用硫酸钠作为填充剂，对于溶剂性较差的直接染料来说，可适当添加纯碱来提高染料的溶解性。

② 阳离子染料常选择白糊精作为填充剂。

③ 活性染料常添加磷酸二氢钠或尿素作为稳定剂，加入稳定剂后能够有效防止活性染料在运输或使用过程中活性基团发生水解，最终导致染料性能下降的情况。

④ 如果染料用水硬度较高，则染料的综合性能会因水质的影响而降低，为避免这一情况的发生，特殊地区常用染料中常含有软水剂和润湿剂。

6.4.2　颜料的商品化加工

颜料多为不溶性物质，因此其物理形态对应用性能的影响，特别是在色光、色调、着色力、透明度、迁移性、分散性等方面的影响更为强烈。颜料的物理形态中，粒径大小对其应用性能的影响是最为直接的。

① 颜料的粒径越大，比表面积越小，对光吸收越少，耐光性越好，着色力低，不耐摩擦；

② 颜料的粒径越小，比表面积越大，对光吸收越多，耐光性越差，着色力高，耐摩擦；

③ 颜料粒径在 0.2～0.5μm，呈正态分布时，颜料的色牢度性能较好。

④ 颜料的结晶状态与其耐热性质有直接关系，可以通过颜料化转变颜料的晶型，调整其耐热性质。

因此，颜料产品必须经过颜料化处理。所谓的颜料化是指经过某种特定的加工过程，使有机颜料具有作为颜料商品所必须具备的要求，如色调、色光、着色力、遮盖力、透明度、分散性、迁移性、稳定性等，该过程称为颜料化。

常用颜料表面处理方法如下。

① 用松脂类处理：在合成颜料或形成色淀时，加入松香皂可防止产物的晶体变大，提高抗絮凝的能力，可以获得颗粒细微的颜料成品，着色力和透明度均可提高。

② 脂肪族胺类处理：可降低颜料颗粒与使用介质之间的表面张力，使颜料的流动性能增强。

③ 高聚物包覆：所得到的产品用于涂料，容易分散而且稳定，着色力和光泽较好。

④ 颜料的衍生物处理：颜料衍生物与颜料可以形成颜料合金，改变颜料的表面性质，使颜料易与使用介质相似相溶，使颜料在使用介质中不易凝聚，分散稳定。

6.5　染料的发展趋势

染料是精细化工产品中的重要分支，其发展可体现为多个方面，本节主要围绕染料工业的发展、染料产品的禁用及替代品、绿色环保染料、新型功能染料崛起等四方面进行介绍。

6.5.1 染料工业的发展

世界范围内，合成染料工业在100多年的发展中取得了令人瞩目的成就。特别是近20年来，我国染料工业飞速发展，我国染料产能现已跃居世界首位。据统计，2017年我国染料总产量为99万吨，其中有机染料总产量为24.6万吨，染料中间体的总产量为36.3万吨，销售累计收入591亿元，我国染料总产能占世界染料总产能的2/3以上。

中国染料行业规划发展的重点为“要实现从规模扩张向结构调整、质量提升、品牌效应转变”。其表现在如下几个方面：

① 以产品结构高端化、产业布局集约化、节能环保生态化、营销平台网络化为主要发展路径；

② 以产业结构优化，产品结构优化，制备过程集成化、智能化为主要发展方向；

③ 以科技创新和体制创新为核心驱动力；提升产业的国际竞争力和可持续发展能力，使产业实现高附加值、高利润、生态安全的健康发展、初步实现染料产业强国的发展目标。

随着市场发展以及国家政策的引导等方面的影响，生产高质量产品，满足中高端市场需求，开发新型功能染料，落实产品绿色、环保生产及使用，企业管理信息化、数字化、科技化等方面已经成为染料工业未来的重要发展方向。我国传统染料工业逐渐展现出“科技创新”“业态创新”“金融创新”的“三新”局面，各企事业主要围绕提高科技研发投入、大力发展电商平台、充分并灵活运用金融工具三个方面展开工作。

6.5.2 染料产品的禁用及替代品

纺织工业是染料产品应用最为重要的领域之一，产品质量直接关系到人们的生活质量和健康。随着科技的发展以及人们对染料产品各方面性质的不断深入了解，纺织品中可能存在的致癌物质以及可能存在的有害成分备受人们的关注。1994年至今，世界各国都对具有毒性或致癌性的染料产品予以禁用处理，例如部分具有致癌性的芳胺类染料和偶氮类染料。欧盟国家明确禁止使用22种具有致癌性的芳胺类有机原料生产偶氮染料。除偶氮染料外，其他类别的致癌染料还涉及蒽醌类、芳基甲烷类等，随着这些染料致癌性被逐一发现，相关产品的应用也逐一地被世界各国先后禁止。除了致癌染料外，还有致过敏染料。所谓的致过敏染料是指能够引起人体皮肤产生过敏症状的染料产品。这些染料轻则影响人体或动物皮肤产生过敏症状，严重的会影响人体呼吸、消化、免疫等多种器官并使其发生过敏症状，最终会影响人体健康甚至导致死亡。在染料的各类产品中，重金属离子对产品使用安全的影响也同样不可忽视，相关离子含量都有严格的规定。需要特殊说明的是，这里指的重金属离子不包括染料产品自身结构中所含有的金属离子。

关于染料产品禁用后的替代品一直是该领域重点研究的课题之一。染料替代品的研发工作是十分复杂而繁重的，设计的产品需具备原有染料产品的性能，而且在价格和环保程度方面都需要优于对应的禁用品种。但随着人们对有害中间体及染料化合物认识的不断深入，各类禁用品种逐年增多，因此禁用染料产品的范围也逐年扩大，这样的趋势在一定程度上为替代品的开发增添了更多的工作量，因此，禁用染料的替代品的设计和研发工作需不断地进行下去。

6.5.3　绿色环保染料

现阶段，绿色环保的概念已经被人们广泛接受，这一概念也随之被纳入到染料的范畴中，特别是在我国“十四五”期间，石油和化学工业所涉及的环境问题是我国现阶段重点整治的方向之一。

绿色环保染料需遵循的基本要求主要有如下几点：

① 染料产品中不含有致癌性成分；

② 染料产品中不含有过敏性成分；

③ 染料产品中不含有极性毒性成分；

④ 染料产品中不含有环境激素成分；

⑤ 染料产品中不含有产生环境污染的化学物质成分；

⑥ 染料产品中不含有引发生物变异性化学物质以及持久性有机污染物；

⑦ 染料产品中所含重金属成分不得超标；

⑧ 染料产品中所含甲醛含量不得超标。

6.5.4　新型功能染料

随着科技的发展，各种新型材料逐渐被人们所熟知，为满足人们的日常生活、工业发展、国防及航空航天等领域的新的特殊需求，在染料产品中出现了一类功能先进、性能优良、应用于特殊领域的新型功能染料，例如荧光染料、光致变色染料、热致变色染料、电致变色染料、红外线吸收染料、红外线伪装染料、激光染料、染料敏化剂（染料敏化太阳能电池）等系列产品。这些产品都具有各自特殊的功能，并以特殊的身份出现在各自的应用领域中。目前，各类新型功能染料虽已陆续普及到人们的日常生活中，但更高级的升级品研发仍然在有序地进行，该领域是目前从事染料产品研发的科学工作者最为关注的焦点之一。

荧光素、香豆素、罗丹明、四甲基罗丹明、德克萨斯红等荧光染料广泛用于肿瘤细胞分析与标记、光动力治疗、基因组学分析等领域的研究，但以上染料都存在一定局限性。例如：染料激发光位于紫外区，紫外光对细胞内蛋白和核酸等组分损伤严重；光疗过程中，活性氧在生物组织中自身寿命短、扩散距离不足，导致激发光穿透能力差、光子捕获能力弱，进而影响其应用。

花菁染料是一种十分重要的小分子染料，该染料是由 Greville Williams 于 1856 年报道合成的。发展至今，基于花菁母体结构开发的各种染料分子在光学领域占有重要地位。花菁染料具有较大的 π 共轭体系和离域的电子分布，通过对其设计和调控，可以开发出满足特殊光物理和光电学性质的有机染料。现阶段，花菁染料广泛用于核酸标记、生物识别成像、肿瘤光动力和光热治疗、DNA 测序等领域。

半花菁染料作为花菁染料的一种，其应用价值不逊于花菁荧光染料，特别是氧杂蒽类型的半花菁染料，此类染料的吸收波长和发射波长均位于红外光区范围，该特点能够有效避免生物体自荧光干扰。此外，与其他半花菁染料相比，氧杂蒽类型的半花菁染料具有更好的光稳定性。半花菁染料同时也存在一定问题，例如：

① 可见光利用率低，摩尔消光系数较小；

② 荧光量子产率低；

③ 衍生化难度较大；

④ 水溶性差，不利于后期应用。

基于以上对花菁染料和半花菁染料的分析，大连理工大学精细化工国家重点实验室彭孝军团队充分利用此类染料特点，并通过结构修饰、基团优化等方法解决了染料自身缺陷，设计开发出一系列可用于核酸标记、生物识别成像、肿瘤光动力和光热治疗、DNA 测序等领域的荧光药物，为生物医学的发展提供了科学、可靠的技术支撑。

思考题

1. 什么是染料？什么是颜料？二者有何区别？
2. 染料和颜料化合物结构与颜色之间的关系是什么？请具体说明。
3. 有机染料和颜料生产过程中主要涉及哪些重要的化学反应？
4. 影响重氮化反应的因素有哪些？
5. 请描述偶合反应机理。
6. 影响偶合反应的因素有哪些？
7. 染料和颜料为什么要经过商品化加工才能作为商品销售？其商品化加工的方法有哪些？分别是什么？请具体说明。
8. 染料的未来发展趋势如何？

第7章

涂料

7.1 概述

所谓的涂料是指能够涂布于物体表面，在一定条件下能够在物体表面形成薄膜，对物体起到保护作用、装饰作用、特殊作用（耐热、防霉、防锈、绝缘等）的固体或液体材料。涂料常被人们称为油漆，这是因为最初的涂料是将天然植物油或者天然漆作为主要原料，油脂含量极高，但随着石油工业的发展，目前合成树脂类材料已经取代了绝大多数的植物油。目前，很多涂料品种仍然使用“漆”来表示涂料，如磁漆、清漆等。涂料产品是精细化学品中复配技术应用较为典型的实例，目前，由于各行业工业生产中需要各类具有特殊功能的材料，迫于市场需求，涂料行业产品也朝着方便、实用、特殊功能等方向转变。现如今，涂料产品不仅涉足于人们的日常生活中，其相关功能性产品还涉及了工业生产、国防、航空航天、交通运输、医疗及医药、微电子产品等各类高新技术领域，涂料产品的发展直接关系到人们的生活质量和国家的生存和发展。

7.1.1 涂料的作用

涂料作为一类传统的精细化学品其作用随着科技的发展逐渐增大，传统涂料产品主要起到了保护、装饰、标识等方面的作用，但随着高新微电子技术、航空航天、国防等重要科技领域对涂料产品的需求，涂料的功能已经拓展到微电子技术、航空航天、国防等高新技术领域，这些具有特殊功能的涂料产品已经开始占据涂料市场。

（1）保护作用

各类材料在自然的环境中使用时难免被诸多外界因素影响而丧失自身使用价值，例如潮湿的环境、微生物作用、氧化作用、风蚀作用、腐蚀作用、紫外线等。木材在潮湿的环境中长时间与微生物作用会腐烂，金属材料长期在潮湿的环境中会与空气中的氧发生作用而生锈腐蚀。如果在各类材料表面涂刷一层能够起到保护作用的涂层，有效隔绝水分、氧气、微生物、各类酸碱盐以及紫外线等外界因素与材料的接触，材料的使用寿命会充分延长。特别是对于在海洋、高空、各类工业生产所需的特殊气体环境中，材料的腐蚀作用更为严重，因此在这样的条件下，对所使用材料进行保护就更为重要。

（2）装饰作用

涂料涂刷在各类工具表面，可以赋予生活中的各类用品独特的美感，适当且合理的美化可以增加各类用品的价值，赋予使用者美的享受。

（3）标识作用

人们在日常生活中会接触到很多标志性的广告牌或指示牌，这些不同类别的标识不仅方便了人们的生活，而且还在一定程度上警示并保护了人们。例如高速公路上各类指示牌为驾驶员提供了必要的行车信息；各大公共场所或居民楼道等地方设立的指示牌，可以方便人们的出行以及遇到突发事件的应急逃生等。在各类工厂或施工工地，各类工具、特殊气体存储设备、各种管线都会有不同颜色的标识，一方面便于工人区分，提高工作效率，另一方面也丰富了劳动工作者所处工作环境的色彩，调节劳动者的身心。

（4）特殊作用

科技的发展在一定程度上带动了涂料的应用发展，应对更多特殊环境所需的涂料种类越来越多，其特殊作用也越来越广泛。卫星、航天飞机、空间站在工作时处于外太空，工作环境极其苛刻，各类辐射、极低的温度对卫星和航天飞机的外壳损害极大，如果没有特殊涂料的保护，这些设备的使用寿命会大打折扣。再则，火箭将卫星送入太空或卫星及其他航空航天设备从外太空返回地面时，会与大气激烈摩擦，这就要求其外壳具备良好的耐热和耐气流冲刷的特点，特种涂料可以赋予各类航天器这一功能，进而保障了航天器的正常工作和运行。因此，围绕着这些特殊作用衍化出各类耐辐射涂料和耐高温涂料等品种。另外，为满足各国国防安全，各类军事设备所需的特殊用途涂料也成为涂料产品中不可或缺的品种，比如隐形涂料可以使战斗机规避雷达的探测，示温涂料及其他特殊功能的涂料为战术侦察设备提供了强有力的科技保障。

7.1.2 涂料的分类及命名

（1）涂料的分类

涂料产品的种类及功能较多，因此产品分类方法也各不相同，从总体来说，如果按大类分，涂料可简单分为通用涂料和特种涂料两大类，但考虑到涂料的具体差别，其后续分类方法就较为复杂。通常情况下，各类涂料的常用分类方法依据主要包括组成与形态、成分是否含有颜料、涂料中成膜物质的类别、涂料成膜机理、漆膜形成的工序分类、施工方法、涂料的性能和用途。

① 依据涂料的组成及形态分类

依据涂料的组成及形态，可将涂料分为固态涂料、液态涂料、非水分散型涂料和水分散型涂料。所谓的固态涂料是指不含有溶剂的涂料，例如固化涂料和粉末涂料；而液态涂料又可根据其溶剂的不同分为油性涂料和水性涂料两大类。

② 依据涂料中是否含有颜料分类

清漆是典型的溶液型涂料，其成分中不含颜料，常温常压下，清漆为无色至淡黄色透明液体；磁漆是典型的含有颜料且不透明的溶液型涂料，磁漆又称色漆或后漆；腻子是典型的高固体含量的涂料产品，腻子又称填充剂，其成分中因含有大量灰白色不溶性固体，因此可以理解为是高颜料含量的涂料。

③ 依据涂料中成膜物质的类别分类

涂料中成膜物质各不相同，其中包括了天然油料、天然树脂及各种改性产品、合成树脂等。因此涂料可分为天然油脂涂料、天然树脂涂料、合成树脂涂料、油基树脂涂料等，其中油基树脂涂料是将油和树脂共同作为主要成膜物质的涂料，目前这类涂料是使用量最大的涂料类别。

（2）涂料的命名

涂料产品较多，类别复杂，为了方便区分各类涂料产品，我国制定了以成膜物质为基础的涂料命名原则，以此来规范行业中各类所谓的“标准”“习惯”式命名。我国制定的涂料命名原则及要点如下：

① 涂料的名称主要包括颜料或颜色的名称、成膜物质名称、基本名称、序号。在此需特别说明的是，各类书籍对涂料命名原则和方法的总结略有不同，有的将颜料或颜色的名称直接纳入到命名环节，有的则将其省略，但把序号作为命名的重要组成。

② 所谓的命名编号和代号其实是为方便涂料产品生产及行业管理而设置的，这些所谓的编号和代号涉及涂料基本名称（用编号表示）和涂料的辅助材料（用代号表示）。

为方便读者理解，结合前两点进行举例说明。例如“锌黄酚醛防锈漆”中，“锌黄”为颜料或颜色的名称；“酚醛”是成膜物质的名称缩写；“防锈漆”则是涂料的基本名称，表示了涂料的基本作用及功能。又如C04-2，这是涂料命名的另一种方式，其中C代表涂料的成膜物质为醇酸树脂（可依据手册查询），04代表磁漆（依据手册查询），2为此系列涂料的序号（依据手册查询）。对比两种命名发现，前者命名更为直接，无需查询手册便可知道涂料的详细信息；后者命名更为规范，通过查阅手册确定各代号的具体意思，能够准确定位是哪一种涂料中的具体哪个品种。

③ 虽然说涂料和“漆”是一个意思，但多数情况下统称涂料，个别时候为了简化也可以采用“漆”来称呼，例如硝基漆、清漆、油漆等。专业用途或具有特殊性能的涂料命名，通常也可以把其特性或用法加在成膜物质之后，例如白硝基外用漆、醇酸导电磁漆等。

7.1.3 涂料组成

虽然涂料的种类繁多，但涂料的组成大多包含如下四部分，即主要成膜物质、次要成膜物质（颜填料）、辅助成膜物质（助剂）、溶剂和稀释剂。由于涂料类别不同，个别特殊涂料品种可能会存在不含某些组分的情况，例如粉末涂料和光固涂料等无溶剂涂料就不含有溶剂或稀释剂。部分涂料品种因其成分比例与其他常见涂料不同，有时候也会有个别组成成分所占比例过小而被省略不计的情况。

（1）主要成膜物质

涂料的主要成膜物质简称为成膜物质，又称为基料、漆基、漆料，主要包括天然油料、天然树脂及各种改性产品、合成树脂等。其中天然油料包括了豆油、蓖麻油、桐油等常见植物油；天然树脂主要包括松香、沥青、虫胶等，同时还包括常见天然树脂的衍生物产品；合成树脂则包括酚醛树脂、氨基树脂、环氧树脂等一系列由石油化工的方法生产出来的合成树脂类产品。

（2）次要成膜物质

次要成膜物质又称为颜填料，颜填料是涂料配方中重要的成分之一，颜填料与主要成膜物质相互配合，其自身的基础理化性质在一定程度上决定了涂膜的质量和性能，因此颜填料又称为次要成膜物质。涂料中的颜填料可依据其功能分为体质颜料、着色颜料、防锈颜料三大类。

体质颜料：体质颜料又称为填料，是一类白色或者无色的固体颗粒，其本身无着色力，涂料中添加体质颜料的主要目的是为了增加涂膜的厚度，提高涂膜耐摩擦性，增强涂膜的机械性能，使涂料便于施工，并降低成本。常选用的产品有硫酸钡、碳酸钙等金属盐类，高岭土、滑石粉、云母粉等硅酸盐类，以及部分二氧化硅系列产品。

着色颜料：着色颜料是颜填料中最为重要的成分，其性质与涂料成膜息息相关，特别是对于有色涂料来说，着色颜料与涂料中主要成膜物质之间的协调作用好坏直接决定了该涂料产品的性能和价值。

防锈颜料：防锈颜料是一种专门用于生产防锈涂料使用的颜料品种，防锈颜料能够通过物理隔离的方式阻断腐蚀性物质或水蒸气等深入涂层薄膜，进而实现材料防锈的作用。此外，部分防锈颜料也具有着色功能，例如红丹、氧化铁红、不锈钢粉、锌铬黄、偏硼酸钡等。

（3）助剂

助剂是一种精细化工产品生产过程中不可或缺的添加剂。在涂料生产过程中，助剂的添加对涂料产品的生产、贮存、施工等方面都起到一定的优化促进作用，虽然助剂的使用量很小，但助剂的种类和性能是影响涂料成本的重要因素之一，在涂料配方的研制过程中，添加助剂的类别和具体量一直是领域研究的核心内容。涂料用助剂主要包括催干剂、固化剂、增塑剂、润湿分散剂、流平剂等。

催干剂：催干剂又称为干料、干燥剂，氧化聚合型涂料在常温的干燥过程中，涂膜所含有的干性油或者树脂中的双键会发生氧化交联，催干剂就是一种能够对这些双键发生的氧化交联反应起到催化作用的有机酸皂类混合物。涂料中加入催干剂后能够缩短涂膜的干燥时间，但其作用与固化剂不同，催干剂不参与涂料的成膜过程。

固化剂：固化剂又称为交联剂，是一种能够与涂料成膜物质（线型树脂）中所含活性基团发生化学反应（交联反应）的活性物质，固化剂在特定的温度下与成膜物质发生反应后，能够提高涂膜的耐溶剂、耐水、耐热、耐寒、耐摩擦等多方面性能，因此是涂料中不可或缺的重要组成成分。

增塑剂：在涂料中，增塑剂是一种能够增强涂膜柔韧性的助剂。增塑剂能够破坏成膜物质中的交联，使其结构发生形变但不断裂，进而降低了涂膜的刚性，提高了涂膜的柔韧性；增塑剂同样能够进入到非极性的成膜物质中，使分子间的距离增大，减少了分子间的摩擦力，进而使涂膜的结构发生形变，降低了涂膜的刚性，改善了涂膜的柔韧性。

湿润分散剂：湿润分散剂是一类能够帮助改变颜料表面性能，提高颜料与涂料之间的亲和力，增强涂料界面体系稳定性和界面活性的物质。颜料在成型加工过程中，表面会吸附一定量的空气和水，颜料的这些表面性质不利于涂料的加工。另一方面，涂料中颜料与溶剂之间的液/固界面张力也是影响颜料与涂料能否充分融合的主要因素之一。湿润分散剂添加到涂料中后，能够有效去除颜料表面吸附的空气和水分，降低界面张力，缩短颜料的研磨和分散时间，减少涂料产品生产能耗，节约成本，提高产品质量。

流平剂：流平剂是一种能够改善涂膜平整性，能够防缩孔、防结皮、防气泡、防流挂等作用的助剂。流平剂是表面状态控制剂的一种，除了流平剂之外，这类表面状态控制剂还包括浮色发花防止剂、防流挂剂、消泡剂等，其中流平剂最为常用且最为重要。流平剂多采用高沸点特性控制溶剂挥发速度，延长流平时间，调整涂膜的平整度和致密性。

（4）溶剂及稀释剂

在涂料中，溶剂和稀释剂都是用于溶解成膜物质以及控制涂料黏稠度所使用的液态物质。涂料用溶剂需具备适宜的挥发度，其挥发后可以使涂料形成质地均匀、平滑、具有韧性和强度的涂膜，溶剂和稀释剂的种类以及添加量是决定涂料施工的干燥时间和涂膜的最终性质的主要因素。

理想的溶剂应具有无毒、廉价、环境友好等特点，目前涂料生产中常用混合型溶剂和稀释剂。溶剂和稀释剂也是有区别的，稀释剂不是真正的溶剂，但它对基料在溶剂中的溶解过程有促进作用，而且自身价格低廉，能够降低涂料成本。涂料常用的溶剂类别主要包括烃类溶剂、萜烯类溶剂、酯类溶剂、醇类溶剂、酮类溶剂、水。

7.2　涂料的基本作用原理

目前各类涂料产品所涉及的基本原理主要包括作用力因素和成膜原理两部分。涂料产品作用过程中涉及的作用力因素对涂料的涂饰及施工后质量的影响主要体现在涂料自身的内聚力以及涂料与被涂饰物体表面的粘接力两个方面。涂料成膜原理则涉及了物理成膜和化学成膜两个不同的部分。

7.2.1　内聚力和粘接力

内聚力：是在同种物质内部相邻各部分之间的相互吸引力，这种相互吸引力是同种物质分子之间存在分子力的表现，是涂料成膜物质本身的力，内聚力主要是因成膜物质中大分子之间的作用产生的。

粘接力：又称为结合力，是指黏结剂与被黏结物体界面上分子间的结合力，是涂料与被涂饰物表面之间相互结合的能力，粘接力是由涂料中成膜物质与被涂饰物表面所有活性基团之间的相互作用产生的。

涂料的内聚力和粘接力之间关系密切，二者之间的作用直接影响到涂料的应用及产品质量。虽然内聚力和粘接力之间一内一外的作用十分简单，但需要考虑的是当具有高度向内的力的时候就不会有高度向外的力了，也就是说内聚力过强，则粘接力较弱。

另一方面，涂料成膜过程中会涉及溶剂的蒸发，成膜物质随着溶剂的蒸发而逐渐成膜，在这一过程中，收缩过程必然会伴随着成膜过程同时发生，张力会因收缩过程而引发，涂料与被涂饰物体表面的粘接力遭到了破坏，涂膜也就有可能会随之脱落。但如果涂膜与被涂饰物体表面的粘接力足够强，那么内聚力和粘接力二者之间就会形成平衡状态，涂膜就不会脱落。

7.2.2　涂料的固化及成膜

涂膜形成的过程是涂料发挥作用的最为重要的体现，根据涂料的应用过程不难发现，涂料成膜过程涉及了涂料的涂刷成膜和涂料的干燥固化成膜两个过程。涂料经涂刷后会在被涂饰物体表面形成一层液态的膜，常被称为“湿膜”，湿膜会依据不同的机理以及不同的方式转化为连续的固态“干膜”。湿膜向干膜转化过程中，涂料的黏度和形态都随之发生明显变化，这一过程称为涂料的固化，涂料的固化机理主要涉及三种类型，具体如下：

（1）物理固化过程机理

单独依靠涂料中溶剂及稀释剂的挥发作用，使湿膜逐渐转化为连续干硬的干膜，这一过程即为所谓的物理固化过程。成膜物质在整个过程中不会发生任何的化学反应，随着溶剂和稀释剂的挥发，成膜物质的黏度也随之降低，最后失去黏性。

（2）氧和水分参与涂料成膜物质交联反应

油脂涂料和醇酸树脂涂料等产品含有干性植物油或其他不饱和化合物，当它们与空气中的氧接触后，则会发生交联反应而引起涂料固化，在反应过程中还会产生大量的游离基，游离基会引起成膜物质发生聚合反应。此外，聚氨酯涂料中含有异氰酸酯基团，空气中的水分也会与之发生缩聚反应。由此不难看出，涂膜会因以上反应而形成，因此上述涂料产品在储存和运输过程中必须做好密封处理，将涂料与空气隔绝开，避免涂料变质。

（3）涂料各组分之间的交联固化反应

与氨基树脂能够发生交联的热固性涂料，例如醇酸树脂涂料、聚酯树脂涂料以及丙烯酸树脂涂料等产品，它们的成膜过程就属于涂料各组分分子间的交联固化反应过程。但涂料在使用之前必须保持化学性质稳定，涂料的固化成膜过程必须在涂料涂饰到物体表面后才可以进行，因此需采用一定的方法才能保证这类涂料正常地储存、运输及使用。为了实现该目的，通常人们可采用如下几种方法。

① 将可以发生化学反应并引起交联过程发生的成分分开包装，使用时根据需要量现用现配。该方法在施工时程序较为繁琐，而且影响施工质量的因素又多了一项工人的人为配制涂料的因素，不利于后期考察涂料施工的质量。

② 将可发生化学反应并引起交联过程发生的成分利用稀释剂充分稀释，使其混合包装后反应缓慢，施工时，涂料涂饰到物体表面后，随着溶剂和稀释剂的挥发，交联反应会逐渐加速进行。很显然，这样的涂料很难长期储存。

③ 设计涂料配方时，将反应温度的影响充分考虑进去，选取在常温下不能发生交联反应，只有温度达到一定高温或受到辐射时才能发生交联反应的成分配制涂料。对比前两种方法，虽然第三种方法配制的涂料在施工时也会或多或少地增加施工步骤，但无论从涂料的储存时间考虑，还是从涂料施工质量考虑，该方法要好于前两种，因此这种方法也是目前涂料产品使用最多的设计方法。

7.3 涂料的配方及生产工艺

涂料的配方是系列涂料产品的灵魂，一个好的配方往往决定了该系列涂料的最终应用价值。涂料的生产工艺是涂料产品实现价值的必要保障，好的配方没有适合的生产工艺支持，最终也无法获得功能完善、质量合格的涂料产品。

7.3.1 涂料主要原料的制备

合成树脂在涂料中作为主要成膜物质使用，相关产品的制备方法如下。

（1）醇酸树脂的制备

涂料用醇酸树脂是一类由多元醇与脂肪酸或多元酸通过酯化缩合反应缩聚而成的树脂材料，例如：

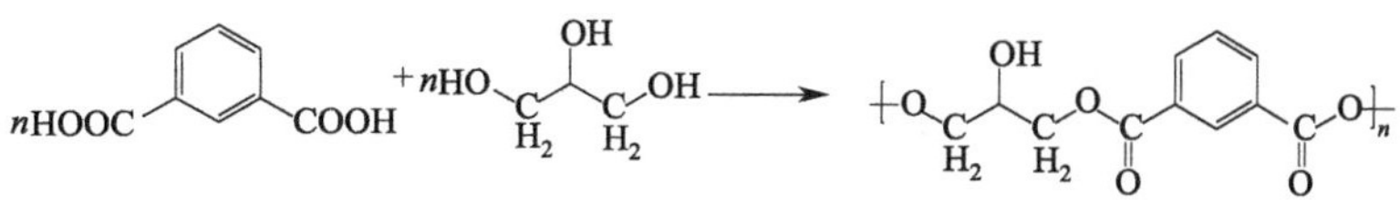

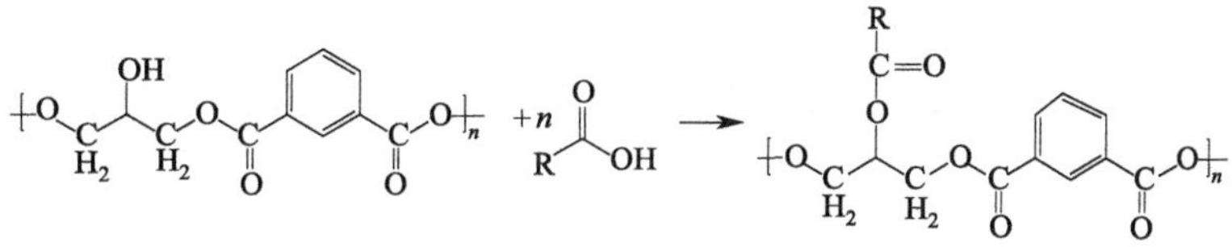

(2) 氨基树脂的制备

氨基树脂是含有氨基或酰氨基结构的有机物（三聚氰胺、尿素等）与甲醛发生缩合反应后生成的热固性树脂材料，常用的树脂品种包括脲醛树脂和三聚氰胺甲醛树脂等。

① 脲醛树脂的制备

以甲醛和尿素为原料，在酸性或碱性催化剂的催化作用下，通过缩聚反应制成的树脂被称为初期脲醛树脂。目前，关于脲醛树脂合成机理尚无定论，这是因为尿素和甲醛的缩聚反应过程过于复杂，现阶段人们对该过程的理解暂时停留在加成反应和缩聚反应两个过程中。

a. 加成反应。当反应条件控制在中性或弱碱性时，甲醛与尿素可以发生加成反应，生成相对稳定的羟甲基脲，具体过程如下：

$$H_2N-\overset{\overset{O}{\|}}{C}-NH_2 + HCHO \longrightarrow H_2N-\overset{\overset{O}{\|}}{C}-NHCH_2OH + HOH_2CHN-\overset{\overset{O}{\|}}{C}-NHCH_2OH$$

当反应条件控制在酸性时，甲醛与尿素也可以发生加成反应，得到不稳定的羟甲基脲，不稳定的羟甲基脲会继续发生缩聚反应，最终形成次甲基连接的次甲脲或初期聚合物。

$$H_2N-\overset{\overset{O}{\|}}{C}-NH_2 + CH_2O \longrightarrow H_2N-\overset{\overset{O}{\|}}{C}-NHCH_2OH$$

$$H_2N-\overset{\overset{O}{\|}}{C}-NHCH_2OH \longrightarrow H_2N-\overset{\overset{O}{\|}}{C}-N=CH_2 + H_2O$$

$$H_2N-\overset{\overset{O}{\|}}{C}-NHCH_2OH \longrightarrow H_2N-\overset{\overset{O}{\|}}{C}-NHCH_2NHCONHCH_2OH + H_2O$$

b. 缩聚反应。当初期中间体形成后，中间体在酸性条件下或在加热条件下发生脱水反应，进而缩聚形成线型结构的初期脲醛树脂，具体过程如下：

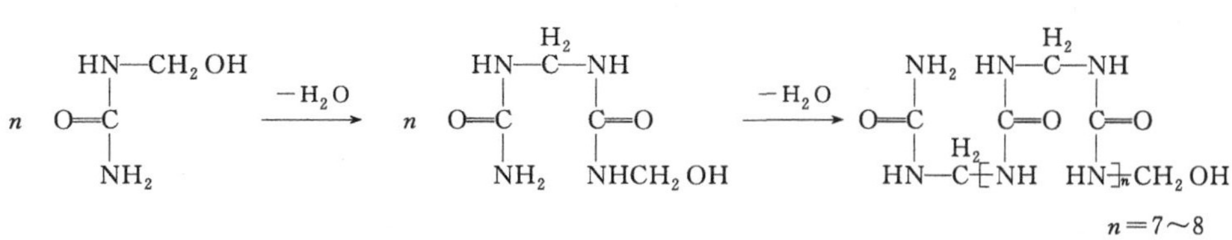

② 三聚氰胺甲醛树脂的制备

三聚氰胺甲醛树脂的制备通常控制反应体系的 pH 值在 8.5～10 之间，反应温度一般都在 60℃以下，胺与醛的物质的量比控制在 0.33～0.5 之间。反应进行时，首先会生成水溶性良好的六羟甲基三聚氰胺，具体过程如下：

六羟甲基三聚氰胺会发生缩聚反应，形成次甲基连接的初期聚合物，随着反应的进行，树脂在水中的溶解能力会越来越差，但生成的树脂可以溶解在乙醇和水的混合溶剂中，至此

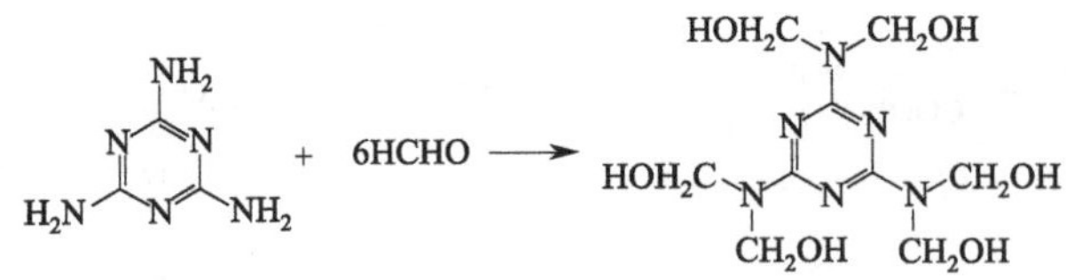

反应即可结束，停止反应是需要用碱将液体的 pH 值调至 10，终止反应的进行。

(3) 环氧树脂的制备

环氧树脂是一种分子量相对较低的聚合物，其结构中含有两个或两个以上的环氧基。目前工业应用最多的环氧树脂当属双酚 A 型环氧树脂，这类树脂产量约占环氧树脂总产量的 90%以上。双酚 A 型环氧树脂属于缩水甘油基型环氧树脂，这类树脂是以双酚 A（二酚基丙烷）和环氧氯丙烷为原料，在碱性条件下或在季铵盐类相转移催化剂的作用下制得的，在实际生产中，以季铵盐类相转移催化剂催化制得的树脂质量要好于在碱性条件下制得的树脂质量。碱性条件下的合成过程如下：

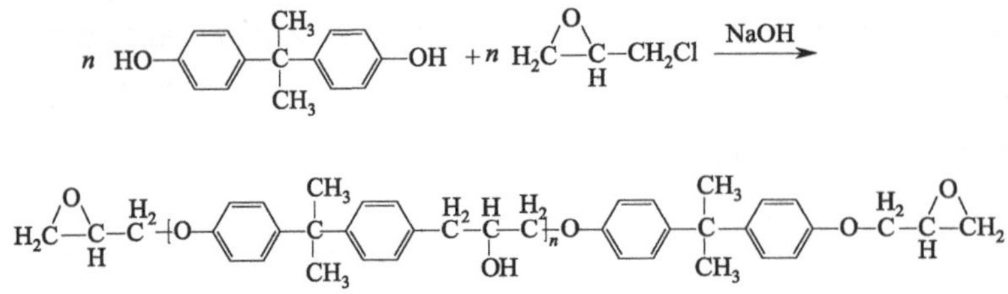

① 当聚合度 $n=0$ 时，树脂为黏稠液体。

② 当聚合度 $n\geqslant 2$ 时，树脂在常温下呈现固态。

工业生产过程中常依据树脂的软化点对其进行分类，具体如下：

① 软化点<50℃时为低相对分子量树脂。

② 软化点为 50～95℃时为中相对分子量树脂。

③ 软化点为>100℃时为高相对分子量树脂。

在实际应用中，通常使用平均分子量小于 700，软化点低于 50℃的低相对分子量树脂。

(4) 酚醛树脂的制备

酚醛树脂是一类由酚类物质，例如苯酚、甲基酚、二甲酚、对叔丁基酚、对苯二酚、双酚 A 等，与甲醛或其他醛类物质发生缩合反应生成的物质。

苯酚和甲醛发生加成反应后，产物会与过量的苯酚继续发生缩合反应，加成反应的产物为羟甲基苯酚，缩合反应的产物为亚甲基苯酚，具体过程如下：

加成反应

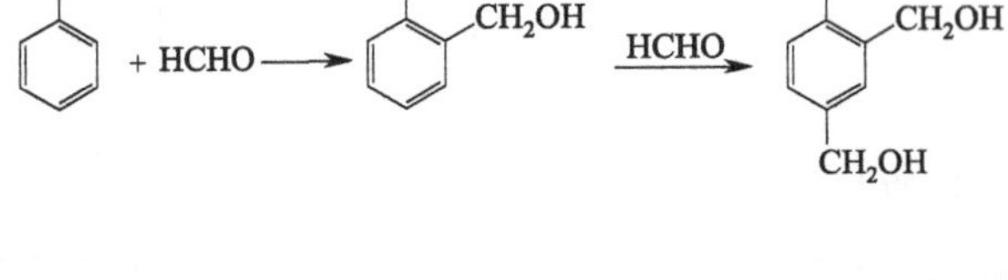

缩合反应

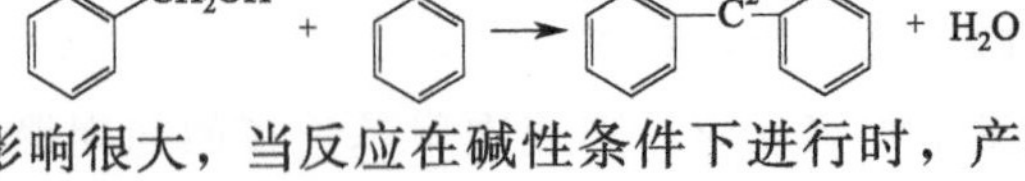

反应条件对产物的影响很大，当反应在碱性条件下进行时，产物为多羟基甲酚，当酚醛

摩尔比<1 时，很容易生成甲阶酚醛树脂，该反应可选择 NaOH、$Ba(OH)_2$、Na_2CO_3、NH_3、RNH_2 等有机碱和无机碱作为催化剂。因为在碱性条件下，羟甲基的缩合反应速率比甲醛与苯酚发生加成反应的速率要慢很多，所以可选用适当的条件和方法将反应初期形成的羟甲基苯酚分离出来。

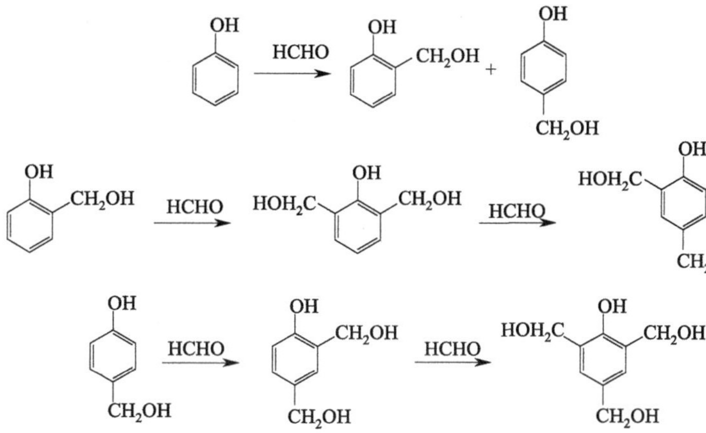

酸性条件下，缩合反应可以顺利进行，当酚醛摩尔比>1 时，羟甲基与苯酚发生缩合反应的速率远大于甲醛和苯酚发生加成反应的速率，因此在酸性条件下可以获得几乎不含羟甲基的线型热塑性树脂。

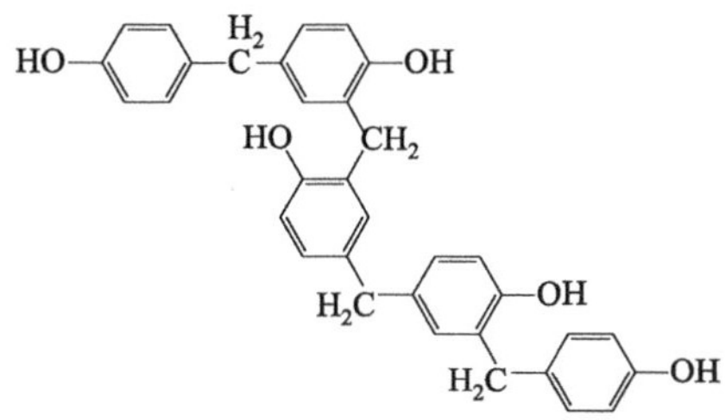

这两种树脂的结构有明显区别，前者树脂结构中段位含有羟甲基，后者树脂结构中段位为酚羟基，而且分子链上不含有游离的羟甲基。酚羟基的邻位和对位都是可以发生甲醛加成反应和羟甲基缩合反应的活性位点，因此，产物分子结构的复杂性可想而知，当树脂与固化剂作用时，酚羟基的邻位和对位都可以发生链增长和交联等固化反应。

（5）聚氨酯的制备

聚氨酯的全名为聚氨基甲酸酯，是由多异氰酸酯与多羟基化合物通过逐步加成聚合反应制得的一类聚合物的总称。

异氰酸酯化合物中含有活性较高的异氰酸酯基团（—NCO），该基团可以与含有活泼氢的化合物自发地发生化学反应，而且异氰酸酯基团还能发生自聚等其他反应。其中，异氰酸酯基团与聚酯、聚醚、多元醇以及其他含有羟基的有机化合物发生化学反应并生成氨基甲酸酯，该反应是聚氨酯合成的主要反应。

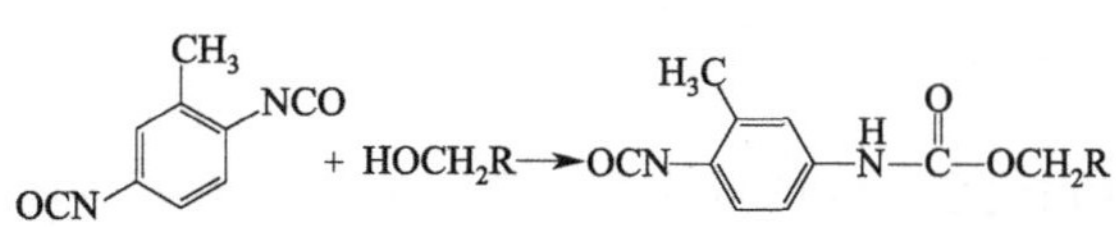

制备聚氨酯的反应过程复杂，与反应过程相关的讨论将在胶黏剂章节具体介绍，在本章节不进行过多论述。

（6）丙烯酸树脂的制备

丙烯酸树脂是一类以丙烯酸酯或甲基丙烯酸酯（甲酯、乙酯等）为主要原料，通过由单体聚合的方式或与丙烯酸、丙烯酰胺、丙烯腈、苯乙烯、乙酸乙烯酯等其他添加物共聚形成的一系列树脂的总称。各类产品中，以甲基丙烯酸甲酯或乙酯为主要原料生产的树脂材料应用较多，且生产工艺较为成熟。甲基丙烯酸甲酯的生产原料为异丁烯，具体反应过程如下：

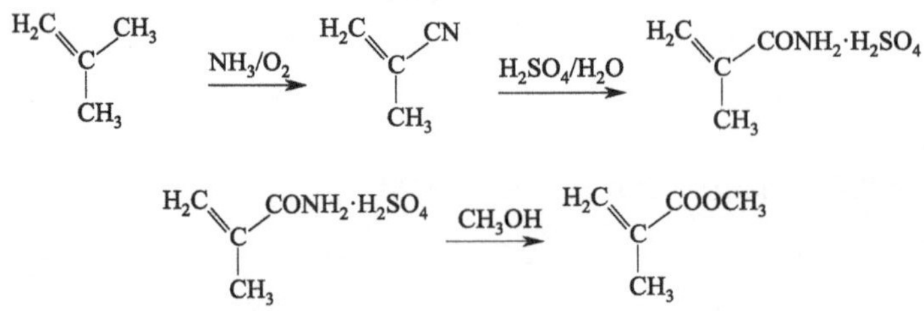

在实际生产过程中，可以根据需要选择其他醇类来制备相应的甲基丙烯酸酯类衍生物。此外，在生产相应的树脂材料时，需根据需要选择合适的烯烃类物质，在引发剂的作用下，完成甲基丙烯酸酯类衍生物与相应烯烃类物质的聚合过程，以甲基丙烯酸甲酯与苯乙烯的聚合为例，具体反应过程如下：

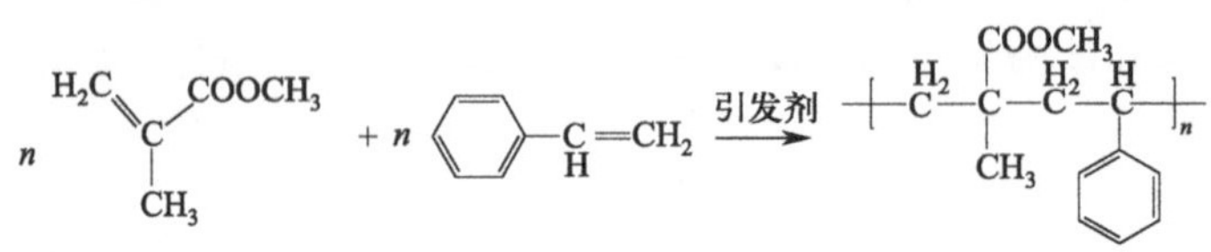

（7）乙烯树脂的制备

乙烯树脂一般指乙烯及其衍生物通过聚合反应制备的均聚物或共聚物。乙烯及其衍生物的种类很多，例如聚乙烯、聚氯乙烯，聚苯乙烯、聚醋酸乙烯、过氯乙烯、氯乙烯-醋酸乙烯共聚物、氯乙烯-偏二氯乙烯共聚物等，目前只有聚醋酸乙烯和过氯乙烯等少量单体烯烃聚合物用于涂料树脂生产，聚乙烯、聚氯乙烯、聚苯乙烯等其他单体烯烃聚合物很少用于涂料的生产，而氯乙烯-醋酸乙烯共聚物、氯乙烯-偏二氯乙烯共聚物等结构复杂的共聚物则是在涂料领域应用较为广泛的树脂材料。以氯乙烯-醋酸乙烯共聚物为例，在制备时，可选择氯乙烯和醋酸乙烯为原料，在合适的引发剂作用下进行生产，具体反应过程如下：

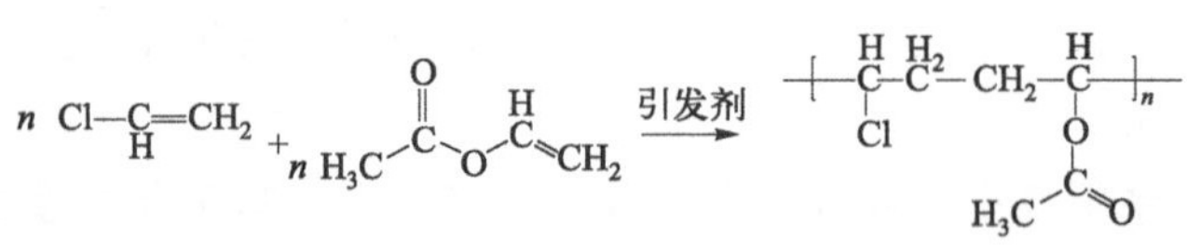

（8）聚酯树脂的制备

聚酯树脂是一种以二元酸和二元醇为原料，通过引发剂的作用使二者缩聚形成的树脂材料。聚酯树脂材料通常有两大类，一类是将二元酸和二元醇作为原料制备的聚酯树脂，另一类是将间苯二甲酸和长链的二元醇作为原料制备的聚酯树脂，反应通式如下：

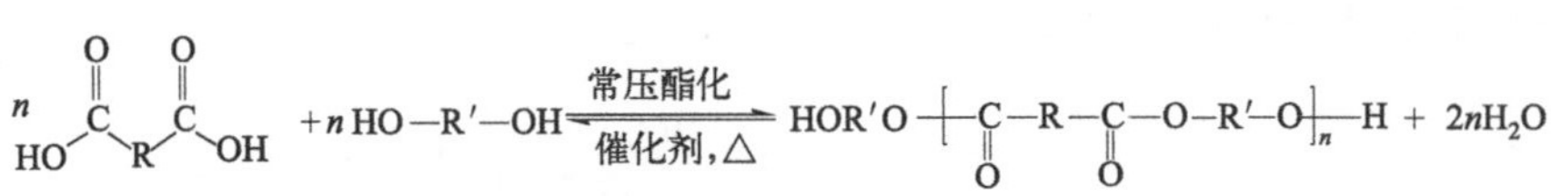

反应式中 R 和 R′分别代表不同的取代基。常用的二元酸有马来酸等，常用的二元醇有乙二醇、丙二醇等。

7.3.2 涂料的配方

涂料是由各类成膜物质、颜填料、助剂、溶剂和稀释剂等组分混合制备的，各组分的理化性质、添加比例等因素对涂料自身性能的影响起到了决定性作用。因此涂料的配方是涂料产品生产过程的核心问题之一。所谓的涂料配方即涂料中各组分的组成及用量。

(1) 涂料配方原则

涂料中的成膜物质和颜填料的选用需严格考虑被涂饰物体的材质以及表面性质。不同材质的物体，其使用环境也不同，因此对成膜物质和颜填料的要求也不同。常见被涂饰物有木材、石材、砖瓦或水泥表面、金属、塑料、其他特殊底漆涂层等。涂料中各类助剂以及溶剂和稀释剂的选用也需严格考虑被涂饰物体的材质、表面性质、物体使用环境等诸多因素。部分塑料材质的被涂饰物不耐有机溶剂，因此应选用不与材质本身发生化学反应或没有溶解作用的溶剂；各类涂料产品使用环境不同，各类添加剂的选用需根据涂料实际使用环境拟定，进而提高涂料自身的使用价值和质量。

总结以上两点发现，涂料配方设计的基本原则是：

① 首先根据涂料的使用环境和被涂饰物体种类确定涂料的类型和必须具备的相关性能，然后选取合适成膜物质及颜填料，确保涂料的主要性能符合实际使用要求；

② 根据涂料使用环境类型以及变化情况确定助剂、溶剂和稀释剂的种类；

③ 拟定涂料中各组分的配比，先确定成膜物质和颜填料的添加量，最后确定助剂的添加量，选用合适的溶剂和稀释剂配制小样进行性能测试，根据测试结果并依据以往经验修正各组分配比，直至涂料样品性能符合实际使用要求。

(2) 涂料配方的计算方法

涂料配方的计算主要涉及固体体积分数 X_v、颜填料体积分数 PVC、颜基比（颜料质量比）X_w 这三个数据的计算，计算公式如下：

固体体积分数 X_v 的计算：

$$X_v = (\text{涂料中所有非挥发分的体积之和}/\text{涂料的总体积}) \times 100\%$$

颜填料体积分数 PVC 的计算：

$$\text{PVC} = [\text{颜料和填料体积}/(\text{颜料和填料体积}+\text{成膜物质体积})] \times 100\%$$

颜基比（颜料质量比）X_w 的计算：

$$X_w = (\text{颜料的质量}/\text{成膜物体质量}) \times 100\%$$

涂膜的性能与涂料中的颜填料体积分数有直接关系，当 PVC 值超过一特殊临界值（临界颜填料体积分数 CPVC）时，涂料性能会发生突变。

① PVC＜CPVC 时，涂料能形成连续均匀的涂膜；

② PVC＝CPVC 时，涂料中的成膜物质恰好能全部将颜料包覆起来；

③ PVC＞CPVC 时，涂料中的成膜物质不能完全将颜料包覆起来。

由此可见，如果 PVC＞CPVC 时，颜料会在涂膜中非常松散地存在，这样一来，涂膜不仅不光滑平整，而且颜料极易从涂膜中脱落，容易形成涂膜缺陷，无法对被涂饰底材起到有效的保护作用。此外，无论是涂膜平整度欠佳还是出现涂膜缺陷，涂饰后的涂膜光泽都会因光的反色而大打折扣，装饰作用急剧下降。因此在设计涂料配方时，应采用 PVC 小于 CPVC 的配方，进而保证涂膜质量；对于要求较低或价格较低的室内涂料来说，可采用 PVC 大于 CPVC 的配方，有时还可以添加价格低廉的其他填料来降低涂料成本，目前在家居装修中常用的大白或腻子就是这类典型的室内墙用涂料。此外，随着人们对室内装修质量要求的不断提高，各类去除室内甲醛的墙用涂料出现在人们的生活中，硅藻泥和贝壳粉就是这类涂料的典型代表。这类涂料虽然采用了所谓的“PVC＜CPVC”的配方设计，颜填料的添加量极少，但涂料产品中的主要成分是硅藻泥或贝壳粉、成膜物质等。硅藻泥和贝壳粉这类本应属于廉价填料的成分，但随着涂料用途的改变，这类填料变成了涂料的主要成分，与调配颜色的颜料一起作为颜填料使用，配方中出现了PVC＞CPVC的情况。

涂料的颜基比与涂料中成膜物质的形态、性能、PVC等有直接关系。一般情况下，设计涂料配方时常用颜基比来体现涂料中主要组分之间的关系，各类用途涂料的颜基比一般遵循如下顺序：普通外墙涂料＞普通内墙涂料＞高档涂料＞清漆，即涂料档次越高，质量越高，其颜基比越低。

7.3.3 涂料的生产工艺

涂料种类繁多，因此各类涂料的生产工艺也各不相同。总的来说，溶剂型涂料、水乳型涂料或其他含有大量溶剂和稀释剂的涂料产品的生产过程都涉及色浆的制备以及调漆两个重要步骤，色浆的制备过程其实就是颜料在整个体系中的分散过程，在这个过程中涉及了研磨及高速搅拌分散两个工序。

（1）清漆的生产

由于不含有颜料，清漆的生产过程比较简单，主要包括成膜物质（基料）的溶解和净化两道工序。对于以溶液或乳液形式存在的成膜物质，可直接经净化后作为清漆使用；而对于固体或高黏度的成膜物质（树脂和油料）需要以一定的溶剂溶解（溶解工序）。由于所得到的清漆含有各种杂质，如不溶性的粒状杂质和具有化学反应活性的可溶性杂质及胶体粒子的悬浮物，这些杂质可造成清漆在储存时形成不溶性的颗粒杂质，影响涂膜的质量，需要通过净化工序除去杂质。杂质的类型不同，净化方法不同。对于反应性化学物质的杂质，应先经熟化再过滤的方法，所谓熟化就是将体系中具有反应活性的物质，如单体、引发剂或低聚物继续反应，形成成膜物质或不溶性杂质的过程。不溶性颗粒杂质可直接通过离心和过滤分离。

（2）有色涂料的生产

在涂料产品中有色涂料无论在品种还是在产量上均是占第一位的。有色涂料是通过在基料溶液或分散液中加入颜料和填料配制而成的。为获得所需的颜色或色调，有色涂料中经常含有多种颜料。通常将有色涂料的配制方法分为三类。

单颜料法：将分别制备的各种单色色浆混合制得所需有色涂料的方法。单颜料法能以为数不多的单色色浆配制各种颜色的涂料，其配制颜色可自动化进行，但是需设置大量的色浆罐、色浆输送泵。适用于生产颜色较多、产量大的大型生产厂。

多颜料法：将各种颜料混合后经高速分散、研磨制成色浆，经调漆后制备有色涂料的方法。多颜料法不需大量的贮浆罐及输送泵，但涂料配方和色调难以校正。适于生产颜色牌号较少的中型厂家。

综合法：将某几种颜料制成混合色浆，再将个别颜料制成单色色浆，然后再混合制备有色涂料的方法。适于制造其主颜色为白色色浆的浅色涂料的企业。

7.4　常用涂料产品的性能及应用

涂料系列产品种类繁多，为方便读者阅读，本节以主要成膜物质进行分类，并将其他功能的产品放在最后进行介绍。

7.4.1　天然树脂涂料

所谓的天然树脂涂料指的是用天然树脂或天然树脂的衍生物为主要成膜物质制成的涂料。这类涂料是涂料工业初期的产品，其成分中或是将天然树脂作为主要成膜物质，或将天然树脂单独直接使用，或将其与油类物质混合使用。随着化学工业的发展，各种性能优异的合成树脂出现后，天然树脂逐渐被合成树脂所替代，因此，与天然树脂相关的涂料产品在涂料行业中所占比例逐渐下降，部分低端涂料品种已被淘汰，但有些天然树脂涂料属于我国重要涂料，这些涂料的各方面性能及价值要高于其他类型涂料。

（1）生漆

生漆又称为“国漆”“大漆”“土漆”，是一种漆树分泌的乳白色黏稠状液体，生漆是我国南方的一种重要的特产漆。生漆具有较为活泼的化学性质，天然的生漆放置在空气中会逐渐变为褐色。生漆具有天然的酸香味，pH值呈弱酸性，能够很容易与金属发生化学反应，所以生漆在储存和运输过程中需严格密封、隔绝空气、避光，并且不能使用金属容器包装生漆。在我国，生漆已经有4000多年的使用历史，其经济价值极高，自身具有耐磨、耐热、耐酸、耐腐蚀、绝缘性好、光泽亮丽等特点。生漆不仅是我国重要的传统出口物资之一，而且更是高端家具以及各类高档手工艺品所必需的优质涂料。此外，经改性后的系列生漆涂料还广泛应用在工业、基建、农机、军工等诸多领域。

生漆中各成分的含量与漆树的品种、产地、生长环境、采漆的时间等因素有直接关系。一般情况下，漆酚是生漆中占比最多（>80%）的成分，生漆中漆酚含量越高，不饱和程度越大，生漆的质量就越好，价值就越高。

生漆成膜过程即生漆在常温下的自然干燥过程，该过程包括了两个方面，一方面是漆酚中的酚基通过漆酶的催化发生氧化；另一方面是漆酚侧链所含双键在漆酶的催化作用下发生聚合反应。生漆成膜过程中最重要的就是漆酶的催化活性，如果漆酶失活，则成膜过程无法进行，也就是说生漆就无法自然干燥。漆酶的催化作用赋予了生漆的活性，生漆的成膜过程会在较短时间完成，因此乳白色的生漆暴露在空气中后，只需很短时间就会变成棕红色。生漆干燥过程中变色的过程为乳白色、红棕色、浅褐色、深褐色、黑色，该过程又称为“转艳”，生漆中所含各类成分对其成膜过程都有重要的影响。

生漆所具备的性能来源于生漆成膜后脂肪族长侧链穿插形成的立体网状结构，因此生漆的耐腐蚀、耐酸、耐磨、耐热、保光、耐久等性能良好，漆膜具有较强的机械性能，能够与木材及其他非金属材料表面产生较强的附着力，所以生漆常用于高档木质家具的生产。生漆也有一定缺陷，生漆的漆膜不耐碱、柔韧性和耐冲击性较差，生漆漆膜对自然光和紫外光敏感，因此传统高档木质家具怕磕碰，而且不能暴露在较强的自然光中。

生漆的改性其实是将生漆中所含的漆酚作为原料，利用漆酚中所含的活性基团，例如酚羟基和双键等，使其与其他有机化合物或无机化合物发生反应，对其性质进行改性，赋予漆膜特殊性能，改善或提高生漆所具有的性能。目前，漆酚环氧防腐涂料、漆酚缩醛涂料、漆酚改性乙烯树脂涂料、漆酚金属有机化合物涂料、漆酚有机硅涂料以及其他类型的合成树脂改性涂料都是常见的生漆涂料产品。

（2）沥青树脂涂料

沥青是一类黑色硬质可塑性固体或无定型黏稠状物质，是沥青树脂涂料的主要成分之一。依据沥青的来源可将沥青分为石油沥青、焦油沥青、天然沥青三大类。

沥青树脂涂料的组成包括各类沥青、有机溶剂、树脂、干性油、颜料及各类填料。沥青树脂涂料中各组分物质对涂料都起到了非常重要的作用，具体如下。

干性油：天然沥青或石油沥青中添加干性油（主要是植物油）后，涂膜的机械性能、耐油性、耐候性、光泽性都会得到明显提高。

松香酚醛树脂或松香钙酯：沥青涂料中添加松香酚醛树脂或松香钙酯后，涂膜的附着性、硬度、光泽、储存稳定性都会得到改善和提高。

酮类、醇类、芳烃类溶剂：提高涂料的可施工性。

各类颜料：降低涂膜的渗透性，赋予涂膜致密性、防锈、防腐、耐候等性能。

各类合成树脂：对涂料进行改性，赋予涂料各种合成树脂类涂料所具有的性能。

沥青树脂涂料价格低廉，施工方便，涂膜平滑、光亮、丰满，具有超强的防水性，能抗强酸腐蚀，绝缘性良好。沥青树脂涂料的缺点是耐热性较差，而且颜色偏深，不宜制成浅色涂料。常用沥青树脂涂料品种有沥青防污漆、沥青防锈漆、沥青船底漆、沥青防水漆等十多类产品。

（3）纤维素涂料

纤维素是一种广泛存在于自然界的重要天然高分子化合物，其分子结构为葡萄糖组成的多糖大分子，纤维素是自然界中含量最多、分布最广的多糖，其含碳量占植物总含碳量的50%以上。纤维素的结构中含有大量的羟基，羟基可通过化学转化的方法进行醚化或酯化，纤维素经醚化或酯化后可分别获得纤维素醚和纤维素酯，该过程称为纤维素的改性，纤维素醚和纤维素酯便是纤维素改性后的产物，称为“改性纤维素”。纤维素涂料是一种将改性纤维素作为主要成膜物质的涂料品种，将改性纤维素溶于有机溶剂后，分别依次加入合成树脂、增塑剂及其他添加剂，混合搅拌均匀后即可获得纤维素涂料。常用的纤维素涂料有硝酸纤维素涂料、醋酸丁酸纤维素涂料、乙基纤维素涂料等，应用较多的当属硝酸纤维素涂料。

硝酸纤维素涂料又称为硝基纤维素涂料，这类涂料是一种传统型涂料，其主要成膜物质为硝基纤维酯，简称为NC。硝基纤维素涂料具有快干的特点，漆膜光亮、坚韧、机械性能强，后期可打磨、抛光处理，受损后易修补。硝基纤维素涂料广泛用于木器加工、汽车制造、皮革加工、玩具或塑料的生产、油墨印刷等行业，特别是在木器加工领域，硝基纤维素涂料的应用在各国范围内都占据了较高的比重。

硝基纤维素涂料是一种高VOC涂料产品，使用后对环境的污染较为严重。“雾霾天气”对人们的生活以及身体健康产生诸多负面影响，而VOC的排放是造成PM2.5严重超标的主要原因，由此不难看出，硝基纤维素涂料的使用对空气环境的污染是显而易见的。此外，涂料中含有约2%～3%的邻苯二甲酸二丁酯类增塑剂，该物质被多国认定为可疑有害物质，欧美等发达国家对其严格限制使用。硝基纤维素涂料在涂料产品中所占比例较大，短期内很难找到合适的替代品，因此，在原来的基础上，发展水性硝基纤维素涂料成为缓解硝基纤维素涂料污染环境的有效方法。目前，我国主要城市先后出台政策，严格控制溶剂型涂料的使用，要求水性涂料等低挥发性有机物占比不得低于50%，研究和开发水性硝基纤维素涂料已经成为涂料科研人员的重要研究方向之一。

7.4.2 合成树脂涂料

（1）醇酸树脂涂料

涂料用醇酸树脂是一类由多元醇与脂肪酸或多元酸通过酯化缩合反应缩聚而成的树脂材料，醇酸树脂涂料则是一类将醇酸树脂作为主要成膜物质的涂料总称，这类涂料产品是目前民用涂料中应用最多的品种之一。

醇酸树脂涂料生产所需原材料易得，生产工艺简单，而且产品性能优异，主要用于木器和金属的涂装。醇酸树脂涂料的漆膜坚韧、机械性能良好、耐磨、耐老化、耐候、耐矿物油、耐醇类溶剂、光泽持久稳定。烘烤后，漆膜的耐水性、耐油性、绝缘性等均得到有效提高。目前，醇酸树脂涂料的各类规格和型号产品主要包括磁漆、底漆、腻子、清漆、水性漆等。

醇酸树脂可根据其组成分类，具体如下。

① 无油醇酸树脂，例如烯丙基醚醇酸树脂、新戊二醇醇酸树脂等；

② 不干性油改性醇酸树脂，例如椰子油、棉籽油、合成脂肪酸等改性；

③ 干性油改性醇酸树脂，例如脱水亚麻油、大豆油、棕榈仁油等改性；

改性醇酸树脂是指在醇酸树脂基本必需成分（脂肪酸、脂肪醇、苯酐等）中，继续添加其他改性成分，例如苯甲酸、松香、苯乙烯、酚醛树脂、多异氰酸酯、有机硅等，通过化学方法制备出的醇酸树脂衍生物。经改性的醇酸树脂往往会具有更多的优点，用于生产涂料后，涂膜性能也会随之得到相应的改善。

① 用松香或松香酯改性

树脂在脂肪烃类溶剂中的溶解度增大，涂膜的耐碱性、耐水性、硬度、光泽、附着力等方面性能均得到提高，而且涂料成膜过程速度加快，黏度降低，更容易进行涂刷。

② 用有机硅改性

使有机硅低聚物与醇酸树脂结构中的羟基发生反应进行改性，改性后的树脂不仅能够保持原有的机械性能、涂饰方便、室温固化成膜等优点，而且还提高了涂膜的耐热、耐老化、耐紫外线、耐水等多方面性能，最终成为综合性能优良的涂料。

③ 用氨基树脂改性

使氨基树脂中所含氨基与醇酸树脂中所含的羧基发生交联反应进行改性，改性后的涂料综合性能明显增强，主要体现在涂膜的耐水、耐溶剂、耐酸、耐污染等性能方面。

（2）氨基树脂涂料

氨基树脂是含有氨基或酰氨基结构的有机物（三聚氰胺、尿素等）与甲醛发生缩合反应后生成的热固性树脂材料，氨基树脂涂料则是一类将氨基树脂作为主要成膜物质的涂料总称。由于氨基树脂的分子极性极大，溶解性较差，固化后的漆膜附着力差、漆膜硬度高且十分脆弱，因此氨基树脂很少单独作为主要成膜物质生产氨基树脂涂料。目前应用较多的氨基树脂涂料都是其改性产品，因此，纯粹的氨基树脂涂料并不是很常见。

在各类改性氨基树脂涂料中，最为常见的就是利用醇酸树脂改性的氨基醇酸树脂涂料，又称为氨基醇酸树脂漆。改性时，依据氨基树脂和醇酸树脂使用的比例，可将这类涂料分为高氨基、中氨基、低氨基三类。

高氨基类，醇酸树脂：氨基树脂＝(1.0～2.5)：1.0

中氨基类,醇酸树脂：氨基树脂=(2.5～5.0)：1.0

低氨基类,醇酸树脂：氨基树脂=(5.0～9.0)：1.0

氨基醇酸树脂涂料中氨基的含量越高，涂料成本就越高，涂膜的硬度、耐油性、耐水性、光泽、绝缘性等性能越好，过高的氨基含量会使改性涂料具有与改性前相类似的缺点，例如附着力差、脆性大等。低氨基类氨基醇酸树脂涂料的性能要比高氨基类氨基醇酸树脂涂料差很多，但低廉的成本价格使其在要求不高的场合具有很强的竞争力。通常情况下，在保证施工质量的前提下会尽可能降低成本，因此中氨基类氨基醇酸树脂涂料的使用最为广泛。

(3) 环氧树脂涂料

环氧树脂是一种分子量相对较低的聚合物，其结构中含有两个或两个以上的环氧基，环氧树脂属于聚氧乙烯型树脂，是以环氧乙烷为原料，通过离子聚合形成的低分子量聚合物。环氧树脂涂料则是一类将环氧树脂作为主要成膜物质的涂料。依据环氧树脂结构可将其分为缩水甘油醚、缩水甘油胺、缩水甘油酯、线型脂肪族和脂环族等五大类别，在涂料领域中，使用最为频繁的是双酚 A 型缩水甘油醚类环氧树脂和脂环族环氧树脂两大类。

环氧树脂涂料的特点如下：

① 黏合力强而收缩力及热膨胀系数较小。

② 柔韧性与电绝缘性能优良。

③ 耐化学品性和稳定性良好。

④ 耐水性与耐候性稍差。

(4) 酚醛树脂涂料

所谓的酚醛树脂涂料就是一类将酚醛树脂作为主要成膜物质的涂料的总称。目前，可应用于涂料工业的酚醛树脂主要包括纯酚醛树脂、醇溶性酚醛树脂、松香改性酚醛树脂、丁醇醚化酚醛树脂等。

纯酚醛树脂：所谓的纯酚醛树脂又称为油溶性纯酚醛树脂，这类树脂是用取代酚与甲醛在催化剂作用下发生缩聚反应制得的树脂。用这类树脂生产的涂料具有良好的性能，涂料涂膜保色性强，涂膜在硬度、耐水性、耐化学药品性等方面都明显好于松香改性酚醛树脂涂料。纯酚醛树脂涂料主要用于飞机、船舶、电机等设备使用的油性酚醛底漆和面漆的生产。

醇溶性酚醛树脂：所谓的醇溶性酚醛树脂其实是一类在醇类溶剂中具有良好溶解能力的热塑性酚醛树脂，这类树脂也是利用催化剂的作用，以酚类和醛类物质为原料，通过缩聚反应制得的。醇溶性酚醛树脂常用于生产具有良好防腐性和耐化学药品性的防腐蚀涂料和胶泥。需要特殊说明的是，这类树脂不仅可应用在涂料工业领域，而且在胶黏剂领域也有广泛应用，在胶黏剂领域中，醇溶性酚醛树脂可用于生产砂轮、胶合板、层压板的黏合剂，具体内容将在后续章节详细介绍。

松香改性酚醛树脂：所谓的松香改性酚醛树脂是酚醛树脂与松香发生化学反应后，又经过甘油酯化处理而得到的红棕色聚合物。酚醛树脂经松香改性后，树脂的油溶性得到明显改善。

丁醇醚化酚醛树脂：所谓的丁醇醚化酚醛树脂其实是将丁醇作为醚化试剂，以碱作为催化剂，对热固性酚醛树脂进行醚化反应，将树脂结构中的部分羟基转化为丁醚后的产物。由于树脂中的部分羟基被醚化，所以树脂的极性降低，在油脂溶剂中的溶解性增强。此类酚醛树脂在固化过程中，通过分子中羟甲基与丁氧甲基之间的醚化或醚交换反应而交联固化，或和含羟基的树脂通过共缩合反应的方式进行交联固化。

此外，其他类型的酚醛树脂在涂料工业中也有一定的应用，例如水性电泳漆的生产需要具有水溶性的酚醛树脂作为主要成膜物质，因此可对酚醛树脂进行改性，将水溶性基团引入到树脂中，进而满足需要；又如食品包装内壁或工业保护涂层的生产需要柔韧性好、稳定性好的树脂材料，因此可将酚醛树脂用环氧树脂进行改性，将两种树脂材料的优点综合，进而满足实际需求。

(5) 聚氨酯涂料

2,4-二异氰酸酯甲苯或2,6-二异氰酸酯甲苯、己二异氰酸酯、4,4-二苯基甲烷二异氰酸酯是常用的异氰酸酯类化合物。聚氨酯涂料是一类将聚氨酯树脂作为主要成膜物质生产的一系列涂料产品。这类涂料性能优良且用途广泛，在石油、机电、化工、航空、船舶等重要工业领域有着广泛的应用，部分产品现已纳入化工新材料领域中并重点发展。

聚氨酯涂料的优点如下。

① 涂膜具有良好的耐溶剂性、耐油性、耐热性、耐化学腐蚀性，电绝缘性能良好。

② 涂膜附着力强，机械性能良好，坚韧耐磨，色泽光亮丰满，涂膜弹性可通过调节配方的方式进行调控。

③ 涂料既可低温固化，又能在高温下烘干，施工极为方便，即使温度在0℃左右时涂料依然可以正常固化。

④ 涂料调控性强，能够根据需要制成各种形态、功能特点的涂料，例如耐低温涂料(−40℃)、耐高温绝缘涂料、无溶剂型涂料、粉末涂料、单罐装涂料或双罐装涂料等。

聚氨酯涂料的缺点如下。

① 涂料怕水，施工需在无水条件下进行。

② 分子结构中活性基团较多，耐老化性质差，保光保色性差。

③ 原料（异氰酸酯）毒性大、成本高。

(6) 丙烯酸树脂涂料

以丙烯酸树脂为主要成膜物质的涂料即被称为丙烯酸树脂涂料，涂料有热固性和热塑性之分，各类涂料广泛用于家电、汽车、建筑、金属防腐等领域，使用量仅排在醇酸树脂涂料和聚氨酯涂料之后。特别是近年来开发的电子束或紫外光固化的丙烯酸树脂涂料产品，因其具有低能耗、固化快、无溶剂等优点而被人们广泛接受，这类涂料目前广泛用于皮革、金属、玻璃、木材、塑料及印刷电路板等诸多领域中。

(7) 乙烯树脂涂料

乙烯树脂一般指乙烯及其衍生物通过聚合反应制备的均聚物或共聚物，而乙烯树脂涂料便是将这些均聚物或共聚物作为主要成膜物质的涂料的总称。乙烯树脂涂料的最大特点就是成本低廉，原材料易得。此外，涂料固化后，涂膜的柔韧性和耐腐蚀性较好，但耐溶剂性和耐紫外线性较差。

乙烯树脂涂料的主要品种包括聚醋酸乙烯树脂涂料、氯乙烯/醋酸乙烯共聚树脂涂料、氯乙烯/偏二氯乙烯共聚树脂涂料、过氯乙烯树脂涂料等。

① 聚醋酸乙烯树脂涂料

涂料工业所涉及的聚醋酸乙烯树脂通常是乳液或溶液聚合的一类树脂，平均分子量大约在5000～20000之间，聚醋酸乙烯树脂膜的耐光性、耐热性、耐候性良好，长时间受热也不会泛黄。

聚醋酸乙烯树脂是制备挥发干燥型涂料和水性乳胶漆所需的重要原材料之一，在制备挥发干燥型涂料和水性乳胶漆时还需添加乙基纤维素、硝化纤维素、氯化橡胶等成分。乳胶漆是目前市场中最为流行的建筑内外墙装饰涂料，乳胶漆将水作为分散介质，安全环保。聚醋酸乙烯/丙烯酸酯共聚物乳胶漆是现阶段应用最为广泛的乳胶漆品种，涂膜丰满、耐候性极佳。

② 氯乙烯/醋酸乙烯共聚树脂涂料

此类涂料所用树脂可根据结构的不同分为两种，一种是含有羟基的氯乙烯/醋酸乙烯共聚树脂，一种是含羧基的氯乙烯/醋酸乙烯共聚树脂。与氯乙烯树脂涂料相比，氯乙烯/醋酸乙烯共聚树脂涂料的涂膜展现出更好的附着力、耐候性、柔韧性、耐水性。涂料经各类其他树脂改性后，综合性能会更好，这些改性涂料主要用在石油工业、机械制造及造船工业。

③ 氯乙烯/偏二氯乙烯共聚树脂涂料

氯乙烯树脂在有机溶剂中的溶解性较差，所以不适合单独作为主要成膜物质来生产涂料产品，用偏二氯乙烯对氯乙烯改性后，其共聚物在有机溶剂中的溶解性良好，可用于涂料的生产。此类涂料中含有一定剂量的皂类稳定剂，用于防止涂料因高温或光照而引起的老化。此类涂料化学性质稳定，涂膜的附着力、柔韧性、阻隔性都要好于其他乙烯树脂涂料。相关涂料品种包括清漆、磁漆、底漆等，各类产品大多应用在工业防腐、航空航天、机械制造等重要工业领域，部分产品也可用于塑料薄膜印花和纺织品防水涂层等方面。

④ 过氯乙烯树脂涂料

过氯乙烯树脂的含氯量为65%，在芳烃、酯、酮等类型有机溶剂中具有良好的溶解性，此类树脂常与其他各类树脂混用，制备具有各种功能的挥发干燥型热塑性过氯乙烯树脂涂料。过氯乙烯树脂涂料的涂膜结构紧密，阻隔性、耐潮性、耐腐蚀性良好，而且具有一定防霉性，此外，良好的阻燃性是过氯乙烯树脂涂料不同于其他类型涂料的最大区别。过氯乙烯树脂涂料的热稳定性和光稳定性一般，通常只能在60℃以下的环境中使用，因此这类涂料常用作厂房和工业设备的防腐和保护涂料使用，改良后的外用过氯乙烯磁漆可用于建筑内部的各类材料涂装，汽车、飞机、船舶等交通运输设备内外各种材料的涂饰。除了装饰和保护作用外，最主要的作用其实是防火，防止蔓延燃烧。

（8）聚酯树脂涂料

将二元酸和二元醇作为原材料，利用缩聚的方式将二者转化为树脂，即为聚酯树脂。用于涂料工业的聚酯树脂材料主要有两大类。第一类聚酯树脂中含有不饱和键，属于直线型不饱和聚酯。这类聚酯是将不饱和二元酸与乙二醇或者丙二醇等小分子饱和醇发生缩聚反应获得的，这类树脂溶于苯乙烯后，能够在引发剂的作用下发生共聚反应并形成涂膜，因此这类聚酯树脂涂料属于无溶剂涂料。另一类聚酯树脂用间苯二甲酸和长链的二元饱和醇发生缩聚反应制得，这类材料适合生产聚酯烘漆，漆膜的强度和耐热性较高。

聚酯树脂涂料的优点如下。

① 不需溶剂，常温下即可发生固化反应

② 涂装次数少，一次即可获得涂层。

③ 涂膜具有良好的光泽性、硬度、耐化学药品性、电绝缘性。

聚酯树脂涂料的缺点如下。

① 涂料需多组分分装，用前临时混合搅匀，使用不便。

② 施工工序繁琐，漆膜需经打磨、抛光、打蜡处理，且漆膜硬而脆，易损伤。

③ 漆膜的附着力差。

(9) 有机硅涂料

所谓的有机硅涂料是一类将有机硅聚合物或有机硅改性聚合物作为主要成膜物质的涂料产品。涂料的成分中含有硅元素，所以这类涂料具有独特的耐热性、防腐性和耐候性。常用作电器绝缘、玻璃纤维、发动机排气管、锅炉烟囱、石棉制品等材料的涂饰。

有机硅涂料具有以下优点。

① 附着力强，即使涂饰材料为玻璃或金属，涂膜与被涂饰物表面也会有较强附着力。

② 涂膜耐热性极佳，可以承受200℃以上的高温。

③ 涂膜耐低温性极佳，在−80℃条件下，涂膜依然具有良好的柔韧性和抗冲击性。

④ 涂膜的耐潮湿、抗水性和耐污性好。

⑤ 涂膜性质稳定，耐腐蚀性和耐候性好，对臭氧和紫外线不敏感。

⑥ 室温下，涂膜绝缘性好于其他涂料，高温或潮湿环境中依然可以保持较好的电绝缘性和耐电性。

有机硅涂料具有的缺点如下。

① 涂膜耐油性和耐有机溶剂性较差。

② 常温下不易固化，一般需高温烘烤成膜。

③ 涂料的价格昂贵。

(10) 橡胶涂料

以橡胶为主要成膜物质的涂料被称为橡胶涂料，生产橡胶涂料常用的橡胶有氯丁橡胶、氯磺化聚乙烯橡胶、氯化天然橡胶、丁基橡胶等。橡胶涂料的各类产品中，应用较为广泛的当属氯化橡胶涂料，这类涂料是由氯化橡胶与多种天然树脂合用制备的涂料。氯化橡胶涂料施工方便，涂膜不仅干燥快，而且还具有良好的防腐性、防霉性、阻燃性，常作为防腐涂料使用，特别是含氯量较高的氯化橡胶涂料还能够作为防火涂料使用。为改善其脆性，需加入增塑剂，如氯化石蜡。氯化橡胶能溶于芳香烃、氯化烃、酯类、酮类溶剂，而不溶于脂肪烃和醇类溶剂。

7.4.3 无机涂料

(1) 无机涂料的定义及分类

无机涂料是一种以磷酸盐与硅酸盐作为黏结剂，添加各种填料、颜料、助剂与固化剂等配制而成的涂料。截至目前，无机涂料在涂料行业中占据重要地位，此类涂料具有成本低廉和绿色环保等特点，此类涂料具有有机涂料不具备的优越性能。

各类廉价无机材料，例如含硅和含磷的无机材料等，在自然界中储量丰富，来源广泛，因此价格低廉，这些材料都是无机涂料配方中的主要成分。磷酸盐、硅酸盐、硅溶胶等物质都具有较大的黏性，特别适合作为无机涂料的成膜物质来使用。无机涂料的配方中，另一个主要成分就是水。也正是因为无机涂料配方涉及的物质都具有无毒或低毒的特点，因此无机材料的广泛应用可有效避免有机涂料污染大，价格贵的缺点。

关于无机涂料的分类，可根据涂料的成膜物质是否含有金属元素将其分为无机金属涂料和无机非金属涂料两大类。我国有关部门对涂料的分类制定了相关标准，但相关标准并未涉及无机涂料的分类。但基于无机涂料的应用，可将其分为无机防火涂料、无机防霉涂料、无机绝热涂料、无机防水涂料、无机建筑涂料。如果依照无机涂料的化学组成进行分类，可将其分为磷酸盐涂料、硅溶胶涂料、硅酸盐涂料等。

(2) 无机涂料产品

① 磷酸盐涂料

磷酸盐涂料是一种重要的水性无机涂料，将氧化铝、氧化镁等常见碱性金属氧化物与磷酸共同作用，使其发生化学反应生成磷酸铝和磷酸镁等磷酸盐黏合剂，并添加其他成分，即可制成磷酸盐涂料。磷酸盐通式为 $M_mO_n \cdot xP_2O_5 \cdot yH_2O$，式中 M 为金属原子，金属原子和磷原子的含量之比一般在 0.25～1 的区间之内。目前，常用的磷酸盐涂料中，其成膜物质主要为磷酸二氢钠、磷酸二氢钾、磷酸二氢铝等酸式磷酸二氢盐的水溶液，其中磷酸二氢铝最为常用。填充骨料为有关的金属及金属氧化物，固化剂为金属氧化物、金属盐、硼酸盐和硅酸盐等。

截至目前，在学术界普遍公认的无机涂料成膜理论是日本学者村田友昭所提出的“高温烘烤成膜”机理。例如在高温下，磷酸二氢铝发生脱水缩聚反应后会形成以铝磷酸盐为骨架结构的大分子网状结构。但该机理也有一定的局限性，即仅适用于高温条件，且不能解释涂料在常温下的固化成膜过程。常温下，磷酸盐涂料固化成膜时通常需要加入固化剂（金属氧化物）来实现，相关机理被认为是涂料黏合剂通过与固化剂作用，经过失水和聚合的过程，最终形成了交联网状结构。

磷酸盐涂料特点显著，其具有良好的耐燃性、耐老化性、耐热性、耐溶剂性等特点，涂层耐磨性好，且与金属附着能力优良。此外，磷酸盐涂料还具有耐腐蚀性、耐水性和耐油污性，此类涂料的应用领域十分广泛。加之磷酸盐涂料无特殊气味、无毒、环境友好，近年来受到人们的广泛关注，此类涂料在军工、航空航天、管道运输、海洋设备等领域发挥重要的作用。磷酸盐涂料也并非没有缺点，此类涂料最大的问题就是其固化温度太高，一般需要 200℃的条件才能固化，因此，开发低温固化的磷酸盐涂料是目前众多学者在该领域挑战的课题之一。现阶段，水性涂料是涂料产品中发展最为快速的一类涂料品种，其中，水溶性磷酸盐涂料也受到广泛的关注，但此类涂料也需要高温烘烤才能完成固化过程，因此，开发可低温固化的磷酸盐涂料迫在眉睫。

② 硅酸盐涂料

硅酸盐涂料的分子式为 $M_2O \cdot mSiO_2 \cdot nH_2O$。其中，分子式中 M 表示金属阳离子，其成分为碱金属，因此，此类涂料又称为碱金属硅酸盐涂料或水玻璃基无机涂料。硅酸盐涂料的主要成分有水玻璃、固化剂、填料、颜料、助剂等，其成膜物质主要包括硅酸钾和硅酸钠。

硅酸盐涂料的分类主要依据是其成分中所含有的阳离子，根据阳离子成分，可将此类涂料分为锂水玻璃、钠水玻璃、钾水玻璃、铵水玻璃等类型。涂料分子式 $M_2O \cdot mSiO_2 \cdot nH_2O$ 中，m 表示水玻璃的模数，即碱性氧化物和二氧化硅物质的量的比值，通常情况下，m 一般在 1.5～4 之间。模数的数值大小不仅会影响水玻璃的综合性能，而且对涂料涂膜性质影响也很大。提高模数，涂膜的耐热性和耐水性得到提高，但成膜性和涂膜附着力会下降。降低模数，则涂膜耐水性和耐热性下降，无法正常使用。如果模数超过 4 后，涂料黏稠度太大，难溶于水，涂料贮存困难且施工不便。因此，虽然原则上模数在 1.5～4 之间，但实际生产过程中，一般都将涂料模数控制在 3～4 之间。

在生产和应用环节，还要考虑成本问题，由于锂水玻璃和铵水玻璃价格较高，因此在实际应用过程中，这类涂料价值不大。钾水玻璃价格中等，钠水玻璃价格低廉，用途最广。目前，我国硅酸盐涂料依据水玻璃类型不同，可将其分为钾水玻璃涂料，钠水玻璃涂料，钾、钠水玻璃涂料 3 种。

水玻璃在混凝土表面具有良好的黏附性，而且涂料固化成膜时，析出的硅酸凝胶可以将混凝土表面的空隙堵住，进而达到防渗漏的效果。此外，硅酸盐涂料还具有耐酸、耐燃、耐热等性能，这也使此类涂料的应用领域更加广泛。为了提高涂料涂膜的综合性能，硅酸盐涂料的配方中也会添加一定剂量的合成乳液，例如丙乳液、苯丙乳液等。

当水玻璃直接溶解在水中时，硅酸盐与部分 OH^- 离子会不断地快速水解，形成原硅酸 $Si(OH)_4$，原硅酸再经过连续聚合形成一种高聚物，即多聚原硅酸，多聚原硅酸脱水后会形成一种类似于纳米管的环状薄膜结构的酸性薄膜涂层胶体，称为多聚二氧化硅，多聚二氧化硅即为硅酸盐薄膜涂层的主体结构。以硅酸钠涂层为例，相关反应过程如下：

$$Na_2O \cdot mSiO_2 + (2m+1)H_2O \longrightarrow 2NaOH + mSi(OH)_4$$

$$mSi(OH)_4 \xrightarrow{\text{缩聚}} [Si(OH)_4]_m \xrightarrow{\text{失水}} mSiO_2$$

$$mSiO_2 + mSi(OH)_4 \longrightarrow$$

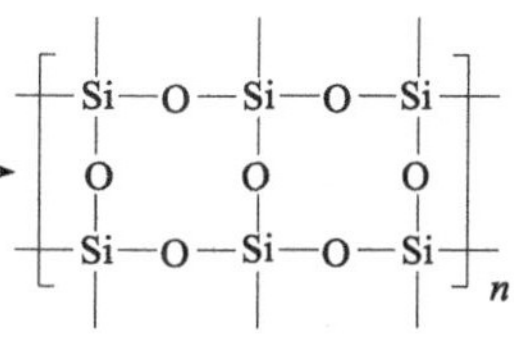

此外，还有另一种解释。水玻璃与空气中的 CO_2 发生化学反应形成原硅酸，原硅酸经逐步聚合干燥后会形成一种具有黏性的网络组织，该组织经固化后成膜，相关反应如下：

$$Na_2O \cdot nSiO_2 + 2nH_2O + CO_2 \longrightarrow Na_2CO_3 + nSi(OH)_4$$

$$nSi(OH)_4 + [Si(OH)_4]_n \longrightarrow 2nSiO_2 + 4nH_2O$$

$$nSiO_2 + nSi(OH)_4 \longrightarrow$$

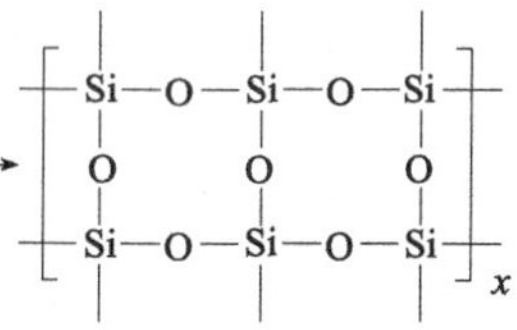

水玻璃对硅酸盐涂料的性能起到了决定性作用，硅酸盐涂料具有粘接强度高，耐热耐酸性强等优点。涂料成膜过程中，水玻璃会析出大量的硅酸盐水凝胶，这类水凝胶可有效堵住混凝土表面的空隙，起到良好的防渗入作用。其次，水玻璃成分稳定，且不支持燃烧，当温度升高时，涂膜会更加坚硬。再者，水玻璃是一种能够同时持久承受各类常见酸性物质腐蚀作用的材料，但饱和氢氟酸、300℃以上的饱和亚磷酸、低级饱和脂肪酸或者是高级油酸除外，其耐酸性显而易见。硅酸盐涂料也有一定缺点，即涂膜耐碱性、耐水性较差。将氟硅酸钠添加到水玻璃中，仍然不能完全硬化，仍然含有一定数量水玻璃。由于水玻璃本身可直接溶于酸和碱，水玻璃的凝胶中 OH^- 和 Na^+ 都有亲水性，因此水玻璃很易溶于水，所以这种水玻璃在硬化后不耐碱，也不耐水。因此要想让无机涂料拥有良好的防水性，必须要大幅度地提高它的耐水性。

③ 硅溶胶涂料

硅溶胶涂料是一种以胶体二氧化硅的水分散液为成膜物质，混以颜料、填料、助剂搅拌分散而成的一种无机涂料产品。其成分有硅溶胶、有机乳液（纯丙乳液、苯丙乳液等）、填料（钛白粉、轻钙、滑石粉）、分散剂、成膜助剂、增稠剂等。硅溶胶是一种多分子硅酸聚集体，其分子式为 $H_2SiO_3(SiO_2 \cdot H_2O)$。当硅溶胶溶液的浓度较高时，会形成胶体溶液，溶液为乳白色均匀流体。配制硅溶胶溶液时，可选用模数在 3.3～3.5 范围内的钠水玻璃为原料，通过酸中和水解、电渗析以及离子交换等去除 Na^+ 离子后，即可获得硅溶胶溶液。常用的硅溶胶胶团粒径在 5～40nm 之间，而乳液粒径一般在 0.1～10μm 之间，即 100～10000nm 之间。

在成膜机理方面，硅溶胶涂料的成膜机理与乳胶涂料的成膜机理类似。即常温下，硅溶胶以湿润状态流平成膜后，经失水干燥过程后，硅酸分子会发生分子间的自聚过程，之后形成 Si—O—Si 键，Si—O—Si 键会逐渐延伸，最终形成空间结构的硅氧网状涂膜。

硅溶胶涂料的涂层主要以 Si—O—Si 键支撑，由于 Si—O—Si 键的键能很大，所以涂膜刚性很强，这也就意味着涂膜坚韧、致密、耐磨、硬度好。此外，涂膜还具有良好的抗氙灯老化性能，其原因也是与 Si—O—Si 较大的键能有关。

在实际应用中，涂层附着力会随着硅溶胶使用率的提升而下降，特别是当涂料组成为全硅时，涂层附着力明显下降。究其原因，主要是因为 SiO_2 含量过高，涂层刚性太强，脆性较大，受到外界因素影响后，极易出现裂纹，且涂层附着力较差。此外，硅溶胶含量过低或过高，涂层的耐湿热性和耐水性都很差。硅溶胶涂膜自身抗氧化性和防腐性一般，因此在实际应用过程中，硅溶胶涂料都需要对成膜物质进行修饰，或在涂料配方中添加一定剂量的其他助剂进行改性，例如添加有机物助剂，形成有机-无机杂化硅溶胶涂料后使用。

④ 水性陶瓷涂料

水性陶瓷涂料是一种新型的、理想的环保型涂料。此类涂料具有硬度好、耐化学腐蚀、耐高温、耐水、耐氧化、不支持燃烧、无毒、低 VOC 排放等诸多特点。水性陶瓷涂料的涂层结构与传统陶瓷的釉料很相似，多表现为由大量金属氧化物或其他少量非金属氧化物、氮化物和少量多余的烷氧基硅烷所混合组成的无机-有机水性复合涂料薄膜。

水性陶瓷涂料的成膜物质是硅氧烷薄膜单体，这种单体的化学结构式通常可以表示为 $RnSi(OR)_{4-n}$（$1 \leqslant n \leqslant 3$）。式中，R 表示甲基（$—CH_3$）、乙基（$—CH_2CH_3$）、丙基（$—CH_2CH_2CH_3$）等有机基团。涂膜形成时，甲基硅氧烷中三个硅氧基先后依次发生水解形成硅羟基（—Si—OH），之后硅羟基再发生脱水反应，使其结构发生聚合。硅氧烷单体之间不断发生水解、聚合反应，最终形成相互缠绕和连接的三维立体网络结构，涂膜也因此形成。需要特别指出的是，在形成涂膜时，硅氧烷单体所发生的水解反应和缩聚反应是同时进行的。

水性陶瓷涂料的涂层类似于传统陶瓷的釉料，因此涂层具有较强的硬度，涂层耐磨、抗刮，涂层硬度最高可达到 9H 级（铅笔的最高硬度）。此外，涂料的主要分散剂是水，生产过程中不会产生大量的有毒物质，而且在使用时也不会释放大量的挥发性有机化合物（VOC）。特别是近年来开发的纳米水性陶瓷涂料，其涂层更具绿色环保特点，特别适合新型室内装饰。第三点是水性陶瓷涂料的超强稳定性，涂料涂膜结构中 Si—O 键的键能大于 441kJ/mol，而 441kJ/mol 这个能量值是太阳光辐射至整个地球表面的光合能量，即各波长光的能量总和，因此涂层耐光性极强。涂层的自身特点使其还具有良好的防腐性、抗紫外线性和极强的耐候性，涂层寿命长达数十年，即使在十分恶劣的室外环境下，涂层依然能够保持良好，不破损。水性陶瓷涂料的涂层中无机物含量高达 70%～80%，因此具有良好的阻燃性，其防火性能已经达到 A1 级别的最低标准。最后就是水性陶瓷涂料的涂层具有自清洁性，涂层因含有甲基等多种化学活性成分，因此具有了一定的防腐性和疏油防水性，能够长期保持涂层表面的清洁。

7.5　涂料的施工、储运及回收

7.5.1　涂料的施工

涂料的施工是指涂料在被涂饰物表面形成涂膜的过程，涂料的各种功能是通过涂膜发挥出来的，所以涂料的施工质量直接关系到涂层质量。

（1）涂料的选择

涂料产品种类繁多，适用于各类被涂饰物及各种使用环境，因此在选择合适的涂料之前，首先应该先明确被涂饰物的材质以及使用环境，这样才能将涂料的作用发挥到最大。另一方面，涂料的特定功能性强，所以单独使用一种涂料时往往会出现不能满足实际要求的情况，所以在实际施工时，往往还需要几种功能不同的涂料配合使用，涂饰层数也不止一层而是多层，以此达到最佳的效果。

（2）被涂饰物表面的处理

涂料在施工前，需对被涂饰物表面进行处理，以此来保证涂膜质量，特别是涂膜的附着力、光洁性、防腐性、隔绝性等。被涂饰物的材质不同，处理方法也各不相同，总的来说，大多数常见材质表面的处理方法主要有化学处理和表面净化，具体如下。

① 木材

处理木材表面时，常用方法有干燥、打磨、除木毛及木脂、漂白、防霉、染色等。

② 金属

金属可分为有色金属和黑色金属，有色金属的种类较多，相关处理方法相对复杂。有色金属的表面处理的方法主要是化学处理法，但对于不同的金属来说，具体的细节也各不相同。铜合金的表面可用硫酸处理，铝合金表面需要用化学氧化法或电化学氧化法处理，处理锌和锌合金的表面时可选用磷酸盐溶液。黑色金属表面的处理相对简单，一般包括除油、除锈或除旧漆、磷化等。

③ 普通墙面或水泥墙面

普通墙面的处理方法较为简单，仅需干燥和刮平处理即可。水泥墙面的处理方式相对普通墙面来说要复杂一些，如果是新水泥墙面，则需进行干燥、刮平、氟硅酸镁溶液处理，如果是旧水泥墙面，则需打磨、去油、腻子填平处理。

④ 其他材质

木材、金属、墙面这样的被涂饰物表面处理过程较为繁琐，生产生活中常见其他材质的表面处理就相对简单许多。塑料、纤维、橡胶、玻璃等材质表面在涂饰前，都需要经过去污、清水清洗、干燥等步骤的处理。这些材质特殊的地方在于部分材质表面光滑，例如橡胶、塑料和玻璃等材质表面，涂饰前还需打磨处理，以此来增加涂膜的附着力，需要注意的是打磨后应用清水将打磨碎屑清理干净，避免碎屑降低涂膜附着力。特殊的塑料材质表面，有时也可选用化学溶剂或火焰处理，例如室外体育场露天看台的座椅常采用火焰处理方法进行翻新，无需涂饰任何涂料。

（3）涂料的涂饰方法

涂料在施工中所用方法主要以优质、高效、成本低为目的，根据被涂饰物材质及表面情况、涂料类型、施工环境等因素确定。目前，涂料的常用涂饰方法有涂刷法、擦涂法、滚筒刷涂法、刮涂法、浸涂法、喷涂法、静电涂装法、淋涂法、自沉淀涂装法等。其中，涂刷法、擦涂法、滚筒刷涂法、刮涂法的操作较为简单，但效率较低，涂膜质量受人为影响较大。浸涂法、喷涂法、静电涂装法等适用于工厂，这些方法效率较高，涂膜质量较好。涂饰方法最重要的就是操作细节，不同方法适用于不同的被涂饰物，具体内容请参考有关涂料施工方面的详细资料。

7.5.2 涂料的储运

涂料属于易燃、有毒的化工产品，而且涂料的主要成分“树脂”又具有热力学不稳定性，因此，涂料的储运环节最为重要的就是防火、防爆、防毒等一系列安全问题。具体如下。

① 必须要密封包装，并设有易燃、有毒标志。

② 储运过程必须隔绝烟火，并且专车运输，不得与其他易燃易爆品、氧化剂、自然物质混装储运，而且必须具有采购证和运输证才能运输。

③ 贮存涂料时需有专门的场所，且不能与其他易燃易爆品、氧化剂、强还原剂等危险品贮存在同一场所。

④ 贮存地点保持通风、干燥，环境温度控制在5～32℃之间，并严禁明火及其他热源，贮存地点需配有配套的灭火器、黄沙及其他灭火设备。

⑤ 涂料在贮存时，需根据生产日期和产品类别按区域存放，并定期翻转。

⑥ 出库时严格根据施工需要，定量配套出货，搬运时需轻拿轻放。

7.5.3 涂料的回收

涂料属于化工产品，其中所含成分大多都会污染环境，所以施工后剩余的涂料以及残留漆皮都应回收处理。回收后的涂料可在要求不是很高的施工环境中作为底漆使用，这样不仅减少了浪费，降低了成本，而且还可以避免污染环境。如果漆皮较多，可将其溶解并加工成低档涂料使用。

7.6 涂料的发展趋势

最早的涂料源于大自然中的天然产物，例如大漆和天然松香涂料。中国是世界上最早使用大漆作为天然成膜物质的国家。大漆是在一种漆树上直接割取的漆液，也称为生漆。中国早在商代就将生漆装饰器具、宫殿、庙宇等，到春秋时代就掌握了熬炼桐油制造涂料的技术，到战国时代就能用桐油和大漆复配作涂料。18世纪涂料工业逐渐形成，亚麻油、熟油的大量生产和应用，促使清漆和色漆的品种迅速发展。19世纪，很多国家相继建立涂料厂替代手工作坊，19世纪中叶，涂料厂直接生产调和漆，满足不同施工要求。之后，随着科技的发展，出现了部分改性天然树脂涂料。20世纪初，随着石油工业以及树脂的发展，大量合成树脂涂料逐渐代替了早期的天然树脂涂料和改性树脂涂料，在此期间，涂料工业的发展为涂料产品更新换代提供了强有力的支持。随着人们环境保护意识的逐年提高，各种环境友好涂料产品开始逐渐占领涂料行业。

7.6.1　涂料工业的发展

20世纪至今，涂料工业的发展主要体现在如下几个方面。

(1) 涂料生产所需原材料多样化

涂料生产所需原材料从早期的天然树脂过渡到改性树脂，最后又被合成树脂替代，该过程的前前后后凝聚了各种与之相关技术的发展，特别是石油化工行业的发展直接带动了涂料生产原材料多元化，为涂料生产和发展提供了有力的支持和保障。

(2) 涂料品种不断升级

为满足社会、工业、运输、国防及其他高新行业的发展需求，涂料品种逐年增多，各种性能优异、专用性强的涂料产品逐渐替代了性能较差的低档涂料产品。节约溶剂和资源、污染程度低的环境友好涂料所占涂料产品比例逐年增加。目前，水性涂料的发展前景一片光明，虽然在现阶段不能完全代替有机溶剂涂料，但家居装修，室内公共场所、运输工具室内装饰等方面使用的涂料都已出现水性涂料产品。水性涂料的附着力尚不能满足航运、航天及特殊环境下的使用要求，但随着科技的发展，这一难题终将会被解决

(3) 涂料的生产、质检、施工逐渐自动化和现代化

计算机及信息技术的发展为涂料工业提供了多元化的发展动力，数控式自动化生产、数据化信息库、精确的现代化分析技术等新型智能化模式将涂料工业送入一个全新的发展阶段。从涂料主要成膜物质的结构设计到涂料的配方设计，从涂料的生产到产品各方面质量的检测和评估都涉及了丰富的电子信息科技手段。

(4) 高新技术应用逐年增大

随着科技的发展，纳米及亚微米技术也应用在涂料工业领域中，配合自动化和精细化的生产技术，纳米涂料也随之诞生。纳米技术应用在涂料工业中，成功提高了涂膜的质量、厚度及微观纳米结构，扩大了涂料的使用范围。共混理论和互穿网络技术在涂料工业中应用后，为涂料成膜过程的设计和涂料主要成膜物质结构的设计提供了强有力的技术支撑，各类改性涂料产品由此诞生，有效满足了人们生活、工业、国防等重要领域的需求。

7.6.2　环境友好涂料

涂料是当代工业发展以及保障人们生活所必须的配套产品。相关文献报道，2005年世界涂料总产量为2800万吨，而我国在2005年涂料的总产量为382.57万吨。我国产出的这些涂料产品中溶剂型涂料占总量的60%以上，而传统溶剂型涂料中70%左右的成分是有机溶剂，也就是说在2005年，仅我国就有约160万吨的有机溶剂排放到大气中。这些排放到大气中的有机溶剂是破坏环境的重要污染物之一，部分有机溶剂还会在光和氧气的共同作用下发生光化学反应，进而加速了氮化物及臭氧的形成，对环境造成二次污染。据统计，世界范围内每年因溶剂型涂料对环境带来的负面破坏作用而产生的经济损失高达数百亿美元，因此，世界各国陆续制定了相应的法规，以此来限制涂料中有机挥发物质及其他重金属污染物的排放。

在这样一个大背景下，“环境友好涂料”成为世界各国重点开发并普及使用的重要涂料产品类别。所谓的环境友好涂料其实是一种不会向自然环境中排放有机挥发物和类似重金属污染物，或者排放量符合限制规定的涂料产品，这些涂料又称为绿色涂料。当前，环境友好涂料主要包括了水性涂料、粉末涂料、辐射固化涂料、高固体分涂料四大类。这些环境友好

涂料产品中，发展较快的当属水性涂料。虽然水性涂料目前尚未应用在航空航天及航海等重要运输设备的外漆中，但在民用领域逐渐占据了主要地位，并逐渐淘汰溶剂型涂料。此外，粉末涂料也是一类发展前景较为光明的涂料产品。粉末涂料具有生产效率高、涂膜性能优良、经济效益高、环保性强等诸多优点，施工时多采用静电喷涂工艺，主要用于金属家具（钢材家具）、金属零部件、家用电器、户外金属材质设施、农用机械、工业仪表、医疗器械等外壳的涂装。辐射固化涂料是一类主要成膜物质依赖射线或光辐射固化成膜的新型涂料，依据辐射源的不同，可分为红外线固化涂料、可见光固化涂料、紫外光固化涂料、X射线固化涂料和电子束固化涂料等类别。在各类辐射固化涂料产品中，应用较多的品种当属紫外线固化涂料，该涂料占有率约为辐射固化涂料类产品的90%，电子束固化涂料因设备复杂、成本过高，而且固化材料难以保存，所以在实际应用中较为少见。高固体分涂料是一种主要成膜物质所用的树脂浓度高于传统涂料的一种特殊涂料，这类涂料的黏度偏大，因此使用时经常出现一系列问题，其发展相对缓慢。

思考题

1. 什么是涂料？涂料有哪些作用？
2. 涂料的组成成分有哪些？各成分具有哪些作用？请具体说明。
3. 涂料的基本作用原理是什么？
4. 涂料配方设计的基本原则是什么？
5. 天然树脂涂料有哪些主要产品？各类产品有何特点？适用于哪些领域？
6. 合成树脂涂料有哪些主要产品？各类产品有何特点？适用于哪些领域？
7. 涂料的施工、贮存、运输等环节分别需要注意哪些问题？
8. 涂料的未来发展趋势如何？

第8章

胶黏剂

8.1 概述

胶黏剂是一种依靠物体界面间的物理或化学作用力，将同种或不同种固体材料连接在一起的媒介物质，通过胶黏剂的粘接将固体表面相互连接的方法被称为胶接或者粘接，被粘接的固体材料称为被粘物。早期人们使用的胶黏剂大多来自天然产物或天然产物经简单加工后的衍生物，例如骨胶、黏土、植物淀粉、天然树脂、昆虫分泌物以及部分矿物质等。一直到1909年，科学家Baekeland发明出以甲醛和苯酚为原料制备的缩醛树脂后，合成胶黏剂产品才陆续被生产和使用，该发现也是胶黏剂领域重要的历史事件之一。随着人类社会的发展以及科技的进步，胶黏剂产品的类别越来越多，应用越来越广泛，目前，胶黏剂已经从木材加工行业扩展至建筑、机械、造船、航空航天、电器、服装、医疗等诸多领域中。

8.1.1 胶黏剂的组成

胶黏剂是一种混合型精细化工产品，产品充分体现出精细化工产品复配技术的特点。胶黏剂的组成成分包括基料、固化剂、稀释剂、增塑剂、偶联剂、填料及其他特殊组分。

基料：基料又称为黏料、主剂，是胶黏剂的主要成分，基料决定了胶黏剂的性能，主要起到粘接的作用。胶黏剂的常用基料主要有三大类，分别是天然聚合物、合成聚合物、无机化合物。天然聚合物有淀粉、蛋白质、天然橡胶等；合成聚合物有合成橡胶、合成树脂等；无机化合物有磷酸盐、硅酸盐等。

固化剂：固化剂又称为交联剂、硬化剂等，固化剂是热固性胶黏剂的重要组成成分之一，其作用一方面使单体化合物和低分子量的聚合物通过化学反应生成高分子化合物，另一方面使线型高分子化合物通过交联方式形成体型高分子化合物，进而实现提高粘接的机械强度和稳定性的目的。

固化剂的种类是以胶黏剂的类别、作用、使用目的等方面为基础的，即使同一品种的胶黏剂，其使用目的不同，选用的固化剂种类也不同，因此对于热固性胶黏剂来说，选用固化剂的类别以及确定固化剂的使用量是生产胶黏剂最为重要的环节。选用固化剂时，应尽可能选择低毒或者无毒且性质稳定的固化剂产品，另外，固化剂不宜具有刺激性或其他不良气味。如果胶层处于低温环境，可选择分子结构中烷基链较长的固化剂来提高胶层的耐低温性和柔韧性。如果胶层处于高温环境，可选择分子结构中含有官能团较多的固化剂来提高胶层的耐热性。

稀释剂：稀释剂是一类可以降低胶黏剂黏度、提高胶黏剂的浸透性、控制胶层形成速度所使用的低分子量液体化合物。胶黏剂的组成成分复杂、黏度较高、不易施工，添加稀释剂后可以降低胶黏剂的黏度，施工时，胶黏剂更容易润湿被粘接物的表面。此外，个别稀释剂可以降低胶黏剂的活性，延长胶黏剂的使用期。

增塑剂：增塑剂是一种能够提高胶黏剂弹性和耐寒性功能的物质，这类物质在胶层中对基料的分子链有一定的隔离作用，能够屏蔽胶膜中的活性基团，减弱胶膜中分子间的相互作用，降低胶膜的玻璃化温度和熔融温度，降低胶层的机械强度，减弱胶膜的脆性，提高胶膜的耐寒性质，提高胶膜的耐冲击强度。胶黏剂中常用的增塑剂通常是黏度较低、沸点较高、难以挥发的液体和一些熔点较低的固体。向胶黏剂中添加增塑剂后，会降低胶层的耐热性和胶层的强度，因此增塑剂的添加量通常应小于基料的 20%。

偶联剂：所谓的偶联剂是一种为了改善胶黏剂和被粘接材料表面之间的粘接强度所使用的一种添加剂。这种添加剂既能够与被粘接物体表面发生化学反应形成化学键，又能够与胶黏剂发生化学反应提高胶接接头界面结合力。胶黏剂工业生产中常用的偶联剂主要有硅烷类偶联剂和钛酸酯类偶联剂，其中，硅烷类偶联剂的应用更为广泛。

无机物填料：胶黏剂使用的填料是能够赋予胶黏剂某些特殊性能并且降低胶黏剂成本的一类助剂的统称。目前，胶黏剂常用的填料主要是一些粉末或细纤维类型的无机物材料，例如金属粉末、金属氧化物粉末、金属盐粉末、纤维等。胶黏剂中添加纤维类物质，例如玻璃纤维或石棉纤维，可以提高胶膜的耐冲击强度和耐热性，当不方便添加纤维类物质时，也可以选择添加云母或铝粉来提高胶膜的耐冲击强度，此外，添加铝粉后胶膜的导电性和导热性也会增强。为提高胶膜的导电性和导热性，除了添加铝粉可以达到预期效果外，还可以添加铜粉或银粉。胶黏剂中添加陶瓷粉、铁粉、石英粉等物质可以提高胶膜的抗压强度和硬度，添加氧化铝粉或钛白粉可以提高胶黏剂的粘接力。

其他组分：为改善胶黏剂产品的某些特殊性能，在生产胶黏剂时还需要添加一些具有特殊功能的其他助剂组分，例如防老剂、防霉剂、增黏剂、阻聚剂、阻燃剂、着色剂、分散剂、稳定剂、增稠剂等。

防老剂：胶黏剂中添加防老剂后可以大幅度提高抗老化性。

防霉剂：胶黏剂中添加防霉剂后可防止细菌的霉变。

增黏剂：胶黏剂中添加增黏剂后可提高黏附性和黏度。

阻聚剂：胶黏剂中添加阻聚剂后可延长产品的贮存期。

阻燃剂：胶黏剂中添加阻燃剂后可使胶膜不容易燃烧。

着色剂：胶黏剂中添加着色剂后可赋予胶膜不同颜色，一方面可以使胶膜的颜色与被粘接物体的颜色尽可能匹配，另一方面也便于区分不同胶黏剂及同种胶黏剂的不同型号产品。

8.1.2 胶黏剂的分类

胶黏剂产品种类繁多，目前尚无统一的分类方法，但是从应用角度考虑，施工时为方便区分各种胶黏剂，通常将胶黏剂按照如下四种分类方法进行分类，具体分类方式如下。

（1）依据胶黏剂中基料的化学成分分类

如果依据胶黏剂中基料的化学成分对胶黏剂进行分类，胶黏剂可简单分为有机胶黏剂和无机胶黏剂，其中有机胶黏剂又可以分为天然胶黏剂和合成胶黏剂两大类。天然胶黏剂中主要包括动物胶、植物胶、矿物胶三大类，合成胶黏剂主要包括热塑性胶黏剂、热固性胶黏剂、合成橡胶胶黏剂、复合型胶黏剂等主要系列产品。与有机胶黏剂相比，无机胶黏剂的产品类别相对较少，这些无机胶黏剂主要包括热熔型无机胶黏剂、干燥型无机胶黏剂、水硬型无机胶黏剂、反应型无机胶黏剂四大类，其中水硬型无机胶黏剂是最为常见的无机胶黏剂品种，其用量远超于其他无机胶黏剂产品，例如各种型号的水泥及石膏等。

（2）依据胶黏剂产品外观分类

如果依据胶黏剂产品外观对其进行分类，胶黏剂可分为溶液型、乳液型、膏状或糊状型、固体型四大类。

① 溶液型胶黏剂

将合成树脂或橡胶等基料溶解在有机溶剂或水中，调配成具有适宜黏度的胶液后并根据配方加入适量的助剂和填料，混合均匀后即为成品。

某些特殊溶剂自身即为胶黏剂反应性单体，根据配方向其中添加适量的另一组分及其他相关助剂和填料，混合均匀后即为成品。

② 乳液型胶黏剂

典型的乳液型胶黏剂有白乳胶、丁苯橡胶乳液、聚丙烯酸酯乳液等，这些胶黏剂产品以合成树脂或橡胶为基料，将水作为溶剂，二者混合乳化后形成乳液，依据配方添加适量助剂后混合均匀即为成品。

③ 膏状或糊状胶黏剂

膏状或糊状胶黏剂是用易挥发溶剂调配的高黏度、高固体含量胶黏剂，这类胶黏剂与乳液型胶黏剂类似，但黏度远高于乳液型胶黏剂。

④ 固体型胶黏剂

常见固体型胶黏剂有固体胶、热熔胶、压敏胶等。

（3）依据胶黏剂产品应用情况分类

依据胶黏剂实际应用情况可将其分为结构胶、非结构胶、专用胶三种。

① 结构胶

结构胶的胶膜承受力强，柔韧性、耐候性、耐老化性等综合性能优异，结构胶主要用于受力结构件的粘接，能够长期承受较大负荷的热固性胶黏剂。

② 非结构胶

非结构胶的粘接强度及自身的内聚力并不是很大，这类胶黏剂适合一些非受力结构的粘接，产品多为热塑性。

③ 专用胶

这类胶黏剂主要用于一些特殊环境或者特殊场合使用，胶黏剂本身不仅具有粘接作用，而且还具有一些特殊的功能，例如导电、导热、导磁、密封等功能，个别特殊品种还可以应用在医疗卫生领域。

（4）依据胶黏剂固化方式分类

如果依据固化方式对胶黏剂进行分类，则可将其分为介质挥发型、聚合反应型、热熔型、压敏型四个类别。

① 介质挥发型胶黏剂

此类胶黏剂所使用的稀释剂为易挥发性溶剂，使用时，稀释剂会随着时间的延续而挥发，胶膜逐渐形成。

② 聚合反应型胶黏剂

此类胶黏剂使用时，胶膜是通过基料发生聚合反应而形成的，根据其聚合过程又可分为热固型和固化剂型两种类别产品。

③ 热熔型胶黏剂

此类胶黏剂使用时需要加热溶解，当其冷却后，胶膜自动形成，主要产品包括聚酰胺热熔胶、EVA 热熔胶等。

④ 压敏型胶黏剂

压敏型胶黏剂其实是一种不干胶，常见产品有天然橡胶、聚丙烯酸酯、SIS、SBS 等压敏胶系列产品。

8.2 胶接理论

粘接是一个极其复杂的物理和化学过程，整个粘接过程涉及被粘接物表面状态（胶接界面的状态）、粘接物质（胶黏剂）的理化性质两个方面。

8.2.1 胶接界面

胶接界面又称为胶接接头，是胶接的重要而复杂的体系。影响胶接结合的主要因素包括如下几个方面。

a. 被粘接物体表面的化学状态和吸附物；

b. 被粘接物体表面的微观精细结构；

c. 胶膜成分的链结构，胶膜的强度、弹性、黏度等；

d. 胶黏剂、底物、被粘接物体表面之间的相容性、环境作用的稳定性等；

e. 交接工艺的实际施工情况。

由此不难看出，胶接界面中的胶黏剂/底物、被粘接物体表面、吸附层三者之间并无明显界面，三者之间共同组成的复合界面层的强度、膨胀性、导热性、局部变形等性能和结构特征与被粘接物体表面或胶黏剂/底物的性质是不同的，界面的结构和性质会随着时间以及界面所处环境的变化而变化。

（1）胶接接头

胶接接头是被胶接物体通过胶黏剂的作用进行粘接的部位，胶接接头的结构形式有很多，通常情况下，从接头实际使用功能以及接头实际受力情况分析，胶接接头主要有以下几种形式。

① 搭接接头：两个被胶接物体通过部分表面的叠合后，利用胶黏剂胶接在一起形成的接头。

② 面接接头：两个被胶接物体需要胶接的主表面相互叠合后，利用胶黏剂胶接在一起形成的接头。

③ 对接接头：两个被胶接物体需要胶接的端面相互叠合后，利用胶黏剂胶接在一起形成的接头。

④ 角接接头：两个被胶接物体需要胶接的主要表面和端部形成一定角度的胶接接头。

(2) 接头所受外界作用力

当胶接接头受到外力作用时会有四种受力情况，具体如下。

① 拉应力：外界作用力与胶接面互相垂直，并且作用力均匀地作用在整个胶接面。

② 剪切力：外界作用力与胶接面互相平行，并且作用力均匀地作用在整个胶接面。

③ 剥离力：外界作用力与胶接面具有一定角度，并且作用力均匀作用在胶接面的某一条线上。

④ 劈裂力：外界作用力与胶接面互相垂直，并且作用力不均匀地作用在整个胶接面。

当胶接接头受到外力作用时，所受作用力会分布在接头的各个层间结构中，胶接接头强度与接头各部分的内聚力及各部分之间相互的黏附力有直接关系，胶接接头中任何一个部分被破坏后，接头的承载力就会下降。

8.2.2 胶黏剂对被粘接物体表面的润湿

如果想要形成良好的胶接，胶黏剂分子与被粘接物体表面的分子要充分互相接触，所以在胶接过程中，需要将被粘接物体表面的空气或水蒸气等排出，保障胶黏剂与被粘接物体表面接触充分，无气泡或其他非胶粘剂成分的隔绝。也就是说，消除可能存在的“气-固”界面，使之全都转化为“液-固”界面，该过程被称为润湿过程，所谓的润湿能力也被称为润湿性。

被粘接物体表面一旦出现润湿不良的界面缺陷，粘接结束后，胶接面周围就会发生较为集中的局部受力状态，可能引起该现象的原因如下。

① 如果胶接面中有尚未润湿的微孔。

② 胶黏剂的施工过程中，胶接面有未排净的气泡。

③ 被粘接物体表面的材料存在局部不均匀性。

在胶黏剂的施工过程中，通常用接触角（润湿角）的度数来判断是否润湿，当液体在固体表面的接触角为 90°时，可将其定义为是否润湿的分界线，如果接触角小于 90°时，可以判断为润湿，当接触角大于 90°时，可以判断不润湿。接触角越小，润湿性越好，当接触角为 0°时，可以认为液体能够在固体表面自发地展开。

8.2.3 黏附机理

关于胶黏剂的黏附机理，目前尚无一个相对完善的解释，现阶段人们所接受的理论大多强调了某一种作用的单独贡献，而胶接过程是一个非常复杂的过程，胶黏剂的黏附机理自然不会是某一种作用可以单独解释的。现阶段人们对黏附机理更倾向于多种作用理论的共同解释。实际的粘接过程中，各种作用的贡献程度是随着环境及胶黏剂的类别变化而变化的，但受到检测能力所限，目前仍然没有找到合适的方法证明每个作用在粘接过程中做出了多大贡献，所以，现阶段无法给出完善的黏附机理，本书仅对现有基础理论加以介绍。

(1) 机械理论

机械理论是最早提出的较为直观的粘接理论，机械理论从宏观角度分析了被粘接物体是如何通过胶黏剂的作用粘接在一起的。该理论认为，被粘接物体表面具有不规则性，粗糙的表面甚至疏松多孔结构便于胶黏剂的渗入，当渗入的胶黏剂固化后会在被粘接物体表面形成结实且稳定的机械咬合作用，该作用即为两个物体粘接的原因。该理论在一定层面上也可以解释界面缺陷对粘接的影响，当被粘接物体表面的空气中含有未排净的其他气体时，胶黏剂无法将这些空穴填满，被粘接物体表面与胶黏剂之间的界面所存在的缺陷将会成为胶接界面受到破坏的起始点。虽然机械理论容易理解，且在一定程度上解释了粘接过程，但该理论无法解释被粘接物体表面光滑且无多孔结构材料的粘接。

（2）吸附理论

吸附理论认为，粘接是与吸附现象类似的表面过程，当胶黏剂充分润湿被粘接物体表面后，胶黏剂分子与被粘接物体表面充分接触，被粘接物体表面分子与胶黏剂分子之间的距离小于 50 nm 时，两种分子之间就会发生互相吸引的作用，最终达到平衡。两种界面之间的相互作用力主要是范德华力，但这并不意味着两种分子间只发生了物理吸附，有时两种分子之间也存在化学吸附，吸附理论认为，正是这样的物理吸附和化学吸附的共同作用产生了胶接。

吸附理论中特别强调了胶黏剂充分润湿被粘接物体表面这一过程，因此能够影响润湿过程的因素则必须特别注意，因此在涂胶之前，应对被粘接物体表面进行彻底的清理，去除各类污垢。另一方面，应向胶黏剂中添加能够降低表面张力的物质，提高胶黏剂的润湿性，进而提高胶黏剂的粘接强度。

以上处理过程与胶黏剂的施工程序基本符合，由此可以证明，吸附理论在一定程度上更为接近胶黏剂的粘接机理，该理论也是目前被广泛接受的一种粘接理论。但吸附理论也并未绝对完美，该理论目前无法解释非极性聚合物之间的粘接。

（3）扩散理论

扩散理论又称为分子渗透理论，该理论认为聚合物之间的粘接过程是由聚合物分子的扩散作用实现的。也就是说，两种聚合物相互扩散，其中扩散过程主要体现在聚合物的链节或端头处，扩散作用使两种不同界面之间的聚合物分子相互交叉，形成复杂的三维网络渗透体系，最终导致胶接界面消失以及新的胶接过渡区域的生成。

由此不难发现，被粘接物体表面与胶黏剂之间的溶解度参数越接近，粘接温度越高，时间越长，扩散作用也越强，由扩散作用产生的粘接力也就越强。该理论适合用于解释聚合物之间的粘接过程，但无法解释金属与聚合物之间的粘接。

（4）静电理论

静电理论认为，被粘接物体表面与胶黏剂接触后，在二者界面之间会形成双电层，双电层的形成会直接导致静电引力的生成，最终由静电引力引起了粘接。该理论适合用于解释金属与聚合物之间的粘接过程。

（5）化学键理论

化学键理论认为，被粘接物体表面与胶黏剂接触后，会在接触面发生化学反应并形成新的化学键，化学键强度高，由此实现了粘接。例如，被粘接物体表面分子存在空轨道，而胶黏剂分子中存在电子对，这时就可以认为二者的粘接过程是通过配位键的形成而实现的，金属与环氧树脂胶黏剂作用时，可用该理论进行解释。

8.3 胶黏剂基料的制备

胶黏剂所使用的聚合物材料即为基料，是胶黏剂中最为重要的成分，聚合物的类别和质量在一定程度上决定了胶黏剂的性能及应用领域。在涂料章节，本书介绍了一系列聚合物的制备方法，其中部分聚合物同样可用于胶黏剂产品的生产，因此，重复性的材料就不做过多介绍，本节仅对涂料章节未涉及的聚合物的制备方法进行介绍。

8.3.1　聚醋酸乙烯乳液的制备

聚醋酸乙烯乳液是利用醋酸乙烯酯为原料，在乳化剂的作用下，通过乳液聚合的方式形成的，其反应规律通常遵循如下原则：

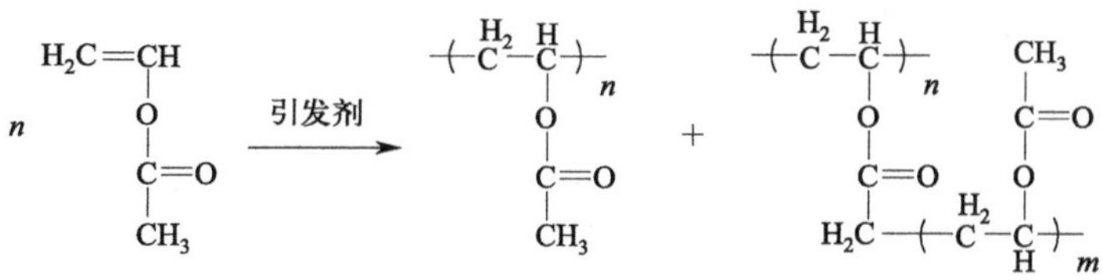

8.3.2　聚乙烯醇及其缩醛聚合物的制备

（1）聚乙烯醇的制备

聚乙烯醇胶黏剂的基料为聚醋酸乙烯酯而并非聚乙烯醇，这是因为单体乙烯醇的性质不稳定，所以聚乙烯醇是由聚醋酸乙烯酯在甲醇中通过碱催化醇解制得的，反应过程如下：

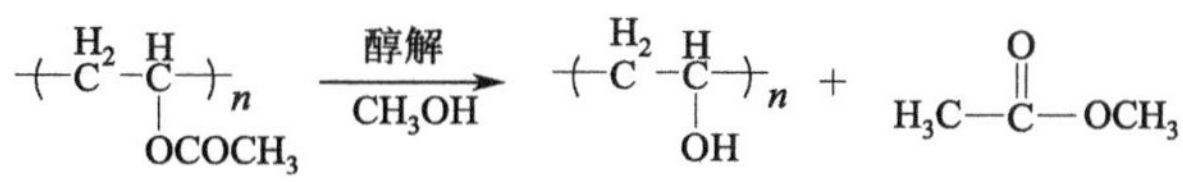

（2）聚乙烯醇缩醛聚合物的制备

聚乙烯醇与醛基发生缩合反应后即可得到聚乙烯醇缩醛，反应过程如下：

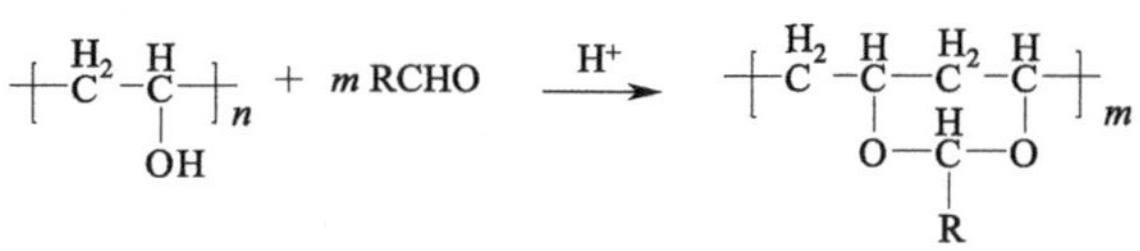

式中 R 为 H、C_2H_5 或 C_3H_7 等。

8.3.3　聚氨酯预聚体的制备

聚氨酯胶黏剂的主要成分是聚氨酯预聚体。当异氰酸酯与端羟基化合物按不同比例发生反应时，可获得端异氰酸酯基聚氨酯预聚体（Ⅰ）和端羟基聚氨酯预聚体（Ⅱ），这两种预聚体既可用于单组分胶黏剂，也可以配合使用，或添加胶黏剂后调配成多组分胶黏剂使用。

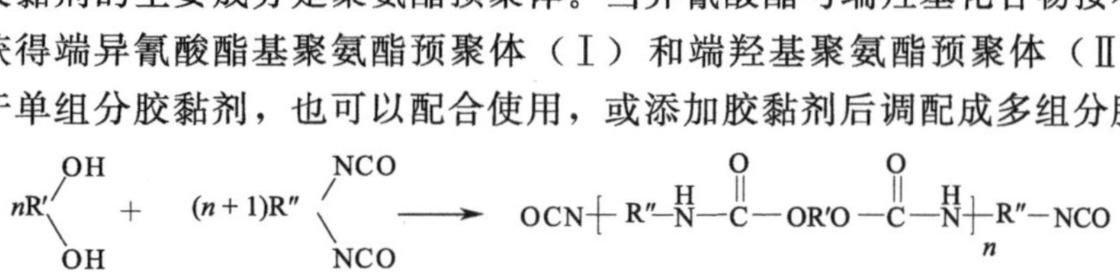

端异氰酸酯基聚氨酯预聚体（Ⅰ）

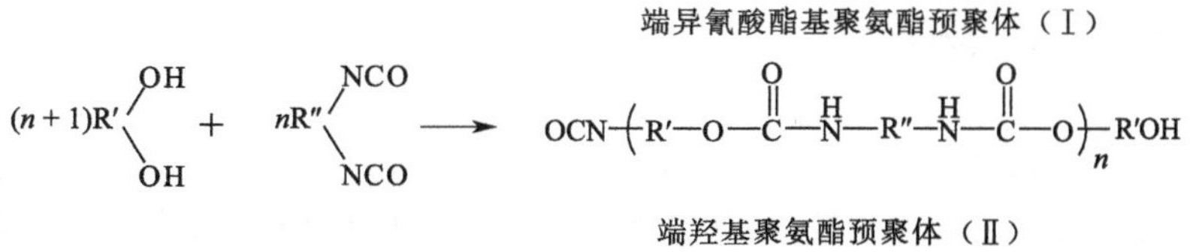

端羟基聚氨酯预聚体（Ⅱ）

8.3.4　丁腈橡胶和氯丁橡胶的制备

（1）丁腈橡胶的制备

丁腈橡胶是以丙烯腈和丁二烯为原料，通过二者的单体进行聚合而获得的共聚物，具体反应制备过程如下：

在原料获取方面，现阶段，乙烯裂解联产获得的 C_4 组分是丁二烯的主要来源；而丙烯腈则是通过丙烯氨氧化法获取的，丙烯腈的制备过程如下：

$$H_2C=CH-CH_3+NH_3+1.5O_2\xrightarrow[470℃]{Bi[P(Mo_3O_{10})_4]}H_2C=CH-CN+3H_2O$$

（2）氯丁橡胶的制备

氯丁橡胶是一种以氯丁二烯单体为主要原料，通过 α-聚合的方法制备的一种合成橡胶，具体反应过程如下：

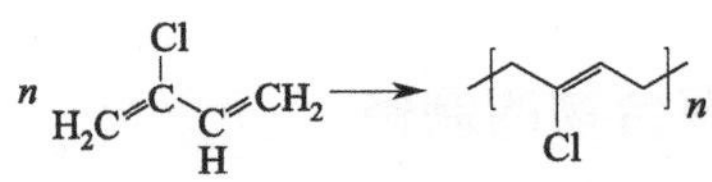

在实际生产过程中，可以通过加入分子量调节剂来控制氯丁橡胶的分子量范围。

8.3.5 丙烯酸酯和 α-氰基丙烯酸酯的制备

（1）丙烯酸酯的制备

丙烯酸酯的生产方法主要包括直接酯化法和酯交换法两种。

① 直接酯化法

$$H_2C=CH-COOH+ROH\longrightarrow H_2C=CH-COOR+H_2O$$

② 酯交换法

$$H_2C=CH-COOR+R'OH\longrightarrow H_2C=CH-COOR'+ROH$$

（2）α-氰基丙烯酸乙酯的制备

α-氰基丙烯酸乙酯的制备方法较多，但考虑到工艺成本问题，通常将氰乙酸乙酯和甲醛作为基础原料，在碱性催化剂的催化作用下，通过加成缩合反应首先获得低聚物，之后将低聚物进行加热裂解并获得 α-氰基丙烯酸乙酯单体，单体经纯化处理后即为纯净的 α-氰基丙烯酸乙酯，具体反应过程如下：

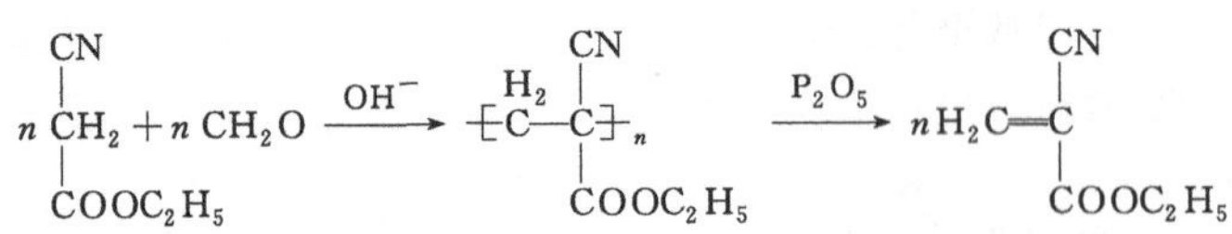

8.4 热塑性胶黏剂

所谓的热塑性胶黏剂是一类将线型或支化型聚合物作为基料的胶黏剂产品。这类胶黏剂容易配制成溶液或乳液状态进行涂胶施工操作，也可制成易热熔的产品类型进行使用。热塑性胶黏剂在固化过程中不会发生交联反应，而是通过溶剂挥发、分散介质挥发、熔融体冷凝等方式形成胶层，产生了黏接性能。热塑性胶黏剂具有柔韧性好、粘接力强、耐冲击、贮存稳定等优点，但这类胶黏剂缺点也较为明显，例如热塑性胶黏剂耐热性、耐溶剂性较差，常温下常有蠕变性。由于受到诸多缺点限制，因此热塑性胶黏剂常用于非结构器件的粘接。

8.4.1 聚醋酸乙烯及其共聚物胶黏剂

在各种热塑性胶黏剂产品中，聚醋酸乙烯及其共聚物胶黏剂是产量最大的品种，这类胶黏剂对很多材料都具有良好的粘接性能。这类胶黏剂是一种以聚醋酸乙烯酯经自由基聚合或与其他有机单体通过无规则共聚而生成的线型高分子聚合物。目前，常见聚醋酸乙烯胶黏剂多为乳液型产品，聚醋酸乙烯共聚物胶黏剂则有乳液型、溶液型、热熔胶三种类型的产品。此类胶黏剂产品类型之所以设计成如上所述的类型，都是因为考虑到环保的需求，降低胶黏剂产品对环境的污染。

（1）聚醋酸乙烯乳液胶黏剂

聚醋酸乙烯乳液胶黏剂的固体含量高达 50%～70%，胶液黏度低，粘接强度较高，施工便捷，而且具有耐老化、无污染、无毒、廉价等优点。但此类胶黏剂的耐热性和耐水性较差，而且蠕变性大，因此需要对其进行改性才能减小或消除以上缺陷。改性时常添加乙二醛或氯化锌等金属盐类，通过适当的交联化提高耐热性和耐水性，降低蠕变性。聚醋酸乙烯乳液胶黏剂常用于纸张和木材等纤维材料的粘接。

（2）聚醋酸乙烯共聚物胶黏剂

由于聚醋酸乙烯属于刚性材料，因此这类胶黏剂需要添加增塑剂才能提高胶膜的柔韧性，但胶膜的粘接力会因增塑剂的渗出而变差。如果选用聚醋酸乙烯乳液与共聚单体进行内部增韧就会得到持久性的增塑作用，而且不用添加过多的增塑剂，常用的共聚单体有乙烯和氯乙烯、丙烯酸和丙烯酸酯、顺丁烯二酸酯等。对于不同类型的聚醋酸乙烯共聚物胶黏剂来说，其成分中共聚单体的比例变化明显。不同共聚单体的作用及对于胶黏剂的主要用途也各不相同，例如，乙烯作为共聚单体时可以提高胶黏剂的柔韧性、耐水性、对非极性表面的粘接力，此类胶黏剂可用于粘接金属、木材、塑料等；氯乙烯作为共聚单体时可提高胶黏剂对塑料制品的粘接力；当顺丁烯二酸酯或丙烯酸酯作为共聚单体时可提高胶黏剂的柔韧性，此类胶黏剂常用于塑料、木材、金属、织物、纸制品等材料的粘接；如果共聚单体为丙烯酸，则胶黏剂对金属材料的粘接能力以及胶膜的碱溶性会增强，此类胶黏剂适合用于装订。

8.4.2 聚乙烯醇及其缩醛类胶黏剂

（1）聚乙烯醇胶黏剂

聚乙烯醇胶黏剂的性质与聚乙烯醇的结构和醇解程度有关。

a. 醇解度为 99.7%～100%时，聚乙烯醇为高度结晶聚合物，强度高、耐水性好。

b. 醇解度为 87%～89%时，聚乙烯醇水溶性良好。

聚乙烯醇胶黏剂的特点如下。

a. 通常为水溶液形式，粘接性能、耐溶剂性、耐热性良好。

b. 树脂含量一般为 5%～20%，固化速度慢。

c. 胶液中需添加增塑剂、防腐剂、熟化剂、填料等其他成分。

聚乙烯醇胶黏剂主要用于纸制品的粘接，此外，这类胶黏剂也大量用于木材、皮革、印刷、建筑等领域的粘接工作。

（2）聚乙烯醇缩醛胶黏剂

聚乙烯醇缩醛的理化性质与聚乙烯醇的结构、水解程度、醛类物质的结构以及缩醛化程度有直接关系。

① 醛类化合物所含烷基链越长，聚乙烯醇缩醛的耐热性越差，弹性及韧性越好。

② 聚乙烯醇缩醛的溶解性与其结构中羟基的含量以及醛类物质所含碳链长度有直接关系，聚乙烯醇缩甲醛可以在甲苯和乙醇的混合溶剂中溶解，聚乙烯醇缩丁醛可以在乙醇溶剂中溶解。

在实际施工过程中，工业上常用的是聚乙烯醇缩甲醛胶黏剂和聚乙烯醇缩丁醛胶黏剂。聚乙烯醇缩甲醛胶黏剂的耐热性好于聚乙烯醇缩丁醛胶黏剂。

聚乙烯醇缩丁醛胶黏剂具有良好的韧性、耐光性、耐湿性，主要用于无机玻璃的粘接。常用聚乙烯醇缩丁醛胶黏剂的分子量较高，缩醛度通常在70%～80%之间，游离羟基约占17%～18%，如果将邻苯二甲酸酯及癸二酸酯作为增塑剂，即可制得无色透明的胶膜。

8.5 热固性胶黏剂

热固性胶黏剂所用基料是一类含有反应性基团的聚合物，这类聚合物的分子量较低，所含的反应基团可以在固化剂或热的作用下发生交联反应并形成网状微观结构的胶膜。这类胶黏剂的特点如下。

① 粘接能力强，机械强度、耐化学性和耐热性好，容易润湿。

② 起始粘接力小，固化后会因体积收缩和内应力的产生导致耐冲击、耐弯曲性略差。

③ 应用最广泛、产量最大的一类合成胶黏剂。

目前，常见热固性胶黏剂的品种主要有环氧树脂胶黏剂、酚醛树脂胶黏剂、氨基树脂胶黏剂、脲醛树脂胶黏剂等类别。

8.5.1 环氧树脂胶黏剂

环氧树脂胶黏剂是一类以环氧树脂为基料的胶黏剂产品，也就是人们常说的“万能胶”，在热固性胶黏剂系列产品中，环氧树脂胶黏剂是最为重要的。环氧树脂胶黏剂的粘接能力特别强，这是因为环氧树脂的分子结构中含有大量脂肪族羟基、醚基以及活性极高的环氧基，羟基和醚基具有较强的极性，二者可以与被粘接物体表面产生静电引力，同时环氧基还能与被粘接物体表面的自由基发生化学反应，进而形成化学键。之所以将环氧树脂胶黏剂称为万能胶，是因为这类胶黏剂对大部分材料，例如金属、木材、塑料、皮革、玻璃、橡胶、陶瓷、纤维等都具有较强的粘接能力，仅对少数材料，例如赛璐珞、聚氯乙烯、聚苯乙烯等粘接能力较差。环氧树脂胶黏剂具有如下特点。

① 适用于多种常见材料的粘接，且粘接力强。

② 胶层具有优良的耐热性和耐寒性，使用温度范围为−50～200℃。

③ 胶层具有良好的耐化学腐蚀性，能够抵抗酸、碱、有机溶剂。

④ 胶层具有良好的电绝缘性。

⑤ 固化后胶层的收缩性小，如加入填充剂，收缩率能降低0.1%～0.2%。

（1）环氧树脂的种类

环氧树脂是一种分子结构中含有一个或一个以上环氧基的低聚物，在环氧树脂胶黏剂中作为基料使用。根据环氧树脂的化学结构可将其分为缩水甘油基型环氧树脂和环氧化烯烃型环氧树脂两大类。

① 缩水甘油基型环氧树脂

这类树脂是以环氧氯丙烷和多元酚、多元酸、多元醇、多元胺等含有活泼氢原子的有机化合物作为原料，通过缩聚反应制得的。根据取代基的不同，常见的缩水甘油基型环氧树脂又可分为缩水甘油醚型环氧树脂、缩水甘油酯型环氧树脂、缩水甘油胺型环氧树脂三大类。

a. 缩水甘油醚型环氧树脂

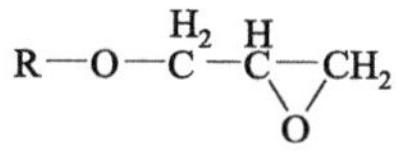

b. 缩水甘油酯型环氧树脂

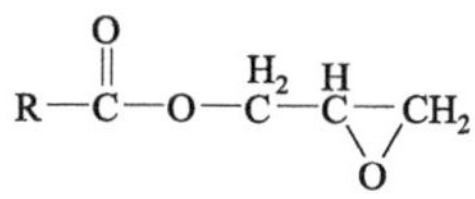

c. 缩水甘油胺型环氧树脂

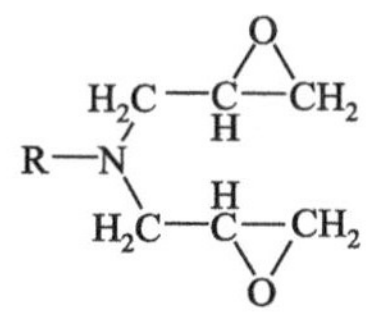

② 环氧化烯烃型环氧树脂

这类树脂是以各种含有双键的化合物为原料，通过有机过氧酸作用，利用环氧化制得的。根据原材料结构的不同，此类树脂可分为直链脂肪族烯烃环氧树脂、脂环族烯烃环氧树脂、混合型烯烃环氧树脂三大类。

a. 直链脂肪族烯烃环氧树脂

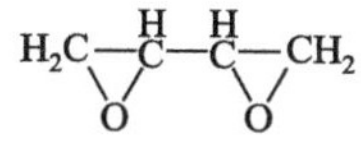

b. 脂环族烯烃环氧树脂

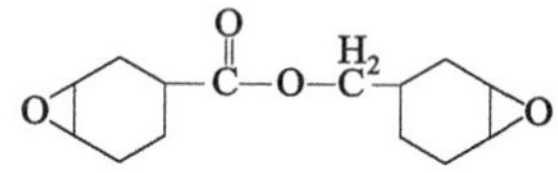

c. 混合型烯烃环氧树脂

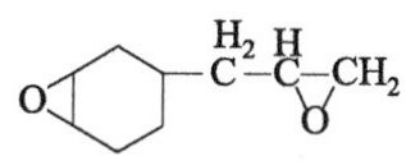

(2) 环氧树脂胶黏剂的其他组分及作用

环氧树脂胶黏剂的组成中除了基料之外，还含有各类助剂，例如固化剂和固化促进剂、稀释剂、增塑剂、填料等。

① 固化剂

环氧树脂必须与固化剂配合使用才能发挥作用，是树脂固化成膜的必要组分。在使用过程中，固化剂的类别、性能、用量等因素对胶黏剂的固化速度、施工工艺、固化产物等各项性能指标都有很大的影响。

环氧树脂胶黏剂所用的固化剂分类方法较多，依据固化机理可分为催化固化剂和加成固化剂；如果依据固化温度又可将其分为常温固化剂、中温固化剂、高温固化剂三大类；如果依据固化剂类型，又可分为胺类固化剂、低相对分子质量聚酰胺固化剂、酸酐类固化剂、其他类型固化剂。

② 固化促进剂

在实际施工过程中，为了加快树脂的固化速度，缩短固化时间，降低固化所需温度，添加适量固化促进剂是非常必要的。常用的固化促进剂主要是取代酚类固化促进剂和一些催化型固化促进剂。一般情况下，促进剂的添加量不能高于5%，促进剂添加量过高会导致固化后的胶膜耐热性降低。

③ 稀释剂

稀释剂可以调节环氧树脂胶黏剂的黏稠度，环氧树脂胶黏剂常用的稀释剂分为非活性稀释剂和活性稀释剂两大类。所谓的非活性稀释剂就是常用的有机溶剂，例如甲苯、二甲苯、丙酮、环己酮、正丁醇等，添加量一般为树脂质量的5%～15%，且不易过量添加，如果添加过量，固化后形成胶层的强度和模量都会受到影响。活性稀释剂是一些结构中含有活性基团并且可以参加固化反应的低分子量有机化合物，例如乙二醇双缩水甘油醚和环氧丙基丁基醚等。

④ 增塑剂

为了提高环氧树脂胶黏剂的流动性，降低胶层的脆性，提高胶层的柔韧性和抗弯曲、抗冲击强度，适量添加合适的增塑剂也是非常必要的。与稀释剂类似，环氧树脂胶黏剂所用的增塑剂也分为非活性增塑剂和活性增塑剂两大类。非活性增塑剂有邻苯二甲酸二丁酯和邻苯二甲酸二辛酯、磷酸三苯酯等，添加量约为树脂质量的5%～20%。活性增塑剂有羟端基聚醚、聚硫橡胶、液体丁腈橡胶等。此外，添加适量热塑性聚酰胺树脂、聚酯树脂、丁腈橡胶等，也能够对胶层的脆性进行调节和改善，进而提高胶层的抗弯曲和抗冲击强度。

⑤ 填充剂

向环氧树脂胶黏剂中添加适量填充剂，不仅能够有效降低成本，而且还可以改善胶黏剂的某些特殊性能。添加石棉可以提高胶层的抗冲击性，添加铁粉和石英粉可以提高胶层的抗压强度，添加钛白粉或氧化铝粉可以提高胶层的粘接力。

8.5.2 酚醛树脂胶黏剂

酚醛树脂胶黏剂是一类以酚醛树脂为基料，并添加各类助剂后调配而成的一系列胶黏剂产品。酚醛树脂胶黏剂是发现最早，使用量较大，综合性能优良且较为廉价的合成胶黏剂，广泛应用于木材加工以及电木制造等行业中。

（1）酚醛树脂的性质与结构

酚醛树脂是一类由酚类有机物与醛类有机物在酸性或碱性催化作用下反应生成的树脂，常用的酚类物质有甲酚、苯酚、间苯二酚等，常用的醛类物质有甲醛、乙醛、糠醛等，在诸多树脂中，以苯酚和甲醛合成的酚醛树脂最为常用。根据酚醛树脂的性质和结构可将其分为热塑性线型酚醛树脂、热固性酚醛树脂、取代酚醛树脂三大类。

① 热塑性线型酚醛树脂

热塑性线型酚醛树脂是当酚醛摩尔比大于1时，反应体系为酸性条件所制备的一类线型酚醛树脂，这类树脂的分子量一般控制在600～800，且属于无定形固体，固化时需要加入固化剂。

② 热固性酚醛树脂

热固性酚醛树脂有甲阶热固性酚醛树脂、乙阶热固性酚醛树脂、丙阶热固性酚醛树脂之分。当酚醛摩尔比小于1时，反应体系为碱性条件所制备的树脂被称为甲阶热固性酚醛树脂，此类树脂可能会有少许支链，但整体还是显现为线型树脂，其分子量在 800～1000 之间。甲阶热固性酚醛树脂受热后就会转化为乙阶热固性酚醛树脂，如果继续受热就会转化为丙阶热固性酚醛树脂。

a. 甲阶热固性酚醛树脂。此类树脂又称为熔酚醛树脂，常温下可溶于丙酮、乙醇等常见有机溶剂以及碱性水溶液，加热后会转化为不溶且不熔的固体。

b. 乙阶热固性酚醛树脂。此类树脂又称为半熔酚醛树脂，常温下在乙醇和丙酮中的溶解度比甲阶热固性酚醛树脂差，而且不能够溶解在碱性水溶液中。乙阶热固性酚醛树脂的分子结构中含有大量支链，结构比甲阶热固性酚醛树脂复杂，热塑性比甲阶热固性酚醛树脂差。

c. 丙阶热固性酚醛树脂。此类树脂又称为不熔酚醛树脂，其分子量较大，结构复杂，分子结构中支链极多并形成复杂的网状结构，丙阶热固性酚醛树脂已经是完全硬化的树脂，其热塑性和可熔性完全丧失。

（2）影响酚醛树脂合成的主要因素

① 酚的化学结构

酚类物质作为合成酚醛树脂的基础原料，其结构特点对反应的进行有直接的影响，这主要体现在物质结构中所含官能团的类别、性质、数量、位置、体积等方面。

a. 酚环上含有的取代基为供电子取代基时可以加快反应速度，相反，如果含有的取代基为吸电子取代基，则反应速度会减慢。

b. 单官能团的酚不会发生缩合反应，双官能团的酚只会形成线型聚合物，三官能团的酚能够形成体型聚合物。

c. 取代基的位置不同，酚的反应活性也不同，3，5-二甲酚的反应能力是 2，6-二甲酚的 49 倍。

d. 取代基的体积越大，反应越难进行。

② 酚醛物质的量比（X）

X 越小，生成羟甲酚的概率越大，越容易生成甲阶热固性酚醛树脂，树脂固化速度也越快，交联程度越大。通常情况下，合成甲阶热固性树脂时需要将 X 控制在 0.6～0.9 之间，如果要合成线型热塑性树脂，则需要将 X 控制在 1.1～1.2。

③ 催化剂

如前文所述，当反应在碱性条件下进行时，产物为多羟甲酚，当酚醛摩尔比＜1 时，很容易生成甲阶热固性酚醛树脂；当反应条件为酸性且酚醛摩尔比＞1 时，羟甲酚与苯酚更容易发生缩合反应，在该条件下，二者发生加成反应的概率大幅度降低。

8.5.3　氨基树脂胶黏剂

氨基树脂胶黏剂是一类将氨基树脂作为基料，并添加固化剂及其他助剂调配的胶黏剂产品，胶黏剂中所含的氨基树脂是利用尿素、硫脲、三聚氰胺、苯胺等氨基化合物与甲醛缩聚制备的。

（1）脲醛树脂胶黏剂

在各类氨基树脂胶黏剂产品中，脲醛树脂胶黏剂具有工艺简单、低成本、综合性能优良等优点，因此该系列产品应用广泛、产量较高，产量位居合成胶黏剂产量的榜首。脲醛树脂胶黏剂也有一些缺点，例如耐水性差、强度比酚醛树脂胶黏剂低，所以这类胶黏剂需要用酚醛树脂或三聚氰胺进行改性。目前，脲醛树脂胶黏剂广泛用于木质家具等产品的粘接，但胶黏剂中含有大量游离甲醛，对室内环境污染严重。

脲醛树脂性能的影响因素主要体现在树脂的制备过程中，制备时，原料组分的物质的量比、反应体系的 pH 值、原料质量、反应温度、反应时间等相关因素都会直接影响脲醛树脂的综合性能，这些影响最终都会在胶黏剂使用后的性能中体现出来。

① 尿素与甲醛物质的量比的影响

羟甲基脲直接关系到脲醛树脂的固化和交联程度，尿素与甲醛的物质的量比为 X，当 $X<1$ 时，才能形成二羟甲基脲，只有二羟甲基脲才能保障脲醛树脂有一定的交联度，如果 $X>1$ 时，二羟甲基脲无法形成，这时候产生的中间体只能形成线型树脂。在实际生产中，X 一般控制到 0.52～0.57 之间。X 略大一些，树脂的耐水性会增强，但固化速度会降低，稳定性会变差。

② 原料质量的影响

硫酸盐含量不宜过高，否则反应液会变成乳白色，最终导致产品丧失透明性，而且产品稳定性也会下降，在实际生产过程中硫酸盐的含量通常控制在 0.01%以下。尿素中的缩二脲含量也不宜过高，否则会影响胶黏剂的贮存，实际生产过程中，缩二脲的含量一般控制在 0.8%以下。过高的游离胺含量会直接降低胶黏剂的贮存稳定性和粘接强度，实际生产过程中，游离胺的含量通常需要控制在 0.015%以下。甲醛浓度越大，反应速度越快，但甲醛中所含杂质，例如甲酸和甲醇等，对反应也有一定的影响。甲酸主要影响 pH 值，甲醇则会参与到竞争反应中。

③ 反应体系 pH 值的影响

实际生产过程中，通常将 pH 值控制在 7.5～8.0 之间，pH 值如果太高，甲醛会发生歧化反应，生成甲醇和甲酸；过低的 pH 值不利于羟甲基脲的形成，而是形成其他初期中间产物。

④ 反应温度和反应时间的影响

实际生产过程中，反应温度一般都控制在 70～100℃之间，虽然升高温度可以加快反应速度，但过快的反应速度意味着反应剧烈，所以产品黏度会增大，严重时会形成凝胶。反应温度如果太低，则反应速度会降低，产品聚合度低，黏度小，粘接能力差，影响胶黏剂质量。实际生产过程中，反应时间也是固定的，一般控制在 120～150min 之间。反应时间太短，反应进行不彻底，聚合不完全，固体含量低，胶层机械强度差；如果反应时间过长，则树脂聚合程度过高，黏度太大，贮存稳定性下降。

（2）三聚氰胺树脂胶黏剂

三聚氰胺树脂胶黏剂是一类以三聚氰胺和甲醛缩聚物为基料的胶黏剂，如果使用纯三聚氰胺树脂制备的胶黏剂使用后胶层较脆，而未固化的三聚氰胺树脂胶黏剂的贮存期太短，所以很少单独使用三聚氰胺树脂调配胶黏剂。目前，这类胶黏剂主要包括三聚氰胺甲醛树脂胶黏剂和三聚氰胺尿素甲醛树脂胶黏剂两大类。

此类胶黏剂具有较为活泼的化学性质，无需固化剂即可固化成膜，而且胶层性质稳定，耐水性、耐化学性、电绝缘性良好。

8.5.4 聚氨酯胶黏剂

将异氰酸酯和聚氨基甲酸酯作为主体成分的胶黏剂被称为聚氨酯胶黏剂，聚氨酯胶黏剂粘接能力强，胶层耐冲击、耐低温、耐磨、耐油、韧性好，此类产品目前常用于金属、木材、皮革、塑料、玻璃、陶瓷等材质的粘接，在系列胶黏剂产品中，聚氨酯胶黏剂占有重要地位，鉴于其优良的综合性能，此类胶黏剂部分产品已被纳入化工新材料领域中。

（1）聚氨酯胶黏剂的胶黏过程

聚氨酯胶黏剂胶黏过程涉及的化学反应主要有如下几种。

① 氨基甲酸酯交联反应

该反应过程与端异氰酸酯基聚氨酯预聚体和端羟基聚氨酯预聚体的形成过程类似，主要就是多异氰酸酯化合物或端异氰酸酯基聚氨酯与甘油、三羟基丙烷、多官能团羟基聚氨酯等多羟基化合物发生交联反应的过程。

② 取代脲交联反应

异氰酸酯可以与氨、水等含有氨基或羟基的小分子发生反应形成脲键，分子结构变为大分子网状结构，具体过程如下：

a. 异氰酸酯与氨反应

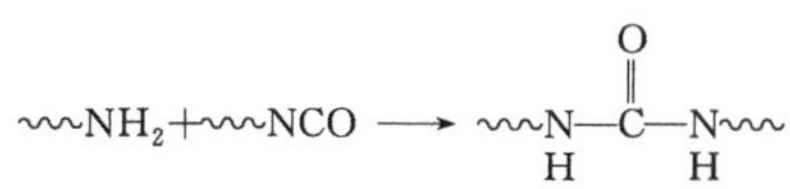

b. 异氰酸酯与水反应

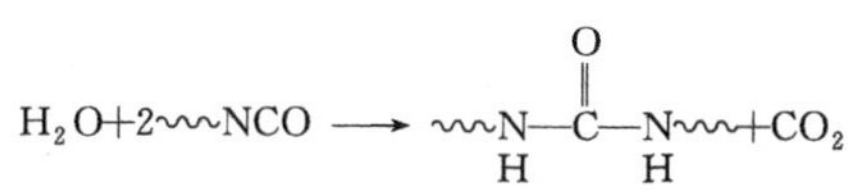

由于异氰酸酯对水特别敏感，在湿度较大的空气中，异氰酸酯也会与空气中的水分发生化学反应，所以在调配聚氨酯胶黏剂的过程中所用其他成分，例如填料、溶剂或其他试剂等，都需要提前做干燥处理，避免将水分带入到体系中。

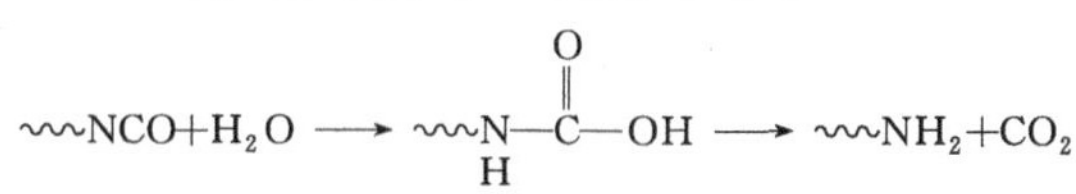

③ 与脲交联

异氰酸酯可以与脲发生化学反应，形成缩二脲，缩二脲为链状结构，能够使聚氨酯形成大分子链的网状结构，赋予聚氨酯胶黏剂较好的耐热性和抗蠕变性。

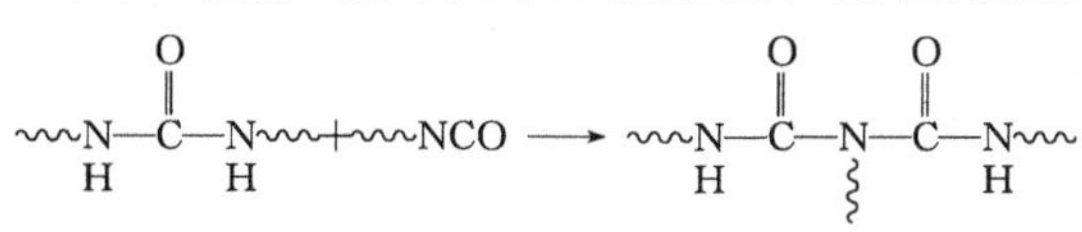

④ 与脲基甲酸酯交联

异氰酸酯可以与聚氨酯分子中所含氨酯基发生化学反应，形成网状的脲基甲酸酯聚合物，但该反应速度较慢，而且需要一定温度，通常需要加热到 140℃以上的温度才能完成。

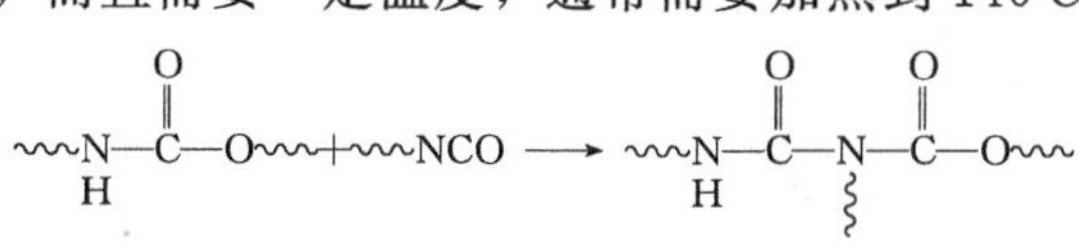

⑤ 与酰脲交联

异氰酸酯可以与聚氨酯分子中所含的酰氨基发生交联反应，生成酰脲，具体过程如下：

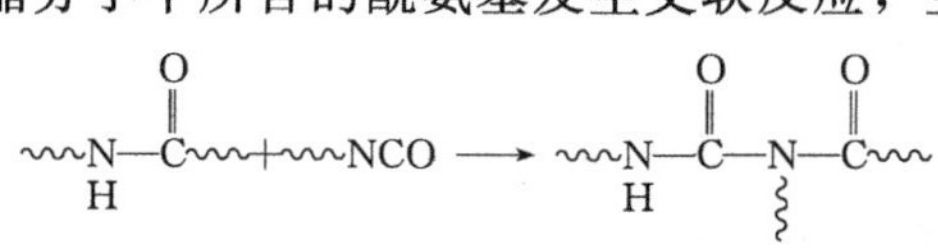

（2）聚氨酯合成所需原料

聚氨酯的合成所需原料主要包括多异氰酸酯和多羟基化合物两大类，在制备过程中，也可根据实际需要适量添加助剂。

① 多异氰酸酯

常用于制备聚氨酯的多异氰酸酯包括二异氰酸酯、三异氰酸酯及相关改性物质。根据异氰酸酯结构特点，所用多异氰酸酯还有芳香族和脂肪族之分。芳香族多异氰酸酯较为廉价，应用相对广泛，脂肪族和脂环族多异氰酸酯制成的胶黏剂，其产品耐光性和光稳定性较好，不会在长时间光照情况下变黄。

② 多羟基化合物

常用于制备聚氨酯的多羟基化合物主要包括端羟基聚酯和聚醚以及含有羟基的聚丙烯酸酯和环氧树脂等。端羟基聚酯和聚醚在胶黏剂产品中发挥着重要作用，其中，聚酯可以提高胶层的粘接强度、耐热性、耐油性，聚醚可以提高胶层的耐低温性和耐水性。

③ 主要助剂

异氰酸酯与多羟基化合物发生化学反应时通常在常温下进行，因此大多反应都需要加入一定剂量的催化剂，常用于催化二者反应的催化剂多为胺类化合物、过渡金属有机酸盐、有机磷化合物等。溶剂选用方面，由于异氰酸酯可以与含有活泼氢的物质发生反应，所以，水、醇等溶剂不能够用于配制聚氨酯胶黏剂，在实际生产环节，常选用酮类、酯类、芳烃类溶剂。除了催化剂、溶剂外，生产聚氨酯胶黏剂时还需要根据实际情况添加适量的防老剂、着色剂、表面活性剂等助剂。

（3）聚氨酯胶黏剂的类型

聚氨酯胶黏剂的结构和组成多种多样，通常情况下，依据结构特性可将这类胶黏剂分为多异氰酸酯胶黏剂、单组分聚氨酯胶黏剂、双组分聚氨酯胶黏剂三大类。

① 多异氰酸酯胶黏剂

此类胶黏剂是由多异氰酸酯单体或低分子量衍生物构成的胶黏剂。多异氰酸酯胶黏剂与橡胶共溶于有机溶剂中，即可用于橡胶与其他材质的粘接，例如金属、纤维、塑料等。多异氰酸酯胶黏剂的固化可在常温和高温下进行，使用时，异氰酸酯基团可以与被粘接表面分子中所含的活泼氢发生化学反应，进而使其具有良好的粘接能力。

② 单组分聚氨酯胶黏剂：单组分聚氨酯胶黏剂是一种与双组分胶黏剂相互对应的一类产品，这类产品最大特点就是使用方便，不需要按剂量混合。此类胶黏剂产品贮存时需严格密封，防止胶黏剂变质。

③ 双组分聚氨酯胶黏剂：双组分聚氨酯胶黏剂是聚氨酯胶黏剂系列产品中最为重要的一类产品，这类胶黏剂产品粘接能力强、用途广泛。产品包装通常是两个组分分开包装，使用时按一定比例现配现用，而且比例可调，并不是很严格。

（4）聚氨酯胶黏剂的特点及用途

聚氨酯胶黏剂用途广泛，产量较大，这与其优良的性质密不可分，根据实际应用情况，将此类胶黏剂的优缺点总结如下。

① 优点

a. 粘接能力强，应用广泛。

b. 可根据实际需要调配成不同硬度的胶黏剂。

c. 常温常压下即可通过接触固化。

d. 耐低温性突出，能够在－250℃下保持较好的粘接作用。

② 缺点

a. 胶黏剂毒性较大。

b. 胶黏剂易水解，施工时需要一个相对干燥的环境。

c. 胶层耐热性不是很好。

d. 多组分胶黏剂固化时间太长。

e. 内聚力强度不足，多为非结构胶。

目前，聚氨酯胶黏剂在制鞋行业的应用最为成功，胶黏剂自身的优点在该领域能够完全展现出来。此外，在汽车制造行业，聚氨酯胶黏剂的应用也较多。作为一种性质良好的非结构胶黏剂，在塑料加工业、建筑业、包装业、低温工程等行业中，聚氨酯胶黏剂的应用日益广泛。

8.6　橡胶胶黏剂

所谓的橡胶胶黏剂是将弹性体或橡胶作为主体材料，添加适量溶剂、助剂制成的胶黏剂产品。此类胶黏剂的弹性好、抗冲击和抗震能力强，特别适合粘接柔软或热膨胀系数相差较大的材料。依据橡胶胶黏剂的粘接强度和应用领域，可将其分为结构型橡胶胶黏剂和非结构型橡胶胶黏剂，其中，结构型橡胶胶黏剂又可分为溶液型和胶膜胶带型两大类，非结构型橡胶胶黏剂又分为溶液型和乳液型两大类。虽然合成橡胶和天然橡胶都可以用于生产橡胶胶黏剂，但所生产的各类胶黏剂产品的性质各不相同，后续的介绍中，仅对氯丁橡胶胶黏剂和丁腈橡胶胶黏剂作为实例代表进行讲解，至于密封胶、压敏胶等相关内容将在本章节后半部分进行系统介绍。

8.6.1　氯丁橡胶胶黏剂

氯丁橡胶胶黏剂是一类以氯丁橡胶为基料并添加硫化剂、防老剂、促进剂、填充剂、树脂、溶剂及其他添加剂配制的胶黏剂产品。这类胶黏剂有耐臭氧、耐大气老化、耐油、耐化学试剂、耐燃等优点，但也具有贮存稳定性差、耐寒性差等缺点。

(1) 氯丁橡胶胶黏剂的组成

氯丁橡胶胶黏剂的成分主要包括氯丁橡胶、硫化剂、防老剂、促进剂、填充剂、树脂、溶剂及其他添加剂。

氯丁橡胶：氯丁橡胶是这类胶黏剂的基料，其分子结构中1,4-反式结构约占80%以上。由于分子中含有氯元素，所以氯丁橡胶结晶性较好，在－35～32℃范围内都可以结晶，其中0℃时结晶最快。氯丁橡胶的内聚强度和黏附性较好，室温下即使不经硫化也能达到理想的效果。

硫化剂：氯丁橡胶胶黏剂常用的硫化剂通常为氧化镁和氧化锌，用量为每100份固体含量加入4份氧化镁和5份氧化锌，硫化温度约为140℃时，硫化效果最好。其中，氧化镁不仅具有硫化作用，而且还具有稳定作用，在混炼过程中，氧化镁能够有效防止物料烧焦，在老化过程中，氧化镁还能够吸收氯丁橡胶分解的微量氯化氢。

防老剂：添加防老剂后，胶黏剂的抗老化性质会进一步提高，而且胶黏剂贮存的稳定性也会随之提高，使用寿命延长。现阶段，我国国产氯丁橡胶用防老剂主要是萘胺系列的防老剂，例如防老剂D（N-苯基-β-萘胺）和防老剂A（N-苯基-α-萘胺），用量通常为2%，这些防老剂的不足之处是会使胶黏剂颜色变深。污染性较小的防老剂有防老剂BHT和防老剂SP等。

促进剂：加入促进剂的目的是使胶黏剂在室温下提高硫化速度，常用的促进剂有二苯基硫脲、促进剂NA-22、氧化铝等。在这些促进剂中，当属二苯基硫脲的效果最好，而且还能够使胶黏剂保持良好的稳定性，该促进剂唯一的缺点是使用时需要临时混合。

填充剂：常用填充剂有炭黑、陶土、碳酸钙等，以上填充剂可以提高胶黏剂的粘接强度，并且还能够降低成本，填充量通常为50%～100%。

树脂：为了改进氯丁橡胶胶黏剂的粘接性和耐热性，常将树脂作为添加物与氯丁橡胶配合使用，添加树脂后，胶黏剂对坚硬且非孔材料的粘接强度会大幅度提升，例如金属、塑料、玻璃等。我国常用树脂为分子量在700～1100之间的叔丁基酚醛树脂（2402树脂），此类树脂极性较大，添加后可以明显提高胶黏剂对金属等材料的粘接强度。

溶剂：溶剂的选用不仅对胶黏剂的粘接效果产生影响，而且还会影响胶黏剂的稳定性、毒性及涂刷性等，因此，在生产胶黏剂时应选择合适的溶剂。我国常用乙酸乙酯和汽油的混合溶剂调配氯丁橡胶胶黏剂。如果调配专用型的胶黏剂，还可以选用甲苯、汽油和乙酸乙酯混合溶剂进行调配。

（2）氯丁橡胶胶黏剂的配方

未经过改性的氯丁橡胶胶黏剂成本相对较低，特别适用于粘接要求不高，且施工面积较大的工程。胶黏剂配方（质量比）具体如下：

氯丁橡胶（通用型）	100
氧化镁	8
氧化锌	10
防老剂D	2
碳酸钙（填料）	100
混合溶剂	408

生产时，依次按照顺序进行混炼，最后用汽油和乙酸乙酯的混合溶剂溶解即可。未经过改性的氯丁橡胶胶黏剂可在室温下贮存一个月左右。

如果用2402树脂对氯丁橡胶胶黏剂进行改性，则配方会有一定变化，具体如下：

氯丁橡胶（通用型）	100
氧化镁	8
氧化锌	5
防老剂D	2
2402树脂	45～100
混合溶剂	适量
促进剂D	1
促进剂TMTD	1

改性后的氯丁橡胶胶黏剂易于施工，常温下，将胶涂抹在干净的被粘接物体表面，晾晒5～10min后，施加接触压力进行粘合，室温下静置1～3d即可。

氯丁橡胶胶乳胶黏剂是以氯丁橡胶胶乳为基料，直接添加适量稳定剂、防老剂、增黏剂、增稠剂、硫化剂、填料等成分调配而成的胶黏剂，此类胶黏剂的粘接能力比溶液型的要差，而且水分挥发慢，但因其具有无毒、无害、不支持燃烧、使用安全等优点，在工业领域同样应用广泛。氯丁橡胶胶乳胶黏剂的配方原则具体如下：

a. 采用阴离子型或非离子型表面活性剂作为稳定剂。

b. 采用丙烯酸树脂、古马隆树脂、沥青、聚乙烯醇、淀粉等作为增黏剂。

c. 采用甲基纤维素作为增稠剂。

d. 采用碳酸钙、滑石粉、胶体二氧化硅等作为填料。

e. 采用氧化锌作为硫化剂。

8.6.2　丁腈橡胶胶黏剂

丁腈橡胶胶黏剂是将丁腈橡胶作为基料，通过添加增黏剂、防老剂、增塑剂、溶剂等成分配制的胶液。此类胶黏剂有单组分和双组分之分，如果按剂型分类，还有溶液型和乳液型之分，依据固化方式分类则可以分为高温固化胶黏剂和室温固化胶黏剂。

（1）丁腈橡胶胶黏剂的优缺点

① 优点

a. 粘接强度高。

b. 胶层耐油性、耐水性、耐磨性、耐化学介质性、耐老化性、耐热性好。

② 缺点

a. 遇光或热的作用胶层会变色。

b. 胶层的绝缘性、耐臭氧性和耐寒性较差。

（2）丁腈橡胶胶黏剂的组成及应用

丁腈橡胶胶黏剂主要包括基料（丁腈橡胶）、增塑剂、防老剂、硫化剂和促进剂、增黏剂、溶剂等组分。

丁腈橡胶可根据丙烯腈的含量不同进行分类。

a. 丁腈-18，丙烯腈含量为 18%～25%。

b. 丁腈-26，丙烯腈含量为 25%～35%。

c. 丁腈-40，丙烯腈含量为 35%～42%。

丙烯腈含量越高，丁腈橡胶的耐磨性、硬度及抗拉伸等机械性能越高，耐水性和耐油性也就越好，但耐寒性、弹性和透气性越差。

增塑剂：高丙烯腈含量的橡胶柔韧性和耐寒性较差，为提高胶层的耐寒性和柔韧性，在制备胶黏剂过程中需要添加适量的增塑剂，常用的增塑剂有邻苯二甲酸二辛酯、硬脂酸、磷酸三苯酯等。

防老剂：添加没食子酸丙酯可提高胶膜的抗老化性能。

硫化剂和促进剂：硫化剂可以使橡胶分子发生交联，进而提高胶层的耐热性，而促进剂是为了加快硫化速度而添加的。

增黏剂：添加少量酚醛树脂、过氯乙烯树脂、石油树脂的目的是提高胶黏剂的初始粘接能力以及粘接强度。

溶剂：丁腈橡胶胶黏剂的常用溶剂主要是有机类的，例如丙酮、丁酮、乙酸乙酯、乙酸丁酯、苯、甲苯、氯苯、二氯甲烷等常见有机溶剂，但考虑到溶剂的毒性、溶解性、挥发性等问题，常用乙酸乙酯作为溶剂使用。

（3）丁腈橡胶胶黏剂的配方及应用

丁腈橡胶常见配方是依据丙烯腈含量区分的，也就是胶黏剂的型号，具体如下：

丁腈-26 和丁腈-40 的通用配方（质量比）

丁腈橡胶	100
氧化锌	5
硬脂酸	1.6
硫黄	1.5
没食子酸丙酯	0
促进剂 M 或 DM	0.8
炭黑	45

丁腈-18 的配方（质量比）

丁腈橡胶	100
氧化锌	6
硬脂酸	1.5
硫黄	2
没食子酸丙酯	50
促进剂 M 或 DM	1.6
炭黑	50

普通通用配方（质量比）

丁腈橡胶	100
氧化锌	5
硬脂酸	0.5
硫黄	2
没食子酸丙酯	1
促进剂 M 或 DM	1
炭黑	0

生产丁腈橡胶胶黏剂时，依据配方将各组分混炼后，用适量溶剂溶解即可制得 15%～30%的丁腈橡胶胶液。用时只需将胶液涂抹在被粘接物体表面，晾干后粘合，制品与胶层一起加压加热硫化即可，一般控制加热硫化温度为 80～150℃。丁腈橡胶胶黏剂常用于塑料、合成橡胶、皮革、木材、金属与橡胶、皮革与橡胶等材料的粘接，特别适用于高分子材料板材的粘接，例如塑料板、聚氯乙烯板、薄膜或其他软质材料等。

8.7 烯烃类高聚物胶黏剂

烯烃类高聚物胶黏剂是将烯烃高聚物作为基料的一系列胶黏剂的统称，通常依据高聚物的种类对胶黏剂进行分类。诸多烯烃类高聚物胶黏剂产品中，以丙烯酸酯类胶黏剂最为重要，此类胶黏剂不仅色泽浅，而且具有良好的耐水性、耐侵蚀性、抗变色性等性能，产品易于调节，现已发展出许多不同类别的胶黏剂品种，包括 α-氰基丙烯酸酯胶黏剂、反应性丙烯酸酯胶黏剂（第二代丙烯酸酯胶黏剂）、丙烯酸酯类压敏胶、丙烯酸酯类厌氧胶、丙烯酸酯乳液胶黏剂等。

8.7.1　丙烯酸酯胶黏剂

生产丙烯酸酯胶黏剂时常用的丙烯酸酯单体和甲基丙烯酸酯单体包括甲酯、乙酯、丁酯、异辛酯等，此外还包括丙烯酸、丙烯酰胺、丙烯腈等。这些单体很容易与其他烯烃单体发生共聚，并且胶黏剂单体种类繁多，各种单体结构中含有不同类型的活性取代基，所以丙烯酸酯胶黏剂的适用性广泛。

（1）溶液型丙烯酸酯胶黏剂

溶液型丙烯酸酯胶黏剂的生产过程中多将苯乙烯、氯丁橡胶、甲基丙烯酸甲酯为原料，通过共聚的方式制得溶液，之后添加不饱和聚酯、促进剂和固化剂，以及其他相关添加剂调配成溶液型胶黏剂产品，这类胶黏剂可以在常温下或 40～60℃下固化。溶液型丙烯酸酯胶黏剂能够粘接大多数常见金属材料，胶层耐水、耐油，但由于胶层的柔韧性差，所以不适合粘接常受撞击的材料。

（2）乳液型丙烯酸酯胶黏剂

乳液型丙烯酸酯胶黏剂粘接能力强，胶层透明，耐老化、耐磨、耐洗，主要用于织物的粘接。粘接无纺布时，用量约为 30%；粘接印花时，用量约为 40%；粘接静电植绒时，用量约为 40%，纤维上浆液中的用量为 15%～25%。

（3）反应型丙烯酸酯胶黏剂

反应型丙烯酸酯胶黏剂又称为改性丙烯酸酯胶黏剂或室温快固丙烯酸酯胶黏剂等，其代表性产品是第二代丙烯酸酯胶黏剂（SGA）和第三代丙烯酸酯胶黏剂（TGA）。

① 第二代丙烯酸酯胶黏剂（SGA）

这种胶黏剂将丙烯酸酯或甲基丙烯酸酯、弹性体作为组分，通过活性较大的氧化-还原引发剂引发接枝聚合过程完成粘接，是一种双组分胶黏剂。其中 A 组分包括丙烯酸酯或甲基丙烯酸酯、弹性体、氧化剂、稳定剂等成分，B 组分包括促进剂、还原剂（A 组分中不含氧化剂）。

这类胶黏剂在室温下就能够快速固化，使用时无需对胶黏剂的两个组分进行称量混合，因此使用较为方便。胶黏剂粘接强度高，胶膜耐冲击、耐剥离，施工环境对胶黏剂无明显影响，即使粘接物体表面有油污也不会影响粘接强度。

第二代丙烯酸酯胶黏剂主要用于地板砖、瓷砖及各类铝铭牌的粘接，此外，也可用于金属、玻璃或有机玻璃、硬质板材如 PVC 或 ABS 塑料板材等各类金属和非金属材料的粘接。

② 第三代丙烯酸酯胶黏剂（TGA）

第三代丙烯酸酯胶黏剂与第二代类似，但组成方面采用光敏剂和增感剂替换了二代产品中的氧化-还原引发剂和促进剂。第三代丙烯酸酯胶黏剂的固化需要紫外光或电子束，固化更快，贮存期更长，稳定性更高，是一种新型的单组分光固化胶黏剂。

8.7.2　α-氰基丙烯酸酯胶黏剂

α-氰基丙烯酸酯含有氰基和酯基等强吸电子基团，很容易在弱碱性催化剂的催化作用下或在水中发生阴离子聚合反应而固化，所以这类胶黏剂是一种室温快速固化的单组分胶黏剂，其固化时间约为 5～180s，因此被称为快干胶或瞬干胶。现阶段，α-氰基丙烯酸酯胶黏剂主要用于金属、玻璃、陶瓷、硬质塑料等材料的粘接。

（1）α-氰基丙烯酸酯胶黏剂的组成

目前，生产 α-氰基丙烯酸酯胶黏剂时常选用氰基丙烯酸甲基酯、乙基酯、丙烯基酯、丁基酯、异丁基酯等。市场中常见的 502 胶黏剂就是以乙基酯为原料生产的 α-氰基丙烯酸酯胶黏剂，该胶黏剂产品约占市场份额的 90%以上。

除 α-氰基丙烯酸酯之外，这类胶黏剂中还含有其他添加剂成分，具体如下。

增稠剂：α-氰基丙烯酸酯单体的黏稠度较低，使用时不易控制涂饰范围，因此需要添加增稠剂提高胶液黏度，常用增稠剂有纤维素及其衍生物和聚丙烯酸酯及其衍生物等。

增塑剂：α-氰基丙烯酸酯聚合后，机械强度大、脆性高，所以需要添加增塑剂调节胶膜的柔韧性，提高胶膜的耐冲击强度，常用增塑剂主要是邻苯二甲酸酯系列增塑剂，如二丁酯和二辛酯等。

稳定剂：α-氰基丙烯酸酯胶黏剂属于单组分胶黏剂，为避免胶黏剂单体自身发生不必要的聚合反应，所以胶黏剂产品需添加一定剂量的稳定剂，以此阻止单体的聚合。常用的稳定剂有对苯二酚和二氧化硫等。

（2）α-氰基丙烯酸酯胶黏剂的特点

① 优点

a. 无溶剂、单组分、使用便捷。

b. 室温下即可固化，粘接速度快。

c. 胶液黏度低，润湿性好，胶液澄清透明。

d. 应用广泛，适合多种材料的粘接。

② 缺点

a. 由于固化较快，所以当粘接面较大时不宜使用。

b. 耐热、耐水、耐极性溶剂性较差。

c. 胶层脆，粘接刚性材料后耐冲击性差。

d. 生产成本偏高，产品价格昂贵。

8.8 有机硅胶黏剂

有机硅胶黏剂是一类具有特殊用途的胶黏剂，虽然这类胶黏剂只能作为非结构胶黏剂使用，但由于添加了硅元素，所以胶黏剂具备了其他类型胶黏剂所不具有的功能。目前，有机硅胶黏剂主要用于航空航天、电子、汽车、机械、建筑、医疗等行业，其产品主要包括硅树脂型胶黏剂和硅橡胶型胶黏剂。

8.8.1 硅树脂型胶黏剂

硅树脂是一种具有三维结构的树脂，在高温条件下会进一步缩合形成高度交联的树脂，硅树脂胶黏剂主要包括以纯硅树脂为基料的胶黏剂和改性有机硅树脂胶黏剂两大类。

（1）以纯硅树脂为基料的胶黏剂

这类胶黏剂的基料为聚有机硅氧烷或含有各类杂原子的有机硅氧烷，杂原子的引入对树脂的性能有显著的影响，引入杂原子后可以提高树脂的耐热性及耐老化性能。此外，在生产过程中，还需添加适量的无机填料和有机溶剂。常用填料包括云母粉、钛白粉、石棉、氧化锌等，添加石棉后，胶层不易发生龟裂，添加云母可以提高胶液的润湿性，云母和石棉配合使用还可以增强胶黏剂的耐高温性。

(2) 改性有机硅树脂胶黏剂

硅树脂可以用各种合成树脂进行改性，例如酚醛树脂、环氧树脂、聚酯树脂、聚氨酯树脂等。改性后的胶黏剂产品不仅具有硅树脂良好的耐热性，而且还具备各类其他合成树脂自身的特点。改性后的硅树脂胶黏剂，其固化温度降低，粘接强度和热稳定性与改性前基本保持一致。

8.8.2 硅橡胶型胶黏剂

硅橡胶是一种高相对分子质量的线型硅氧烷聚合物，这类聚合物同时具有无机物和有机物的特征，线型聚硅氧烷分子易形成螺旋结构，因此其黏度-温度系数较小，耐热性、耐寒性、电绝缘性和其他物理性能良好。但由于力学性能较差，所以在使用时需添加人工合成或天然的二氧化硅以及其他补强剂。硅橡胶的分子结构式如下：

$$\left[\begin{array}{c} \text{R} \\ | \\ \text{Si}—\text{O} \\ | \\ \text{R} \end{array}\right]_n$$

调配硅橡胶胶黏剂时，将硅橡胶与其他添加剂混合均匀后，利用适当的方式将混合物交联成具有三维结构的弹性体即可。硅橡胶胶黏剂可根据固化过程的温度差别分为高温固化型硅橡胶胶黏剂、室温固化型硅橡胶胶黏剂、低温固化型硅橡胶胶黏剂三大类。

(1) 高温固化型硅橡胶胶黏剂

这类胶黏剂的分子链中含有少量的乙烯基取代基，以过氧化物为交联剂，当加热时，过氧化物分解后可以引发分子链中所含乙烯基生成自由基的过程，生成的自由基与分子结构中主链上的甲基发生自由基转移，以此方式完成交联过程。高温固化型硅橡胶胶黏剂主要用于硅橡胶的粘接或硅橡胶与金属材料的粘接，但此类胶黏剂在施工过程中具有工艺复杂且粘接强度低的缺点，因此应用受限。

(2) 室温固化型硅橡胶胶黏剂

室温固化型硅橡胶胶黏剂具备了所有硅橡胶胶黏剂的优良性能，施工简单，固化前的混合料可流动，无需使用稀释剂，粘接强度比高温固化型的好。依据胶黏剂的包装形式差别，这类胶黏剂又可分为单组分室温固化型硅橡胶胶黏剂和双组分室温固化型硅橡胶胶黏剂。

(3) 低温固化型硅橡胶胶黏剂

这类所说的“低温”并非温度低于室温，而是温度介于高温固化温度与室温固化温度之间的一个温度范围，也就是说，这个低温是与高温固化的温度比较而言，温度范围通常在40～120℃之间。

低温固化型硅橡胶胶黏剂常为双组分胶黏剂，其成分主要是乙烯基硅橡胶、催化剂、含氢硅油等。在催化剂的作用下，通过硅-氢与硅-乙烯基之间的加成反应来实现固化。催化剂可用钯或铂，铂的活性高，一般用铂黑、铂石棉，最常用的是乙烯基铂配合物，需在 70～80℃ 固化。硅-氢与硅-乙烯基的比值对胶层的机械强度影响很大，对于低温固化型硅橡胶胶黏剂来说一般控制在 1.4～1.8。这类胶黏剂的最大特点是贮存时间长，固化物的耐热性能、电气性能、耐潮湿性能均好，机械强度也高，但粘接力较差，主要用于电器元件的灌封。

8.9 专用胶黏剂

胶黏剂产品种类繁多，很多时候，同一种胶黏剂可归属于不同的类别，使用时为更方便区分各种胶黏剂，专门设置了专用胶黏剂这一类别，常见专用胶黏剂有热熔胶、压敏胶、密封胶等。

8.9.1 热熔胶

热熔胶是一类可以在受热后变成熔融状态并完成粘接过程的胶黏剂产品。热熔胶不同于其他类型胶黏剂，热熔胶不含溶剂，室温下为固态物质，当热熔胶受热并达到其熔点温度后会转化为具有流动性的液态物质，并且展现出优异的粘接能力。经粘接的物体表面随着温度的降低，粘接强度越强，最后温度降至室温时便可形成高强度粘接。热熔胶不含有机溶剂，所以使用时不会因溶剂挥发对环境造成污染。此外，热熔胶室温下为固体，可以根据需要制成各种需要的形状甚至颗粒，包装、运输、贮存都很方便，因此热熔胶在书籍装订、包装、纤维织物、建筑、电器、汽车制造等诸多领域广泛应用。

(1) 热熔胶的组成

制备热熔胶所需的材料多为固体，且室温下不发黏，熔融时流动性好。具体包括基料、增黏剂、黏度降低剂、增塑剂、抗氧剂、填料等。

基料：热熔胶生产所用基料多为热塑性树脂，但为了提高耐热性，部分热固性树脂也可用于生产热熔胶。目前，应用最为广泛的热熔胶品种为 EVA 热熔胶，该产品产量约占热熔胶总产量的 80%左右。

增黏剂：添加增黏剂的目的主要是为了提高热熔胶的黏附力，改善热熔胶性能，同时也在一定程度上降低了成本。常用的增黏剂有松香及其衍生物，萜烯树脂，古马隆树脂和热塑性酚醛树脂等。

降黏剂：添加降黏剂的主要目的是降低热熔胶熔融状态时的黏度，提高其流动性和润湿性，进而提高粘接强度。降黏剂不能添加过多，如果添加量超过 20%则会降低热熔胶的粘接强度。常用降黏剂有白石蜡、微晶蜡、聚乙烯蜡等。

增塑剂：添加增塑剂的目的是加快热熔胶的融化速度，提高胶层的柔韧性和耐寒性，但增塑剂会使热熔胶的耐热性、内聚强度、粘接强度等性能降低，因此在生产过程中，通常增塑剂的添加量不会超过 10%。

抗氧剂：添加抗氧剂的目的是防止热熔胶发生氧化和热分解，特别是需要加热温度较高才能达到熔融状态的热熔胶更需要添加抗氧剂，但添加量仅为 1%左右。

填料：添加填料的目的是减少热熔胶的固化收缩，提高胶层的热容量和耐寒性，但用量一般不超过 15%，添加过多会使热熔胶的润湿性变差，胶层韧性降低，初粘接力降低。常用填料有陶土、石棉粉、白炭黑、碳酸钙等。

(2) 热熔胶的制备

制备热熔胶的过程实际是各组分的熔融混合过程，工业上生产热熔胶时多采用熔融混合釜或挤出机生产。

① 釜式生产法

该方法是一种间歇式生产方法，按顺序依次将蜡、增黏剂、抗氧剂加入到反应釜中，温度升至 150～180℃搅拌熔融，必要时可通入惰性气体保护。待混合均匀后，缓慢地向混合液中加入聚合物并保持该温度搅拌 2～3h，待混合均匀后方可放料，冷却成型。该方法生产效率较低，且生产的热熔胶黏度不易过高，生产过程中会出现热氧化分解情况，生产工艺中需要注意的细节也较多。

② 挤出法

挤出法是一种采用热熔挤出机连续生产热熔胶的方法，该方法配胶混合时间短，产量大，胶液受热氧化影响较小，产品质量均一，而且适合高黏度热熔胶的生产，产品可以根据需要直接挤出各种形状。现阶段，主要生产设备有单轴异径螺杆挤出机、双螺杆混合型挤出机。

(3) 热熔胶的特点

a. 本身不含有溶剂，使用时通常无有害气体挥发。

b. 粘接速度快（约几秒即可），不需要加压固化设备，适合连续化生产使用。

c. 可反复热熔粘接，特别适合特殊工艺要求和文物修复工作使用。

d. 材料适应性强，对粘接表面处理要求不严格。

e. 耐热性差，粘接强度有限，不适合粘接热敏感材料。

f. 涂布均匀难，不适合大面积使用，使用时需配备专门设备。

(4) 常见热熔胶

① EVA 热熔胶

EVA 热熔胶是指以乙烯和醋酸乙烯的无规共聚物为主体聚合物的一类热熔胶。EVA 是一种无臭、无味、无毒的聚合物，与其他组分互溶性好。在聚乙烯链结构中无规引入 VAc 单体后可使主体聚合物结晶度降低，粘接力和柔韧性提高，耐热和耐寒性兼顾，流动性与熔融温度可调，因此成为使用最为广泛的一类聚合物。

EVA 热熔胶主要是由 30%～40%的 EVA 树脂、30%～40%的增黏剂和 20%～30%的蜡类所组成。EVA 热熔胶可以粘接塑料、纸张、木材、金属等材料，主要用于包装、装订、木材加工等行业。

② EEA 热熔胶

EEA 热熔胶是在 EVA 热熔胶基础上，经改良并提高适应性的热熔胶产品，EEA 是乙烯与丙烯酸乙酯经共聚反应制得的聚合物。与 EVA 热熔胶相比，EEA 热熔胶的温度适用范围更广，特别是在温度较低的时候，EEA 热熔胶仍然能够保持良好的柔韧性，而且当 EEA 热熔胶长期处于高温条件时，胶的黏度仍然可以保持稳定。EEA 热熔胶常用于金属膜、纤维材料、塑料膜、纸板等材料的粘接，特别对 PE 和 PP 等难粘接的材料具有很好的粘接强度。

③ 聚酰胺树脂热熔胶

聚酰胺树脂热熔胶的分子结构中含有多种极性基团，例如酰氨基、羧基、氨基等，因此对很多极性材料都有良好的粘接能力。这类热熔胶的最大特点是熔融温度范围特别窄，在加热温度没有达到熔融温度之前不会软化，但当温度高于熔融温度时聚酰胺树脂热熔胶会立刻融化，如果温度略降至熔融温度以下时，热熔胶也会立即固化，因此这类胶黏剂在使用过程中可以通过温度来对其进行良好的控制。常用的聚酰胺树脂热熔胶有高、中、低三个软化点温度的品种。此类热熔胶组分中一般不含有增黏剂，但可以适量添加增塑剂或石蜡，进而提高熔融流动性。与其他热熔胶产品相比，聚酰胺树脂热熔胶的粘接强度高，而且具有良好的耐热性、耐介质性、柔韧性，广泛用于木材、塑料、织物、陶瓷、金属、聚乙烯等材质的物体粘接。

④ 聚酯热熔胶

用线型饱和的聚酯树脂为基料的一类热熔胶。配胶时需加入增黏剂、稀释剂、抗氧剂与填料等。这类热熔胶具有优异的电绝缘性，高的抗冲击性、耐水性、耐热性、耐候性、耐介质性及弹性等。但熔融黏度大，手工操作麻烦，可用于金属、塑料、织物等材料的粘接。

⑤ 聚氨酯热熔胶

聚氨酯热熔胶的基料是由端羟基聚酯或聚醚、低分子量二元醇、二异氰酸酯三组分缩聚成的嵌段聚合物。因此聚氨酯热熔胶既具有比聚酯热熔胶更好的粘接强度，又不像聚酰胺树脂热熔胶的硬度那样高。本身热熔黏度、润湿性都好，可以不加其他辅助材料，应用面广，可用于金属、玻璃、塑料、木材和织物等材料的粘接。

8.9.2 压敏胶黏剂

压敏胶黏剂是一种只靠施加轻度指压就能够使被粘接物体快速黏合的胶黏剂，这类胶黏剂主要用于生产压敏胶带、压敏胶贴片、压敏标签等。

（1）压敏胶黏剂的组成

基料：压敏胶黏剂的基料通常是能够赋予胶黏剂粘接能力的合成树脂或橡胶，用量一般在30%～50%范围内。

增黏剂：压敏胶黏剂常用的增黏剂包括松香及其衍生物，萜烯树脂及石油树脂等，添加增黏剂可以增强胶层的粘接力。用量一般在20%～40%范围内。

增塑剂：添加增塑剂可提高胶层的快粘性，所用的增塑剂为一般塑料加工用的增塑剂，其用量为0～10%。

防老剂：添加防老剂可以提高压敏胶黏剂的使用寿命，常见的橡胶或塑料使用的防老剂均可以在压敏胶黏剂中使用，用量一般在0～2%范围内。

填料：添加一定剂量的塑料用填料可以提高胶层内聚强度并降低成本，用量为0～40%。

（2）压敏胶黏剂的类型

压敏胶黏剂可根据形态和主体聚合物的化学结构进行分类，如果依据形态分类，可分为热熔型、乳液型、溶剂型三类，如果依据主体聚合物的化学结构分类，则可分为橡胶压敏胶、树脂压敏胶两大类。

① 橡胶压敏胶

橡胶压敏胶是开发最早的压敏胶黏剂产品，以天然橡胶、合成橡胶、再生橡胶为基料，并添加各类助剂制得。

② 树脂压敏胶

常见树脂压敏胶有丙烯酸酯压敏胶、有机硅树脂压敏胶、热塑性弹性体压敏胶等。

a. 丙烯酸酯压敏胶是一类以丙烯酸丁酯和丙烯酸-2-乙基己酯等重要单体通过聚合制得的，这类胶黏剂外观无色透明，胶层耐候性好，配方简单，无需增黏剂就能获得很好的黏合性，这类压敏胶发展非常迅速，并有逐渐夺取天然橡胶压敏胶主导地位的趋势。

b. 有机硅树脂压敏胶属于高档的压敏胶黏剂产品，这类压敏胶具备优良的耐高温和耐老化性，其基料成分含有等量的硅橡胶和硅树脂，硅树脂同时作为增黏剂使用。有机硅树脂压敏胶具有良好的粘接性、耐水性、耐热性、耐老化性，主要用于耐高温电机的绝缘。

c. 热塑性弹性体以苯乙烯-异戊二烯-苯乙烯嵌段共聚物和苯乙烯-丁二烯-苯乙烯嵌段共聚物为代表，目前，这些共聚物是制造热塑性弹性体压敏胶的主要原料。

8.9.3　密封胶黏剂

密封胶黏剂是一种具有粘接性能的密封材料，该材料形成的胶膜能够随密封面性状的改变而发生形变，不易流淌和挥发，胶膜能够与被密封物体的胶接面完全吻合，进而发挥密封作用。经密封胶密封后的材料，内部气体或液体不会泄漏，外部灰尘和水分等不能侵入，此外，密封处理后的材料还具有防止机械振动、冲击损伤、隔声隔热等功能。与传统密封圈相比，密封胶具有更好的耐压性和密封性，而且密封胶适用于各类不规则密封面或缝隙的密封。由于密封胶具有涂布方便、黏附力强、耐水、耐油、耐候、抗压、抗冲击、防震动等特点，因此广泛用于各类生产生活领域。

密封胶的种类主要有弹性体密封胶、液体密封垫、密封腻子三大类产品。弹性体密封胶根据基体固化的需要，有单组分、双组分两类，除主体材料外还含有填料、增塑剂、增黏树脂、颜料、防老剂、固化剂及适量溶剂。液体密封垫的主体材料是液态或半固态聚合物，用量占密封胶的 50%～95%，也配合适当的填料和助剂，为便于施工常常加入一定量的溶剂，要求受热不流淌，遇冷不变硬。压力越大，胶膜越薄，胶层本身分子间作用力也随之增大，在结合面的流动就会更困难，从而具有更高的密封性能和耐压效果。密封腻子按产品固化后的形态特性可分为干性和不干性两类，前者又包括硬性和挠性两种。

思考题

1. 什么是胶黏剂？胶黏剂的主要组成成分有哪些？各种成分分别有哪些功能？

2. 胶黏剂的黏附机理是什么？

3. 热塑性胶黏剂主要有哪些产品？这些产品分别有什么特点？适用于哪些领域的粘接？请举例说明。

4. 热固性胶黏剂主要有哪些产品？这些产品分别有什么特点？适用于哪些领域的粘接？请举例说明。

5. 橡胶胶黏剂主要有哪些产品？这些产品分别有什么特点？适用于哪些领域的粘接？请举例说明。

6. 烯烃类高聚物胶黏剂主要有哪些产品？这些产品分别有什么特点？适用于哪些领域的粘接？请举例说明。

7. 有机硅胶黏剂有什么特点？其产品分为哪几类？各类产品分别适用于哪些领域的粘接？

8. 专用胶黏剂的常见产品有哪些？其应用如何？

第9章

助剂

9.1 概述

所谓的助剂是指在工业生产环节，为优化生产过程，提高产品产量和质量，赋予产品特殊性能所添加的辅助化学品，因此助剂又被称为添加剂。世界范围内，助剂工业起始于20世纪30年代，当时生产的助剂几乎全部用于纺织印染工业，伴随着后续发展，助剂产品逐渐应用在日用化工领域，但依旧以纺织印染工业为主。一直到20世纪50年代，助剂才开始逐步扩展至石油化工、医药、塑料、农药、化肥、皮革、造纸等工业领域。我国助剂工业起始于新中国成立初期，发展至今，助剂工业已成为关系到国家工业发展的重要行业部门。助剂涉及的领域极广，产品种类众多，本章重点围绕重要工业领域涉及的助剂产品，例如合成材料助剂、石油化学品、纺织印染助剂等进行介绍。

9.2 合成材料助剂

所谓的合成材料助剂是指合成材料以及其相关产品或制品在生产和加工过程中，需要作为配方成分添加的各种具有辅助功能的化学品，由于大部分合成材料助剂都是在材料的后续加工过程中添加的，所以这些助剂又被称为配合剂或添加剂。添加助剂后，不仅能够改善材料自身的某些性能，延长产品使用寿命，提高产品使用价值，而且还能对产品加工工艺过程产生正面的影响，特别是对加工条件和加工效率方面影响较为明显。

9.2.1 合成材料助剂的作用

高分子聚合物材料发展十分迅速，这些聚合物材料与助剂之间存在一种相互依存的关系，虽然助剂的使用量较小，但很多高分子聚合物材料离不开助剂，也就是说，只有聚合物材料与助剂配合才有了广泛的应用价值。例如应用在建筑、运输交通工具（汽车、轮船、飞机等）的塑料制品中必须添加一定剂量的阻燃剂来提高材料的难燃性；玻璃钢材料中需添加一定剂量的玻璃纤维来增强材料的机械性能；聚丙烯、聚乙烯等材质的聚合物材料中必须添加抗氧剂和光稳定剂，否则这些材料的使用寿命会非常短；聚丙烯材质的塑料制品极易在高温下脆化，所以必须添加稳定剂和抗氧剂。

9.2.2　合成材料助剂的分类

合成材料助剂的分类方式较多，可以按功能分类，也可以按助剂的化学结构或作用机理分类，一般情况下，人们常以功能进行分类，具体如下：

提高聚合物材料稳定性的助剂：光稳定剂、热稳定剂、抗菌剂、抗氧剂等。

提高聚合物材料机械强度的助剂：偶联剂、抗冲击剂、硫化剂、硫化促进剂等。

提高聚合物材料柔软程度的助剂：增塑剂、发泡剂等。

提高加工性能的助剂：脱模剂、润滑剂等。

提高聚合物材料难燃性的助剂：阻燃剂。

提高聚合物材料表面性能的助剂：着色剂、防雾剂、抗静电剂等。

9.2.3　主要助剂产品的制备

（1）主要增塑剂产品的制备

① 邻苯二甲酸二辛酯的制备

邻苯二甲酸二辛酯，缩写为DOP，是一种十分重要的增塑剂产品。工业生产可以采用间歇法和连续法进行制备。其间歇式生产工艺流程如图9.1所示。

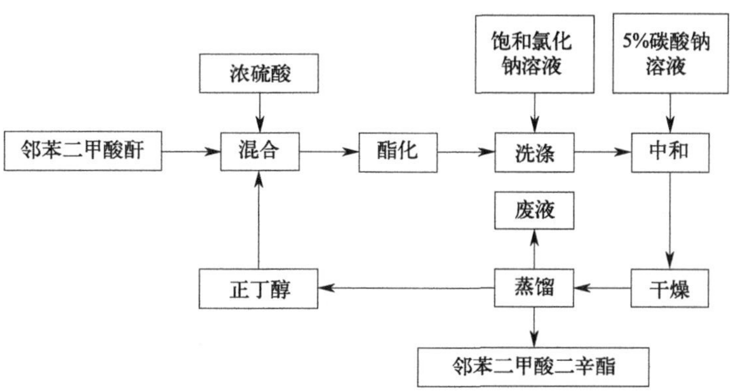

图9.1　邻苯二甲酸二辛酯间歇式生产工艺流程

连续法：苯酐与辛醇以一定比例（1∶2.5～1∶2.2）混合，在硫酸（0.5%）催化下于130～150℃进行单酯化反应。生成的单酯经预热后，进入连续酯化塔（三个串联的阶梯式酯化装置），反应温度由180℃逐渐升至230℃。反应结束后，料液再经酸洗、碱中和、脱色、脱醇等工艺，最后获得产品。

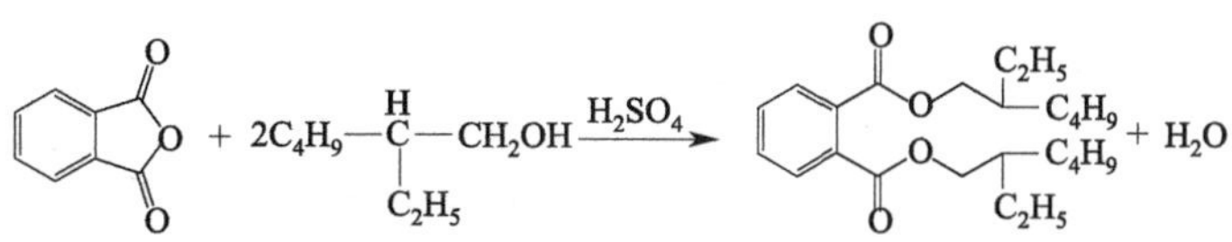

② 磷酸三(2-乙基)己基酯的制备

磷酸三(2-乙基)己基酯是一种重要的磷酸酯类增塑剂，在制备磷酸三(2-乙基)己基酯时，可选用2-乙基己醇和三氯氧磷为原料。具体反应过程如下：

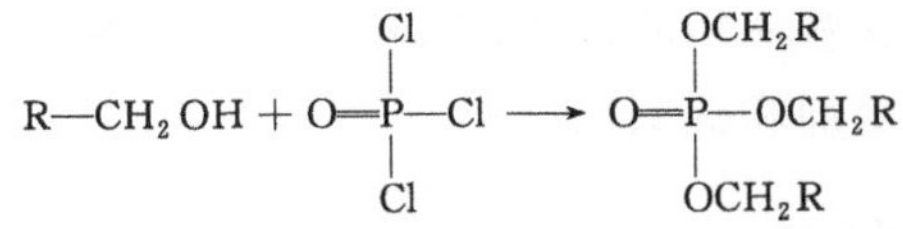

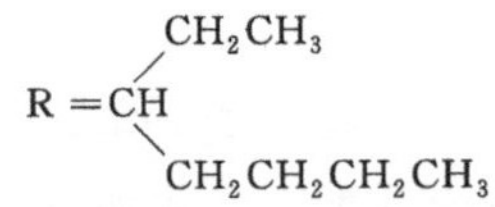

③ 环氧四氢邻苯二甲酸二辛酯的制备

环氧四氢邻苯二甲酸二辛酯是一种重要的环氧化合物类增塑剂，在工业生产环节，常选用丁二烯和顺丁烯二酸酐为原料，通过双烯加成反应制得四氢邻苯二甲酸酐，之后再将其与醇发生酯化反应生成酯基链，最后用双氧水将六元环上的双键环化制得最终产品，其反应过程如下：

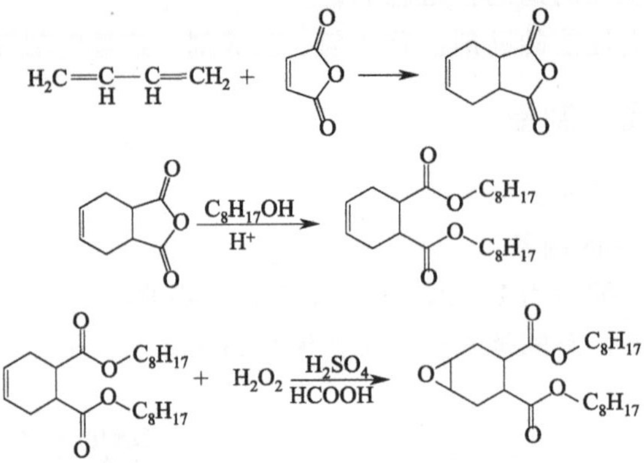

(2) 主要阻燃剂产品的制备

① 全氯戊环癸烷的制备

全氯戊环癸烷是一种十分重要的氯系阻燃剂产品，工业生产时，常以环戊二烯和氯气为原料，先制备出六氯环戊二烯中间体，之后在催化剂无水 $AlCl_3$ 的作用下使六氯环戊二烯发生二聚反应，最终制得全氯戊环癸烷，具体反应过程如下：

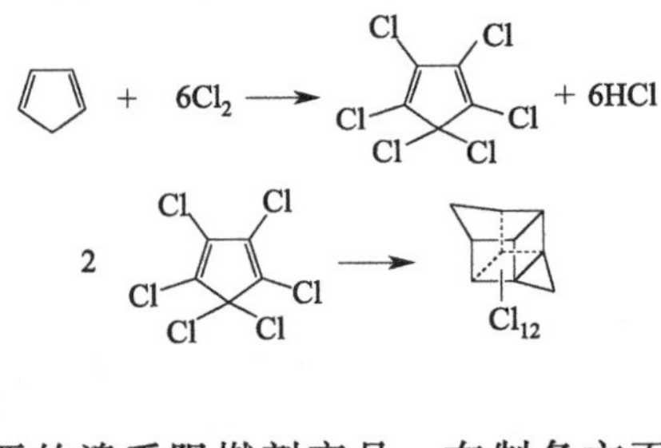

② 六溴环十二烷的制备

六溴环十二烷是一种重要的溴系阻燃剂产品，在制备方面，常以环十二-1,5,9-三烯和溴素为原料通过加成反应进行制取，具体反应过程如下：

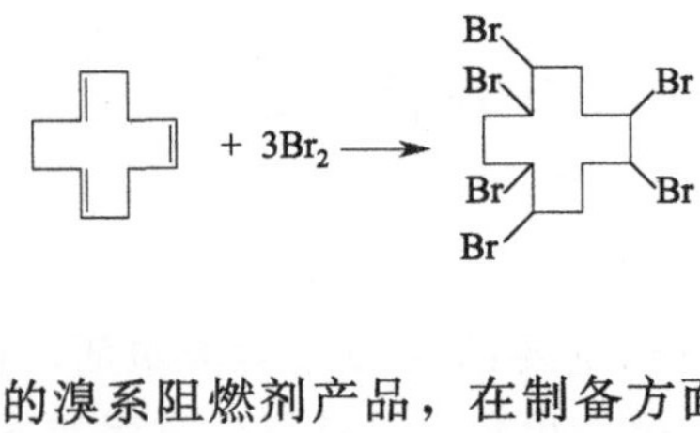

③ 六溴苯的制备

六溴苯也是一种十分重要的溴系阻燃剂产品，在制备方面，可选择苯和溴素为原料，在催化剂的作用下通过溴代反应直接制取，具体反应过程如下：

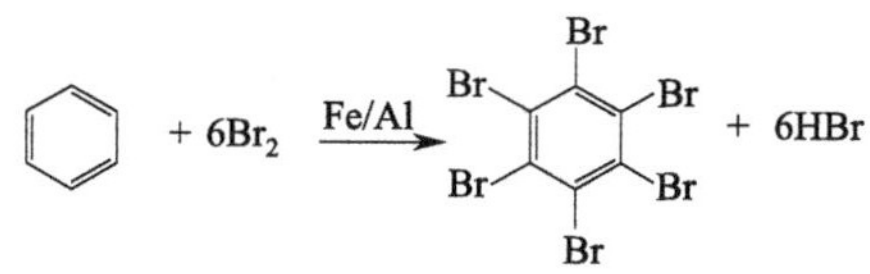

④ 十溴二苯醚的制备

十溴二苯醚是一种含溴量较高的溴系阻燃剂产品，工业生产时，可选用二苯醚和溴素为原料，以 $AlCl_3$ 为催化剂，直接进行溴化制取，具体反应过程如下：

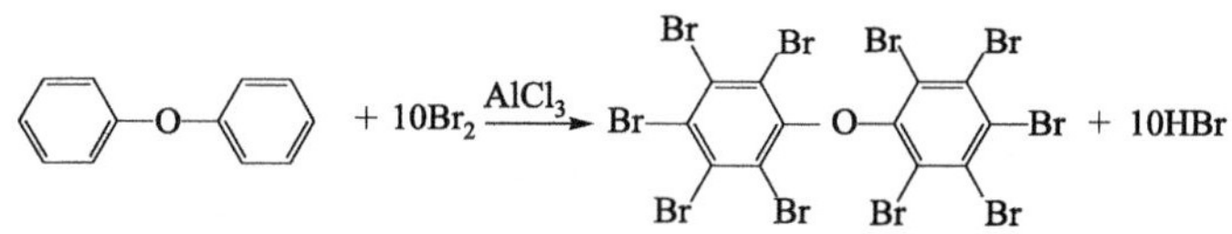

十溴二苯醚的生产工艺流程如图 9.2 所示。

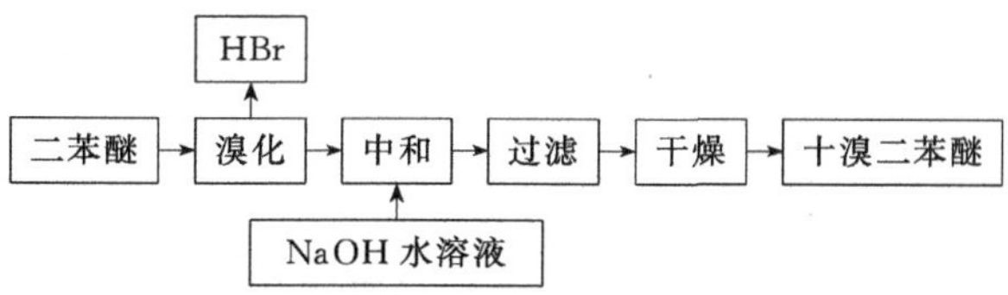

图 9.2　十溴二苯醚的生产工艺流程

⑤ 四溴双酚 A 双(2,3-二溴丙基)醚的制备

四溴双酚 A 双(2,3-二溴丙基)醚为白色至淡黄色粉末，可以由四溴双酚 A 与氯丙烯反应生成醚，再加溴素卤化而成，具体反应过程如下：

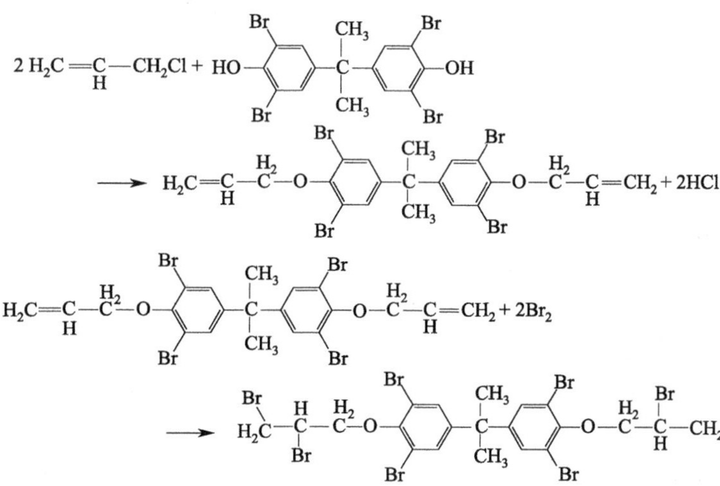

⑥ 膦酸酯的制备

膦酸酯是一种以亚磷酸酯为原料，利用异构化反应或烷基卤化反应制备的阻燃剂产品，其结构式和具体反应过程如下：

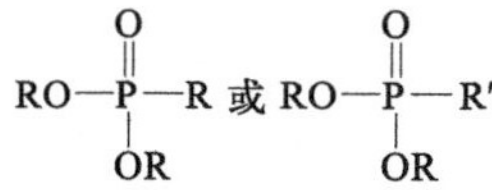

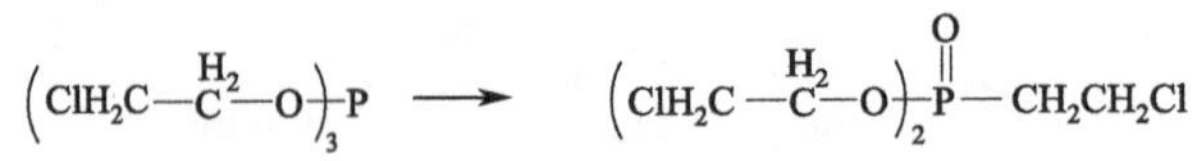

⑦ 磷酸三(β-氯乙基)酯的制备

工业生产磷酸三(β-氯乙基)酯时，常以三氯氧磷和环氧乙烷为原料制备该阻燃剂，具体反应过程如下：

⑧ 磷酸三(2,3-二氯丙基)酯的制备

工业生产磷酸三(2,3-二氯丙基)酯时，常以环氧氯丙烷和三氯氧磷为原料，将 $AlCl_3$ 作为催化剂进行制备，具体反应过程如下：

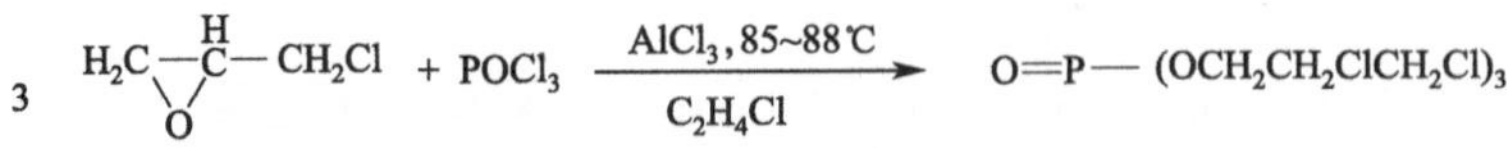

⑨ 磷酸三(2,3-二溴丙基)酯的制备

工业生产磷酸三(2,3-二溴丙基)酯时，可将三氯氧磷、溴素、丙烯醇作为原料进行制取，具体反应过程如下：

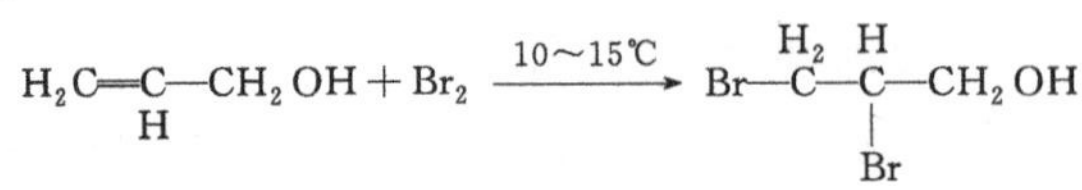

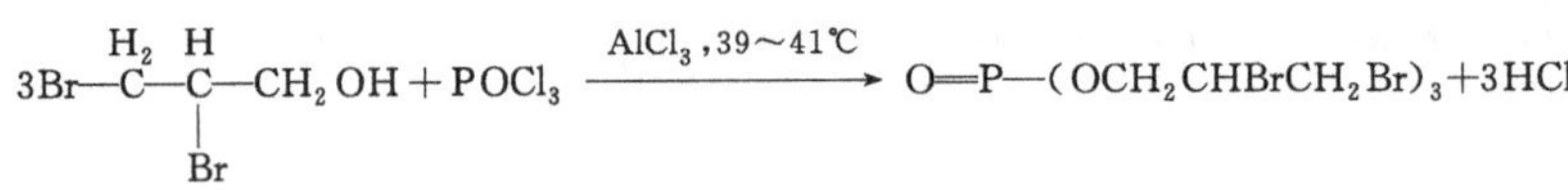

⑩ 四溴双酚 A 的制备

四溴双酚 A 是卤代酚类反应型阻燃剂的主要品种之一，工业生产时常选用双酚 A、溴素、氯气为原料进行生产，具体反应如下：

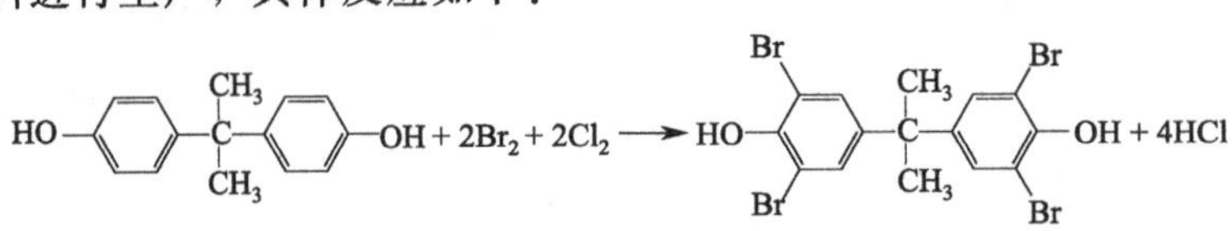

⑪ 四溴双酚 S 的制备

工业生产四溴双酚 S 时，常以双酚 S、溴素为原料制取，具体反应如下：

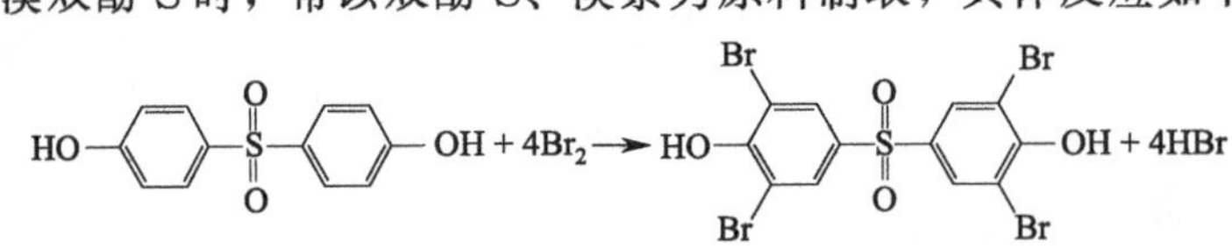

⑫ 氯桥酸酐的制备

工业生产氯桥酸酐时，常以六氯环戊二烯和顺丁烯二酸酐为原料，通过狄尔斯-阿尔德(Diels-Alder) 反应直接制取，具体反应过程如下：

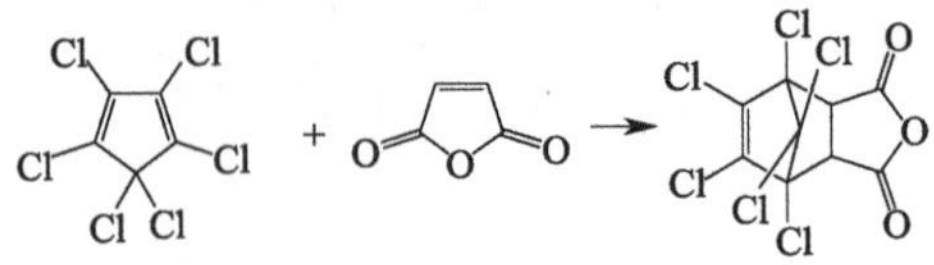

（3）主要工业抗氧剂产品的制备

① 主要胺类抗氧剂的制备

a. *N*-苯基-*α*-萘胺的制备。*N*-苯基-*α*-萘胺又称为防老剂 A 或防老剂甲，制备 *N*-苯基-*α*-萘胺时，可选用 *α*-萘胺和苯胺为原料进行制取，具体反应过程如下：

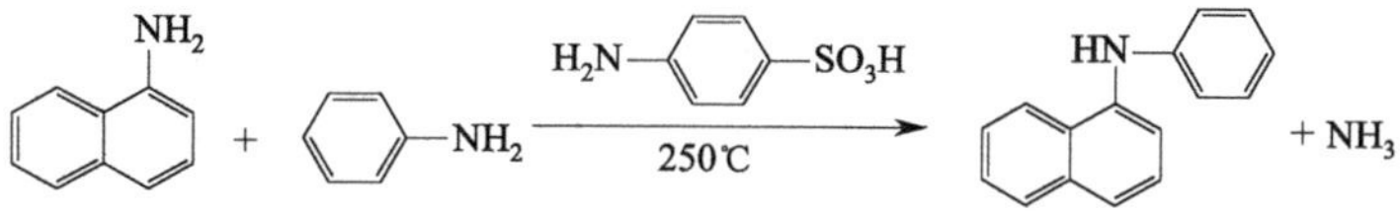

b. *N*-苯基-*β*-萘胺的制备。*N*-苯基-*β*-萘胺又称为防老剂 D 或防老剂丁，制备 *N*-苯基-*β*-萘胺时，可选 *β*-萘酚和苯胺为原料进行制取，具体反应过程如下：

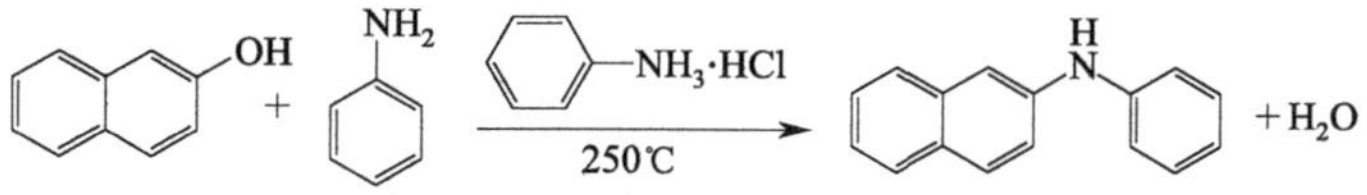

c. *N*-(1,3-二甲基丁基)-*N*′-苯基对苯二胺的制备。*N*-(1,3-二甲基丁基)-*N*′-苯基对苯二胺又称为抗氧剂 4020，该抗氧剂的制备方法如下：

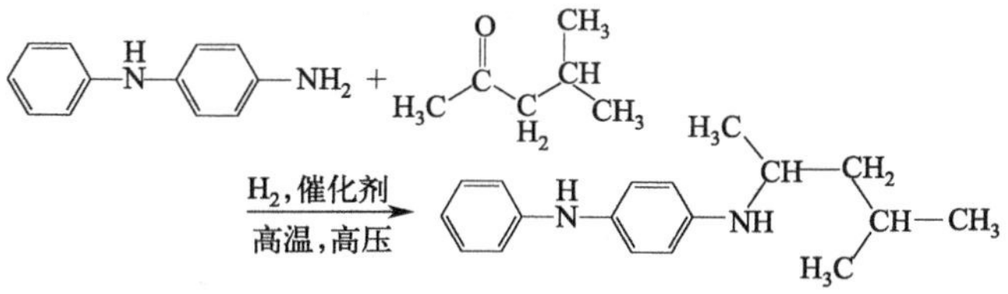

② 主要酚类抗氧剂的制备

a. 2,6-二叔丁基-4-甲基苯酚的制备。2,6-二叔丁基-4-甲基苯酚的商品名为抗氧剂 264，工业生产该抗氧剂时，常用对甲基苯酚和异丁烯为原料进行制备，具体反应过程如下：

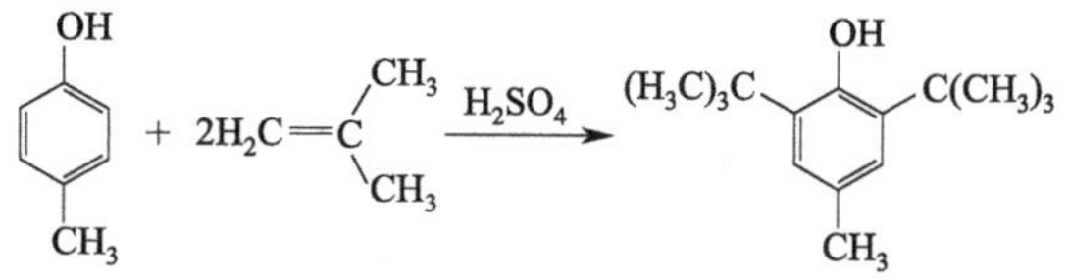

b. 抗氧剂 2246 的制备。工业生产抗氧剂 2246 时，常以对甲基苯酚和异丁烯为原料，先在酚羟基的邻位引入一个体积较大的叔丁基，之后再将该中间体与甲醛作用，在酸性条件下制备最终产品，具体反应过程如下：

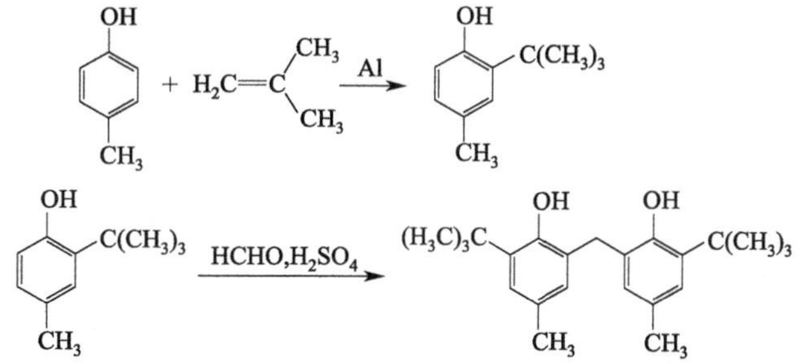

c. 抗氧剂 1010 的制备。工业生产抗氧剂 1010 时，常以苯酚和异丁烯为原料，通过烷基化反应，首先制备出 2,6-二叔丁基苯酚，之后再将该中间体与丙烯酸甲酯发生化学反应，以甲醇钠为催化剂，通过加成反应制得中间体 3,5-二叔丁基-4-羟基苯丙酸酯，最后再将 3,5-二叔丁基-4-羟基苯丙酸酯与季戊四醇作用，以甲醇钠和硫酸二甲酯为催化剂，通过酯交换反应制得最终产品，具体反应过程如下：

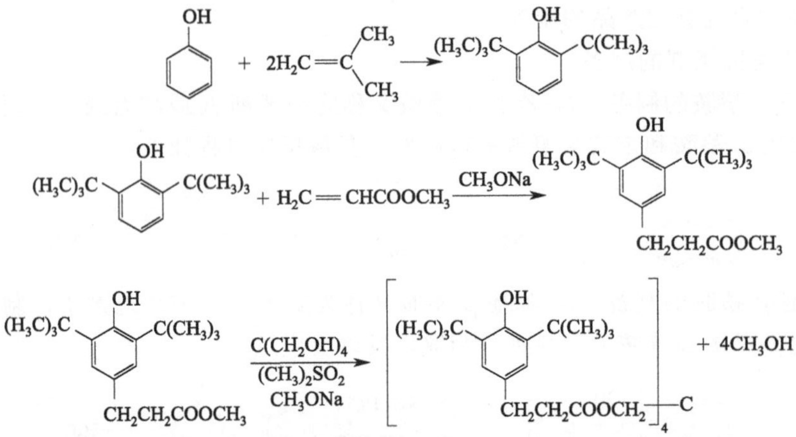

d. 抗氧剂 1076 的制备。β-(4-羟基-3,5-二叔丁基苯基)丙酸正十八碳醇酯的商品名为抗氧剂 1076，该抗氧剂是具有代表性的受阻酚类抗氧剂，工业生产时，常以苯酚和异丁烯为原料，先制备出中间体 2,6-二叔丁基苯酚，之后再将该中间体与丙烯酸甲酯发生化学反应，以甲醇钠为催化剂，制备出 β-(3,5-二叔丁基-4-羟基苯基)丙酸甲酯，最后将 β-(3,5-二叔丁基-4-羟基苯基) 丙酸甲酯与十八碳醇作用，通过酯交换反应制取最终产品，具体反应过程如下：

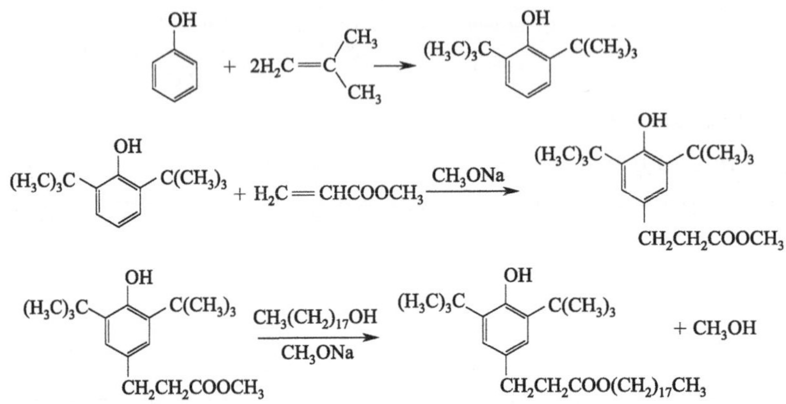

e. 抗氧剂 STA-1 的制备。1,3,5-三[β-(3,5-二叔丁基-4-羟基苯基)丙酰基]-六氢均三嗪的商品名为抗氧剂 STA-1，该抗氧剂是具有代表性的受阻酚类抗氧剂，工业生产时，常以丙烯腈和三聚甲醛为原料，以浓硫酸为催化剂进行制取，具体反应过程如下：

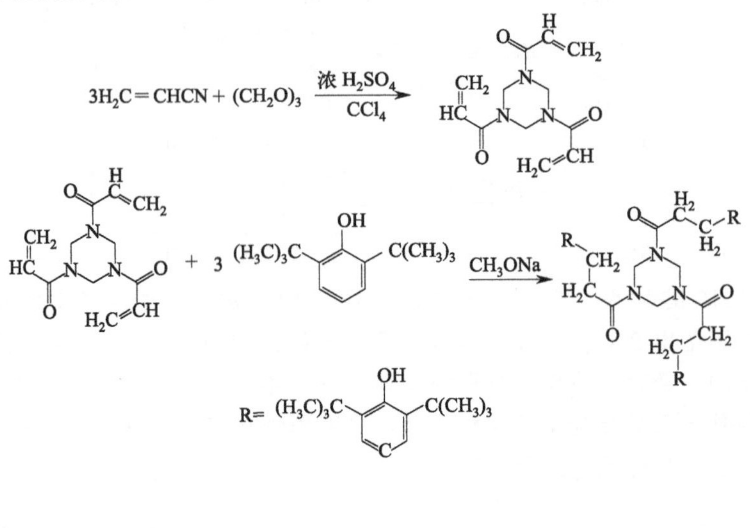

③ 主要含磷抗氧剂的制备

在常见含磷抗氧剂产品中，亚磷酸三(2,4-二叔丁基苯基)酯是比较有代表性的产品，工业生产时，常以 2，4-二叔丁基苯酚和三氯化磷为原料制取，具体反应过程如下：

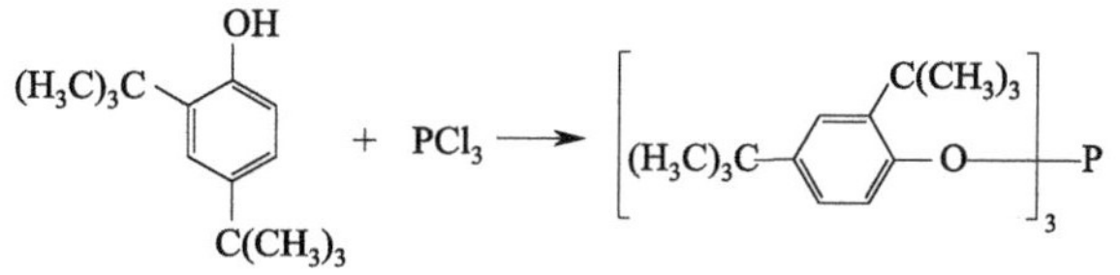

④ 主要含硫抗氧剂的制备

硫代二丙酸二月桂酯的商品名为抗氧剂 DLTP，是具有代表性的含硫抗氧剂，工业生产时，常以丙烯酸甲酯和硫化氢为原料，通过缩合反应制得硫代二丙酸二甲酯中间体，中间体经提纯后，再与月桂醇发生酯交换反应，最终制得抗氧剂 DLTP，具体反应过程如下：

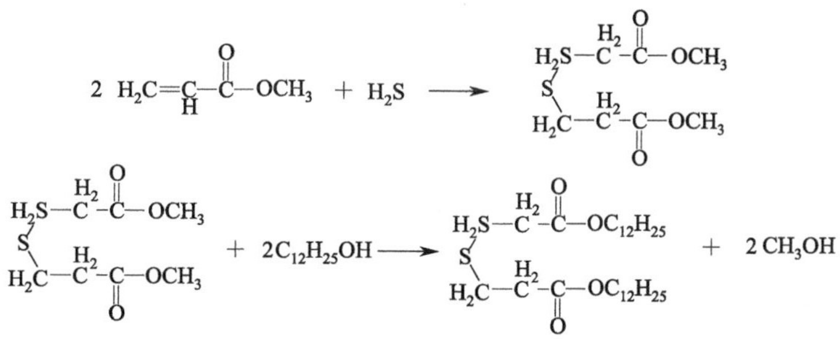

（4）主要抗静电剂产品的制备

① 主要阳离子抗静电剂的制备

a. 硬脂酸胺丙基-β-羟乙基-二甲基硝酸铵的制备。工业生产硬脂酸胺丙基-β-羟乙基-二甲基硝酸铵时，常以硬脂酸、N,N-二甲基-1,3-丙二胺、环氧乙烷、硝酸等为原料，通过多步反应制取，具体反应过程如下：

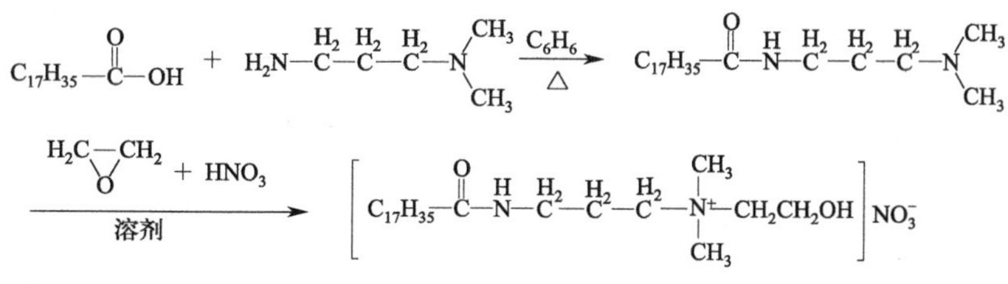

b. 咪唑啉的制备。工业生产咪唑啉类抗静电剂时，常以 1,2-亚乙基二胺及其衍生物和高级脂肪酸为原料制取，具体反应过程如下：

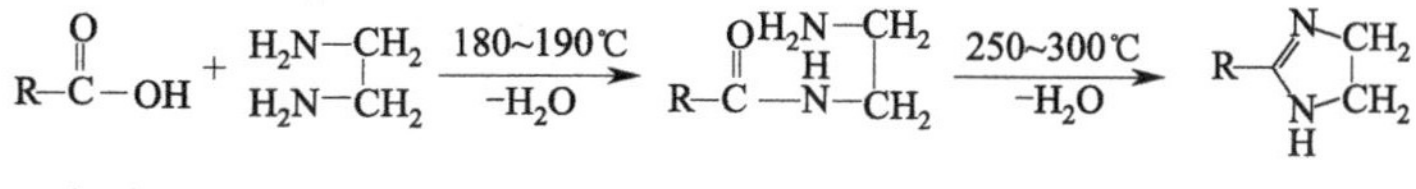

② 主要阴离子抗静电剂的制备

烷基磷酸酯二乙醇胺盐是最为常见且应用广泛的阴离子抗静电剂产品，工业生产时，常选用五氧化二磷和醇作为原料制取，具体反应过程如下：

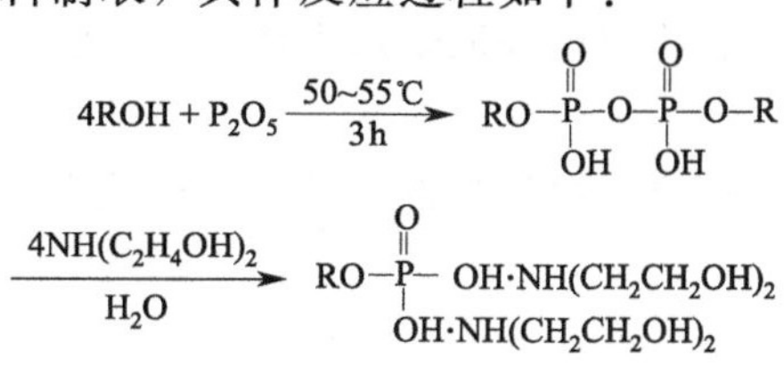

③ 主要非离子抗静电剂的制备

a. 环氧乙烷加成产物的制备。环氧乙烷加成产物是环氧乙烷与相应的脂肪醇、脂肪酸、脂肪胺、脂肪酰胺等物质反应制得的一系列加成产物，具体过程如下：

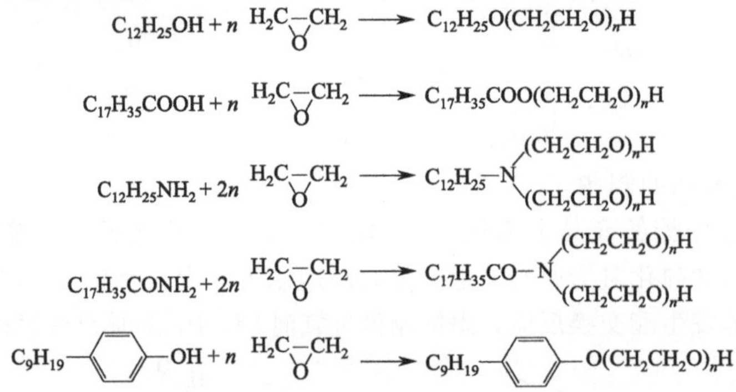

b. 季戊四醇单硬脂酸酯的制备。季戊四醇单硬脂酸酯是典型的非离子型抗静电剂，其合成方法如下：

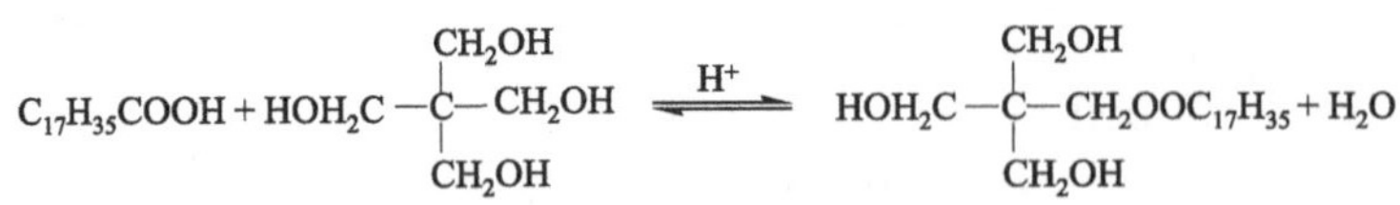

④ 主要两性离子抗静电剂的制备

a. N-羧甲基-N,N-二甲基-十二烷基铵内盐的制备。N-羧甲基-N,N-二甲基-十二烷基铵内盐是典型的两性离子抗静电剂，工业生产时，常以一氯醋酸钠和带有较长烷基链的叔胺为原料制备，具体合成方法如下：

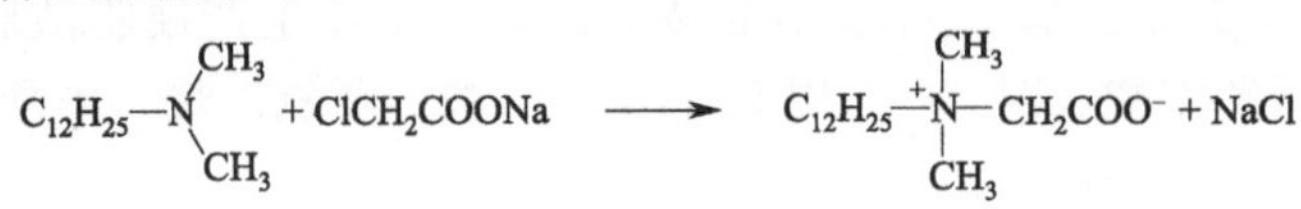

b. 两性烷基咪唑啉盐。1-羧甲基-1-β-羟乙基-2-咪唑啉盐是一种典型的两性烷基咪唑啉盐，工业生产时，常以高级脂肪酸、N-(氨基乙基)乙醇胺、一氯醋酸或一氯醋酸钠为原料进行制取，具体过程如下：

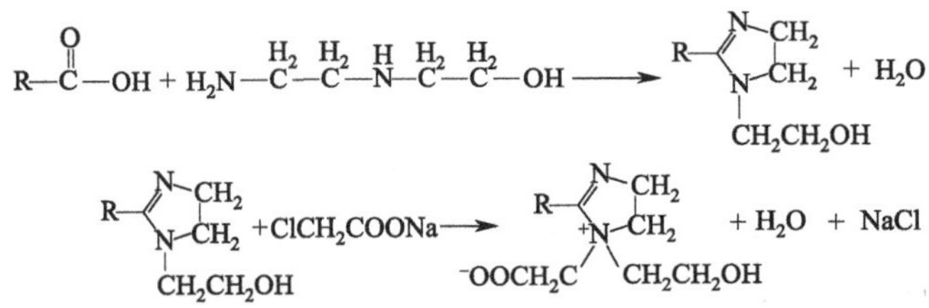

9.2.4 增塑剂

所谓的增塑剂是一种能够增加聚合物材料塑性的化学物质，增塑剂可以调节树脂在加工过程中的流动性，赋予树脂材料柔韧性。增塑剂一般不会与树脂材料发生化学反应，常用的增塑剂多为高沸点、难挥发的黏稠液体或低熔点固体。

(1) 增塑剂的分类

增塑剂的分类方式较多，可以依据相容性的差异、作用方式、分子结构、应用特征、化学结构等方式进行分类。

① 依据相容性差异分类

主增塑剂是一种能与树脂相容性良好的增塑剂，也可将这类增塑剂称为溶剂型增塑剂。这类增塑剂可以进入到树脂分子链之间的无定型区和结晶区，使用后不会喷霜或渗出，可以单独使用。

辅助增塑剂与主增塑剂正好相反，只能与主增塑剂一起配合使用，因此又称为增量剂。

② 依据作用方式分类

如果按作用方式分类，增塑剂可分为内增塑剂和外增塑剂两大类。

内增塑剂：一般情况下，内增塑剂常以第二单体的形式在聚合过程中加入，通过共聚的方式对聚合物材料进行改性。

外增塑剂：外增塑剂是一些沸点较高、难以挥发的液体或低熔点固体，外增塑剂不会与聚合物材料发生化学反应，将外增塑剂添加到聚合物材料中，它会通过升温时产生的溶胀作用与聚合物相互作用，提高聚合物材料的塑性。

③ 依据分子化学结构分类

如果按分子化学结构分类，增塑剂可分为单体型增塑剂和聚合物型增塑剂两大类。

单体型增塑剂：绝大多数的增塑剂都是单体型的，这类增塑剂绝大多数都有固定的分子量，但是个别单体型增塑剂因分子量较大且不固定，分子结构中含有多个活性基团，因此被归属为不固定的单体增塑剂。

聚合物型增塑剂：聚合物型增塑剂则是以二元酸和二元醇为原料，通过缩聚制得的聚酯类物质。

④ 依据应用特征分类

如果依据应用特征分类，增塑剂可分为通用型和特殊型两大类。

通用型增塑剂：通用型增塑剂一般是性价比合理、适用性强的增塑剂。

特殊型增塑剂：特殊型增塑剂是一种除了能够赋予聚合物材料柔韧性，起到增塑作用外，还能够赋予聚合物材料其他特殊性质的增塑剂，例如耐寒性或阻燃性等。

（2）增塑机理

增塑剂的作用机理一直存在争议，曾有研究者试图用润滑理论、凝胶理论、自由体积理论对其进行解释，相关理论的解释如下。

润滑理论：润滑理论认为，聚合物材料塑性的增加来源于增塑剂对界面产生的润滑作用。聚合物大分子之间具有相互作用力，加入增塑剂后，增塑剂会渗透到分子之间，促使大分子之间或链段之间发生运动，起到润滑的效果，即使聚合物分子结构中部分缔结成凝胶网状时，增塑剂仍然能够保持良好的润滑效果，进而使聚合物分子间的摩擦力降低。

该理论可以解释聚合物中添加增塑剂后黏度降低、流动性增强、便于加工成型且增塑剂不与聚合物材料发生化学反应，但仅仅依靠润滑理论尚不能完全解释增塑剂的复杂作用过程，如反增塑效应，并且该理论与塑料的润滑作用原理很容易混淆。

凝胶理论：增塑过程是增塑剂在聚合物相互连接处发生类似溶剂化过程，拆散或物理阻断这些连接点，并将聚合物聚拢在一起的作用力中心遮蔽起来，防止大分子间的聚集，起到增塑作用。这一理论适用于增塑剂用量大的极性聚合物的增塑过程。而对于非极性聚合物的增塑，由于大分子间的作用力较小，认为增塑剂的加入，可以减少聚合物连接点的数目。

自由体积理论：自由体积理论认为，将增塑剂添加到聚合物中可以增大聚合物本身的自由体积，因为当聚合物的玻璃化温度不变时，其自由体积是一个定值，增塑剂增大自由体积就意味着在同等条件下聚合物分子间的距离增大。换个角度分析发现，添加增塑剂后，如果保持聚合物的自由体积与未添加增塑剂之前的自由体积一致，则聚合物的玻璃化温度会下降，其黏度也随之下降，所以塑性增大。但这一理论不能解释在增塑剂加入量较低时发生的反增塑现象等。

以上三种理论从各自角度分别解释了增塑原理，但每个理论都有自身的局限性。目前普遍认为在聚合物中添加增塑剂后，增塑剂分子会插入到聚合物分子链之间，进而削弱聚合物分子链之间的范德华力，增加了分子链之间的相对移动性，降低聚合物分子链的结晶度，增加了聚合物的塑性。外在表现为聚合物的玻璃化温度、软化温度、硬度等指标下降，柔韧性和伸长率等指标提高。

（3）增塑剂的性能要求

理想化的增塑剂应满足如下要求。

良好的相容性：增塑剂应具有与树脂良好的相容性，如果相容性较差，添加增塑剂时超出的部分就会渗出，这样的增塑剂不能单独使用，人们把这种增塑剂称为辅助增塑剂，目前辅助增塑剂只能与主增塑剂配合使用。主增塑剂是一类与树脂相容性良好的物质，这类增塑剂可以单独使用并大量添加到聚合物中。增塑剂与树脂的相容性与两者的极性和结构密切相关。一般，极性相近且结构相似的增塑剂与被增塑树脂相容性好。例如，对于醋酸纤维素、硝酸纤维素、聚酰胺等强极性树脂，DMP、DEP、DBP 等作主增塑剂使用时相容性较好；相反，在聚丙烯、聚丁二烯、聚异丁烯和丁苯橡胶塑化中，非极性及弱极性增塑剂常被选用。

塑化效率高：所谓的塑化效率是指当聚合物达到某一特定柔软程度时增塑剂的用量，塑化效率是一个相对值，在实际应用时，常以玻璃化温度的降低和模量的下降来表示。增塑效率与增塑剂的分子量、化学结构密切相关。例如，对于 PVC 的增塑而言，与高分子量增塑剂相比，低分子量的增塑剂的增塑效率更高。而随着增塑剂分子极性增加，烷基支链化程度提高和芳环结构增多，都会使增塑效率明显下降。

低挥发性：一般情况下，增塑剂在聚合物加热成型过程中或使用和贮存过程中会缓慢挥发，这会使聚合物的塑性下降，所以增塑剂应具备低挥发性，挥发性越低越好。

耐老化性强：所谓的耐老化性指的是物质对光、氧、热等外界因素的耐受力，在聚合物材料的生产加工过程中，由于增塑剂的添加量较大，所以增塑剂自身的耐老化性在一定程度上会直接影响到材料的耐老化性，因此增塑剂的耐老化性必须好。

耐久性好：增塑剂添加到聚合物材料中，必须能够长期保存在聚合物内部，不能因为迁移、抽出、挥发等原因引起增塑剂的损失，进而引起聚合物老化。

阻燃性强：聚合物材料的应用领域多为与生产生活较为密切的环境，因此聚合物应具备阻燃性，增塑剂在聚合物材料中所占比重较大，因此其自身是否具有难燃性会直接影响聚合物材料的质量。常见增塑剂中，氯化石蜡、氯化脂肪酸酯和氯化磷酸酯类增塑剂都具有一定的阻燃性。

电绝缘性好：聚合物材料常用于生产电线或电缆外层的绝缘外皮，因此需具备良好的电绝缘性。当添加绝缘性较差的增塑剂时，聚合物的电绝缘性会随着增塑剂的逐渐添加而降低，所以为了保证聚合物材料的质量，增塑剂的电绝缘性要好。

耐菌性强：常见聚合物产品，例如农用薄膜、电缆、电线等材料，使用环境条件恶劣，经常会接触自然界的各类细菌微生物，生物腐蚀对聚合物材料的质量影响很大，因此增塑剂应具备良好的耐菌性。

此外，增塑剂还应具有无色、无味、无毒、黏度稳定、耐化学药品、耐污染、价格低廉等特点，这样才能满足聚合物材料生产的要求。但是从实际出发，这样十全十美的增塑剂是不存在的，在实际生产环节应该抓住聚合物材料应用时需解决的主要问题，添加增塑剂时可添加两种或两种以上的增塑剂，进而完善聚合物材料的功能。

（4）增塑剂的主要产品种类

目前，常用于聚合物材料生产所使用的增塑剂有邻苯二甲酸酯类、脂肪族二元酸酯类、磷酸酯类、环氧化合物类、聚酯类、含氯类、苯多酸酯类等。

① 邻苯二甲酸酯类增塑剂

在工业增塑剂的各类产品中，邻苯二甲酸酯类增塑剂是最为重要的品种，此类增塑剂的年销售量占增塑剂总销售量的 80%以上。这类增塑剂与 PVC 的相容性良好，自身化学性质稳定，而且生产原料易得，工艺简单，成本较低，因此是增塑剂工业中大规模批量生产的重要品种，应用时，邻苯二甲酸酯类增塑剂主要作为主增塑剂使用。

邻苯二甲酸二辛酯（DOP）是邻苯二甲酸酯类增塑剂中最为常用的产品。DOP 的性状为无色透明油状液体，常用于食品包装材料、薄膜、电缆等商品的生产。

邻苯二甲酸二丁酯（DBP）也具有良好的塑化效果，但其挥发性较大，耐久性差，所以在 PVC 工业中逐渐被淘汰，目前 DBP 可在乳胶漆和黏合剂产品中作为增塑剂使用。

邻苯二甲酸二甲酯和邻苯二甲酸二乙酯主要作为硝酸纤维素和醋酸纤维素类树脂的增塑剂使用。邻苯二甲酸二异癸酯（DIDP）和邻苯二甲酸二（十三）酯（DTDP）是具有较长支链的高级醇酯，这类物质具有良好的电绝缘性、耐热性、耐水抽出性，而且迁移性小、挥发性差，作为高温电缆电线绝缘外皮所需增塑剂使用。

② 脂肪族二元酸酯类增塑剂

常见脂肪族二元酸酯类增塑剂主要是长链双羧酸一元醇酯，例如己二酸一元醇酯、壬二酸一元醇酯、癸二酸一元醇酯等。虽然脂肪族二元酸酯类增塑剂与聚氯乙烯（PVC）的相容性较差，但这类增塑剂的低温性能好，所以常作为耐寒性辅助增塑剂使用。

常见产品有己二酸二（2-乙基己基）酯（DOA）、癸二酸二（2-乙基己基）酯（DOS）、癸二酸二丁酯（DBS）、己二酸二异癸酯（DIDA）等，这些增塑剂特点迥异：

a. DOA 的分子量较小，因此其挥发性较强，耐水性较差。

b. DIDA 与 DOS 的分子量相同，耐寒性也与之相当（但略低于 DOS），但 DIDA 的挥发性小，耐水、耐油性较好。

c. 在这些常见品种中，DOS 的耐寒性是最好的，但成本也是最高的。

③ 磷酸酯类增塑剂

磷酸酯又称为正磷酸酯，是磷酸的酯类衍生物。磷酸属于三元酸，所以可根据取代基的数目将磷酸酯分为磷酸一酯（伯磷酸酯）、磷酸二酯（仲磷酸酯）、磷酸三酯（叔磷酸酯）三类。磷酸酯的化学结构如下：

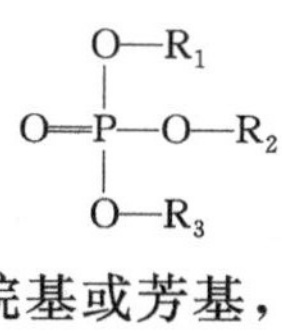

其中，R_1，R_2，R_3 为烷基、卤代烷基或芳基，可以相同或不同。

磷酸酯类增塑剂的特点如下。

a. 磷酸酯与纤维素、聚乙烯、聚氯乙烯、聚苯乙烯等多种聚合物树脂材料以及合成橡胶类材料都有良好的相容性，可作为主增塑剂使用。

b. 抗菌性和阻燃性强。

c. 抗抽出性好、挥发性低。

d. 耐寒性差。

e. 成本高。

f. 毒性大。

受毒性影响，在诸多磷酸酯类增塑剂产品中，磷酸二苯异辛酯是唯一一种可用于生产食品包装材料的磷酸酯类增塑剂，而磷酸三甲苯酯（TCP）则因毒性太强，不能作为与食品包装相关任何材料的增塑剂使用。虽然 TCP 的毒性较强，但该增塑剂的产量在磷酸酯类增塑剂中最大，是应用最广的磷酸酯类增塑剂。

④ 环氧化合物类增塑剂

在工业生产环节，常选用不饱和酯为原料，通过与过氧酸发生氧化作用来制备环氧化合物类增塑剂，目前常见环氧化合物类增塑剂主要有环氧四氢邻苯二甲酸酯、环氧脂肪酸单酯、环氧化油等。

环氧四氢邻苯二甲酸酯是环氧化合物类增塑剂中最好的产品系列，这类增塑剂既具有环氧增塑剂良好的耐热性和耐候性等特点，又具有邻苯二甲酸酯全面的性能，再加上与聚合物材料之间良好的相容性，所以环氧四氢邻苯二甲酸酯增塑剂常作为主增塑剂使用。此类增塑剂中较为常用的是环氧四氢邻苯二甲酸二异癸酯和环氧四氢邻苯二甲酸二辛酯。

环氧化油系列增塑剂产品中，环氧化大豆油是产量最大的品种，其总产量约占环氧增塑剂总产量的 70%，其次是亚麻仁油、玉米油、棉籽油、菜籽油和花生油等。环氧化油具有良好的耐候性和耐热性，产品迁移性小，挥发性差，与 PVC 等聚合物材料之间具有良好的相容性，而且无毒无害，因此这类增塑剂主要用于耐热电线、农业薄膜、食品包装材料等。

环氧脂肪酸单酯主要品种有环氧大豆油酸丁酯、环氧糠油酸丁酯、环氧妥尔油酸辛酯、环氧硬脂酸丁酯、环氧硬脂酸辛酯等。环氧脂肪酸单酯大都是浅黄色透明液体，低温性能较好，可做耐寒增塑剂使用，但迁移性较大。

⑤ 聚酯增塑剂

聚酯增塑剂是以二元酸和二元醇为原料，通过缩聚的方法制成的聚合型增塑剂产品，常用二元酸有苯二甲酸、癸二酸、己二酸等，常用二元醇有乙二醇、1,4-丁二醇、1,3-丁二醇、1,3-丙二醇等。生产过程中，有时为了稳定增塑剂的分子量，在进行端基封闭改性时还需添加少量一元酸或一元醇。聚酯增塑剂的品种繁多，重要的代表性品种为己二酸丙二醇类聚酯，其分子量在 3000～3500；其次为壬二酸类和癸二酸类聚酯。

聚酯增塑剂具有如下特点。

a. 与聚氯乙烯（PVC）的相容性以及塑化效率较差。

b. 耐久性好，难迁移、难抽出、挥发性差。

c. 电绝缘性好。

d. 无毒或低毒。

聚酯增塑剂目前主要作为电线、电缆、冰箱内饰件、汽车内饰件等材料的增塑剂使用，现阶段对聚酯增塑剂的研究是尽力解决耐久性与加工性、低温性之间的矛盾，研制出具有较低黏度和较好低温性能的聚酯增塑剂。

⑥ 含氯增塑剂

目前，常见含氯增塑剂主要为氯化石蜡和氯化脂肪酸酯等，在实际应用时，这类增塑剂主要作为辅助增塑剂使用，相关产品的优缺点也是非常明显的。例如，电绝缘性和阻燃性好，成本低，与聚氯乙烯（PVC）的相容性较差，热稳定性较差等。

在工业生产环节，常以 C_{20}～C_{25}、熔点为 55℃左右的精蜡或 C_{10}～C_{18} 的液体石蜡以及氯气为原料来生产氯化石蜡。氯化石蜡产品中的氯含量在 35%～70%之间，氯含量为 70%的氯化石蜡可以作为阻燃剂使用，氯含量在 40%～50%之间的氯化石蜡适合作为 PVC 的增塑剂。各类氯化石蜡产品中，氯烃-50 是应用较为广泛的品种之一，氯烃-50 是以液体石蜡为原料制备的含氯量为 50%的氯化石蜡。

氯化脂肪酸酯的分子结构中含有酯基，因此与 PVC 的相容性要好于氯化石蜡。目前，具有代表性的氯化脂肪酸酯增塑剂主要有三氯硬脂酸甲酯和五氯硬脂酸甲酯。工业生产时，常以硬脂酸和甲醇为原料，通过氯化反应先将硬脂酸氯化，之后再使其与甲醇发生酯化反应，最终获得产品。氯化脂肪酸酯增塑剂常用于电线和电缆材料的生产。

⑦ 苯多酸酯增塑剂

苯多酸酯是以偏苯三甲酸酐或均苯四甲酸酐以及醇类物质为原料，通过硫酸的催化作用，利用酯化的方法制备而成的增塑剂，其产品主要包括偏苯三甲酸酯和均苯四甲酸酯，此类增塑剂用于电线和电缆材料的生产，相关产品优点如下。

a. 耐久性好，难抽出，难迁移，挥发性差。

b. 相容性好，易于加工。

c. 低温性能好。

d. 耐热性好。

(5) 增塑剂的选用

在实际工业生产环节，选用增塑剂时需要注意如下几点。

① 依据产品软硬程度要求选用增塑剂。

聚合物材料的软硬度要求不同，增塑剂的添加量也不同。以 PVC 制品为例，硬质 PVC 材料中需添加 0～5 份增塑剂，半硬 PVC 制品材料中需添加 6～25 份增塑剂，软质 PVC 材料中需添加 26～60 份增塑剂，糊制品的增塑剂添加量为 60～100 份。

② 依据产品的使用及性能要求选用

a. 耐寒制品一般选用脂肪族二元酸酯类与主增塑剂一起加入，其中癸二酸二（2-乙基己基）酯耐寒效果最好。

b. 要求无毒的制品一般不选磷酸酯类（磷酸二苯异辛酯除外）及氯化石蜡类。要求无毒标准十分严格时，一般需选环氧类和柠檬酸酯类增塑剂。

c. 农用制品一般不选邻苯二甲酸二丁酯，它们会对农作物产生毒害作用。

d. 耐高温制品一般需选用耐热增塑剂品种，常用的有磷酸三甲苯酯、邻苯二甲酸二异癸酯、邻苯二甲酸二壬酯、聚酯类及季戊四醇类等。

e. 阻燃制品一般需选用磷酸酯类和氯化石蜡增塑剂，以提高其阻燃性。

f. 要求降低成本时，可选用氯化石蜡等价廉增塑剂。

③ 依据主、辅增塑剂之间的协同作用选用

a. 主增塑剂往往为一些与 PVC 相容性好，增塑效率高，可大量加入而不析出的增塑剂。常用的主增塑剂为邻苯二甲酸酯类和磷酸酯类，典型代表有邻苯二甲酸二辛酯、邻苯二甲酸二丁酯、邻苯二甲酸二异癸酯、磷酸三甲苯酯及磷酸二苯异辛酯等。此外，在一些特殊应用领域，偏苯三酸三辛酯、环氧四氢邻苯二甲酸二辛酯等也可用作主增塑剂。主增塑剂既可单独使用，也可同辅助增塑剂协同加入。一个 PVC 配方中也往往选择几种主增塑剂并用，优势互补。

b. 辅助增塑剂为一些与PVC相容性差，加入量受到限制，加入量太大易于析出的增塑剂。它一般不单独使用，需要同主增塑剂一起加入才可达到增塑目的。辅助增塑剂往往具有自己独有的特点，如耐寒性、耐热性等。

9.2.5 阻燃剂

所谓的阻燃剂是一种能够提高聚合物材料难燃性的助剂。聚合物材料发展过程中，除了开发自身具有阻燃特点的聚合物材料以外，生产时添加一定剂量的阻燃剂可以改善聚合物材料阻燃性能。绝大多数的聚合物材料都是可燃的，当这些聚合物材料中含有阻燃剂时，一旦聚合物材料被明火点燃，阻燃剂会使聚合物材料的燃烧速度变慢，降低聚合物材料的可燃性。如果聚合物材料离开火源后，材料自身的火焰会迅速自发地熄灭。需要特殊说明的是，阻燃剂只能降低火灾危险，但不能消除火灾危险，含有阻燃剂的聚合物材料在大火中依然会剧烈燃烧。

阻燃剂可以按照起到阻燃作用的元素分类，也可以按大类区分。如果按大类区分，则可分为反应型阻燃剂和添加型阻燃剂两大类。如果按阻燃作用的元素分类，则可分为磷系阻燃剂、卤素系阻燃剂、金属氧化物阻燃剂等。按照使用方法分类，可以分为添加型阻燃剂和反应型阻燃剂。添加型阻燃剂只是与聚合物材料进行了简单的物理混合，使用时工艺简单、便捷，因此是一种广泛采用的阻燃剂品种。反应型阻燃剂与聚合物分子之间存在化学键的结合，添加过程中参与聚合物材料本身的化学反应，所以使用时工艺复杂，但这类阻燃剂的阻燃效果要更加持久，而且阻燃剂本身对聚合物材料的性质影响较小，阻燃剂可以在聚合物中长期稳定存在。

（1）聚合物的燃烧

聚合物的燃烧是一个极其复杂的物理和化学过程，聚合物从吸热分解开始一直到剧烈的燃烧过程包含一系列物理和化学变化。当外部热源对聚合物进行作用时，聚合物会首先因为受热而发生降解，降解后的产物为可燃性气体以及其他热分解产物。随着外部热源对聚合物热作用时间的延续，聚合物分解出的可燃性气体浓度会逐渐增大，当浓度达到临界值后，聚合物便会开始燃烧。进入到燃烧状态后，聚合物会继续分解出可燃性气体，气体由聚合物内部传递到外部后，开始参与燃烧，燃烧生成的热量会传递到聚合物内部，使聚合物持续释放可燃性气体，至此，燃烧循环形成。

不同材料燃烧的程度各不相同，这是因为不同材料在热分解后产生的热分解产物不同，不同的热分解产物会直接影响燃烧循环。聚合物中助剂成分不同，燃烧程度也不同，添加增塑剂往往会使材料变得容易燃烧，添加阻燃剂会使材料的燃烧性降低。在实际应用中，聚合物的燃烧性可以用氧指数和燃烧速度来表示。

所谓的氧指数是指聚合物试样像蜡烛状持续燃烧时，在氮-氧混合气流中必须具备的最低氧含量，以氧所占的体积百分数来表示。

燃烧是需要氧气的支持的，通过公式发现，氧指数其实就是氧气在混合气体中所占的比例，氧气占比越大，氧指数就越高。由此不难发现，氧指数越高，则聚合物越难燃烧。一般，氧指数大于27%的物质为阻燃物质。

所谓的燃烧速度指的是聚合物试样在单位时间内燃烧的长度。在实际检测过程中，聚合物的燃烧速度可通过垂直燃烧法和水平燃烧法来测定。

（2）阻燃机理

燃烧既是物理现象，也是化学现象，燃烧过程产生的火焰也并非都是高温等离子态，低温条件下也可以产生火焰，由此可见，燃烧是一个非常复杂的过程。燃烧必备的三要素是可燃物、氧、热，阻燃剂如果想发挥作用，必须通过物理和化学途径切断燃烧循环。不同阻燃剂的作用各不相同，同一种阻燃剂在不同聚合物材料中的阻燃机理也会存在一定差别。总的来说，阻燃剂可以在燃烧发生后的某个或多个阶段对燃烧进行抑制，最好是能够将燃烧抑制在萌芽状态，切断燃烧必须的要素来源或终止燃烧的连锁反应，消除生成的自由基或直接抑制自由基的形成。阻燃剂的主要阻燃机理有多种，主要包括终止连锁反应机理、不燃气体机理、冷却机理、保护膜机理等，其主要的影响因素可以归纳为以下几个方面。

① 抑制或消除自由基

从化学角度分析发现，燃烧机理属于自由基反应机理，聚合物材料在燃烧过程中会分解为烃类物质，烃类物质在高温条件下会进一步分解并形成自由基（·OH），·OH 的能量较高，可以使燃烧持续进行，因此，如果阻断了·OH 的形成或消除了生成的·OH，燃烧就会停止。卤素系阻燃剂就是利用了这一点，当阻燃剂受到高温的作用后会释放出卤化氢（HX），卤化氢会与聚合物燃烧时形成的·OH 发生作用并形成·X，·X 的能量较低，不会参与燃烧过程，但它可以与烃类作用生成 HX，HX 便会持续与·OH 发生作用，进而消除了·OH，阻断了燃烧的连锁反应。燃烧过程与自然过程循环如下。

a. 燃烧过程循环

$$\mathrm{RH} \longrightarrow \mathrm{R}\cdot + \mathrm{H}\cdot$$

$$\mathrm{H}\cdot + \mathrm{O_2} \longrightarrow \mathrm{HO}\cdot + \mathrm{O}\cdot$$

$$\mathrm{O}\cdot + \mathrm{H_2} \longrightarrow \mathrm{HO}\cdot + \mathrm{H}\cdot$$

$$\mathrm{RH} + \mathrm{HO}\cdot \longrightarrow \mathrm{R}\cdot + \mathrm{H_2O}$$

$$\mathrm{RH} + \mathrm{O}\cdot \longrightarrow \mathrm{R}\cdot + \mathrm{HO}\cdot$$

$$\mathrm{R}\cdot + \mathrm{O_2} \longrightarrow \mathrm{R_1CHO} + \mathrm{HO}\cdot$$

$$\mathrm{R_1CHO} + \mathrm{HO}\cdot \longrightarrow \mathrm{CO} + \mathrm{H_2O} + \mathrm{R_1}\cdot$$

$$\mathrm{CO} + \mathrm{HO}\cdot \longrightarrow \mathrm{CO_2} + \mathrm{H}\cdot$$

b. 阻燃过程循环

$$\mathrm{HO}\cdot + \mathrm{HX} \longrightarrow \mathrm{X}\cdot + \mathrm{H_2O}$$

$$\mathrm{X}\cdot + \mathrm{RH} \longrightarrow \mathrm{HX} + \mathrm{R}\cdot$$

② 聚合物热分解模式转换

某些阻燃剂可以改变聚合物材料热分解的模式，使聚合物在受热分解时跳过生成可燃性气体的阶段，直接分解为碳，这样便阻断了燃烧条件，进而起到了阻燃的作用。例如纤维素经重金属盐或磷酸盐的水溶液浸渍后再经干燥处理，这样的材料难以燃烧，外界火源或高温条件下加热后，材料只会碳化。

③ 切断氧的来源

氧是聚合物燃烧时必备的条件之一，某些阻燃剂在受热后可以释放不支持燃烧的惰性气体或者在聚合物表面形成不支持燃烧的保护膜，切断了聚合物与空气中氧的接触并抑制了可燃性气体的外溢，进而起到了阻燃的作用。例如卤化鏻阻燃剂受热后会分解为膦和烷基卤化物，膦是一种极易被氧化成氧化物的物质，膦氧化物又会继续形成聚磷酸盐玻璃体，最终形成能够隔绝空气的保护膜附着在聚合物表面，起到阻燃作用。

④ 吸收燃烧热

某些阻燃剂受热分解时会吸收大量的热量，降低聚合物的受热程度，使聚合物升温困难，进而起到了阻燃的作用。例如 $Al(OH)_3$ 被加热后，其自身会发生分解反应，该反应为吸热反应。正是因为大量的热被 $Al(OH)_3$ 吸收，聚合物的温度自然会降低，进而减缓了聚合物的分解、蒸发和燃烧。

⑤ 稀释可燃气体

某些阻燃剂受热后会分解出大量难以燃烧的惰性气体，这些惰性气体会与可燃气体混合，使可燃气体浓度降低至无法继续燃烧的浓度，进而起到了阻燃的作用。例如，$Al(OH)_3$ 被加热后发生分解反应时会有水生成，水在高温下，吸热转化为水蒸气，水蒸气不支持燃烧且能冲淡可燃性气体浓度，起到阻燃效果。又如，卤系阻燃剂受热分解后会生成大量的惰性气体，起到阻燃作用。

⑥ 自由基引发剂产生的协同作用

某些种类不同的阻燃剂一起使用时会产生协同作用，其中一种阻燃剂作为自由基引发剂，加快了卤素类阻燃剂·X 自由基的生成速率，增强了阻燃剂的阻燃效果。例如，卤系阻燃剂与 Sb_2O_3 之间有协同作用，$Al(OH)_3$ 和 $Mg(OH)_2$ 之间有协同作用。

（3）阻燃剂的主要品种

按使用方法和加工工艺可将阻燃剂分为反应型阻燃剂和添加型阻燃剂两大类。添加型阻燃剂是在聚合物成型加工时直接添加的阻燃剂，这类阻燃剂只是与聚合物材料进行简单的物理混合，以添加的方式赋予聚合物材料难燃性；反应型阻燃剂是通过化学的方法，使具有阻燃性的单体与聚合物单体一起共聚，赋予聚合物材料难燃性。常见添加型阻燃剂和反应型阻燃剂的产品种类如下。

① 添加型阻燃剂

添加型阻燃剂可依据化学组成分为有机卤化物阻燃剂、磷系阻燃剂、氯系阻燃剂、有机硅系列阻燃剂、无机阻燃剂等。

a. 有机卤化物阻燃剂。有机卤化物阻燃剂的阻燃过程涉及多个反应机理：在阻燃过程中，阻燃剂分解产生不燃的卤化氢气体，它可以降低燃烧区域的氧浓度，并稀释可燃气体，同时由于卤化氢相对密度比空气大，可替代空气形成保护层；阻燃剂分解产生不燃的卤化氢（HX），可以捕获高活性的 HO·，并生成 X·和 H_2O，同时 X·与聚合物分子反应生成 HX，又可以捕获 HO·，如此往复，即可以使 HO·连锁反应切断；含卤酸类能促进聚烯烃在燃烧时固体碳的形成，起到一定的阻燃作用。因此，含卤阻燃剂是一类重要的阻燃剂。卤素的阻燃效果为 I>Br>Cl>F。C—F 键很稳定，难分解，阻燃效果差；碘化物的热稳定性差，工业上一般常用溴化物和氯化物。卤代烃类化合物中烃类阻燃效能顺序为：脂肪族>脂环族>芳香族。但脂肪族卤化物热稳定差，加工温度不能超过 205℃，芳香族卤化物热稳定性较好，加工温度可以高达 315℃。

b. 氯系阻燃剂。氯系阻燃剂较为重要的产品包括氯化石蜡、氯化聚乙烯、全氯戊环癸烷等，其中氯化石蜡是产量最大、应用最为广泛的氯系阻燃剂产品，氯含量一般为 70%。我国生产氯蜡-70 时，通常选用氯蜡-42 作为原料，通过直接氯化的方式进行生产，反应液经水洗、中和、脱酸、蒸馏（水蒸气蒸馏）、固化、真空干燥、粉碎等工艺操作后即可得到成品。氯化石蜡价格低廉，性质稳定，可作为聚乙烯、聚苯乙烯、聚酯以及合成橡胶等多种聚合物材料的阻燃剂，也可作为木材、布类等产品的防火或防水处理剂。

在涂料生产中，氯化石蜡可作为防火涂料的添加剂使用，印刷油墨生产中，氯化石蜡可作为调和剂使用。

氯化聚乙烯是一种聚合型阻燃剂，本身属于聚合物材料，所以添加到其他聚合物材料中不会降低材料的机械性能，而且氯化聚乙烯本身性质稳定，耐久性好，且无毒无害。

全氯戊环癸烷是一种性质稳定、无毒无害的氯系阻燃剂，该产品多用于聚乙烯、聚苯乙烯、聚丙烯及ABS树脂中。

c. 溴系阻燃剂

溴系阻燃剂的常见产品包括芳香族溴化物阻燃剂、脂肪族溴化物阻燃剂、脂环族溴化物阻燃剂。溴系阻燃剂的阻燃效果是氯系阻燃剂的2～4倍，所以在使用时可以适当减少添加量，因此这类阻燃剂对聚合物材料综合性能的影响更小。脂肪族溴系阻燃剂因稳定性较差而应用受限，芳香族溴系阻燃剂的稳定性要好于脂肪族溴系阻燃剂，其应用范围更广。常见产品包括六溴环十二烷、溴代苯类阻燃剂、十溴二苯醚、四溴双酚A双（2,3-二溴丙基醚）等。

六溴环十二烷常用于聚丙烯纤维、聚苯乙烯泡沫塑料、丙烯腈纤维等产品的阻燃。系列溴代苯类阻燃剂产品中，六溴苯的稳定性好，毒性低，适合用于聚乙烯、聚苯乙烯、聚丙烯、聚酯、环氧树脂、ABS树脂等材料的阻燃。十溴二苯醚的分子结构中含有十个溴原子，是含溴量较高、阻燃性较好的溴系阻燃剂产品，但该产品稳定性一般，耐候性差，使用后会出现聚合物材料泛黄的情况。四溴双酚A双（2,3-二溴丙基醚）为白色至淡黄色粉末，用于聚丙烯、聚苯乙烯、ABS树脂及聚氯乙烯中。

d. 磷系阻燃剂

常见磷系阻燃剂主要包括磷酸酯阻燃剂、膦酸酯阻燃剂、含卤磷酸酯阻燃剂三大类。

磷酸酯阻燃剂中，当属磷酸三甲苯酯最为重要，该阻燃剂主要用于聚氯乙烯的阻燃，此外，磷酸三甲苯酯也可用于聚氨酯、ABS树脂、聚醋酸乙烯等聚合物材料的阻燃。脂肪族磷酸酯阻燃剂中最重要的是磷酸三辛酯，该阻燃剂主要用于纤维素聚合物和聚乙烯树脂类材料的阻燃。

磷酸酯不同于膦酸酯，其分子结构如下：

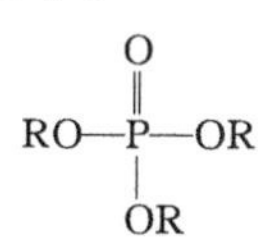

由于含卤磷酸酯阻燃剂的分子结构中同时含有磷和卤素，二者具有良好的协同作用，所以该系列阻燃剂的阻燃效果非常好。常见含卤磷酸酯阻燃剂主要品种有磷酸三（β-氯乙基）酯、磷酸三（2,3-二氯丙基）酯、磷酸三（2,3-二溴丙基）酯等。

磷酸三（β-氯乙基）酯广泛用于聚氨酯、环氧树脂、聚酯、氯乙烯树脂、纤维素等聚合物材料的阻燃，该阻燃剂分子中的氯元素含量占37%，磷元素含量占10.8%，使用时添加剂量一般为5～10份，由于该产品具有较高的挥发性，所以阻燃持久性较差。磷酸三（2,3-二氯丙基）酯的用途类似于磷酸三（β-氯乙基）酯，该产品挥发性差，阻燃持久性好。磷酸三（2,3-二溴丙基）酯的热稳定性较差，受热后容易使聚合物材料泛黄。该产品主要用于聚氨酯、聚酯、人造纤维、合成纤维、聚氯乙烯树脂等材料的阻燃。

e. 无机阻燃剂

与有机阻燃剂相比，无机阻燃剂的阻燃效果要差一些，但这些无机阻燃剂大多都具备消烟效果，所以在阻燃剂系列产品中同样占有重要的地位。常见无机阻燃剂包括铝或镁的氢氧化物、硼酸锌、三氧化二锑、红磷等。

氢氧化铝广泛用于热固性树脂（环氧树脂和聚酯等）以及热塑性树脂（聚乙烯、聚氯乙烯、聚苯乙烯、乙烯-醋酸乙烯共聚物等）的阻燃。该产品优点是同时具有阻燃剂、消烟剂、填充剂三种助剂的功能，且价格便宜、来源广泛、阻燃时无有害气体生成；缺点是阻燃能力一般，单独使用需要添加的剂量很大，对树脂的机械性能有较大负面影响。

氢氧化镁也是一种同时具有阻燃功能和消烟功能的无机阻燃剂产品，其分解温度高达300～350 ℃，适合用于加工温度较高的树脂。

三氧化二锑的阻燃效果也很一般，但与卤系阻燃剂一起使用时会有协同作用，阻燃效果增加。

硼酸锌又称为水合硼酸锌，具有阻燃和消烟两种功能，常作为三氧化二锑的替代品使用，但效果比三氧化二锑差。硼酸锌最大特点是对材料的透明度和电绝缘性都没有明显影响，可做主阻燃剂使用。硼酸锌的缺点是热分解温度低，使用后容易使材料产生气泡。

红磷的阻燃效果非常好，具有持久性强、效率高、稳定性好、挥发性差等优点。红磷阻燃时会生产偏磷酸及其盐类，生成的物质具有较强脱水性，可以使树脂表面通过碳化的方式形成保护膜，起到隔绝氧气和热量的作用。但红磷未经处理直接用于树脂阻燃时会影响聚合物材料的机械性能，红磷与聚合物材料的相容性较差，阻燃能力不能有效发挥。红磷有毒，在空气中容易着火，稀释水解，释放有毒气体磷化氢，对环境和人体健康影响很大，所以很少使用，使用时需经特殊处理。

② 反应型阻燃剂

与添加型阻燃剂相比，反应型阻燃剂的结构中含有反应性官能团。这类阻燃剂以单体的形式参与聚合物材料的合成，通过化学反应成为聚合物材料中的一部分，进而赋予聚合物材料难燃性特点。反应型阻燃剂的种类较少，应用面较窄，但对材料的综合性能影响小，阻燃持久性好。因价格较高，所以在实际应用时，主要针对聚氨酯、环氧树脂、聚酯、聚碳酸酯等材料的阻燃。

a. 卤代酚。四溴双酚 A 是卤代酚类反应型阻燃剂的主要品种之一，四溴双酚 A 既可作为反应型阻燃剂使用，又可作为添加型阻燃剂使用。当四溴双酚 A 作为反应型阻燃剂时，常用于聚氨酯、聚酯、酚醛树脂、聚碳酸酯、环氧树脂等材料的阻燃，当四溴双酚 A 作为添加型阻燃剂使用时，常用于聚苯乙烯、酚醛树脂、ABS 树脂、AS 树脂等材料的阻燃。

四氯双酚 A 的用途与四溴双酚 A 类似，但阻燃性能远远比不上四溴双酚 A，而且生产成本较高。工业生产中，常选用双酚 A 和氯气为原料，以四氯乙烷为溶剂进行生产。

四溴双酚 S 也可同时作为反应型阻燃剂和添加型阻燃剂使用，作为反应型阻燃剂时，其应用范围与四溴双酚 A 类似，作为添加型阻燃剂时，常用于聚乙烯、聚丙烯、聚苯乙烯等材料的阻燃。

b. 卤代酸酐。四氯邻苯二甲酸酐（TCPA）的性状为淡黄色粉末，含氯量高达 49.6%，常用于聚酯和环氧树脂等材料的阻燃。四溴邻苯二甲酸酐（TBPA）的性状为淡黄色粉末，含溴量高达 68.9%，应用领域与 TCPA 类似。氯桥酸酐的性状为白色结晶，含氯量高达 57.4%，常用于聚氨酯、环氧树脂、聚酯等材料的阻燃。

（4）阻燃剂的选用

① 阻燃剂的选择

阻燃剂有主辅之分，主阻燃剂的阻燃效果好，常为卤系阻燃剂、磷系阻燃剂和一些金属氧化物等。辅阻燃剂的阻燃效果较差，但具有消烟功能，可协同主阻燃剂一起使用。在实际应用时，通常选取两种或两种以上的阻燃剂产品配合使用。

② 协同作用

多种阻燃剂配合使用时，阻燃剂之间会产生协同作用。卤系阻燃剂和磷系阻燃剂一起配合使用时，卤系阻燃剂主要起到气相阻燃的作用，而磷系阻燃剂则主要起到固相阻燃的效果。另外二者同时使用时，会生成大量的不燃性 POX_3、PX_2、PX_3 气体，密度较大且不易扩散，因此会强化卤系阻燃剂的气相阻燃作用。氢氧化铝和氢氧化镁配合使用时，氢氧化铝会促进氢氧化镁的碳化作用，进而起到了协同的效果。

③ 加和作用

所谓的阻燃剂之间的加和作用是指，不同阻燃剂配合使用时虽然没有协同作用，但不同阻燃剂自身的阻燃作用会出现互补的情况。

a. 为增强消烟功能，可将金属氧化物和金属氢氧化物配合使用。

b. 为调节三氧化二锑协同体系的分解温度并降低应用成本（三氧化二锑价格较高），可将其与二氧化硅或氧化锌配合使用。

c. 有机阻燃剂大多都不具备消烟功能，所以需要搭配消烟剂使用。

④ 对抗作用

所谓的阻燃剂之间的对抗作用是指不同阻燃剂之间在配合使用时，有时会发生相互抑制阻燃性的情况，例如卤系阻燃剂不适合与有机硅配合使用，含溴阻燃剂不适合与硬脂酸锌配合使用。

9.2.6 抗氧剂

所谓的抗氧剂是一种能够有效延缓聚合物材料发生自动氧化反应或抑制聚合物材料发生自身氧化反应的一类物质。空气中的氧与光的作用会使聚合物在加工、贮存以及应用时发生降解，为了抑制或防止这类降解作用，生产聚合物材料时必须添加一定剂量的抗氧剂。

（1）聚合物的氧化

科学研究表明，聚合物的氧化降解过程属于自由基机理，整个过程可具体分为链引发、链增长、链终止三个阶段。

① 链引发

高分子聚合物材料在受到热、光、电离等外界因素作用后会自发产生自由基。

$$RH \longrightarrow R\cdot + H\cdot$$

$$RH + O_2 \longrightarrow R\cdot + HOO\cdot$$

② 链增长

由链引发形成的大分子链自由基 R· 会在氧气的存在下继续自动氧化形成过氧化自由基 ROO· 和大分子过氧化氢 ROOH。大分子的过氧化氢稳定性较差，会继续自动分解为新的自由基，新的自由基继续与聚合物发生反应，自此循环过程形成。

$$R\cdot + O_2 \longrightarrow ROO\cdot$$

$$ROO\cdot + RH \longrightarrow ROOH + R\cdot$$

$$ROOH \longrightarrow RO\cdot + HO\cdot$$

$$ROOH + H\cdot \longrightarrow RO\cdot + H_2O$$

$$RO\cdot + RH \longrightarrow ROH + R\cdot$$

$$HO\cdot + RH \longrightarrow H_2O + R\cdot$$

③ 链终止

自由基会互相结合并形成惰性产物，但部分自由基在互相结合过程中会形成不稳定的过氧化物，过氧化物又会继续分解，直至新的自由基互相结合生成惰性产物为止。

$$R\cdot + R\cdot \longrightarrow R\text{-}R$$

$$R\cdot + ROO\cdot \longrightarrow ROOR（过氧化物继续分解）$$

$$ROO\cdot + ROO\cdot \longrightarrow ROOR + O_2（过氧化物继续分解）$$

链增长阶段，由于降解时形成了大量低分子量物质，所以聚合物材料的物理性能下降。链终止阶段，自由基之间发生无规律的交联，形成了大量网状结构，聚合物分子量增大，材料的弹性下降、硬度和脆度提高，即所谓的老化。

（2）抗氧化基本作用原理

通过对聚合物氧化降解过程的分析不难发现，如果要抑制或者消除氧对聚合物的影响，抗氧剂则需要阻止氧气与材料的接触或阻断自由基自发反应链。但在实际应用中，阻止聚合物与氧气接触显然是不现实的，所以，抗氧剂发挥其作用时只能着手于阻断自由基自发反应链或消除自由基的来源，根据实际的阻断过程，可将抗氧剂分为链终止抗氧剂（主抗氧剂）和预防型抗氧剂（辅抗氧剂）。

① 链终止抗氧剂作用原理

链终止抗氧剂主要通过与自由基反应及抑制过氧化物的生成来起到抗氧作用。依据不同的作用机理，链终止抗氧剂又可分为电子给予体抗氧剂、自由基捕获剂抗氧剂、氢给予体抗氧剂三大类。

a. 电子给予体抗氧剂以给出电子的方式来消除自由基。例如，叔胺化合物与自由基之间可以发生电子转移过程，进而消除了活性自由基。

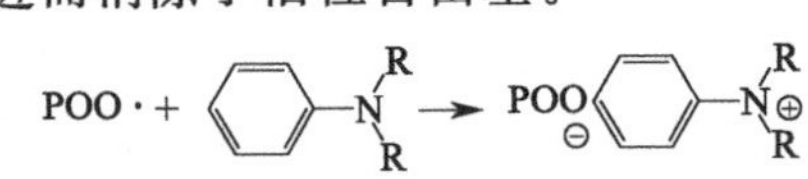

b. 自由基捕获剂抗氧剂可以与自由基发生化学反应，形成不会引发氧化链反应的物质。这类物质的分子结构中常含有氮原子或氧原子，氮原子或氧原子可以与自由基发生加成反应，之后再发生二聚、歧化或者其他能够形成稳定产物的化学反应，进而终止了氧化链。

c. 氢给予体抗氧剂是一类活性较高的仲芳胺和受阻酚类化合物，它们可以与聚合物竞争自由基，进而阻止了聚合物分子与自由基的反应，降低了聚合物的氧化速度。

② 预防型抗氧剂作用原理

预防型抗氧剂可以消除自由基的来源，这类抗氧剂主要包括金属离子钝化剂和过氧化物分解剂。

① 金属离子钝化剂

变价金属的催化活性较高，能够催化促进聚合物材料的自发进行的氧化反应，缩短聚合物材料的使用寿命。金属离子螯合剂可以与变价金属发生螯合作用，形成性质稳定的金属螯合物，进而阻止了变价金属与聚合物材料之间的作用。

② 过氧化物分解剂

过氧化物分解剂主要包括某些酸类物质的金属盐、亚磷酸酯、含硫化合物等，这些物质与过氧化物的反应活性较高，可以优先与过氧化物发生作用，形成性质稳定的非自由基产物，进而消除自由基的来源。

（3）抗氧剂的主要品种

目前，常用的抗氧剂主要包括胺类抗氧剂、酚类抗氧剂、含磷抗氧剂、含硫抗氧剂等。

① 胺类抗氧剂

在各类抗氧剂品种中，胺类抗氧剂是发展最早、抗氧作用最好的一类抗氧剂产品，这类抗氧剂主要用于橡胶材料的抗氧化，在橡胶领域占有重要地位。胺类抗氧剂的特点如下。

a. 对氧气和臭氧都有非常好的防护作用。

b. 对光、热、铜害的防护作用也很突出。

c. 具有毒性、变色性、污染性，容易自身氧化。

目前，常见胺类抗氧剂主要有二芳基仲胺、对苯二胺衍生物、醛胺和酮胺的缩合物等。

二芳基仲胺类抗氧剂的抗氧化性较为全面，这类抗氧剂同时对热、光、屈挠、铜害等其他外界影响都有良好的预防作用，因此在橡胶工业中曾被广泛使用。早期常用产品有 *N*-苯基-α-萘胺（防老剂A或防老剂甲）和 *N*-苯基-β-萘胺（防老剂D或防老剂丁），但由于考虑到这类抗氧剂毒性较大，因此应用受到限制，目前，国外部分发达国家已经淘汰此类产品。

为了降低这些胺类抗氧剂的毒性，后续研究发现，可以采用向分子中引入含硅基团来解决，后续开发的含硅类抗氧剂的主要产品如下。

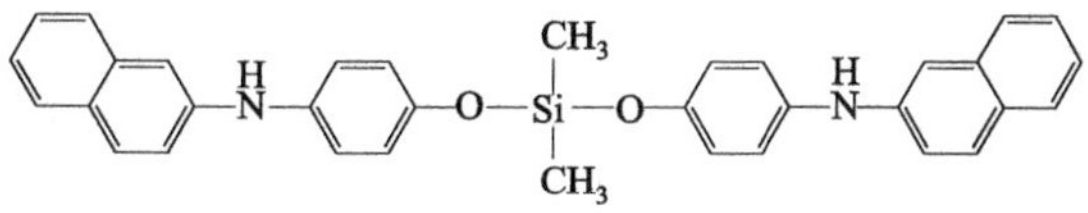

二甲基双［对（2-萘氨基）苯氧基］硅烷

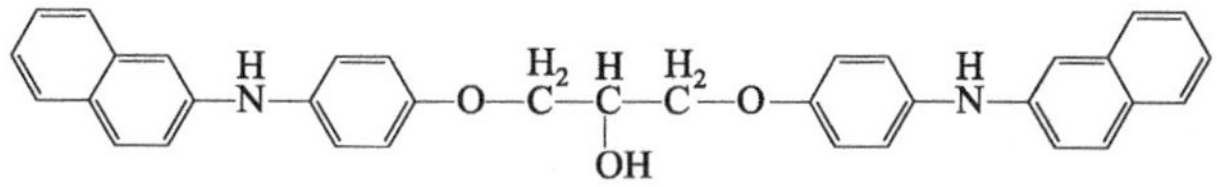

2-羟基-1,3-双［对（2-萘氨基）苯氧基］丙烷

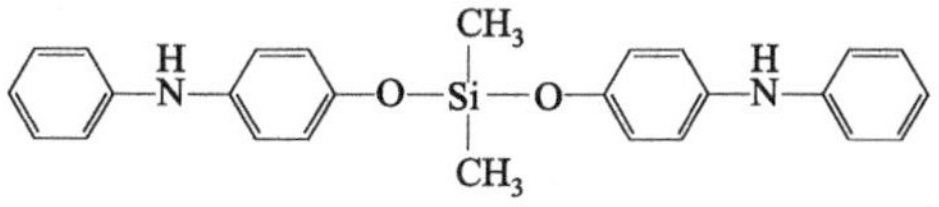

二甲基双（对苯氨基苯氧基）硅烷

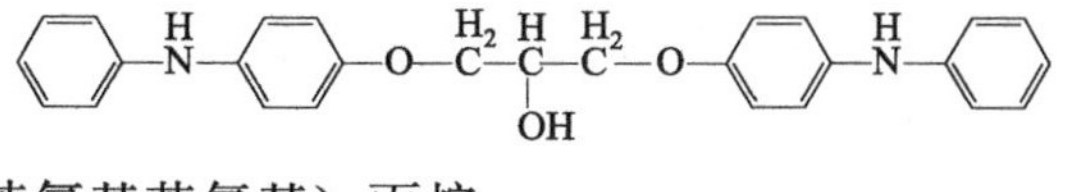

2-羟基-1,3-双（对苯氨基苯氧基）丙烷

在胺类抗氧剂中，对苯二胺衍生物类抗氧剂是最为重要、发展最快的一类抗氧剂产品。这类抗氧剂最大特点就是其抗臭氧能力最好，最为典型的当属 *N*,*N*′-二烷基衍生物系列的抗氧剂，其次是 *N*-烷基-*N*′-芳基衍生物系列抗氧剂。由于 *N*-烷基-*N*′-芳基衍生物系列抗氧剂除了抗臭氧性能优良以外，其他综合性能也很出色，因此这类抗氧剂最具应用价值。对苯二胺衍生物的缺点是污染性较重，另外产品色泽属于深色系（红-黑），所以只能用于深色材料。常见对苯二胺衍生物抗氧剂产品主要包括 *N*,*N*′-二苯基对苯二胺（抗氧剂H）、*N*-环己基-*N*′-苯基对苯二胺（抗氧剂4010）、*N*-异丙基-*N*′-苯基对苯二胺（抗氧剂4010NA）、*N*-1,3-二甲基丁基-*N*′-苯基对苯二胺（抗氧剂4020）等。

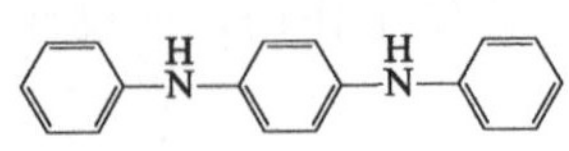

抗氧剂H

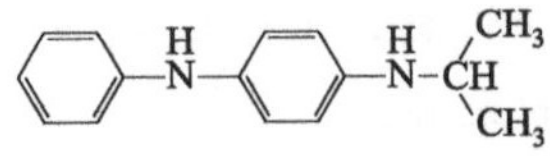

抗氧剂4010NA

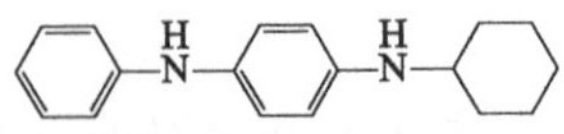

抗氧剂4010

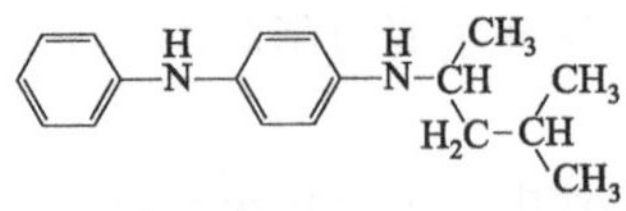

抗氧剂4020

在这几种产品中抗屈挠、抗龟裂性最好的是抗氧剂4010NA，其次是抗氧剂4010。抗氧剂4020的毒性小于抗氧剂4010NA，综合抗氧性能二者相当。此外，抗氧剂4020的耐水抽提性好，其水洗损失率仅为15%，而抗氧剂4010NA的水洗损失率高达50%。

醛胺和酮胺缩合物都主要用于橡胶工业，重要的品种有低分子量的抗氧剂AP，分子量较高的抗氧剂AH和抗氧剂AW等。

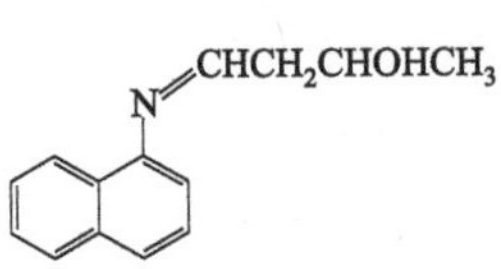

抗氧剂AP

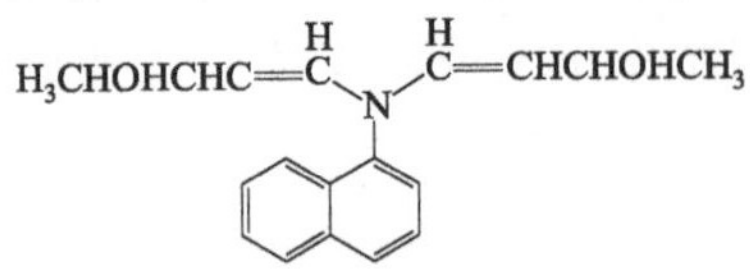

抗氧剂AH

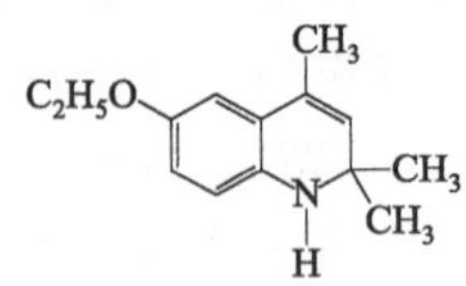

抗氧剂AW

② 酚类抗氧剂

与胺类抗氧剂相比，酚类抗氧剂的抗氧化效果要低一些，但酚类抗氧剂具有低毒、不变色、无污染等优点，因此这类产品应用也较为广泛。常见酚类抗氧剂主要包括烷基单酚抗氧剂、亚烷基双酚抗氧化剂和亚烷基多酚抗氧剂、阻碍酚抗氧剂等。

烷基单酚抗氧剂的代表性产品为2,6-二叔丁基-4-甲基苯酚，其商品名为抗氧剂264。2,6-二叔丁基-4-甲基苯酚具有价格低廉、抗氧化性好、性质稳定、污染易解决等诸多优点，因此，该产品广泛用于合成橡胶、塑料制品、食品包装材料的抗氧化，在食品加工领域，该产品也是性能优良的食品抗氧化剂，社会需求量较大。但2,6-二叔丁基-4-甲基苯酚的分子量较低，挥发性大，所以该产品不适合高温加工塑料的抗氧化。

亚烷基双酚抗氧化剂的代表性产品是抗氧剂2246，该产品具有性质稳定、抗氧化效果好、挥发性小、不喷霜、不着色、不污染等优点，属于通用型抗氧剂品种。该产品常用于合成橡胶、天然橡胶、各类工程塑料的抗氧化。

亚烷基多酚抗氧剂的代表性产品为抗氧剂1010。该产品的分子量较高，具有挥发性小、抗氧化性好、性质稳定、耐热性好等优点，是目前常用抗氧剂产品中性能优良的品种之一。

阻碍酚抗氧剂主要包括阻碍酚取代酯和三嗪类阻碍酚两类抗氧剂。阻碍酚取代酯的代表性产品是β-(4-羟基-3,5-二叔丁基苯基)丙酸正十八碳醇酯，该抗氧剂的商品名为抗氧剂1076，三嗪类阻碍酚抗氧剂的代表性产品为STA-1。

③ 含磷抗氧剂

含磷抗氧剂的主要产品为亚磷酸盐及其配合物，此类抗氧剂具有毒性低、污染小、挥发性差等诸多优点，是目前较为重要的辅助型抗氧剂。含磷抗氧剂与主抗氧剂合用可以产生协同效应，提高抗氧化性。

在各类含磷抗氧剂产品中，具有代表性的产品是亚磷酸三(2,4-二叔丁基苯基)酯，该产品抗氧化性好，性质稳定，抗萃取性强，耐水解，而且还可以提高材料的光稳定性，可以与多种酚类抗氧剂配合使用。

④ 含硫抗氧剂

含硫抗氧剂又称为硫代酯类抗氧剂，是重要的辅助抗氧剂之一。硫代二丙酸二月桂酯是具有代表性的含硫抗氧剂产品，该产品的商品名称为抗氧剂 DLTP。抗氧剂 DLTP 可以分解聚合物中的氢过氧化物，对聚合物材料的热老化和颜色稳定等方面起到良好的保护作用，即使在条件比较苛刻的条件下也具有良好的效果。抗氧剂 DLTP 的价格低廉，广泛用于橡胶制品、ABS 树脂、聚苯乙烯、聚烯烃等材料中。

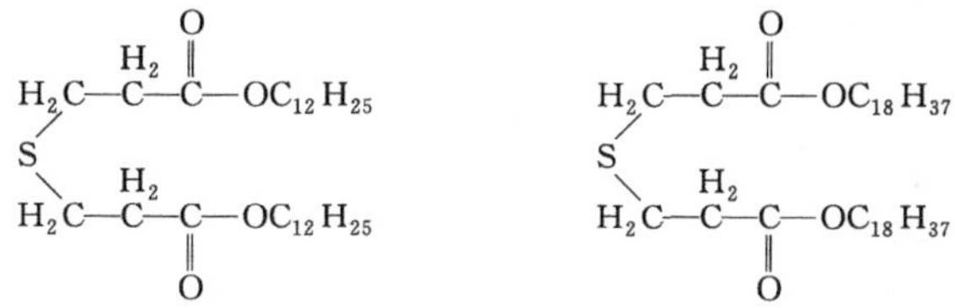

抗氧剂 DLTP　　　　抗氧剂 DSTP

（4）抗氧剂的选用

抗氧剂的种类和功能较为复杂，不同抗氧剂具备各自的性质特点，因此在选用抗氧剂时应特别注意方法。一般情况下，在选择抗氧剂时常需考虑到如下细节。

① 主抗氧剂的选用

a. 绝大多数酚类抗氧化剂的颜色接近白色，毒性较低或无毒，因此常用于塑料制品的抗氧化。

b. 与酚类抗氧剂相比，胺类抗氧剂虽然具有更好的抗氧化效果，但大多数胺类抗氧剂的颜色较深，所以只能用于一些不怕颜色污染的深色系聚合物材料中。此外，胺类抗氧剂毒性较大，所以应用领域受限。

② 辅助抗氧剂的选用

a. 亚磷酸酯类抗氧剂的耐水性差，选用时应注意选择耐水型亚磷酸酯。

b. 含硫抗氧剂在使用时容易产生硫污染，使材料变黑，选用时应注意。此外，这类抗氧剂有时还会与其他助剂产生对抗作用。

③ 主、辅抗氧剂之间的协同作用

a. 辅助抗氧剂通常与主抗氧剂配合使用，单独使用辅助抗氧剂时，抗氧化效果很弱，有时甚至无抗氧化性能。

b. 利用辅助抗氧剂与主抗氧剂之间的协同作用可提高抗氧化性，减少主抗氧剂的用量，降低成本。在辅助抗氧剂产品中，亚磷酸酯类抗氧剂的协同性较好。

④ 不同主抗氧剂合用时的协同作用

a. 不同位阻的酚类抗氧剂之间也存在协同作用，可提高抗氧化性能。

b. 不同活性的酚类抗氧剂之间也存在协同作用。

⑤ 聚合物自身结构特点

a. 聚合物材料的分子结构中如果支链上含有活性较高的不饱和键，则材料对光和氧敏感，老化程度高，对于这样的聚合物材料来说，需要添加大量抗氧化性能较好的抗氧剂。

b. 如果聚合物材料对重金属离子的催化氧化作用敏感，则需添加金属离子钝化剂。

c. 如果树脂吸水量较大，则不能使用耐水性差的抗氧剂。

⑥ 聚合物的加工

当聚合物的加工温度超过200℃时，聚合物中氢过氧化物的均裂是导致聚合物氧化降解的主要原因，这时就必须添加一定剂量辅助抗氧剂来分解氢过氧化物。

9.2.7 热稳定剂

所谓的热稳定剂是一类用于防止聚合物材料在加工或使用时因受热降解或发生交联，保障材料正常的加工，延长材料使用寿命的一种化学添加剂。例如，聚氯乙烯受热时容易发生降解，当加工温度超过100℃时，聚氯乙烯就开始降解并释放出氯化氢气体，但聚氯乙烯加工成型过程需要在160℃以上的温度进行，加工温度高于热降解温度，所以对于聚氯乙烯来说，添加热稳定剂是必然要求。

(1) 聚合物的热老化及热稳定剂的作用

聚氯乙烯的热降解过程复杂，但最主要的还是聚合物分解脱除氯化氢反应，该反应是直接导致聚氯乙烯老化的最根本原因。目前，人们将聚氯乙烯热老化机理归结为三种理论，它们分别是离子理论、自由基理论、单分子理论。

① 离子理论

离子理论认为，氯原子自身的电负性会引起与氯原子临近的亚甲基上氢原子带有部分正电荷，当聚合物受热时，这样的特殊结构会直接导致氯化氢分子的脱除，聚合物会形成一种类似“烯丙基氯”的结构。

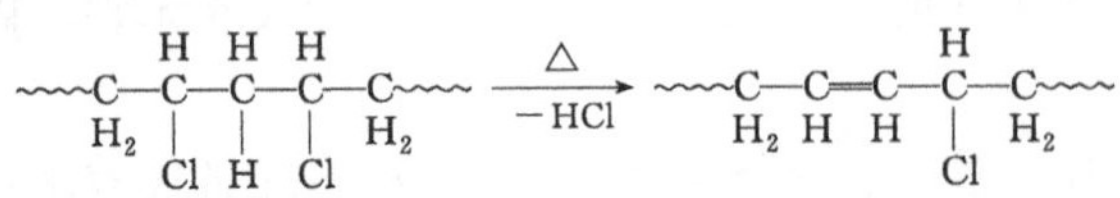

烯丙基结构在形成正离子或自由基时，因 p-π 共轭而比较稳定，所以烯丙基上的氯相当活泼，在受热的情况下，它容易和邻近亚甲基上氢原子共同脱去一分子氯化氢，这样，在聚氯乙烯分子链上就出现共轭双键，而且这种反应可以继续进行，结果形成共轭的“聚烯结构”。

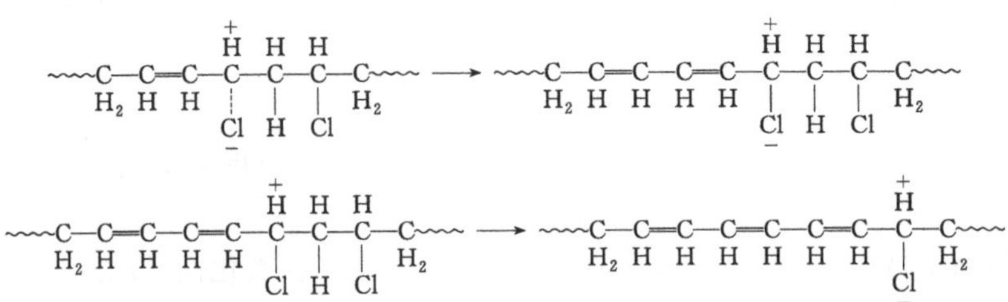

氯化氢本身对聚氯乙烯脱氯化氢的反应还有催化作用，所以，聚氯乙烯分解脱氯化氢的反应一旦开始就会连续不断地自动进行。

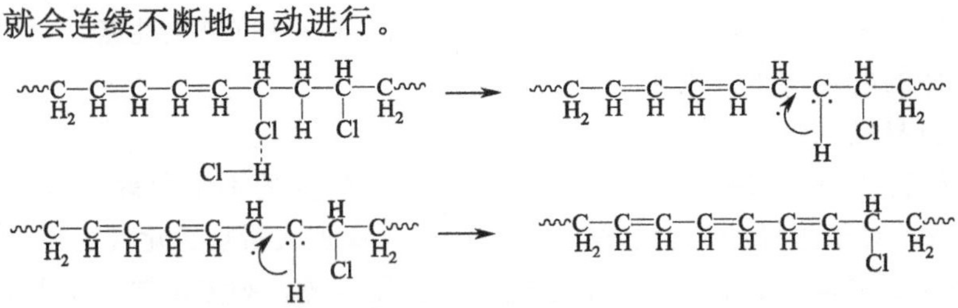

聚氯乙烯热老化后，如果分子结构中的共轭双键数目平均超过10个，聚氯乙烯材料就开始变黄，而且在受热情况下，双键的活性较高，很容易与空气中的氧发生氧化反应，进而

生成羰基化合物。羰基化合物可以吸收紫外线，由此会直接导致材料的进一步氧化降解，颜色越来越深，机械性能越来越差。

② 自由基理论

自由基理论认为，烯丙基氯离子活性较高，当受到热或光的作用，很容易发生 C-Cl 键均裂反应而生成自由基，在聚合物材料的加工过程中是无法避免材料与空气中的氧发生接触的，所以聚合物就会发生自由基的氧化反应，该反应促进了聚氯乙烯分子的降解和交联，也加速了聚氯乙烯的老化。

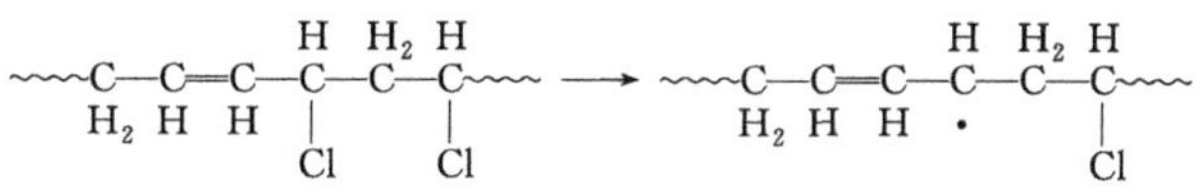

根据以上机理分析不难发现，热稳定剂应具备如下功能。

a. 能够结合聚氯乙烯脱除的氯化氢，终止链反应。

b. 能够置换活泼的氯原子，抑制脱氯化氢反应。

c. 能够与聚烯烃结构发生加成反应，减少或消除形成的双键。

d. 延缓或阻止聚烯烃氧化。

在实际应用中，热稳定剂并不能同时具备如上功能，所以还需要添加其他助剂配合使用，例如抗氧剂、光稳定剂等。

(2) 热稳定剂的主要品种

热稳定剂主要包括铅类、金属皂类、有机锡类、稀土类、液体复合类、有机辅助类等。

① 铅类热稳定剂

铅类热稳定剂主要是盐基性铅盐，所谓的盐基性铅盐是一种未成盐的一氧化铅的无机酸铅或有机酸铅。这类热稳定剂具有热稳定作用的根本原因是一氧化铅可以捕获聚氯乙烯脱除的氯化氢。

$$3PbO \cdot PbSO_4 \cdot H_2O + 6HCl \longrightarrow 3PbCl_2 + PbSO_4 + 4H_2O$$

盐基性铅盐热稳定剂是开发最早的热稳定剂，由于其产品自身具有许多优点，目前此类产品仍然大量用于多种非透明类聚合物材料中，例如电线、电缆、泡沫塑料等。盐基性铅盐本身对聚氯乙烯脱氯化氢的反应物有抑制作用。

盐基性铅盐的优点如下。

a. 耐热性特别是长期的耐热性好。

b. 电绝缘性好。

c. 覆盖力强，具有白色颜料的性能。

d. 耐候性好，且价格低廉。

盐基性铅盐的缺点如下。

a. 有一定毒性，分散性、相容性、透明性差。

b. 本身无润滑性，需配合其他润滑剂使用。

c. 分子结构中含有硫，所以容易造成硫污染。

② 金属皂类热稳定剂

金属皂类热稳定剂主要是指高级脂肪酸的金属盐，常用金属元素包括钙、镁、锌、镉、钡等，常用脂肪酸包括月桂酸、棕榈酸、硬脂酸等。金属皂类热稳定剂可以接受聚氯乙烯在热加工过程中释放出来的氯化氢，而且有机羧酸的羧基可以与氯原子发生置换反应，利用酯化作用将聚氯乙烯变得更加稳定。

$$(R-\overset{\overset{O}{\|}}{C}-O)_2Me + 2HCl \longrightarrow MeCl_2 + 2RCOOH$$

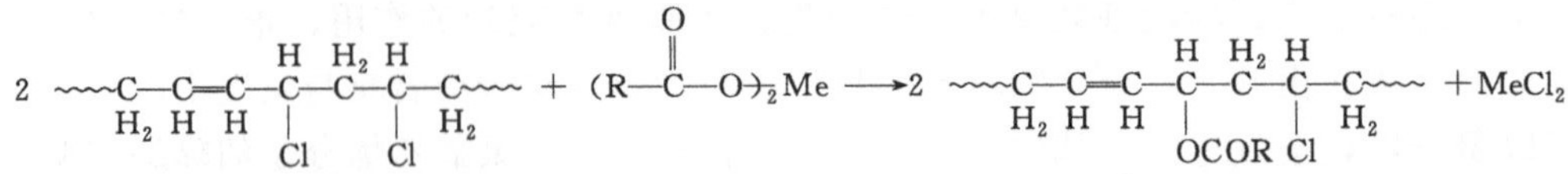

锌皂和镉皂与聚氯乙烯发生置换反应后会生成氯化锌和氯化镉，这些生成物可以活化C—Cl键，加快聚氯乙烯的降解。如果体系中存在钙皂或钡皂，氯化锌和氯化镉会与之发生反应，生成锌皂和镉皂，钙皂或钡皂则会转化为氯化钙或氯化钡，氯化钙和氯化钡对聚氯乙烯无促进降解的作用，所以对聚氯乙烯无害。因此，在实际应用中，镉皂常与钡皂配合，锌皂常与钙皂配合。

③ 有机锡类热稳定剂

有机锡类热稳定剂属于一种高效的热稳定剂，其产品特点如下。

a. 透明度高，适合透明聚氯乙烯材料使用，特别是硬质聚氯乙烯透明材料制品。

b. 耐热性和耐硫化污染性好。

c. 价格昂贵。

有机锡化合物通式为 R_mSnY_{4-m}，其中，R为甲基、正丁基、正辛基等常见烷基，Y表示有机基团，依据有机基团的不同，可将有机锡类热稳定剂分为脂肪酸盐型、马来酸盐型、硫醇盐型等。

a. 脂肪酸盐型有机锡类热稳定剂的常见品种有二月桂酸二正丁基锡、二月桂酸二正辛基锡等。

b. 马来酸盐型有机锡类热稳定剂的常见品种有马来酸单丁酯二丁基锡等。

c. 硫醇盐型有机锡类热稳定剂的常见品种有硫代甘醇酸异辛酯二正辛基锡等。

d. 稀土类热稳定剂

稀土类热稳定剂可以是稀土金属的氢氧化物、氧化物、有机弱酸盐，这类热稳定剂是一类新型的热稳定剂，其中稀土金属的氢氧化物的热稳定性最好。此类热稳定剂的热稳定机理与有机锡类热稳定剂类似，都是通过捕获聚氯乙烯热分解产物氯化氢和置换聚氯乙烯分子结构中的烯丙基氯来发挥热稳定作用的。稀土类热稳定剂还可以与亚磷酸酯或环氧化合物配合使用并产生协同作用，提高聚合物材料的热稳定性。此外，稀土类热稳定剂的毒性较低或无毒，可用于替代有机锡类热稳定剂，特别适合透明类低毒或无毒的塑料制品使用。稀土类热稳定剂无润滑作用，使用时需配合润滑剂。

⑤ 液体复合类热稳定剂

液体复合类热稳定剂是一种由金属盐、亚磷酸酯、多元醇、抗氧剂、溶剂等组分配制的复合物。这类热稳定剂具有如下特点。

a. 具有良好的相容性。

b. 产品透明性好、不易析出、用量少、使用方便、适合软质透明产品。

c. 耐候性好、黏度好、稳定性高。

d. 润滑性差，需配合润滑剂使用。

通用型液体复合类热稳定剂所用的金属盐主要包括镉盐、钡盐、锌盐等，耐硫化污染型所用金属盐包括钡盐和锌盐，无毒型所用金属盐包括钙盐和锌盐。所用有机酸主要包括油酸、环烷酸、水杨酸、苯甲酸等。亚磷酸酯类物质主要选用亚磷酸三苯酯、亚磷酸三异辛酯等。抗氧剂可选用双酚 A，溶剂可选用液体石蜡、矿物油、高级醇等。

⑥ 有机辅助类热稳定剂

有机辅助类热稳定剂又称为非金属热稳定剂，此类热稳定剂不能单独使用，因为单独使用时无热稳定作用，所以只能配合主稳定剂使用，增强主稳定剂的热稳定效果。常见的有机辅助类热稳定剂主要包括亚磷酸酯、环氧化物、多元醇三大类。

a. 亚磷酸酯。亚磷酸酯是一类较为重要的辅助型热稳定剂，这些物质不仅仅具有热稳定性，而且还具有抗氧化作用，与其他助剂并用时，还能发挥协同作用。例如与金属皂类物质合用时，可以提高制品的耐候性和耐热性。

b. 环氧化物。常用环氧化物包括环氧大豆油、环氧脂肪酸酯等。这些环氧化物与金属皂类配合使用时可以发挥其协同作用来提高耐候性。

c. 多元醇。常用多元醇类有机辅助类热稳定剂主要包括季戊四醇、木糖醇、山梨醇等。

9.2.8 抗静电剂

绝大多数的高分子聚合物材料都具有一定的电绝缘性，加工过程中，聚合物材料表面一经摩擦就很容易产生静电。静电对聚合物材料的生产、加工、贮存、使用等方面有很大影响，静电不仅会引起灰尘在聚合物表面的堆积，而且严重时还会引起静电放电和触电的危害。一般情况下，静电积累达到 500V 以上时就会因放电而引起火花，加大了引发火灾的可能，严重威胁到产品生产和贮存的安全。当静电累积达到 8000V 时，就会引发触电现象，严重时会击穿电子产品的零部件，因此，消除静电的危害在工业生产领域至关重要。

抗静电剂就是一类能够防止聚合物高分子材料产生静电危害的化学品，常用的抗静电剂有无机抗静电剂和有机抗静电剂之分，有时也根据使用方式的不同分为内部抗静电剂和外部抗静电剂。抗静电方式大都采用泄漏电荷的方式来实现。

(1) 抗静电剂的主要品种

聚合物高分子材料使用的抗静电剂多为表面活性剂，仅有极少部分是无机类抗静电剂，因此，本节主要对具有抗静电作用的表面活性剂进行介绍。

① 阳离子抗静电剂

阳离子抗静电剂是最为重要的抗静电剂品种之一，由于阳离子抗静电剂与材料表面的附着能力较强，所以常作为外部抗静电剂使用，且抗静电性能优良。常见的阳离子抗静电剂主要包括烷基咪唑啉、各类季铵盐等。

季铵盐是最为常用的阳离子抗静电剂，但季铵盐的耐热性差，使用时需考虑聚合物材料的加工温度是否适合季铵盐的使用。在各类季铵盐阳离子抗静电剂产品中，最具代表性的当属硬脂酸胺丙基-β-羟乙基-二甲基硝酸铵。

烷基胺、N-(3-烷氧基-2-羟基丙基)乙醇胺、N-(烷酰氨基甲基)二乙胺盐酸盐等都是合成纤维油剂和录音材料常用的抗静电产品。烷基咪唑啉抗静电剂的抗静电效果较好，常用产品有 2-烷基-1-羟乙基咪唑啉硫酸酯和 2-烷基-1,1′-二羟乙基咪唑啉高氯酸盐等。

② 阴离子抗静电剂

阴离子抗静电剂主要用于合成纤维的生产和加工过程中，常见产品有硫酸酯及其盐类、磷酸酯及其盐类。硫酸酯及其盐类可用于合成纤维的油基，硫酸酯盐类物质水溶性较好，除了可以做抗静电剂之外，还可以作为乳化剂和纤维处理剂使用，与阳离子抗静电剂的热稳定性类似，硫酸酯及其盐类的耐热性都不是很好，而且还不耐酸。

磷酸酯及其盐类都是用于合成纤维和塑料的良好抗静电剂，主要产品有烷基磷酸酯二乙醇盐、二(烷氧基聚氧乙烯醚)磷酸酯、二月桂基磷酸酯钠盐等。烷基磷酸酯二乙醇盐是最为常见且应用广泛的阴离子抗静电剂。

③ 非离子抗静电剂

非离子抗静电剂的热稳定性和耐老化性好，所以常被用作聚合物高分子材料的内部抗静电剂，但由于非离子抗静电剂不能像其他离子型表面活性剂一样通过离子导电来消除静电，所以在实际使用时，需添加更多的剂量才能满足抗静电的要求。常用的非离子抗静电剂多为环氧乙烷加成产物和多元醇酯等。

a. 环氧乙烷加成产物。环氧乙烷加成产物的抗静电效果好，且自身的热稳定性好，常用于纤维和塑料等聚合物高分子材料的抗静电。各类产品中，产量最大、应用最广的品种当属烷基酚环氧乙烷加成产物。该抗静电剂常用于塑料制品的内部抗静电剂和纤维材料的外部抗静电剂。

b. 多元醇酯。多元醇酯是多元醇的高级脂肪酸酯，又称为脂肪酸多元醇酯，室温下其性状为白色至淡黄色固体，常用作纺织柔软剂、纺织油剂、纺织整理剂等配合基料使用。这些酯类物质可以在织物纤维表面形成致密的薄膜，提高了润滑性，降低了摩擦力，使织物纤维不仅具有抗静电能力，而且薄膜还隔绝了织物纤维与污渍的接触机会，使织物纤维不易污染，季戊四醇单硬脂酸酯就是这类产品中具有代表性的品种。

④ 两性离子抗静电剂

两性离子抗静电剂与聚合物高分子材料之间的附着力较强，抗静电性能好，在一定条件下，既能起到阳离子抗静电剂的作用，也能起到阴离子抗静电剂的作用，可以与阴、阳离子抗静电剂配伍。某些特殊情况下，两性离子抗静电剂的作用要好于阳离子抗静电剂的作用，所以，这类抗静电剂是功能较为全面、应用较为广泛的重要抗静电剂品种。

a. 季铵内盐。季铵内盐的分子结构中同时含有季铵盐阳离子和羧酸根阴离子，水溶性极佳，适用的 pH 值范围较宽，是良好的纤维用外部抗静电剂。

b. 两性烷基咪唑啉盐。两性烷基咪唑啉盐具有良好的抗静电作用，而且与多种树脂之间的相容性较强，常用于聚丙烯和聚乙烯等材质的高分子聚合物材料的抗静电。

(2) 抗静电剂的选用

抗静电剂种类繁多，功能各异，选用时需根据实际情况依据抗静电的具体要求进行选择，具体需要考虑的细节如下。

抗静电剂的选用，一般与塑料制品的用途密切相关。

a. 对于一般抗静电用途，选用表面活性剂类抗静电剂。

b. 对于电磁波屏蔽用途，选用炭黑类填料、金属填料及导电聚合物等。

抗静电剂的选用，一般与树脂种类密切相关。

a. 极性的树脂如聚氯乙烯、聚苯乙烯等，一般选用离子型及亲水性高分子聚合物类抗静电剂。

b. 非极性树脂如聚乙烯、聚丙烯等，一般选用非离子型抗静电剂。

c. 对于结晶性树脂，抗静电剂的加入量要比非结晶性树脂大，因为抗静电剂一般存在于树脂的非结晶区，通过非晶区向制品表面扩散。

塑料的玻璃化温度对抗静电剂加入量的影响。

a. 玻璃化温度低于室温的树脂，抗静电剂借助于分子布朗运动向制品表面迁移，抗静电效果好，一般加入量较少。此类树脂有聚乙烯、聚丙烯及聚酰胺等。

b. 玻璃化温度高于室温的树脂，如聚氯乙烯、聚碳酸酯等，在室温下无大分子布朗运动，处于冻结状态，妨碍抗静电剂迁移，抗静电效果差，因此需要加入更大剂量的抗静电剂。

注意抗静电剂与其他添加剂的关系。

a. 季铵盐类抗静电剂容易络合聚氯乙烯中的金属热稳定剂，从而影响其耐热老化性。

b. 光稳定剂中的有机镍猝灭剂会阻滞抗静电剂向制品表面迁移，因此在含有有机镍猝灭剂的配方中要加大抗静电剂的加入量。

对于无毒抗静电剂制品要选用无毒抗静电剂，常用的品种有烷基胺环氧乙烷加合物、烷基酚环氧乙烷加合物、硬脂酸聚乙二醇酯、山梨醇酯、月桂酸环氧乙烷加合物等。对于透明性树脂要控制抗静电剂的加入量，以免影响其透明性。如聚甲基丙烯酸甲酯，当抗静电剂用量超过0.5%后，即影响其透明性。对于加工温度高的树脂要选用耐热性好的抗静电剂，如高分子型抗静电剂及炭黑等。当抗静电制品使用在干燥地区时，此时抗静电剂往往效果差或无效，最好的办法是加入导电性添加物，如炭黑、金属等。

9.3 石油化学品

所谓的石油化学品指的是在石油工业以及相关产品生产中用来提高采油效率、生产工艺、产品质量（燃料油和润滑油）的化学添加剂，依据应用领域可将石油化学品分为油田化学品和石油助剂两大类。目前，世界范围内各国工业对石油和天然气的依赖程度越来越大，资源开采、集输、贮存、产品生产等方面所需的石油化学品的消耗量也逐年增大，石油化学品的应用也越来越广泛。

9.3.1 主要石油化学品的制备

本节对目前常见的石油化学品，且生产原料为石油化工原料的产品进行制备方法的介绍。

（1）甲基叔丁基醚的制备

甲基叔丁基醚又称为叔丁基甲醚，缩写为 MTBE，该产品曾是重要的燃料油添加剂，能够有效提高汽油的辛烷值，工业生产时，主要以石油加工过程中的 C_4 馏分为原料，以大孔强酸性阳离子交换树脂为催化剂进行制取。C_4 馏分中反应生成 MTBE 的成分其实是异丁烯，由于异丁烯与其他 C_4 馏分中的成分分离较为困难，因此制备 MTBE 的方法也是一种从 C_4 馏分中分离异丁烯的方法，制备 MTBE 的具体反应过程如下：

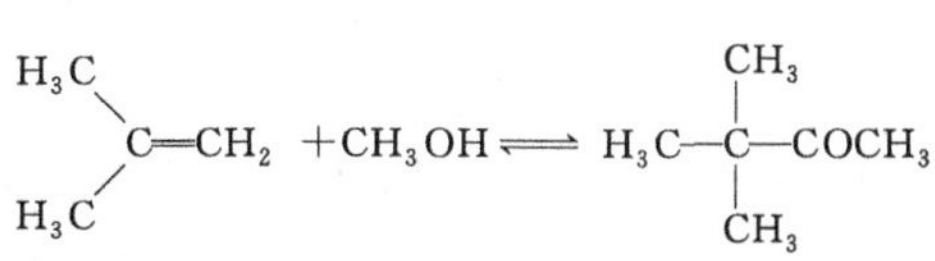

（2）*N*,*N'*-二亚水杨基-1,2-丙二胺的制备

N,*N'*-二亚水杨基-1,2-丙二胺是常用的燃料油金属钝化剂，该物质具有较强的配位能力，工业生产时，常以1,2-丙二胺和水杨醛为原料，通过缩合反应制备产物，具体过程如下。

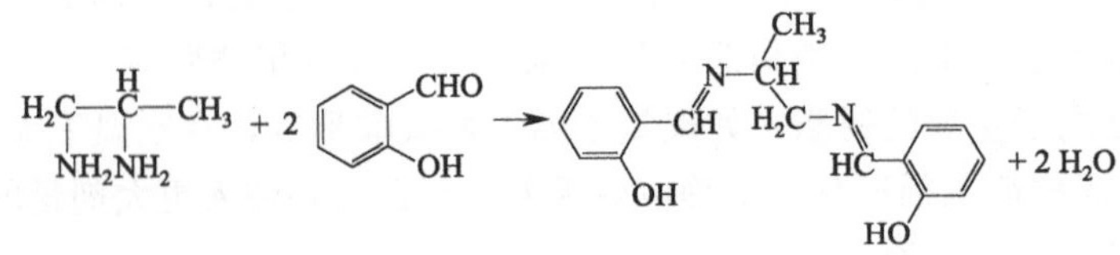

(3) 甲基丙烯酸月桂酯-异丁烯共聚物的制备

甲基丙烯酸月桂酯-异丁烯共聚物是一种油溶性高分子共聚物，常作为汽车发动机油、液压油、润滑油的增黏剂使用，在制备方面，该产品合成路线如下：

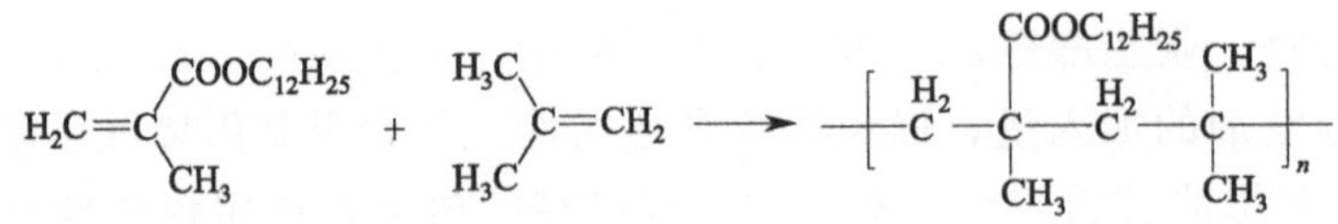

9.3.2 油田化学品

所谓的油田化学品指的是一类用于解决油田钻井、完井、采油、注水，提高采油效率及集输等进程中所用的化学助剂。此类化学助剂品种繁多，目前已有 70 多个大类，3000 多个品种。依据油田施工工艺不同可分为钻井用化学品、油气开采用化学品、油气集输用化学品、水处理化学品、提高采油收率用化学品。

(1) 钻井用化学品

钻井用化学品的品种数量较多，占全部油田化学品品种数量的 65%～70%。产品主要涉及钻浆及相关处理剂、完井液及水泥浆用各类添加助剂。

① 钻浆及处理剂

石油和天然气开采时，第一步就是钻井，钻浆就是在钻井过程中用来净化井眼，将钻屑带至地表，冷却并润滑钻头，加固井壁，防止钻井过程发生卡、塌、漏、井喷等使用的浆液。目前，常用的钻浆有水基泥浆、油基泥浆、聚合物泥浆三大类。水基泥浆和油基泥浆是分别以水和油作为分散介质，添加黏土及其他化学处理剂调配成的混合物，是现阶段使用最为广泛的钻浆，使用时可根据钻井深度以及油层地质条件进行选用和调配。

钻浆调配时需要加入大量的化学添加剂，这些添加剂可以改善钻浆的各项性能，所添加的化学添加剂又被称为钻井处理剂，我国目前允许使用的钻井处理剂有 260 多种，具体信息可查阅相关专业书籍或手册，本书仅对其进行举例介绍。

a. 煤碱剂。煤碱剂是由褐煤粉、氢氧化钠、水调配而成的混合物，褐煤粉中含有 20%～80%的腐殖酸，所以煤碱剂中的主要成分就是腐殖酸钠。褐煤粉、氢氧化钠、水，三者按质量比为 15∶(1～3)∶(15～200)是目前现场施工时常用煤碱剂的配方。此外，还有利用重铬酸钾配制的煤碱剂。在深井作业时，钻井液需具备良好的热稳定性，井壁形成后也需要具备良好的稳定性，具备更好的防塌陷效果。重铬酸钾与腐殖酸混合后在 80℃时会形成铬腐殖酸，铬腐殖酸的水溶性较大，热稳定性很高，防塌陷效果更好。常用的配方为腐殖酸∶重铬酸钾=(3∶1)～(4∶1)(质量比)。

b. 降滤失剂。降滤失剂是一种能够降低泥浆进入地层后失水速度的添加剂。钻井过程中，当泥浆进入地层后，泥浆中的颗粒会随着泥浆中水分向地层的渗入而附着在井壁表面并形成泥饼，泥饼的薄厚与泥浆中水分渗入地层的速度有关，水分渗入太快会使泥饼厚度增加且致密性和韧性较差，这样的泥饼不能够经受泥浆流动时候的冲刷，所以需要添加降滤失剂来减缓水分的渗透速度，使泥饼更薄、更致密。

降滤失剂的作用原理如下：当降滤失剂添加到泥浆中后，会自动电离形成含有较长烷基链的多价负离子，这些负离子吸附在黏土颗粒表面后形成一层致密的保护膜，提高黏土颗粒电动电位的同时并有效阻止了颗粒之间的聚集和粘连，进而促使了颗粒较小、厚度合适的泥饼的形成，泥饼最终会致密地附着在井壁表面发挥作用。常用的降滤失剂有纤维素树脂、丙烯酸盐、腐殖酸、淀粉等。

c. 降黏剂和增稠剂。降黏剂和增稠剂都是用来调节钻井液黏度的添加剂。降黏剂又称为稀释剂，在钻井时，如果钻井液黏度过大，则会影响自身的流动性，这时就需要添加降黏剂来降低钻井液的黏度。降黏剂主要品种有单宁、栲胶、木质素硫酸盐、有机磷酸盐、顺丁烯二酸酐-醋酸乙烯酯共聚物等。

钻井液用的增稠剂多为膨润土，膨润土的分子结构中含有大量的二羟基，亲水性极强，是非常理想的水基流变性控制剂。对于油性泥浆来说，可选用有机膨润土作为增稠剂。有机膨润土的结构中含有较长的烷基链结构，这类物质是以双十八烷基甲胺和膨润土为原料，先将前者季铵化，之后再与膨润土作用形成的产品。除膨润土之外，纤维素系列产品，例如羧甲基纤维素、羧甲基乙基纤维素、羟乙基纤维素等，也是常用的钻井液增稠剂。

d. 润滑剂。钻井时，为了降低泥饼的摩擦系数和井下扭矩，防止出现卡钻情况，需要在钻井液中添加适量的润滑剂来提高钻井液的润滑性，降低设备的磨损程度以及动力消耗。润滑剂多为表面活性剂，例如乳化渣油、磺化植物油、磺化妥尔油等。

e. 消泡剂。钻浆中添加表面活性剂后很容易出现起泡的情况，由机械搅动所产生的大量起泡会降低钻浆的密度，使其润滑性变差，冷却效果削弱，严重时会直接影响钻浆的循环，因此钻浆中必须添加适量的消泡剂来减缓或消除起泡现象对钻采的影响。常用钻浆消泡剂有脂肪酸、脂肪酸酯、金属皂、磷酸酯、炭黑等 12 大类。

② 水泥外加剂

水泥外加剂是为了保障固井质量以及钻井施工顺利进行而在水泥中添加的各类化学品的总称。水泥外加剂的种类也较多，但使用最为频繁的当属促凝剂和缓凝剂。

a. 促凝剂。当井深较浅，地层温度较低时（37～38℃），水泥浆中需添加适量促凝剂。添加促凝剂后，可以缩短水泥的水化时间并增强水泥的前期强度。常用的促凝剂主要是粉状或片状的氯化钙。

b. 缓凝剂。当井深较深（1829～7620m），井下温度较高时（76.7～260℃），水泥浆会因温度过高和压力过大而凝结加快，所以水泥浆中需添加适量缓凝剂来延长水泥的凝结时间。常用的缓凝剂有羟乙基羧甲基纤维素和木质素磺酸钙等。

（2）油气开采用化学品

所谓的油气开采用化学品指的是保障油气开采过程所涉及的压裂、酸化、防砂、堵水、清蜡等工序正常进行所使用的化学品。根据这类化学品的作用和功能，可将其分为酸化用化学品、压裂用化学品等。

① 压裂用化学品。

压裂用化学品是用于调配压裂液的一大类化学品的统称，其产品可分为 14 个类别。压裂液又称为压裂剂，是完成压裂过程所使用的工作液。在油气开采过程中，需要用压力将工作液压入井下，撑开地层并形成合适的裂缝，裂缝由支撑剂支撑，进而实现减少流体阻力，完成增产的目的。依据压裂液的组成和作用，可将其分为水基压裂液、油基压裂液、乳化性压裂液、特种压裂液等 30 多个品种。

② 酸化用化学品。

在油气开采过程中为了使油井稳定高产，常采用油井酸化的方式来实现。在此过程中所使用的酸性液体即为酸化用化学品。酸化用化学品并非只含有酸性物质，其成分还包括缓蚀剂、起泡剂、助排剂、铁稳定剂等，是一种通过复配技术调制的混合物。

油井酸化过程中常用的酸如下。

盐酸（6%～37% HCl）；氢氟酸（3%～15% HF）；土酸（3% HF＋12% HCl）；甲酸（10%～11% HCOOH）；乙酸（19%～23% CH_3COOH）；氨基磺酸（NH_2SO_3H）。

（3）油气集输用化学品

所谓的油气集输指的是对油井产出的原油和天然气进行收集、处理、输送的全部过程。为了保障该过程进行时油气质量不受影响，集输过程安全运行且能耗低，所以在油气中添加了一系列化学成分，这些添加的化学品被称为油气集输用化学品。该系列产品可根据实际使用功能分为缓蚀剂、减阻剂、防蜡剂、清蜡剂、破乳剂等 14 个类别。

① 破乳剂

石油很容易与水形成稳定的乳化液，而在油气开采过程中油水是处于混合状态的，当进行油水分离操作时，乳化作用会给施工带来很大不便，因此，需要添加适量的破乳剂来解决问题。石油破乳剂主要包括阳离子表面活性剂、阴离子表面活性剂、非离子表面活性剂、两性离子表面活性剂四大类，其中当属非离子表面活性剂最为常用。

② 防蜡剂和清蜡剂

石蜡是一类碳原子数在 18～60 之间或者大于 60 的碳氢化合物。石油在开采之前因受到高温和高压的作用，所含的蜡类物质可以溶解在石油中，但当石油被开采后，压力和温度降低，蜡类物质在石油中的溶解度也随之降低，固态蜡类物质开始析出，形成蜡晶，逐渐长大并聚集。蜡晶的形成会直接影响到石油的集输过程，因此需要添加防蜡剂或者清蜡剂来抑制或者消除蜡晶。所谓的防蜡剂是指能够抑制蜡晶析出、长大、聚集、沉积在固体表面的化学试剂，清蜡剂指的是能够清除沉积蜡的化学试剂。

常见防蜡剂包括稠环芳烃型防蜡剂、高分子型防蜡剂、表面活性剂型防蜡剂三大类。其中稠环芳烃型防蜡剂主要是来自煤焦油的萘、菲、蒽、芘等共轭体系较大的稠环芳烃类物质，这些物质可以很容易地吸附在蜡晶表面，进而阻止了蜡晶的长大。

高分子型防蜡剂主要是一类分子量较大且含有较长柔性链的高分子聚合物，这些聚合物都属于油溶性高分子，其在石油中高度分散并且能够形成复杂的网络结构，当蜡晶析出时，其析出位点处于网络结构的网格中，形成的蜡晶彼此分离、结构松散、不能够聚集长大，所以石蜡很难在金属表面沉积，很容易随着石油的流动带走。

表面活性剂型防蜡剂主要包括油溶性表面活性剂、胺型表面活性剂、水溶性表面活性剂等。胺型表面活性剂可以通过改变蜡晶表面性质使蜡晶不会进一步沉积，水溶性表面活性剂能够吸附在蜡晶表面并形成保护膜，进而阻止了蜡晶的继续沉积。

常见的清蜡剂包括油基清蜡剂和水基清蜡剂。油基清蜡剂主要是常见的油基溶剂，这些溶剂能够溶解石蜡。水基清蜡剂则是一类以水为分散介质，添加水性表面活性剂、互溶剂或碱性物质调配的混合物，水基清蜡剂既有清蜡作用又有防蜡作用。常用互溶剂有醇和醇醚等，常用碱性物质有氢氧化钠、磷酸钠、六偏磷酸钠等。

9.3.3 燃料油添加剂

燃料油包括汽油、煤油、轻油、重油等。目前，世界工业技术的发展不断提高了燃料油的质量要求，为解决该问题，除了在石油炼制工艺方面进行优化和改进之外，选择合适的燃料油添加剂来提高燃料油质量也是一个很好的方法。燃料油添加剂就是一类能够改进燃料油质量的化学试剂，根据实际应用情况，可将燃料油添加剂分为保护型燃料油添加剂和使用型燃料油添加剂。保护型燃料油添加剂主要用于解决燃料油在储运过程中可能出现的各类问题，使用型燃料油添加剂主要用于解决燃料油在使用过程中或燃烧中出现的各类问题，使用型燃料油添加剂又可分为改善燃烧特性添加剂和改善燃烧生成物特性添加剂。燃料油种类各不相同，因此添加剂也属于各种燃料油的专用添加剂。汽油专用添加剂包括抗爆剂、抗表面引燃剂、汽化器清洗剂、防冰剂等。喷气燃料（航空煤油）专用添加剂主要包括抗冰剂、抗菌剂、抗静电剂等。柴油专用添加剂主要包括十六烷值改进剂、消烟剂、低温流动性改进剂、分散剂等。

（1）抗爆剂

辛烷值较低的汽油在汽油发动机燃烧室内燃烧过程中，在点火火花塞的火焰到达之前，通常会发生空气与未燃燃料混合气自燃的现象，该现象被称为爆震现象。爆震现象会严重影响发动机的工作性能，对汽车发动机和空气质量都会造成严重的破坏，因此需要添加抗爆剂来提高汽油的辛烷值，进而解决该问题。四乙基铅曾被作为抗爆剂使用，但随着人们对重金属污染的认识深入，世界各国陆续禁用该抗爆剂。作为四乙基铅的替代品，甲基叔丁基醚（MTBE）以及相关醇类或其他醚类抗爆剂是曾经使用较为普遍的抗爆剂，其中使用较多的当属甲基叔丁基醚，工业生产时，常以混合 C_4 成分和甲醇为原料，在强酸性阳离子交换树脂的催化作用下，将混合 C_4 成分中的异丁烯转化为甲基叔丁基醚，该工艺一方面满足了甲基叔丁基醚的工业生产，另一方面也解决了混合 C_4 成分中异丁烯的分离问题。

2017 年 9 月 13 日，国家发展和改革委员会等 15 部门联合发布了《关于扩大生物燃料乙醇生产和推广使用车用乙醇汽油的实施方案》的通知。通知提出，到 2020 年在全国范围内基本实现车用乙醇汽油全覆盖。由于用于调配乙醇汽油的汽油组分中含氧化合物质量分数不能超过 0.5%，因此，乙醇汽油时代除乙醇外的任何含氧化物将无法在汽油池中添加。

与汽油类似，柴油采用十六烷值来衡量柴油的抗爆性。改进柴油十六烷值的抗爆剂主要是硝基酯类、二硝基化合物、过氧化物等。在这里需要特殊说明的是，柴油与汽油不同，汽油的辛烷值一般都在 89 或 89 以上，而柴油的十六烷值一般不能超过 65，常用柴油的十六烷值通常在 40～45。

（2）清净分散剂

清净分散剂的作用是多方面的，早期使用四乙基铅作为抗爆剂时，清净分散剂可用于防止汽油在汽缸内燃烧时留下含铅的积炭。此外，清净分散剂还能够防止汽化器结冰、燃烧系统的腐蚀、汽化器和进气管线中沉积胶状物质等。

用于清理积炭的清净分散剂多为含磷化合物，例如磷酸二甲苯酚酯、磷酸三甲苯酚酯、环烷基硼酸酯等。用于防止汽化器结冰和燃烧系统腐蚀的清净分散剂多为低分子量和高分子量的两类表面活性剂。低分子量清净剂是磷化物的改进剂，由于含磷化合物的使用会在一定程度上引发赤潮，因此我国于 21 世纪初开始禁用含磷化合物，常用的低分子量清净剂主要包括烷基胺、烷基脲、有机胺等。高分子清净分散剂主要包括聚丁烯琥珀酸亚胺、聚丁烯多胺、聚氧乙烯胺衍生物等。

（3）抗氧剂和防锈剂

燃料油在储存和使用过程中都要与金属接触，而空气和水分会对金属材料产生锈蚀作用，所以燃料油中应适量添加防锈剂来延缓或消除金属材料的锈蚀。另一方面，燃料油与氧气接触难免会发生氧化反应，氧化不仅会使燃料油黏度增高，而且还会使燃料油自身组分发生变化，稳定性降低，所以在燃料油中添加适量的抗氧剂是十分必要的。

防锈剂主要是烷基酚聚氧乙烯醚非离子表面活性剂和咪唑啉胺，这些物质不仅对与燃料油、水、空气接触的金属表面有良好的防锈作用，而且作为表面活性剂，其自身还具备一定的清洗能力，便于发动机的维护工作进行。

抗氧剂主要包括阻碍酚和苯二胺两大类。阻碍酚抗氧剂主要产品是 2,4-二甲基-6-叔丁基苯酚和 2,6-二叔丁基-4-甲基苯酚。这两种抗氧剂不仅在聚合物高分子材料中经常使用，而且在燃料油中也是常用的抗氧剂。苯二胺类抗氧剂中主要包括 N,N'二异丙基对苯二胺和 N,N'-二仲丁基对苯二胺。

（4）抗冰剂

汽车燃油管线、汽化器、油箱等部分可能含有少量水分，当天气较为寒冷时（低于 0℃），水就很容易结冰，因此需要添加抗冰剂。常用的抗冰剂主要包括两大类，一类是醇类抗冰剂，例如甲醇、乙醇、异丙醇等，它们能够与水以任意比例互溶，加入后能够有效降低水的冰点，使水在低温条件下不易结冰。除了常见醇类物质外，多元醇以及相关醚类化合物也属于此类抗冰剂。第二大类抗冰剂是表面活性剂，这类抗冰剂利用自身疏水基团能够在金属表面形成保护膜的特点，有效阻止了水在金属表面的结冰，磷酸铵、脂肪胺、脂肪酰胺、烷基琥珀酸亚胺等胺类物质都属于此类抗冰剂。

（5）金属钝化剂

金属钝化剂是另一种延缓或消除燃料油中金属材料锈蚀作用的添加剂。添加金属钝化剂后，燃料油中的金属离子会与金属钝化剂发生螯合作用并形成不具备氧化促进作用的金属配合物，进而保障了燃料油的质量。

9.3.4 润滑油添加剂

所谓的润滑油是一种能够降低摩擦力的物质，常用润滑油包括发动机润滑油、变速箱润滑油、液压润滑油、机床齿轮及其他零部件用润滑油等。性能优良的润滑油需具备如下性质。

a. 具备良好的润滑性质。

b. 化学稳定性好，不氧化，不降解，使用时不会形成油泥。

c. 黏度及其他性质符合使用要求

依据润滑油的来源，可将润滑油分为普通润滑油和合成润滑油两大类。普通润滑油主要是石油炼制中 C_{20}～C_{70} 馏分，合成润滑油主要来自单体的聚合，二者相比，合成润滑油的性能要好于普通润滑油的性能，但价格昂贵，限制了相关产品的应用。

对于普通润滑油来说，其组成成分中含有芳烃、脂环烃、烷烃，各组成成分所占比例直接决定了这类润滑油的性能。芳烃的抗氧化性好，但黏度变化太快，高温时会形成黑色油泥，所以此类润滑油生产时必须脱除芳烃。脂环烃和烷烃的性质相对稳定，但并未达到特殊的使用要求，所以对于以脂环烃和烷烃为主要成分的润滑油还需添加适量的抗氧剂。石蜡是一种分子量较高的物质，广泛存在于石油产品中，如果温度降低，石蜡就会析出，润滑油的润滑性能就会受到严重影响，因此润滑油生产时必须进行脱蜡。

(1) 增黏剂

黏度是润滑油的一个重要指标，不同类型的润滑油因其使用环境及外界影响条件不同，所以对其黏度的要求也各不相同，液压油或长期运行的汽车发动机机油等产品的黏度指数要求高于原润滑油的黏度指数，所以需要添加适量的增黏剂来改善黏度，使其符合使用要求。常用的润滑油增黏剂包括聚甲基丙烯酸酯、乙烯-丙烯共聚物等。

(2) 清净分散剂

润滑油在使用过程中很容易被其他各类杂质污染，润滑油本身长期在高温条件下工作也会产生沉积，这些杂质必须处理，否则就会沉积下来，影响发动机的正常运行。清净分散剂是一种能够防止污垢沉积在设备零部件表面并影响设备正常运行的一种重要的添加剂，此类添加剂与洗涤剂产品中所使用的防止污垢再沉积剂的工作原理类似。润滑油常用的清净分散剂主要包括油溶性烷基苯磺酸盐、脂肪酸碱土金属盐、烷基酚盐等。

(3) 抗氧剂

润滑油长期在高温条件下工作时，会与氧气发生作用，产生少量的有机酸，生成的有机酸会增加润滑油的黏度，这样的润滑油与金属表面接触时会形成类似于漆状的薄膜，这样的薄膜会直接影响润滑油的润滑性能。润滑油抗氧剂就是一种能够在金属表面形成保护涂层钝化润滑油的氧化过程的添加剂。二烷基二硫代磷酸锌（ZDTP）是典型的润滑油抗氧剂，ZDTP 同时具备链中断、缓蚀、抗磨损等多种功能，在热分散过程中，ZDTP 会产生偏磷酸盐无机配合物，在金属表面形成保护膜，消除金属的催化氧化作用，同时还能够防止金属表面的腐蚀和磨损。

(4) 缓蚀剂

润滑油在机械系统中长期使用时会对设备表面产生各种腐蚀，腐蚀的根源在于润滑油中的酸性物质。润滑油缓蚀剂就是一种能够在润滑油使用时中和逐渐形成的酸性物质或在金属表面形成保护膜的物质，减缓机械系统的腐蚀，延长使用寿命。油循环系统中的金属部件往往还会因水分和氧气的共同作用而生锈，所以还需要添加适量的防锈剂来减缓或消除锈蚀作用对机械系统的危害。常用的缓蚀剂有二硫代磷酸酯锌盐和二硫代氨基甲酸酯锌盐以及硫代甘油，硫代甘油因鲸鱼保护的原因而被停用。常用的防锈剂主要有脂肪胺磷酸盐和磺酸金属盐，碱性的烷基苯磺酸盐和烷基酚盐同时具备缓蚀作用和清净分散作用，但使用时需添加中性烷基苯磺酸钙以及相对应的烯基丁二酸盐来增强其作用。

9.4 纺织印染助剂

纺织印染助剂发展至今一直是助剂产品中消耗量最大的产品。纺织印染助剂产品中约有80%的产品属于表面活性剂，另外约20%的产品是功能型助剂，因此，表面活性剂的发展情况在一定程度上决定了纺织印染助剂的发展。

在我国，助剂工业兴起于新中国成立初期，产品主要用于纺织染整和洗涤剂行业，但当时受技术限制，我国助剂产量在新中国成立初期相对较低，据统计，20 世纪 60 年代初期，我国生产纺织印染助剂的厂家仅有 10 余家。一直到 20 世纪 70 年代，我国纺织印染助剂年消耗量仍然仅有数千吨。20 世纪 80 年代，我国纺织印染助剂开始进入到快速发展阶段，直至 2014 年，我国纺织印染助剂产量约占全球产量的 22.8%。

与国际水平相比，我国纺织印染助剂的发展水平相对落后。通常情况下，可以用纺织印染助剂的产量与纤维产量的比值来衡量一个国家的纺织印染助剂发展水平。对于工业发达国家来说，该比值的平均值约为 15∶100，而世界平均水平约为 7∶100，对我国而言，该数值仅为 4∶100，而且产品种类不及日本的 1/4。现阶段，我国纺织印染助剂的自给率虽然已经达到了 90%左右，但生产的产品仅适用于中、低档纺织产品，高端助剂产品仍需进口，因此，我国纺织印染助剂在未来仍需努力发展。

9.4.1 纺织印染助剂的分类及作用

纺织印染助剂产品的分类方式有很多，但为了方便区分其主要功能，通常情况下可以根据印染工序分为煮炼助剂、印花助剂和染色助剂。

（1）煮炼助剂

在纺织染整工艺中，印染前处理工序中包括纤维烧毛、退浆、煮炼、漂白、丝光等过程，除纤维烧毛工序之外，其余工序统称为精炼。其中，煮炼工序是利用 10g/L NaOH 溶液对已经过退浆处理后的棉织物进行数小时煮沸处理，进而除去棉纤维表面的各类杂质，例如棉籽壳、果胶、蜡类物质、色素、含氮物质等，从而保障织物具有良好的外观和优良的吸水性，提高后续印染和整理效果。

在整个煮炼工序中，主要涉及的助剂包括 NaOH、Na_2CO_3 和各类表面活性剂。棉纤维需要用 NaOH 水溶液煮炼，合成纤维无需煮炼，但现阶段用于生产棉纺织物的材料多为棉纤维混纺材料，此类材料需用 Na_2CO_3 水溶液或低浓度 NaOH 水溶液进行煮炼。此外，在煮炼液中可添加一定剂量的某些表面活性剂，表面活性剂可提高碱液渗透性、加快蜡类物质乳化、提高杂质在煮炼液中的分散度。

（2）印花助剂

印花过程是利用黏合剂将不溶性染料牢牢固定在织物上的过程，该过程中黏合剂首先与不溶性染料混合，之后利用黏合剂固化成膜的特点将染料在织物上固定，最终完成对织物的着色。

由印花过程不难看出，黏合剂是印花助剂中最为重要的一种，此外，增稠剂、交联剂、乳化剂、柔软剂、扩散剂和消泡剂等常见助剂产品也是印花助剂的重要组成部分。

① 黏合剂

黏合剂利用其自身的成膜特点，为印花提供了黏合和保护作用，这主要体现在黏合剂胶膜的耐老化、耐酸碱、耐溶剂、耐化学药剂等方面。此外，黏合剂胶膜具有弹性、手感舒适且容易与印花机分离。

② 增稠剂

增稠剂可用于调节印花色浆的稠度，促进黏合剂乳化等作用，经增稠剂调配的浆液具有印花色泽均匀、轮廓清晰的特点。常用的增稠剂主要有阴离子型增稠剂和非离子型增稠剂两大类。阴离子型增稠剂具有较强的适用性，但增稠效果一般；非离子型增稠剂具有较高的黏度和增稠能力，而且使用后对印花的鲜艳度、色光、牢固度、手感等方面的性质无负面影响。

③ 交联剂

交联剂能够有效提高黏合剂的牢固性，并降低焙固温度，缩短焙固时间。但应用时需注意使用量，过量使用胶黏剂会导致织物手感下降。

④ 乳化剂

印花浆液中加入乳化剂后，乳化增稠效果明显得到改善。具有代表性的产品是烷基酚聚氧乙烯醚衍生物。

(3) 染色助剂

染色助剂是印染工艺的主体，添加助剂后，能够有效提高印染效果，保障印染质量。染色助剂主要包括均染剂、固色剂、分散剂、柔顺剂等。

① 均染剂

均染剂是一种具有缓染和移染作用的助剂产品，这类产品可以在不降低染色牢固程度前提下使染料均匀且缓慢地被纤维吸附或使深色部分染料向浅色部分扩散，使纤维织物的色泽更加均匀。均染剂主要包括天然纤维均染剂、合成纤维均染剂、混纺织物均染剂等主要类别。

② 固色剂

固色剂是一种能够有效降低染料水溶性的物质，染料水溶性越差，其染色后的牢固度越高。常用固色剂主要包括阳离子表面活性剂、不具备表面活性剂性质的季铵盐、树脂系固色剂等三大类别。

③ 分散剂

分散剂主要是指将染料颗粒均匀分散的各类型（阴离子型、阳离子型、非离子型、两性离子型）表面活性剂，其功能在于能够保持染料分散性能，有助于染料颗粒的粉碎等，经分散剂处理后，染料颗粒可达到 $1\mu m$ 左右。

④ 柔顺剂

柔顺剂是一种能够降低纤维之间的摩擦系数、提高织物光滑柔顺手感的助剂。衣物经洗涤后，其细小纤维会发生纠结或缠绕等现象，严重的会发生断裂，衣物经多次洗涤后，因受到洗涤剂碱性作用影响，纤维的延伸性、光滑性、弹性等重要性能都会受到影响，柔顺剂能够有效降低甚至避免该现象的发生，进而保障织物质量。

9.4.2 纺织印染助剂主要产品的制备

纺织印染助剂产品中有超过 80% 的产品属于表面活性剂，相关主要产品的制备方法在本书日用化学品章节已经进行详细介绍，在此不做重复讨论。另外，复配技术广泛用于纺织印染助剂的生产，其配方中的化学成分在本书也已经介绍，因此不做重复讨论。在此，仅对其余重要纺织印染助剂的制备方法进行介绍。

(1) 固色剂——二甲基二烯丙基氯化铵的制备

二甲基二烯丙基氯化铵（简称为 DMDAAC）是一种重要的季铵盐，其结构中含有两个不饱和双键。制备 DMDAAC 单体时，可选用二甲基胺、烯丙基氯、NaOH 为原料，通过亲核取代反应来完成制备过程，相关总反应式如下：

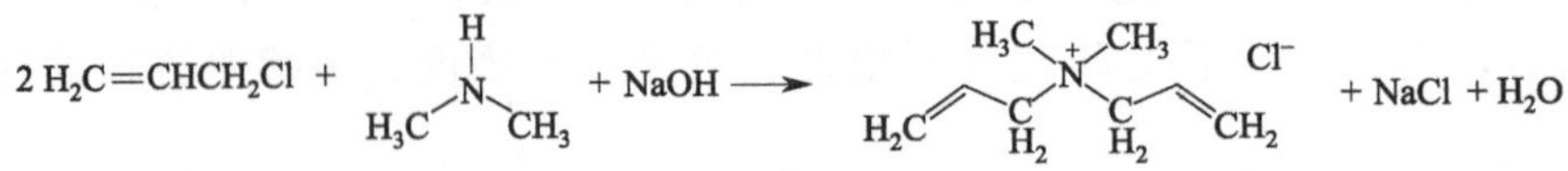

整个反应过程中，卤代烃的亲核取代反应包含了叔胺化和季铵化两个过程。叔胺化过程是指亲核试剂二甲基胺与烯丙基氯发生亲核取代反应进而形成二甲基烯丙基胺的过程，反应中，烯丙基氯性质极为活泼，因此反应需在较低温度下进行。

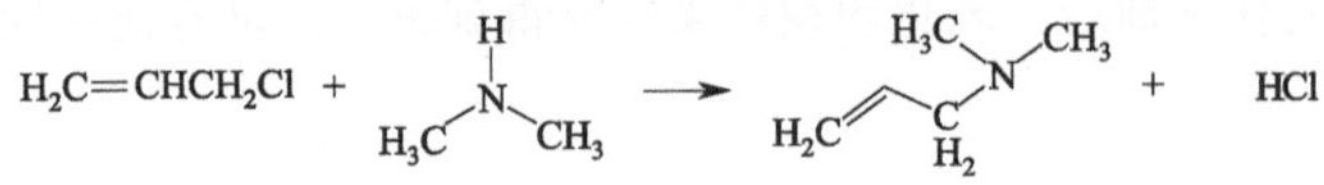

季铵化过程指的是二甲基烯丙基胺与烯丙基氯反应生成季铵盐的过程，该反应虽然从表面上看是成盐反应，但实质上属于亲核取代反应，其中二甲基烯丙基胺是亲核试剂。由于二甲基烯丙基胺的空间位阻大，且其自身碱性比二甲基胺弱，因此反应温度较高。

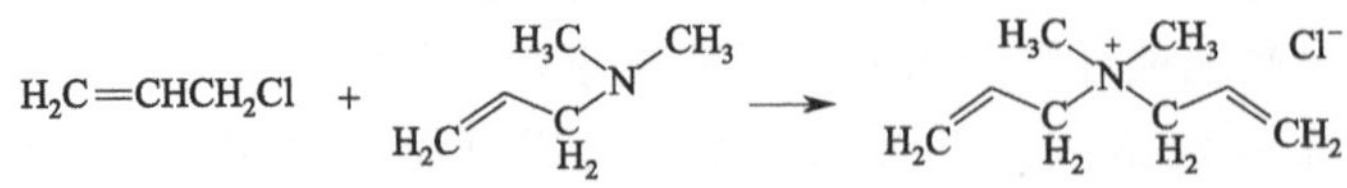

（2）防皱整理剂——丁烷四羧酸的制备

丁烷四羧酸（缩写为 BTCA）是一种重要的防皱整理剂。20 世纪 60 年代，人们就开始对 BTCA 的制备进行研究，至今已开发了化学氧化法、电化学合成法、辐射法等相关工艺，但考虑到成本问题，目前工业生产 BTCA 时仍采用化学合成法。

在运用化学合成法制备 BTCA 时，可选用丁二烯和顺酐（马来酸酐）为原料，首先制备中间体四氢苯酐，之后四氢苯酐经氧化工艺处理后即可获得 BTCA。相关反应过程如下：

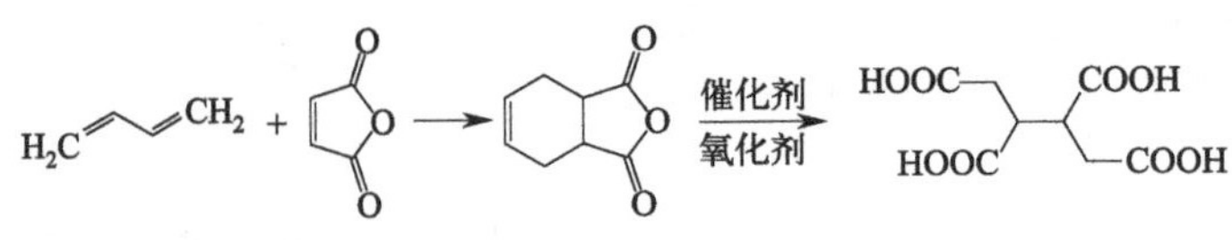

9.4.3 重要的纺织印染助剂产品

（1）前处理助剂

织物前处理对纺织印染工艺十分重要，国内传统的退、煮、漂三步法工艺已发展为一步或二步法工艺，工艺的升级对所涉及的助剂产品性能提出了更高要求。

① 高效精炼剂

高效精炼剂具有诸多优点，例如渗透迅速，乳化能力极强，抗外界因素能力强（高温、氧化、强碱、硬水等），生物降解能力强等。因此，目前在纺织印染助剂领域中，高效精炼剂作为重要的前处理助剂占有重要地位。此类产品成分主要是表面活性剂，因此其发展与表面活性剂的发展程度息息相关。从协同增效角度出发，利用复配技术开发高效精炼剂是目前该产品发展的主要渠道。

② PVA 氧化退浆剂

所谓的 PVA 氧化退浆剂多半是通过复配技术，将配方剂量的螯合剂、净洗剂、润湿剂、纤维保护剂、过硫酸盐等成分进行混合后获得的混合物。此类产品主要用于退煮一步法工艺，其特点是退浆效果好且织物吸水性优良，PVA 更容易去除干净。

③ 非硅氧漂稳定剂

双氧水自身稳定性较差，极容易被一些其他物质催化，进而导致自身分解剧烈。该现象虽然对漂白过程无明显影响，但对双氧水漂白工艺中的织物纤维而言，纤维会因双氧水的剧烈分解而加快自身的降解，甚至是局部不均匀降解，即漂白过程损伤了织物纤维。为了控制双氧水分解速率，保护织物纤维，通常可采用硅酸钠作为稳定剂来对漂白过程加以控制。硅酸钠自身缺陷明显，例如织物漂白后手感粗硬、硅垢堆积严重、影响设备清洗剂维护等，更严重的会导致硅垢在设备中堆积最终损伤织物。因此，随着稳定剂的发展，大量非硅氧漂稳定剂用于纺织印染工业中。

早在 20 世纪 70～80 年代，非硅双氧水稳定剂就已经形成多个品种，其中包括吸附型、螯合型、稳定型。后续发现，聚 α-羟基丙烯酸和聚膦酸酯同时具有螯合能力和吸附能力，适合各类氧漂工艺。该产品的发现不仅解决了助剂品种选用的问题，更重要的是这一突破改变了产品应用的传统观念。也正因如此，氧漂活化剂 TAED、NOBS 等新品种的陆续问世，为低温练漂开创了物质基础。

(2) 固色剂

固色剂是一种用于强化活性染料和直接染料湿处理牢度的重要助剂。早在 20 世纪 50 年代，固色剂 Y 是当年应用最为广泛的品种，后因其缺点较多，特别是游离甲醛问题严重，因此该产品随着历史的发展淡出了人们的视野。

目前，无甲醛固色剂的研发和应用广受重视，与之相应产品在纺织印染助剂领域发挥了重要作用。其中，季铵阳离子型固色剂，例如以双氰胺和二乙烯三胺为原料的咪唑啉类固色剂、多乙烯多胺或聚醚与环氧氯丙烷合成的反应型固色剂、二烯丙基二甲基氯化铵的缩合物等，已成为当前固色效果最佳且无毒或低毒的无甲醛固色剂。各类品种中，销量最大的是二甲基二烯丙基氯化铵（DMDAAC）以及 DMDAAC 与 SO_2 发生紫外光诱导催化反应，最终生成的聚氨砜类化合物及其相关衍生物。

(3) 防皱整理剂

我国在 20 世纪 50 年代就开发了关于防皱整理剂相关产品，在几十年的发展过程中，具有代表性的产品当属 2D（DMDHEU）树脂初聚体，该产品在当时占树脂整理剂总产量的 70％～80％。但是由于此类产品中游离甲醛含量较高，而且产品对织物的损伤较大，因此后续被更先进的低甲醛或无甲醛整理剂替代。

目前，已工业化生成并广泛应用的低甲醛树脂整理剂主要包括一些醚化的 2D 树脂，无甲醛整理剂主要包括多元羧酸（丁烷四羧酸）、三聚马来酸类整理剂等。此外，二羟甲基二羟基乙烯脲树脂（DMeDHEU）、水溶性聚氨酯等防皱整理剂因价格较高，因此在市场上供应得不是很多。

(4) 有机硅柔顺剂

早在 20 世纪 60 年代，国外就开始将聚硅氧烷化合物作为柔顺剂用于纺织工业中，20 世纪 70 年代，又开发出可用于纺织工业的聚二甲基硅氧烷改性产品，这些产品可以赋予织物独特的柔软手感。我国有机硅柔顺剂产品发展至今，先后使用的产品包括聚二甲基硅氧烷（甲基硅油）、聚甲基含氢硅氧烷（含氢硅油）、聚甲基羟基硅氧烷（羟基硅油）以及环氧乙烷、聚醚、氨基等改性有机硅。在这些产品中，发展最快、应用最广的当属各种型号的微乳液氨基硅油产品，其具有柔软效果极佳、使用方便、适用面广等特点。但由于氨基硅油处理后，织物的亲水性降低，因而会影响纺织品的使用性能。为解决该问题，后续又开发出亲水性自乳化氨基硅油，这类产品无需配合乳化剂就能使用，经亲水性自乳化氨基硅油处理后的织物，其柔软性略微降低，但亲水性大幅度增强。现阶段，氨基硅油是目前应用最广、产能最大的有机硅柔顺剂产品。

9.4.4 纺织印染助剂未来发展趋势

我国是石油化工大国，化学纤维产量常年位居世界前列。我国高附加值纺织产品及服装出口数量巨大，与之相关的纺织印染助剂需求量也逐年增大，这为我国纺织印染助剂的发展提供了重要机遇。未来，我国纺织印染助剂将在如下方面发展。

(1) 新型表面活性剂的开发

纺织印染助剂产品中超过80%的产品都属于表面活性剂，因此新型表面活性剂的开发与纺织印染助剂的发展密不可分，开发新型、环保、功能强劲的表面活性剂产品对纺织印染助剂的发展具有决定性作用。脂肪醇聚氧乙烯醚硫酸钠（AES）具有无毒无刺激性的特点，而且AES还具有良好的渗透性和润湿性，可作为润湿剂、分散剂、乳化剂、净洗剂以及抗静电剂使用；烷基二苯醚二磺酸盐具有较强的耐酸碱性和耐硬水性，自身生物降解性强，而且具有良好的分散性和润湿性，可作为新型纺织印染助剂开发和应用。四乙酰乙二胺在70℃和pH＝8～9的条件下就具有较强的氧漂活性，能够很好提高织物的白度；烷基多糖苷（APG）、*N*-烷基葡萄糖酰胺是新型环保表面活性剂，此类产品具有无毒、无害、易降解、耐酸碱等优点；Gemini表面活性剂是最新类型产品，具有良好的乳化性和润湿性，其功能强于常规表面活性剂。

(2) 安全环保型助剂的开发

目前，世界环境危机逐年加剧，开发安全环保型助剂是纺织印染助剂发展最为重要的方向之一。“安全环保”在于其助剂成分中不含甲醛、芳胺、环境激素、AOX，重金属含量不得超过限定标准，产品对人体无毒无害且易于降解等。

(3) 适应新型纤维和新型染整技术使用助剂的开发

目前，随着各类新纤维以及各类多种纤维混纺、交织的纺织品的出现，纺织印染助剂产品也需随之换代升级。纺织印染助剂需具备超柔软、超防缩、抗静电、阻燃等多重功能，以保障纺织品的使用性能。为此，基于复配技术开发的具有特殊功能的专用助剂产品将会陆续出现在纺织印染行业中。

(4) 染色牢固强度高的专用助剂开发

纤维织物染色后，其色泽的牢固度决定了织物产品的使用寿命。随着目前纺织印染行业对色泽牢固度的要求逐年提高，除了完善染料筛选以及印染工艺升级之外，能够提高色泽牢固度的助剂产品同样也需要升级更新。提高染色牢固强度的专用助剂开发中，开发最多的产品是深色纺织品湿摩擦牢度助剂，这是因为目前相关技术问题的解决只能依靠对染料分子结构设计和调整。因此，未来在该领域开发更多、更有效的染色牢固强度专用助剂将会对纺织印染行业的发展起到重要的促进作用。

(5) 复配增效技术的开发

纺织印染助剂发展至今，复配技术在整个发展历程中起到了至关重要的作用。据统计，复配技术是目前国内外开发新型助剂产品采用最多的方法，国外平均每年新增助剂百余种，其中利用复配技术开发的助剂产品种类占 80%以上。纺织印染助剂产品开发中，复配技术主要体现在两个方面。一种是传统意义上的复配，即选取 2 种或 2 种以上且具有不同功能的助剂，依据配方比例进行复配，赋予产品不同功能。另一种是更新的复配思维，即在已知助剂分子结构中通过基团修饰的方法引入另一种助剂的功能基团，使原始助剂具备另一种助剂的功能，氨基硅油分子结构中引入聚醚和季铵基的离子就属于这种复配技术。聚醚和季铵基可以提高柔韧性和亲水性，特别是季铵基，该基团亲水性极强。氨基硅油分子结构中引入这两种基团后便称为改性氨基硅油，柔软性和亲水性得到大幅度改善。

(6) 先进生物技术的利用

目前，生物技术早已应用于纺织助剂工业中生产酶制剂，生物技术的应用能够有效降低工业生产环节对环境造成的负面影响，因此国内外科研学者做了大量研究且技术发展十分迅速。早期应用的技术主要包括淀粉酶和纤维素酶技术，现阶段，果胶酶、蛋白酶、过氧化氢酶等相关技术正在逐步推广。

(7) 禁用助剂替代品的开发

人们的绿色环保意识逐渐增强，纺织印染助剂作为一种十分重要的工业化学品，其生产和应用都与环境安全息息相关。更安全、更环保的产品，如脂肪醇聚氧乙烯醚（AEO）、烷基多糖苷（APG）等相关产品陆续作为传统纺织印染助剂的替代品开始广泛生产和应用。全氟己烷磺酸盐（PFHxS）作为全氟辛烷磺酸盐（PFOS）和全氟辛酸（PFOA）的替代品在我国已经开始生产和应用，PFHS 的分子结构中仅含有 6 个碳原子，其性能虽然不及含有 8 个碳原子的 PFOS，但作为过渡产品可以缓解工业对 PFOS 的依赖，为性能更好的新产品开发争取时间。含卤助燃剂系列产品均被禁用，相关替代产品，例如 N-P 系列助燃剂及其他相关产品陆续问世。目前，代用品的研发和生产已成为新助剂的研发热点。

(8) 印染助剂合成工艺的改进和优化

“十三五”之前，我国助剂生产环节所采用的工艺和技术基本上都是传统工艺，助剂质量相比于欧美发达国家同类产品还是有很大差距。“十三五”期间，我国“炼化一体化”战略全面部署，国内石油和化学工业整体向下游产业，即精细化学品和化工新材料领域倾斜发展，一些新的工艺和技术开始落实。“十四五”阶段，“炼化一体化”战略部署完成，新技术、新设备全面投入运营，印染助剂合成工艺得到一定的优化和改善。纺织印染助剂作为重要的化工产品，其生产工艺同样涉及骨架镍催化加氢还原技术、相转移催化技术、分子筛催化技术、非晶态镍催化技术、酶催化技术等。以上技术都是纺织印染助剂高效清洁生产工艺中最为重要且发展最快的绿色合成工艺，我国目前在以上技术环节与国外发达国家相比仍需继续提升专业水平。未来，我国要做到助剂行业精细化，必须大规模开发和应用高新技术，摒弃传统老旧工艺，降低成本，提高产能，优化产品性能，完善企业运营管理。

思考题

1. 什么是合成材料助剂？合成材料助剂有哪些主要类别？各类别的助剂产品有何作用？
2. 增塑剂的增塑机理是什么？
3. 增塑剂的性能有哪些要求？
4. 增塑剂的主要产品有哪些？各类产品分别具有什么特点？适用于哪些领域的应用？

5. 如何选用增塑剂？

6. 聚合物燃烧的过程是什么？

7. 阻燃机理是什么？

8. 常见阻燃剂有哪些主要品种？各类产品分别具有什么特点？适用于哪些领域的应用？

9. 如何选用阻燃剂？

10. 抗氧剂基本作用原理是什么？

11. 抗氧剂主要产品有哪些？各类产品分别具有什么特点？适用于哪些领域的应用？

12. 如何选用抗氧剂？

13. 简述聚合物的热老化过程。

14. 热稳定剂作用机理是什么？

15. 热稳定剂主要品种有哪些？各类产品分别具有什么特点？适用于哪些领域的应用？

16. 抗静电剂的主要品种有哪些？各类产品分别具有什么特点？适用于哪些领域的应用？

17. 如何选用抗静电剂？

18. 什么是油田化学品？油田化学品主要包括哪三个主要类别？

19. 什么是钻井用化学品？钻井用化学品主要包括哪些具体产品？其功能有哪些？

20. 什么是油气开采用化学品？油气开采用化学品主要包括哪些具体产品？其功能有哪些？

21. 什么是油气集输用化学品？油气集输用化学品主要包括哪些具体产品？其功能有哪些？

22. 常用的燃料油添加剂有哪些？这些添加剂有何功能？

23. 常用的润滑油添加剂有哪些？这些添加剂有何功能？

24. 纺织印染助剂有哪些分类？各类别产品有何作用？

25. 前处理助剂主要有哪些？这些助剂各有什么作用？

26. 简述如何制备固色剂——二甲基二烯丙基氯化铵。

27. 简述如何制备防皱整理剂——丁烷四羧酸。

第10章

化工新材料

在我国，化工行业是国家经济建设和国家发展最为重要的基础行业，各类化工材料直接关系到人们的日常生活、国防、航空航天等各方面重要领域。我国作为世界范围内的化工强国，早在2010年时化工经济总量就已经高居世界第一的位置，而且在之后的发展中一直处于高度的增长态势。根据我国石油和化学工业联合会调查统计，2021年，我国化工新材料产量达到2964.7万吨，与2015年相比增长76%。2021年化工新材料销售收入为9616亿元，与2015年相比增长2.7倍。截至2022年4月，我国化工新材料在建项目占石化行业重点在建项目比例超60%，投资额占比超过25%。在各类化工材料中，化工新材料是化学与化工行业在近年来最具发展力的领域，同时，化工新材料也是材料领域最为重要的组成部分。因此，本章将围绕我国化工新材料近年来的发展情况进行介绍。

10.1 化工新材料概述

10.1.1 化工新材料的定义

所谓的化工新材料指的是在最近期间已经发展起来和正在发展中的一些应用性能远高于传统化工材料以及具有某些特殊功能的新型化工材料。化工新材料具有基础性和发展性双重特点，发展性是指化工新材料属于科学技术发展到一定阶段后才出现的新型材料产品，基础性是指化工新材料是目前高新技术领域发展的前提和基础，也就是说，化工新材料是为目前各类高新技术发展提供基础高性能材料的保障。

目前，化工新材料已经被世界各国公认为最为重要且发展最快的高新技术之一，化工新材料的发展情况直接决定了各个国家国民经济以及各国高新尖端技术的发展。此外，化工新材料的发展程度还决定了国家的国防安全以及新兴产业的形成与发展，世界各发达及发展中国家先后投入大量人力和物力来发展该领域。

10.1.2 化工新材料的特点及类别

（1）化工新材料的特点

与传统材料不同，化工新材料不仅具有比传统材料更优良的性能，而且还具有某些特殊的功能。综合概括来说，化工新材料主要包括如下特点。

a. 材料轻质化特点突出，重量优势明显。

b. 材料具有更高的机械强度和更强的韧性，特别适合作为特种材料使用。

c. 材料往往具备多种性能。

d. 材料的环境适应性强，适合在各种极端苛刻的环境下使用。

（2）化工新材料的类别

化工新材料来源于传统化工材料，更确切地说，为了填补传统化工材料的不足和满足新兴产业对化工材料的新要求，化工新材料才逐渐发展起来。因此，化工新材料的类别与传统化工材料的类别类似，例如涂料、胶黏剂、助剂、聚合物等，但由于这些材料的特殊性，所以对其覆盖的领域往往会用一些特殊强调的表述方式来说明，例如工程塑料、纳米化工材料、合金及功能高分子材料、有机硅材料、有机氟材料、特种橡胶、特种胶黏剂、特种涂料等。此外，化工新材料还包括微电子化工材料以及其他电子、机械、生物等领域尖端技术所需材料产品，合计共十多个大类。

10.2 化工新材料的发展现状

与其他发达国家相比，我国化工新材料行业发展起步较晚，相关行业基础薄弱，与其他发达国家的差距十分明显，从综合实力分析发现，我国化工新材料核心技术水平要比发达国家的水平落后 10～15 年。我国石油和化学工业不断调整发展方向，将精细化工和化工新材料作为石油和化学工业发展的最终方向。伴随着近十几年来我国新材料产业相关政策的出台，我国化工新材料行业的发展速度逐渐加快。

放眼世界范围，回顾过去十几年的发展以及目前全球化工新材料产业的发展现状，总结归纳发展情况具有如下特点。

（1）世界化工新材料产业规模不断扩大，但地区差异依旧日益明显

进入 21 世纪后，世界范围内各国科技水平呈现爆发式增长，各类高新技术产品不仅应用在国防、航空航天、工业等领域，而且还逐渐渗透进人们的生活，提高了人们对生活质量的要求。为满足人们对生活质量的要求，各国生产制造业不断升级，新的材料需求旺盛。

但受到各国科技发展所限，以欧美、日本为代表的发达国家占据了绝大多数化工新材料的市场，发展中国家在该领域不仅不占任何优势，而且产业发展情况展现出相对落后的趋势。例如在 20 世纪 90 年代，日本在特种纤维的研发及生产环节占据了绝对优势，从那时起，其他发展中国家不断提升本国的研发和生产能力。至今，日本仍是世界碳纤维（特种纤维的一种）生产第一大国，并且日本的产品质量和系列化程度依然处于世界领先水平。

（2）世界化工新材料产业发展集约化严重，高端材料垄断情况日益加剧

进入 21 世纪后，世界范围内的经济一体化进程空前加快，化工新材料作为一个非常重要的新兴产业，其发展过程更体现出集约化的特点。目前，化工新材料领域的上下游产品涉及的产业联系越来越密切，产学研的联动以及产业链的完善程度大幅度提高。在这样的发展

趋势下，产业链趋于完善化，有利于化工新材料产品开发与应用的融合发展，但也同时加快了行业垄断的形成。目前，世界范围内绝大多数知名企业均已达成战略联盟，这些所谓的联盟在行业中是指能够保持在高技术含量、高附加值新材料市场占据主导地位的企业结合体。

（3）世界化工新材料产业科技创新速度加快

自2010年开始，世界各国陆续出台大量关于化工新材料产业发展的政策，相关政策的出台加快了化工新材料产业的发展，特别是在技术研发、科技创新等重要核心环节。已出台的相关政策特别重视技术创新及核心技术自主研发等诸多重要环节，特别强调了高新技术人才在行业发展中所起到的关键核心作用，加大对新材料企业的投入同时也特别强化了对人才的重视程度。截至目前，化工新材料层出不穷，并且新型产品与市场需求紧密结合，充分发挥了化工新材料“新”的特点。我国将新材料产业列为战略性新兴产业，受到国家产业政策的扶持，化工新材料进入快速发展阶段，应用领域进一步拓宽。

10.3　纺织用化工新材料

2020年，我国化纤产量以及出口量稳居全球第一。2020年，我国化纤总产量突破了6000万吨，产量占我国纤维总加工量的85%左右，占全球化纤产量70%以上。当年我国化纤出口量为500万吨，占全球化纤贸易50%以上。此外，我国化纤工业的世界竞争力显著提高，其中常规纤维差别化和智能发展已成为世界领先的优势产业；高科技纤维研发完成重大突破，已进入先进国家行业；绿色发展理念深入人心，化纤行业绿色化生产以及节能减排进展居于世界先进行列。

高性能纤维以及相关复合材料对我国工业发展以及国防军工和航空航天等重要领域至关重要，是我国各工业领域不可或缺的重要基础性材料。目前，我国持续对芳香族高强度纤维及相关复合材料进行低成本化、高性能化、国产化，进而满足我国重大战略发展的迫切需求。此外，芳香族高强度纤维材料前沿技术的开发仍然是目前我国材料科学领域研究热点之一。在材料应用方面，工业基础设施的完善、新兴产业和新型基础设施的建设、新能源汽车发展、交通运输等领域将成为此类材料应用扩大的重要突破口。

（1）技术环节方面

长期以来，沉析纤维被国外发达国家垄断，在反渗透膜支撑体专用黏结纤维的研究方面，我国一直处于空白。为扭转这一劣势，我国投入大量人力和物力对薄膜状芳纶沉析纤维和低熔点聚酯短切纤维的生产技术展开系统研究。目前，我国科研学者针对纤维生产所需的超高线压力压光技术进行深入研究，研究过程中深入探讨了线压力和温度对纸基材料结构和性能的规律性影响。通过研究，进一步揭示了材料在热压条件下的塑化黏合机理，并且成功对芳纶纸透气度和吸水性的问题进行了改良，最终实现了芳纶纸的致密化、可塑化、稳定化的生产，彻底解决了芳纶结合力差、芳纶纸表面起毛/起泡/短切纤维暴露等问题。

连续玄武岩纤维是一种重要的无机纤维材料，该材料与碳化硅纤维和碳纤维一起被我国列为“关键战略材料”。连续玄武岩纤维是将火山岩作为原材料，通过1550℃左右的高温进行加热处理，火山岩熔融后经快速拉制最终形成连续纤维。连续玄武岩纤维的价值堪比碳纤维和碳化硅纤维，在汽车、轮船、飞行器等重要载具的生产，电力、交通基础设施建设，安全防护等诸多领域发挥着不可替代的作用。

超高分子量聚乙烯（UHMWPE）纤维也是一种十分重要的纤维材料，这类纤维广泛应用在劳动防护、建筑、体育器械、国防、光缆、航空航天、医疗及家纺等诸多领域。在我国众多纤维材料研发及生产企业中，江苏九九久科技有限公司作为其中的重要企业在超高分子量聚乙烯纤维的设计开发、产品生产工艺研发及技术改进方面取得了重要成果。目前，该公司已全面布局超高分子量聚乙烯纤维的中高端应用市场，对我国相关纤维产业的发展具有重要意义。

聚酰胺 6（PA6）是目前性能最为优异、用途最广的工程塑料和纤维材料，该纤维广泛用于军工纺织领域。特别针对目前单兵作战防护需求，我国科研学者基于聚酰胺 6（PA6）新型材料的开发，通过对共聚阻燃聚酰胺纤维、高强聚酰胺纤维、极端环境下长碳链尼龙弹性体材料等三个重点应用产品的研究，揭示了相关产品的功能和作用机理，先后解决了低成本高强芳纶短纤维的制备和泛黄问题、高强阻燃胶黏剂制备和产业化问题、阻燃面料阻燃性科学评价方法问题、高强聚酰胺及阻燃聚酰胺染色问题、超轻超弹保暖材料开发问题等。

天津工业大学材料科学与工程学院教授尹翠玉团队则对 PA6 的力学性能进行了改善。传统聚酰胺 6 具有较高的机械强度，但其性能仍然无法满足汽车轮胎、航空航天等特殊领域的实际需求，在力学方面，该材料性能仍需提高，为此，尹翠玉团队针对聚酰胺材料的物理机械性能改进方面展开系统研究。为了解决材料的物理机械强度问题，尹翠玉团队主要围绕掺杂不同种类碳纳米材料和利用原位聚合法掺杂不同种类无机纳米粉体两个方面展开工作。在掺杂碳纳米材料方面，该团队选取石墨烯纳米片（GNP）和多壁碳纳米管（MWCNT）等纳米碳材料作为掺杂物质，制备了一系列碳纳米（NC）/PA 复合材料。在掺杂无机纳米粉体方面，该团队选取纳米 TiO_2 和 ZnO 作为掺杂物质，通过原位聚合法进行实验，成功制备了无机纳米粉体/PA 复合材料。

（2）绿色发展

随着人们对环境保护意识的不断深入，开发绿色、环保的纤维已经成为人们广泛认同的目标。生物质来源的材料本身自带天然可持续发展的优势，其中，莱赛尔纤维是采用 *N*-甲基吗啉-氧化物的水溶液溶解纤维素后进行纺丝制得的一种再生纤维素纤维，其主要成分为纤维素，纤维素是广泛存在于自然界中的高分子物质，其来源广泛且环保，因此莱赛尔纤维被誉为 21 世纪较为重要的生物质纤维产品。目前，绿纤莱赛尔纤维已经开发出包括梵赛尔、希赛尔、优赛尔、卫赛尔、绿纤竹五大系列产品。在交联剂的作用下，绿纤优赛尔纤维中的纤维素分子之间以交联的方式减少了原纤化倾向，经过加工后的织物很难起毛球，特别适合生产高端家纺产品以及各类高端服装等。

上海凯赛生物技术股份有限公司面向纺织领域推出了泰纶（TERRYL）品牌纤维，该品牌纤维以生物基聚酰胺为主要原料，该原料可部分来源于可再生植物性原料。泰纶系列产品中，PA56 的 CO_2 排放量是聚酰胺 6 的 44.2%，是聚酰胺 66 的 50.4%，有效降低碳排放，完全符合目前世界各国所关注的可持续发展的概念。生物基聚酰胺产品最大特点是真正实现了闭环意义上的可持续发展，这类材料具备可追溯、可检测、可完全回收性，是目前发展潜力巨大的生物基纤维产品。

聚乳酸纤维具有强度高、顺滑透气、亲肤导湿、生物相容性好、可生物降解等优点，是目前世界公认的新型生物基纤维，此类纤维常用于生产内衣、运动服、高档家纺产品、卫生护理用品、理疗用品等。安徽丰原生物纤维股份有限公司现已开发了“乳酸-丙交酯-聚乳酸”全产业链生产技术，完成了从玉米-乳酸-丙交酯-聚乳酸的全产业链加工线的设计和产品生产，目前该公司正积极向各类聚乳酸产品的开发努力。

当前，碳达峰和碳中和是世界各国广为关注的焦点，为助力碳达峰和碳中和，纺织化纤企业还在生产环节、新品研发、产品回收等方面采取措施，以实现行业的可持续发展。生产聚酯的传统工艺多采用锑系催化剂，此类催化剂会对环境造成一定的负面影响，为解决该问题，我国科研学者围绕聚酯绿色生产催化剂展开了研究工作。

东华大学教授孙宾基于有机无机杂化、聚酯合成机理及相关工艺开发出一种绿色环保的杂化钛催化剂，该催化剂形貌为片状，且具有纳米尺度小、比表面积高、催化活性高等特点，催化剂在醇类单体和聚酯中的分散性好，催化性质稳定。

传统印染工业的发展对环境产生大量的负面影响，为解决该问题，我国科研学者展开研究。研究发现，原液着色法具有特别突出的环境友好特点，该方法可以省去印染工序，避免了印染工业中大量印染废水的排放，有效解决了印染工业对环境污染的问题。在研发及应用过程中，海阳科技股份有限公司发挥了重要作用，该公司通过将改性颜料与高分子材料以共价键形式结合，开发出了原位聚合着色锦纶产品，可纺性好，纺丝速度可达 5200m/min，且节能减排、绿色环保。现阶段，此项技术是全球范围内唯一能够大规模产业化的原液着色工业技术，公司现已将 50t/D、100t/D 的生产线正常投产运行，并能够生产 2500A、2800A 民用和产业用的黑、红、黄、蓝、绿等多种有色切片。此外，公司基于智能化技术已经完成了智能配色、混料、生产一条龙式的全智能生产线的建设和运行，而且公司可全色系订单式供货。

虽然我国目前围绕绿色纤维材料和绿色纤维生产工艺开展了多方面探索研究，并且取得了一定的成绩，但是面对全球范围内的环境绿色发展形势，我国现有生产技术依旧存在一定的短板。首先在管理方面，绿色化生产是近年来新型的企业生产模式，在管理环节难免出现这样或那样的问题。行业发展离不开行业中所涉及的各个企业的进步和升级，统筹运营和科学管理在未来仍然是我国相关企业重点关注的问题，管理方法、标准的制定、绿色环保投入程度、废物资源回收利用及相关处理技术开发、科技成果转化和技术产业化落地等方面均有待提高。对此，未来行业应重点围绕以下四个任务开展工作：强化能源节约，促进低碳发展；减少污染排放，保障绿色发展；加强综合利用，推动循环发展；深化绿色制造，实现共享发展。

10.4　汽车塑化用化工新材料

目前，化工新材料已经在汽车塑化项目中发挥了重要的作用。所谓的汽车塑化其实是汽车轻量化发展的一种重要方式，汽车轻量化是指保障汽车自身强度和安全运行的前提下，尽可能最大化降低汽车自身重量，进而减少汽车油耗、降低污染气体和 CO_2 气体的排放、提高汽车自身的运行性能。通过科学实验已经证明汽车质量降低一半后，燃油消耗量也随之降低，且接近原消耗量的 50%左右，汽车轻量化已经成为世界汽车行业发展的主要方向。

(1) 化工新材料在汽车制造中的应用情况

在汽车生产选材方面，采用各类轻质材料，例如铝或镁的合金、陶瓷材料、高强度塑料、各类玻璃纤维或者碳纤维材料以及相关复合材料等都是实现汽车轻量化的主要方法，这些材料大多属于化工新材料的范畴。

现阶段，各类化工新材料在汽车轻量化的发展过程中需根据各种汽车零部件的特定功能进行选定，不同汽车零部件的功能各不相同，对材料物理和机械性能的要求也各不相同。目前所使用的化工新材料主要以热固性树脂和高性能纤维为主，这些材料属于复合材料和高性能材料类别，主要产品包括高端聚烯烃、聚碳酸酯、尼龙等塑性材料。在汽车的生产过程中，将这些材料替换汽车原有的金属材料，可以大大减轻汽车自身重量，而且还不会影响汽车的正常运行。这些新材料普遍具有良好的可塑性，可应用于汽车车身、内外饰、车窗或部分汽车内部零部件的生产。

① 车身

汽车车身重量通常会超过汽车总重量的一半，因此，汽车车身是汽车轻量化过程中重点改造的区域。汽车车身主要起到防护、装饰、密封、遮挡等作用，目前可用于汽车车身轻量化的材料主要以碳纤维复合材料为主。碳纤维复合材料具有质量轻、强度高、耐候性和耐老化性好，而且材料本身塑化性强，很容易加工成各种形状，特别适合车身表面的成型加工，例如引擎盖、后备箱盖、车门等。

② 外饰

汽车外饰主要包括保险杠、格栅、卡扣、螺栓等固定在汽车外部的各类零部件，这些零部件在生产时普遍采用热塑性树脂材料，本身就具有轻量化特点，因此改造空间不大。现阶段，汽车外饰轻量化主要在保险杠和车前端框架两个区域进行。

汽车车头框架所用材料的选择主要依据汽车生产厂家对汽车性能要求以及汽车功能定位而决定，需综合考虑性价比、轻量化、耐温、耐候、耐冲击等多方面因素，但是从综合角度来看，强化性长玻纤维在该方面具有一定优势，因此被许多汽车生产厂家普遍采用。

汽车的保险杠主要起到吸能缓冲、防撞、抗冲击的作用。特种车辆的保险杠多为金属材质，为保障车辆功能和车身安全，一般不做轻量化处理。民用车辆对保险杠的要求更为特殊，在保障车辆自身安全前提下，还需要考虑到撞击物的因素，因此在设计民用车辆保险杠的时候，常需要采用“软硬兼施”的方式。这类保险杠的不同区域可选择不同性能的材料，防撞性对应采用硬性钢材或高强度树脂材料，吸能缓冲性对应采用发泡性好的塑料，进而发挥其综合应用性能。总的来说，树脂材料和塑料的使用是保险杠轻量化的关键所在。

③ 内饰

汽车内饰主要包括汽车座椅、中控、仪表台、车内顶部和尾部的装饰部件等，目前，除了汽车座椅之外，其他内饰部件大多采用合成塑料及树脂材料、皮革等，轻量化程度有限，因此，汽车内饰的轻量化主要还是在汽车座椅上面做一些改动。采用高强度纤维和工程塑料替代钢材生产汽车座椅是现阶段汽车内饰轻量化的主要选择方向，轻质的高强度纤维和工程塑料不仅能够降低座椅约40%的重量，而且材料本身还能提升座椅骨架的刚度和静强度，因此受到了汽车生产厂家的广泛欢迎。

④ 车窗

车窗玻璃是汽车车窗的主要重量来源，早期车辆生产时，车窗玻璃多为高强度玻璃，这类玻璃具有强度大、坚韧耐用等特点，能够保障车内成员的安全，但自身重量较大。后来随着技术的发展，车窗玻璃改用钢化玻璃和夹层玻璃为主，但这两种玻璃在光学性能、防爆性能以及应对极端特殊气候等方面没有优势，而且重量也没有得到有效降低。但科学研究发现，以聚碳酸酯为原料的车窗玻璃能够有效增强上述性能，再配合一些等离子涂料使用，可收到非常好的应用效果。随着技术的不断发展，再加上汽车行业标准的不断改革，目前汽车车窗玻璃（包括前挡风玻璃）均可采用高性能树脂材料生产的高强度玻璃进行替换，这在相当程度上降低了车窗重量，且保障了车内人员的安全。

（2）当前汽车轻量化发展所遭遇的困境

① 研发创新不足，新材料研发与应用脱节

汽车轻量化的发展应具备创新性和可持续性，这主要针对传统材料的改良和替换而言，因此，新材料的研发和投入使用则是汽车轻量化的关键。目前，我国化工新材料的研发及应用程度未能跟进汽车轻量化的步伐，很多汽车零部件仍然无法用轻质材料进行生产和替换，这在一定程度上延缓了汽车轻量化的进程。另外，新材料的研发、生产及应用等环节与汽车轻量化发展的对接程度不足，很多新材料的研发与汽车轻量化无直接应用衔接，这也是汽车轻量化发展的另一个难以攻克的壁垒。

② 良好的市场推广和拓展体系尚未形成

消费者对汽车轻量化的认识不足。汽车轻量化对汽车行业发展至关重要，但消费者是否愿意接受轻量化的汽车也是汽车行业需要重点关注和引导的一个重要问题。消费者是市场的主体，其对轻量化汽车的接受程度直接关系到车企发展乃至生存的关键，因此，车企应积极开展汽车轻量化宣传，提高消费者对汽车轻量化好处的认识，提高消费者购买轻量化汽车的欲望。但目前我国汽车行业尚未形成与技术创新配套的产品推广和市场拓展体系，这在一定程度上直接延缓了汽车轻量化的发展。

10.5 航空航天用化工新材料

神舟飞船是中国自行研制，具有完全自主知识产权，达到或优于国际第三代载人飞船技术的飞船。在航空航天发展的背后，化工行业也为中国的航天事业作出了一份贡献。相关材料的研发及生产直接为我国航天事业提供了有力的支持和保障。

（1）热控制材料

神舟飞船表面涂层是一种由我国航天科技集团五院 529 厂经过两年精心研发并生产的低吸收、低发射热控涂层，这种新型涂层能够在外太空抵御中高能紫外线辐射、原子氧轰击、各类高能粒子攻击、各类电离辐射攻击，为神舟飞船提供了一道可靠的保护屏障。

（2）高强度碳纤维

神舟飞船内饰零部件多为高强度纤维材质，高强度纤维具有强度高、质量轻、手感丝滑、易于赋型等特点。特别是航天员驾驶飞船所使用的操纵棒，其性状基于航天员手掌抓握状态赋型设计，极大地满足了航天员操作过程中的舒适度和精准度。高强度碳纤维为神舟飞船平稳运行提供了强有力的保障。

（3）高性能纤维

“太空漫步”不再是国外航空航天发达国家的专属，我国基于自主研发的高性能纤维定量生产的太空宇航服将我国宇航员完成太空行走和出舱活动变成可能。新一代宇航服共 6 层，包括由特殊防静电处理过的棉布织成的舒适层、橡胶质地的备份气密层、复合关节结构组成的主气密层、涤纶面料的限制层、通过热反射来实现隔热的隔热层，以及最外面的外防护层。最外层的防护材料能够抵御±100℃上的温差变化，宇航服能够连续工作 6h，最长可以达到 8h，最大程度保障了宇航员出舱活动的安全，为宇航员开展空间站复杂舱外操作和实验提供了安全保障。

（4）聚碳酸酯共聚物

宇航服的头盔面窗是保障航天员出舱活动的重要保障，保护宇航员安全，并为宇航员提供可靠的清晰度是宇航服头盔面窗必备的功能，然而，各类普通透明材料在高强度紫外线辐射、高强度电离辐射下，特别是在较大温差或是高温下都无法保障宇航员的安全。然而，由我国自主研发的聚碳酸酯和聚碳酸酯共聚物材料成功解决了这一问题，这类材料提高了航天头盔面窗的耐老化性、耐冲击性，能够承受较大温差的变化，特别是该材料能够耐受300℃以上的高温，为航天员的舱外工作提供了强有力的保障。

思考题

1. 什么是化工新材料？我国为什么要大力发展化工新材料？
2. 辽宁省在发展化工新材料的过程中出现了哪些问题？解决对策是什么？
3. 化工新材料在航空航天领域有哪些重要应用？请具体说明。
4. 为什么要对汽车进行塑化？化工新材料为汽车塑化提供了哪些优势？
5. 纺织行业中，化工新材料有哪些应用？
6. 除了书中提到的航空航天、汽车塑化、纺织等三大领域，化工新材料在其他领域还有哪些应用？

参考文献

[1] 程侣柏，赵立群，阎峰，等．精细化工产品的合成及应用［M］．第5版．大连：大连理工大学出版社，2014.

[2] 赵德丰，程侣柏，姚蒙正，等．精细化学品合成化学与应用［M］．北京：化学工业出版社，2001.

[3] 韩长日，刘红．精细化工工艺学［M］．第3版．北京：中国石化出版社，2019.

[4] 李和平．精细化工工艺学［M］．第3版．北京：科学出版社，2014.

[5] 梁俊芳．浅析精细化工的现状与发展趋势［J］．科技创新与应用，2015（16）：129.

[6] 严志文．精细化学品共性技术研究进展浅析［J］．橡塑技术与装备（塑料），2016，42（12）：29-30.

[7] 沈寒晰．精细化工的现状与发展趋势概述［J］．当代化工研究，2016（10）：85-86.

[8] 许金宝．国内精细化工企业现状及未来发展趋势探讨［J］．精细与专用化学品，2017，25（10）：18-25.

[9] 吴晋会．论我国精细化工企业的现状与发展［J］．中小企业管理与科技（下旬刊），2019（5）：143-144.

[10] 李静，王涛．国内外精细化工发展现状、问题、趋势及前景分析［J］．内蒙古石油化工，2017，43（Z1）：56-58.

[11] 王敏，李峰．精细化工行业发展现状及趋势［J］．云南化工，2018，45（10）：21-22.

[12] 李耀林．精细化工过程控制技术现状及其发展趋势研究［J］．化工管理，2017（24）：125.

[13] 刘大江，裘建龙．精细化工产品的技术改造及开发策略探析［J］．当代化工研究，2017（3）：1-2.

[14] 周士恒，申桂英．中国精细化工市场现状和发展趋势［J］．精细与专用化学品，2020，28（4）：1-4.

[15] 刘俞辛．绿色生态技术在精细化工中的运用研究［J］．化工管理，2019（13）：85-86.

[16] 刘志华．探讨精细化工产品合成中的化学应用［J］．建材与装饰，2020（17）：175-176.

[17] 林建平，吴坚平，杨立荣．精细化学品的生物合成［J］．生物产业技术，2015（5）：7-16.

[18] 王开明．浅谈精细化学品的生物合成进展［J］．中国新技术新产品，2020（5）：73-74.

[19] 焦锋刚．含氟中间体及精细化学品现状及发展分析［J］．有机氟化工，2017（2）：54-57.

[20] 赵立群．全球氟材料发展现状及趋势［J］．化学工业，2018，36（4）：7-14.

[21] 赵立群．国外氟材料发展现状及趋势分析［J］．化学工业，2021，39（4）：22-27.

[22] 靳灿辉．精细化学品合成中的催化技术的应用与发展［J］．云南化工，2018，45（12）：91-92.

[23] 陈磊，高波．精细化学品合成催化技术的应用研究［J］．云南化工，2021，48（10）：88-90.

[24] 孙小平．石油化工概论［M］．北京：化学工业出版社，2017.

[25] 杨宝娟，王晓军，于梅，等．我国环氧乙烷市场分析及研发进展［J］．化学工业，2020，38（2）：52-62.

[26] 梁胜彪．我国乙二醇合成技术研究进展［J］．精细与专用化学品，2020，28（5）：44-46.

[27] 王鑫，时鹏．国内乙二醇行业发展现状及市场分析［J］．山东化工，2020，49（2）：139-140，143.

[28] 杨庆，许思敏，张大伟，等．石油与煤路线制乙二醇过程的技术经济分析［J］．化工学报，2020，71（5）：2164-2172.

[29] 曲梅．线性α-烯烃的生产与发展趋势［J］．石化技术，2020，27（2）：342-343.

[30] 卫达．长链α-烯烃合成工艺进展［J］．河南化工，2020，37（6）：7-9.

[31] 张璐，赵旭涛，赵杨．乙烯齐聚法生产α-烯烃的研究进展［J］．石化技术与应用，2020，38（1）：63-68.

[32] 丁国荣，杨献忠，陈金，等．国内外乙醛生产与消费分析［J］．化学工业，2017，35（6）：47-52.

[33] 李峰．我国乙醛产业的发展动态［J］．精细与专用化学品，2013，21（9）：1-4.

[34] 盛依依，等．乙酸生产技术进展及市场分析［J］．油化工技术与经济，2019，35（2）：26-31.

[35] 张丽平．乙酸生产技术研究进展及市场分析［J］．石油化工技术与经济，2016，32（1）：23-28.

[36] 梁晓霏．国内乙烯-乙酸乙烯共聚物发展现状及市场前景分析［J］．石油化工技术与经济，2015，31（5）：6-13.

[37] 王梦，田晓俊，陈必强，等．生物燃料乙醇产业未来发展的新模式［J］．中国工程科学，2020，22（2）：47-54.

[38] 陈永利，陈浩，郭振宇．丙烯产业发展现状及趋势分析［J］．炼油技术与工程，2019，49（12）：1-5.

[39] 王瑀，陈志芳．聚丙烯的生产工艺及行业发展趋势［J］．化工管理，2020（25）：167-168.

[40] 李明威．国内环氧丙烷工艺技术进展及市场分析［J］．广东化工，2020，47（421）：112-114.

[41] 王喜兵．国内环氧丙烷市场分析及技术进展探讨［J］．石化技术，2020，27（8）：261，263.

[42] 周坤．甘油法合成环氧氯丙烷的最新研究进展［J］．化工管理，2017，（27）：27-28.

[43] 张桂华，毕馨丹，关俊伟．2019年我国苯酚/丙酮发展态势分析［J］．化学工业，2020，38（4）：68-79.

[44] 张志鑫，王业红，张超锋，等．丙烯酸催化合成新进展［J］．化工进展，2021，40（4）：2016-2033.

[45] 马田林，刘晶晶，陈新夷，等．甘油脱水制丙烯醛金属氧化物催化剂研究进展［J］．合成化学，2019，27（10）：850-855.

[46] 张琪，辛伟疆，后艳军，等．甘油液相脱水制丙烯醛的研究进展［J］．石化技术，2019，26（10）：46-47.

[47] 刘珂，张琪，王敏，等．生物基甘油气相脱水制丙烯醛的研究进展［J］．天然气化工-C1 化学与化工，2021，46（3）：15-21，80.

[48] 黄金霞，谢好，何伟，等．丙烯腈生产技术进展及市场分析［J］．化学工业，2020，38（2）：43-51.

[49] 黄金霞，朱海林，陆书来．2018 年丙烯腈生产与市场分析及技术进展［J］．化学工业，2019，37（3）：24-31.

[50] 赵猛．丁二烯生产技术应用及发展思考［J］．化工管理，2017（21）：128.

[51] 谭捷．国内外丁二烯的供需现状及发展前景分析［J］．石油化工技术与经济，2016，32（5）：13-18.

[52] 杨德昌．混合 C4 中正丁烯综合利用分析［J］．中国化工贸易，2014，6（17）：164.

[53] 许昀，夏玥穜．新时期 C4 馏分中异丁烯综合利用分析［J］．工业催化，2019，27（10）：22-28.

[54] 梁敏艳．异戊二烯应用状况及发展趋势［J］．精细与专用化学品，2017，25（7）：1-3.

[55] 李长喜．焦化粗苯深加工及发展趋势［J］．中国石油和化工标准与质量，2018，38（5）：82-83.

[56] 张立科．对二甲苯（PX）生产工艺技术进展［J］．山东化工，2020，49（19）：70，73.

[57] 崔小明．国内外对二甲苯产业现状及发展展望［J］．石油化工技术与经济，2019，35（1）：6-11.

[58] 康承琳，周震寰，王京．生产对二甲苯的异构化技术发展趋势［J］．石油炼制与化工，2019，50（2）：106-110.

[59] 沈林．国内精对苯二甲酸（PTA）产业现状及发展趋势［J］．化工管理，2019（20）：1-2.

[60] 陈菲菲．重芳烃制取 BTX 技术研究进展［J］．新材料与新技术，2018，44（6）：57.

[61] 韩红梅，朱彬彬，龚华俊，等．现代煤化工行业“十三五”回顾和“十四五”发展展望（一）［J］．化学工业，2020，38（4）：27-30.

[62] 韩红梅，朱彬彬，龚华俊，等．现代煤化工行业“十三五”回顾和“十四五”发展展望（二）［J］．化学工业，2021，39（1）：17-20.

[63] 和锋刚．新形势下现代煤化工发展现状及对策建议［J］．化工设计通讯，2021，47（1）：5-6.

[64] 马斌．现代煤化工产业对石油化工产业发展的影响［J］．化工设计通讯，2020，46（1）：8-9.

[65] 王欣桐．浅谈我国煤化工发展现状及未来发展趋向［J］．安徽化工，2020，46（3）：3-5.

[66] 亢万忠．我国“十四五”煤化工技术创新与产业发展趋势分析［J］．大氮肥，2020，43（05）：289-294.

[67] 储伩．煤化工技术发展现状与新型煤化工技术分析［J］．化工设计与通讯，2021，47（11）：3-4，52.

[68] 李纪洁，丁渊琪，张嘉铭，等．淀粉改性聚氨酯材料涂层的制备及其降解性能研究［J］．山东化工，2022，51（7）：5-7.

[69] 蒋晓威，李宗男，胡蝶，等．淀粉含量对 PBAT 复合材料性能的影响［J］．山东化工，2022，51（07）：26-28，32.

[70] 郑进宝，李琛．淀粉基发泡材料制备及性能优化研究进展［J］．精细化工，2022，39（08）：1513-1524，1557.

[71] 邱海芳，周新军，刘培军．糠醛的制备及其应用研究［J］．煤炭与化工，2022，45（07）：136-140，144.

[72] 王达彤，任倩，徐婷，等．糠醛绿色合成工艺研究［J］．山东化工，2022，51（13）：23-24，27.

[73] 谈金，王晨光，陈伦刚，等．纤维素类碳水化合物转化为糠醛的研究进展［J］．新能源进展，2018，6（01）：1-7.

[74] 杨丹，方芳，杨建安，等．纳米纤维素的制备及应用研究进展［J］．化工新型材料，2022（12）：275-278.

[75] 曾敏．中长碳链脂肪酸甘油三酯合成的研究进展［J］．化工管理，2021（17）：62-63.

[76] 兰天齐，郭欢，丁宇翔，等．精细化工中中碳链甘油三酯的研究进展［J］．广东化工，2024（1）：73-74，67.

[77] 黄肖容，徐卡秋．精细化工概论［M］．第 2 版．北京：化学工业出版社，2015.

[78] 陈立功，冯亚青．精细化工工艺学［M］．北京：科学出版社，2018.

[79] 徐杰，祝愿，徐项亮．浅谈洗涤剂产品的市场现状及发展趋势［J］．日用化学品科学，2020，43（12）：1-5，11.

[80] 张佳佳，张剑．婴幼儿衣物洗涤剂发展趋势与配方分析［J］．中国洗涤用品工业，2020（6）：106-112.

[81] 李露，熊小婷，王继才．衣物洗涤剂发展状况及国内外标准差异分析［J］．轻工标准与质量，2020（3）：37-39.

[82] 张晋菲，周伟，梁国雄．国内洗碗机专用洗涤剂现状及发展趋势［J］．日用化学品科学，2020，43（03）：4-6.

[83] 杨振．果蔬洗涤剂的研究与发展综述［J］．盐科学与化工，2020，49（5）：1-4.

[84] 李明芳，谭强，陈钰泉．洗涤剂的发展问题及应对策略［J］．日用化学品科学，2021，44（6）：13-16，52.

[85] 王艳，张喜鹏．浓缩性织物洗涤品发展现状及趋势研究［J］．企业科技与发展，2020（11）：186-187，190.

[86] 王全贵，陈刚．合成洗涤剂工业技术及装备的发展与碳达峰碳中和［J］．中国洗涤用品工业，2022，(02)：67-72.

[87] 薛绘，杨盼盼，吕旭阳．化妆品常用肤感改良粉体的性质与发展趋势［J］．日用化学工业，2022，52（1）：77-83.

[88] 中国香料香精化妆品工业协会．化妆品行业“十四五”发展规划［J］．日用化学品科学，2022，45（1）：1-5，17.

[89] 申桂英．化妆品原料市场现状与发展趋势［J］．精细与专用化学品，2014，22（10）：16-20.

[90] 王茁．中国化妆品发展新趋势［J］．日用化学品科学，2021，44（11）：1-5.

[91] 蒋丽刚，陈倪，孙淑蓉．化妆品新法规对行业发展趋势的影响研究［J］．日用化学品科学，2022，45（4）：18-23.

[92] 王贝，杨欢．十二烷基苯磺酸钠的合成工艺研究［J］．山东化工，2018，47（17）：49-51.

[93] 王知彩，张红玲．$SO_4^{2-}/ZrO_2\text{-}TiO_2$ 固体酸催化剂的制备条件对苯与1-十二烯烷基化反应的影响［J］．石油化工，2006，35（05）：483-487.

[94] 王敬玲，牛瑞霞，龙彪，等．α-烯基磺酸盐的合成、性能及应用研究进展［J］．化学工业与工程技术，2014，35（04）：62-66.

[95] 陈武渊，符劲，刘保．一种新型烷基硫酸盐的应用研究［J］．日用化学品科学，2009，32（10）：33-35.

[96] 陈玲，许虎君，陈雪，等．异构脂肪醇聚氧乙烯醚硫酸钠的合成和性能［J］．化学试剂，2012，34（4）：349-352.

[97] 吕生华，杨权荣，李芳，等．淀粉十二烷基苷表面活性剂的合成、性能及应用［J］．精细化工，2006，23（08）：752-756.

[98] 毕寒，阎峰．我国植物性天然香料提取技术的发展现状及趋势［J］．辽宁化工，2017，46（7）：714-716，738.

[99] 李洋，高波．云南省高原特色天然香料产业发展的问题与对策［J］．中国发展，2019，19（3）：76-80.

[100] 蔡美萍，范国荣，陈尚钘，等．响应面法优化羟基香茅醛1，2-丙二醇缩醛的合成［J］．林产化学与工业，2014，34（6）：124-128.

[101] 王金娥，朱岳麟，熊常健．月桂烯的来源及其在香料化学中的应用［J］．山东化工，2011，40（3）：47-50.

[102] 顾胜华，李湘洲，张盛伟．β-紫罗兰酮合成的研究进展［J］．中国食品添加剂，2015（4）：173-178.

[103] 郝向英，魏景芳，白丽梅，等．松节油水合制备松油醇的研究进展［J］．广东化工，2011，38（3）：8-9，11.

[104] 宾冬梅，钟福生，曾雷．灵猫香的采取及开发利用［J］．中国林副特产，2001（4）：34-36.

[105] 谢慧琳，萧月玲，刘山，等．日用香精香料的分析研究［J］．广东化工，2020，47（12）：114-115.

[106] 田红玉，陈海涛，孙宝国，等．食品香料香精发展趋势［J］．食品科学技术学报，2018，36（2）：1-11.

[107] 王泽瑞．我国食品香料发展的现状及对策［J］．广东化工，2017，44（22）：87，93.

[108] 高海有，刘秀明，高莉，等．烟用香精香料研究现状与发展趋势［J］．香料香精化妆品，2019（2）：70-73，69.

[109] 黄峻榕，李宏梁，蒲华寅，等．案例教学法在食品添加剂课程教学中的应用［J］．教育教学论坛，2020（35）：165-157.

[110] 王帅．食品添加剂的起源与中国食品添加剂的局限性［J］．化工管理，2020（10）：77-78.

[111] 王永刚．现代分析技术在食品添加剂检测中的应用［J］．现代食品，2020（14）：115-117.

[112] 张园斌．探讨食品添加剂管理的发展趋势［J］．现代食品，2020（11）：19-21.

[113] 刘道鹏．食品添加剂检测技术研究进展［J］．食品安全导刊，2020（6）：165.

[114] 熊初林．浅谈当今食品添加剂与食品安全问题［J］．食品安全导刊，2020（14）：49.

[115] 魏丹．我国食品添加剂引发的食品安全问题及其解决措施［J］．食品安全导刊，2020（18）：3，5.

[116] 侯辉．我国食品防腐剂行业发展现状与问题分析［J］．品牌与标准化，2018（2）：63-65.

[117] 高思，郑可心，葛文璐，等．食品防腐剂苯甲酸的制备研究［J］．江西化工，2018（5）：105-106.

[118] 任剑豪，易灵，吴卫国．山梨酸及其盐类防腐作用的研究现状及发展趋势［J］．农产品加工，2017（17）：48-50，55.

[119] 吴翠红，王喜正，李文波，等．丙酸盐类的生产工艺及市场前景［J］．齐鲁石油化工，2003，31（2）：131-135.

[120] 吴惠玲．对羟基苯甲酸酯钠盐在调味品中的应用［J］．中国商办工业，2002，(3)：49-50.

[121] 陈小萍，龚劭刚．脱氢乙酸的合成与应用［J］．化工时刊，2005（4）：7-8.
[122] 于芳珠，薄存美，刘登勇．食品中鲜味物质研究进展［J］．食品安全质量检测学报，2020，11（16）：5554-5561.
[123] 赵翠霞，杨鸿武，范文今，等．谷氨酸钠的安全性研究进展［J］．大连医科大学学报，2021，43（2）：165-170.
[124] 杨雅轩，丁兆钧，杨柳，等．食品酸味剂使用现状及发展趋势［J］．南方农业，2015，9（9）：165-167.
[125] 谭家忠，廖娜，张宝堂，等．天然甜味剂的开发应用及展望［J］．中国食品添加剂，2022，33（1）：32-39.
[126] 马麟莉，程亚萍，李树旺，等．食品生产中甜蜜素的使用以及安全现状［J］．食品安全导刊，2022（6）：1-3.
[127] 王秀丽，丁世杰，周青，等．食品中安赛蜜检测方法的研究进展［J］．食品安全导刊，2021（20）：95-96.
[128] 迟艳胜，毛国娟，姜延国．食品中糖精钠检测方法研究进展［J］．检验检疫学刊，2020，30（1）：127-128.
[129] 念安．食品添加剂常客三氯蔗糖为何物［J］．中国食品工业，2021（11）：103.
[130] 孙晓莎，任顺成．天然食用色素的研究进展［J］．食品研究与开发，2016，37（18）：198-201.
[131] 张宁宁．乙酰乙酸乙酯法合成脱氢乙酸［J］．化工管理，2015（26）：218-219.
[132] 曹强，杨茜．双乙酸钠的合成与应用前景［J］．价值工程，2019，38（29）：286-287.
[133] 聂玉朋，徐慧，姚明静，等．L-丙氨酸的应用及生产现状概述［J］．中国酿造，2021，40（11）：26-30.
[134] 程明立，史建公，张毅，等．甘氨酸合成方法研究进展［J］．中外能源，2022，27（10）：70-74.
[135] 李玉芳．我国甘氨酸合成技术研究进展［J］．精细与专用化学品，2022，30（02）：48-50.
[136] 吴璞强，赵桂霞，张亚楠，等．阿斯巴甜的合成和应用研究进展［J］．中国调味品，2010，35（01）：30-32，37.
[137] 冯锐．甜味剂安赛蜜的合成研究［J］．四川师范学院学报（自然科学版），1999（01）：58-62.
[138] 赵云雨．食品防腐剂山梨酸的合成及工艺分析［J］．牡丹江大学学报，2010，19（7）：95-97.
[139] 王伟．染料工业绿色发展，如何行稳致远［J］．中国石油和化工，2018（12）：57-60.
[140] 马捷，伍桂松．染料工业现状及产业结构调整［J］．化学工业，2016，34（5）：21-24，45.
[141] 刘帆，刘姝瑞，谭艳君，等．天然植物染料的发展及应用［J］．纺织科学与工程学报，2021，38（1）：52-58.
[142] 中国染料工业“十二五”发展概况及趋势［J］．精细与专用化学品，2016，24（6）：5-12.
[143] 张淑芬．中国染料工业现状与发展趋势［J］．化工学报，2019，70（10）：3704-3711.
[144] 杜健军，韩富平，李鑫，等．一类氧杂蒽-半花菁近红外荧光染料，其合成方法及应用［P］．CN 114591633 A，2022.06.07.
[145] 杜健军，王书鹏，韩富平，等．一类新型半花菁近红外荧光染料，其合成方法及应用［P］．CN 114874639 A，2022.08.09.
[146] 杜健军，潘静巍，张晓雪，等．一类氮杂吲哚半花菁类染料、其合成方法和应用［P］．CN 115286627 A，2022.11.04.
[147] 杜健军，樊江莉，彭孝军，等．一类氮杂吲哚-七甲川菁染料、其合成方法及应用［P］．CN 115160345 A，2022.10.11.
[148] 齐祥昭，谢涛．中国涂料园区绿色发展之路［J］．中国涂料，2020，35（6）：12-15.
[149] 林宣益．建筑涂料“十三五”回顾和“十四五”展望［J］．中国涂料，2020，35（10）：1-9.
[150] 张仁哲，刘东华，房晓梅，等．保温涂料现状与发展趋势分析［J］．中国涂料，2021，36（2）：18-21.
[151] 王昌祥．防水涂料的应用情况及未来发展趋势［J］．绿色环保建材，2020（9）：7-8.
[152] 宁亮，王贤明，李镇．飞机防冰涂料应用研究进展［J］．中国涂料，2021，36（1）：21-25.
[153] 司政凯，张梦，苏向东．环保型水性涂料的研究现状及发展趋势［J］．涂层与防护，2021，42（2）：24-29，46.
[154] 曹京宜，方志刚，杨延格，等．舰船防污涂料的使用需求及研究进展［J］．中国材料进展，2020，39（3）：174-178.
[155] 束树军．水性汽车零部件涂料研究进展［J］．涂料工业，2021，51（4）：81-83，88.
[156] 许士龙，王文硕，靳通，等．无机涂料的种类、机理及展望［J］．山东陶瓷，2021，44（1）：1-8.
[157] 王伟跃，李小强，李勇，等．粉末涂料用聚酯树脂合成工艺的研究［J］．现代涂料与涂装，2021，24（4）：1-3，10.
[158] 张永刚．无机涂料和相关标准［J］．涂层与防护，2022，43（10）：12-16，20.
[159] 吴艾林，邓化，清李铭．胶粘剂粘接性能受环境因素的相关影响研究［J］．粘接，2020，41（1）：33-36，44.

[160] 李翠翠，王延召，王延琴．我国胶粘剂及胶接技术的应用现状及发展［J］．工程与试验，2019，59（4）：111-112.

[161] 朱俊杰，陈炳耀，李军，等．浅谈胶粘剂环保问题解决方法［J］．山东工业技术，2018（21）：47.

[162] 王晶，赵大生，孙秀英．我国环保胶黏剂的现状及发展趋势［J］．化学与粘合，2009，31（2）：51-53，70.

[163] 陈康，李亚儒．紫外光固化胶粘剂研究进展［J］．山东化工，2018，47（13）：46-47，49.

[164] 唐晓红．水性胶黏剂的应用研究进展［J］．河南教育学院学报（自然科学版），2017，26（2）：8-12.

[165] 梁洪涛，任彗宁，严鹏飞，等．国内环氧树脂防水胶黏剂研究进展［J］．化学与黏合，2018，40（3）：207-210.

[166] 张岚．添加剂改性脲醛树脂胶黏剂研究进展［J］．橡塑技术与装备，2021，47（16）：25-28.

[167] 郭安儒，张赛，宋体杰，等．国内聚氨酯胶黏剂的应用与研究展望［J］．化学与黏合，2019，41（2）：129-132.

[168] 李婷．读解水性聚氨酯胶粘剂的应用发展概要［J］．塑料包装，2019，29（4）：20-28.

[169] 张东阳，营飞，马智俊．水性聚氨酯胶粘剂国内研究进展［J］．粘接，2019，40（4）：53-57.

[170] 杨栩，赵庆芳．我国热熔胶粘剂市场状况及发展趋势［J］．化学工业，2018，36（4）：40-46.

[171] 马安博．热熔胶技术的发展及应用［J］．化学与黏合，2018，40（3）：211-215.

[172] 杜珺，张增阳，李捷，等．厌氧胶粘剂的研究与发展［J］．船电技术，2018，38（12）：61-64.

[173] 朱梦璐，房宏伟，李建武，等．压敏胶黏剂研究进展［J］．塑料科技，2019，47（2）：103-107.

[174] 李健灏，罗顺．建筑结构胶粘剂的发展和选用［J］．科技创新导报，2017，14（26）：157，159.

[175] 冯亚青，王利军，陈立功，等．助剂化学及工艺学［M］．北京：化学工业出版社，2013.

[176] 吴海龙，农桂叶，曹宇，等．聚氯乙烯用环保型增塑剂的研究进展［J］．粘接，2022，43（7）：118-124.

[177] 吴海龙，黄永富，曹宇，等．环保型增塑剂环氧大豆油的研究现状及应用进展［J］．合成树脂及塑料，2021，38（6）：55-59.

[178] 石保社，石明阳，董合军，等．聚氯乙烯用阻燃剂的研究进展［J］．广州化工，2022，50（11）：10-12，48.

[179] 刘畅，段尊斌，汪建南，等．新型无机磷基阻燃剂的研究进展［J］．无机盐工业，2022，54（11）：8-17.

[180] 程阳，惠岚峰．反应型阻燃剂的原理、应用及研究进展［J］．中华纸业，2022，43（4）：1-8.

[181] 肖铭．氢氧化镁阻燃剂应用研究进展［J］．精细与专用化学品，2022，30（2）：31-33.

[182] 潘宇，王晓军，曹亮，等．受阻酚类抗氧剂概述［J］．浙江化工，2021，52（7）：18-21.

[183] 冯建湘，吴任钊，何雨霖，等．新型抗氧剂研究进展［J］．包装学报，2021，13（3）：71-82.

[184] 付建英，张忠东，赵伟，等．中国塑料抗氧剂行业现状和研究进展及发展建议［J］．塑料助剂，2021（2）：14-19，65.

[185] 刘康，董学成，陈浩，等．聚氯乙烯热稳定剂的发展［J］．中国氯碱，2022（4）：11-14，23.

[186] 郭艺璇，李殿卿，唐平贵，等．水滑石类热稳定剂在聚氯乙烯中的应用研究进展［J］．塑料助剂，2020（1）：13-23，39.

[187] 李新芳，李育雄，赵素芬，等．塑料包装薄膜用抗静电剂的研究进展［J］．塑料包装，2020，30（6）：6-10.

[188] 余吕宏．石墨烯改性抗静电材料的研究进展［J］．科技风，2019（33）：151.

[189] 倪清兰，李进，董玉娇，等．高分子永久型抗静电剂研究进展［J］．辽宁化工，2020，49（11）：1418-1420，1423.

[190] 汪晓鹏．油田用化学品和高分子聚合物助剂的发展［J］．西部皮革，2021，43（19）：33-34.

[191] 侯海欧，邹亦玮．固井用缓凝剂的研究进展［J］．化工管理，2020（09）：61-63.

[192] 郭鑫．油井清防蜡剂的研究现状及应用分析［J］．化工管理，2021（2）：191-192.

[193] 申志兵，黄萌，夏添，等．非金属无灰分汽油抗爆剂研究进展［J］．化学工程与装备，2019（1）：255-256.

[194] 王思奇，段庆华．低灰分清净剂研究进展［J］．润滑油，2019，34（1）：31-37.

[195] 冉清连，周骏宏，王玉林，等．亚磷酸盐防锈剂的研究进展［J］．广州化工，2020，48（18）：6-8.

[196] 张静，段永亮，王慧琴，等．航空煤油添加剂发展概述［J］．合成材料老化与应用，2020，49（5）：157-160.

[197] 陈荣圻．我国印染助剂 30 年发展进程［J］．印染助剂，2015，32（8）：1-5.

[198] 韦荣国，苏红巧，秦占芬．全氟辛烷磺酸盐（PFOS）、全氟己烷磺酸盐（PFHS）和全氟丁烷磺酸盐（PFBS）对非洲爪蟾胚胎的发育毒性［J］．生态毒理学报，2012，7（5）：542-548.

[199] 张跃军，刘程．二甲基二烯丙基氯化铵的合成工艺研究进展［J］．精细化工，2013，30（4）：361-369，391.

[200] 张小兵．丁烷四羧酸的合成及其应用进展［J］．四川化工，2021，24（6）：25-28.

[201] 赵俊贵，等. 中国化工新材料产业发展报告（2022）[M]. 北京：化学工业出版社，2023.02.
[202] 韩永奇. 我国化工新材料产业“十三五”回顾及“十四五”展望 [J]. 新材料产业，2020（6）：10-13.
[203] 曹梦然. 化工新材料标准体系现状及发展概述 [J]. 中国标准化，2020（S1）：55-58.
[204] 王伟. 辽宁化工新材料产业发展思路探究 [J]. 化工管理，2021（7）：72-73.
[205] 孙一元. 上海华谊：打造特色化、高端化的新材料领先企业 [J]. 上海国资，2021（6）：57-59.
[206] 孙文明. 汽车轻量化研究中的化工新材料运用 [J]. 材料保护，2021，54（4）：189-190.
[207] 宁翠娟. 纺织新材料创新路径 [J]. 纺织科学研究，2021（6）：29-35.
[208] 刘棠，吴军，赵君，等. 中国石油和化工行业绿色发展蓝皮书（2021-2022）[M]. 北京：经济日报出版社，2022.